机械工程、自动化专业规划教材

过程装备控制技术及应用

李　晶　主编

张　为　王　妍　刘　亮　参编

曹国华　毛先萍　主审

電子工業出版社

Publishing House of Electronics Industry

北京 · BEIJING

内 容 简 介

本书结合控制基础、控制技术和控制工程的一体化知识体系，介绍了过程控制基础知识（含控制系统基础、控制建模基础、检测技术基础等）、过程控制主体知识（含检测技术和控制系统）、控制工程应用案例的内容。全书知识点递进关系清晰：控制基础-检测技术-控制建模-简单控制-复杂控制-先进控制-计算机控制-过程案例应用，各章给出思考和练习，适合教学使用。

全书逻辑清楚、内容详尽、实用性强，适合过程装备与控制工程等相关专业本科生使用。

图书在版编目（CIP）数据

过程装备控制技术及应用/李晶主编. —北京：电子工业出版社，2020.4
ISBN 978-7-121-37969-7

Ⅰ. ①过… Ⅱ. ①李… Ⅲ. ①过程控制－高等学校－教材 Ⅳ. ①TP273

中国版本图书馆 CIP 数据核字（2019）第 255773 号

责任编辑：窦 昊
印　　刷：北京盛通商印快线网络科技有限公司
装　　订：北京盛通商印快线网络科技有限公司
出版发行：电子工业出版社
　　　　　北京市海淀区万寿路 173 信箱　　邮编：100036
开　　本：787×1092　1/16　印张：16.5　　字数：422.4 千字
版　　次：2020 年 4 月第 1 版
印　　次：2023 年 7 月第 5 次印刷
定　　价：49.00 元

凡所购买电子工业出版社图书有缺损问题，请向购买书店调换。若书店售缺，请与本社发行部联系，联系及邮购电话：（010）88254888，88258888。

质量投诉请发邮件至 zlts@phei.com.cn，盗版侵权举报请发邮件至 dbqq@phei.com.cn。
本书咨询联系方式：（010）88254466，douhao@phei.com.cn。

前　言

从过程装备与控制工程专业建设以来，国内已经有近百所高校开设了这个专业，该专业得到了很大的发展。然而，由于各高校建设基础和建设定位不同，执行的专业培养方案也不尽相同。特别是在原有“化工机械与设备”专业基础上增设的“过程控制”内容，更是各取所长、各抒己见。其中，绝大多数高校都给学生进行了控制工程基础、检测原理与技术和与过程控制系统相关的过程控制技术知识的学习。但是，各高校开设的课程、选用的授课教材以及课程设置学时大多不尽相同，所以，有必要进行相关课程内容的整合建设。针对课时少、教师任课量大的教学现状，笔者课程团队根据多年一线教学工作经验，征集同行意见，整合了过程检测与过程控制相关内容，编写了这本教材。本教材把过程装备及控制工程先修课程内容复变函数和机械工程控制基础相关部分知识点整合进来，形成过程控制基础、过程参数检测、过程控制系统、过程控制工程应用为一体的内容体系。预期通过本教材的学习，培养学生了解过程控制类综合知识的能力。

本书共8章，内容丰富，涉及面广，注重理解实用性。在各章中选编了一些实例，并附有思考与练习，以便学生在学习过程中更容易对所学内容进行理解和掌握。多门课程知识整合后，将对过程装备与控制工程专业学生理论学习与专业实践更有针对性地指导，同时在不增加更多基础知识的情况下，较好地掌握过程控制相关的内容，符合专业教学指导思想，可为过程装备与控制工程专业的学生提供更为实用的过程装备控制知识。

本书由李晶主编，王妍和张为老师为主要参编者，其他参与本教材编写的教师也均是过程装备与控制工程专业的一线教师。其中，李晶老师编写第1、5、6章，张为老师编写第2章，王妍老师编写第3章，刘亮老师编写第4章，刘利强老师编写第7章，姜吉光老师编写第8章。

本书在编写过程中，得到全国过程装备与控制工程专业教学指导委员会委员、长春理工大学机电工程专业曹国华教授，新疆大学过程装备与控制工程专业毛先萍副教授，吉林化工学院过程装备与控制工程专业王海波教授的诸多指导。同时，系里朱振华老师和孟宪宇老师给予很多有价值的建议，博士生付强和周璎珞以及许多本科生参与初稿绘图、文档整理等工作，在此一并表示由衷的感谢！本书参考了多本相关材料，在此向同仁们表示衷心感谢！

由于笔者团队的水平有限，加之时间仓促，书中难免出现不妥之处，敬请读者批评指正！

编　者

2019年7月

目　录

第1章　过程控制基础

过程装备控制是指在过程设备上配备自动化装置和自动控制系统，代替操作人员的部分或全部直接劳动，使设计、制造、装配等在不同程度上自动地进行。这种利用自动化装置来管理生产过程的方法就是生产过程自动化。因此，过程装备控制是生产过程自动化最重要的一个分支。本章简要说明生产过程自动化控制系统所包含的内容与要求，介绍过程控制系统的组成、特点、分类和性能指标，了解过程控制技术的发展历程。

1.1　生产过程控制

1.1.1　过程工业的特点

过程控制主要应用于连续过程工业，所以本书介绍的过程工业的特点主要是指连续过程工业的特点。从控制工程的观点看，过程工业具有以下特点：

（1）连续工业生产往往伴随着物理反应、化学反应、生化反应和相变反应等。因此，过程机理十分复杂。

（2）被控过程往往具有高阶次、强耦合、大惯性、大时滞、严重不确定性与非线性，控制起来非常困难。

（3）连续工业经常在高温、高压、易燃、易爆等环境下运行，生产的安全性至关重要。因此，对自动控制系统的可靠性要求更苛刻。

1.1.2　生产过程控制主要任务

过程装备控制是工业生产过程自动化的重要组成部分，主要针对过程装备服役中的主要参数，即温度、压力、流量、液位（或物位）、成分和物性等参数进行控制。

工业生产对过程装备控制的要求是多方面的，但主要有三项要求：即安全性、稳定性和经济性。

- 安全性是指在整个生产过程中确保人身和设备的安全，这是最重要也是最基本的要求，通常采取越限报警、事故报警和连锁保护等措施加以保证。随着控制技术和计算机技术的不断发展，在线故障预测和诊断、容错控制等技术可以进一步提高系统的安全性。
- 稳定性是指系统抑制外界干扰、保证生产过程长期、稳定运行的能力。在生产过程中，系统处于变化的运行环境，原材料成分变化、动力系统的波动等都可能对生产过程稳定性有所影响。在外部干扰下，过程控制系统应该使生产过程参数与状态产生的变化尽可能小，并在状态发生变化后能够快速恢复到稳定状态，以减少或消除外部干扰可能造成的不良影响。

- 经济性是指生产成本低但利润高。即在相同的投入下，生产企业追求利益最大化的商业特点，使当今生产过程中对过程控制有更高的要求。为了达到这个目的，不仅需要对过程控制系统进行优化设计，还需要管控一体化，即以经济效益为目标的整体优化。

为了满足以上三项要求，在理论上和实践上都还有许多问题可以深入研究。

过程装备控制的任务就是在了解、掌握工艺流程和生产过程的静态和动态特性的基础上，根据工业生产对过程装备控制的三项要求，应用理论对控制系统进行分析和综合，采用合适的技术手段，实现生产过程的控制目标。因此，过程装备控制是将控制理论、工艺知识、计算机技术和仪器仪表等相融合而成的一门综合性应用科学。

1.1.3 生产过程控制主要内容与控制目标

生产过程自动化系统包含以下 4 个部分内容。

（1）自动检测系统

自动检测系统在实际生产中是一个动态变化的过程。对过程中各工艺参数的变化情况的实时了解是过程控制的基础。所以，采用必要的测量仪表（如热电偶、热电阻、压力传感器等）自动连续地对各种工艺变量（如温度、压力、流量、液位等）进行测量，并将测量结果用仪表（如动圈仪表、电子电位差计等）指示记录下来供操作人员观察、分析，或将测量到的数据传送给控制系统，作为自动控制的依据。

（2）信号联锁系统

信号联锁系统是一种安全装置。在生产过程中，外界干扰因素往往会导致某些工艺变量超出允许的变化范围，使生产不能正常运行，严重时甚至会引起燃烧、爆炸等事故。为确保安全生产，常对这些关键性变量设置信号报警或联锁保护装置。其作用是在事故发生前，自动地发出声光报警信号，引起操作员的注意以便及早采取措施。若工况已接近危险状态，信号联锁系统将启动：打开安全阀，切断某些通路或紧急停车，从而防止事故的发生或扩大。

（3）自动操纵系统

自动操纵系统是一种根据预先规定的程序，自动地对生产设备进行某种周期性操作，极大地减轻工作人员的繁重体力劳动或重复性体力劳动的装置。例如，合成氨造气车间煤气发生炉的操作就是按照程序自动进行工作，如自动吹风、上吹、下吹制气、吹净等步骤，周期性地接通空气与水蒸气，实现自动操纵。

（4）自动控制系统

自动控制系统利用一些自动控制仪表及装置，对生产过程中某些重要的工艺变量进行自动调节，使它们在受到外界干扰影响偏离正常状态后，能够自动地重新恢复到规定的范围之内，从而保证生产的正常进行。

生产过程的总目标是在可能获得的原料和能源的条件下，以最经济的途径将原物料加工成预期的合格产品。为了达到生产目标，必须对生产过程进行监管与控制。

1.2　过程控制进展

1.2.1　过程控制装置的进展

（1）基于仪表的局部自动化阶段

20 世纪 50 年代，一些企业凭借生产实践的经验，实现了基于基地式仪表和部分组合仪表的仪表控制和局部自动化。这种控制的特点是局限于一般的控制元件及机电式控制仪器，所采用的基地式仪表（如自力式温度控制器、就地式液位控制器等）比较笨重；设备与设备之间或同一设备中的不同控制系统之间，很少或没有联系，其功能往往局限在单回路控制。但对于不复杂的过程控制，这类系统至今仍有使用，并得到了新的发展，只是所占的比重大为减少。

（2）基于计算机的综合自动化阶段

20 世纪 60 年代，随着电子技术的迅速发展，单元组合仪表（包括气动与电动）以及组装仪表被大量使用，以适应比较复杂的模拟和逻辑规律相结合控制系统的需要。此时，出现以 4～20mA 和 0～10mA 电动模拟信号为统一标准信号的电动模拟控制系统。随着 1946 年世界上第一台计算机的诞生，计算机开始用于过程控制领域。1959 年工业控制计算机（Process Control Computer，如 TR300 等）在化肥厂和炼油厂被试用于控制生产过程。60 年代中期，出现了用计算机实现的直接数字控制（Direct Digital Control，DDC）系统和计算机监控（Supervisory Computer Control，SCC）系统。

（3）基于网络的全盘自动化阶段

20 世纪 70 年代中期，可编程序控制器（PLC）和基于先进控制理论的分布式计算机控制系统（Distributed Control System，DCS，又称集散控制系统）的出现和应用，克服了单台计算机的直接数字控制（DDC）系统进行集中控制时的固有缺陷，将工业自动化向前推进了一大步。

20 世纪 80 年代以后，一方面分布式计算机控制系统（DCS）成为流行的过程控制系统；另一方面，兼顾连续控制和逻辑控制/顺序控制功能的复合控制系统（Hybrid Control System，HCS）得到发展。它可以是基于 DCS 而增添逻辑顺序功能的系统，也可以是基于 PLC 增添连续控制功能的系统。同时以现场总线（Fieldbus）为标准，实现以微处理器为基础的现场总线控制系统（Fieldbus Control System，FCS）。现场总线控制系统（FCS）进一步将控制功能分散，增强了系统的灵活性和可靠性。

当前，过程控制已经进入了全新的、基于网络的计算机集成过程系统（Computer Intergrated Process System，CIPS）时代。CIPS 是在传统的 DCS 基础上采用国际统一标准的开放式系统。CIPS 是以企业整体优化为目标（包括市场营销、生产计划调度、原材料选择、产品分配、成本管理以及工艺过程的控制、优化和管理等），以计算机及网络为主要技术工具，以生产过程管理与控制为主要内容，将过去传统自动化的“孤岛”模式集成为一个有机整体，而网络技术、数据库技术、分布式控制、先进过程控制策略、智能控制等成为实现 CIPS 的重要基础。可以预见，过程控制将在我国现代化建设过程中得到更快的发展，并发挥越来越重要的作用。

1.2.2 过程控制策略与算法的进展

过程控制在几十年的发展过程中，控制的策略与算法出现了三种类型：简单控制、复杂控制与先进控制。

通常将单回路 PID 控制称为简单控制，它一直是过程控制的主要手段。PID 控制以经典控制理论为基础，主要用频域方法对控制系统进行分析设计与综合。目前，PID 控制仍然得到广泛应用。在许多 DCS 和 PLC 系统中，均设有 PID 控制算法软件或 PID 控制模块。

从 20 世纪 50 年代开始，过程控制界逐渐发展了串级控制、比值控制、前馈控制、均匀控制和 Smith 预估控制等控制策略与算法，称为复杂控制。它们在很大程度上满足了复杂过程工业的一些特殊控制要求。它们仍然以经典控制理论为基础，但是结构与应用上各有特色，而且目前仍在继续改进与发展。

20 世纪 80 年代中后期，出现了以 DCS 和 PLC 为代表的新型计算机控制装置，为过程控制提供了强有力的硬件与软件平台。同期，在现代控制理论和人工智能发展的理论基础上，针对工业过程本身的非线性、时变性、耦合性和不确定性等特性，提出了许多行之有效的解决方法，如解耦控制、推断控制、预测控制、模糊控制、自适应控制、人工神经网络控制等，常统称为先进控制。近十年来，以专家系统、模糊逻辑、神经网络、遗传算法为主要方法的基于知识的智能处理方法已经成为过程控制的一种重要技术。先进控制方法可以有效解决那些采用常规控制效果差，甚至无法控制的复杂工业过程的控制问题。实践证明，先进控制方法能取得更高的控制品质和更大的经济效益，具有广阔的发展前景。

1.3 过程控制系统组成和特点

1.3.1 过程控制系统组成

工业生产过程都是在一定的工艺条件下（如温度、压力、浓度、物位等）进行的。为此，必须对这些工艺变量进行控制，使其稳定在保证生产正常运行的范围之内。下面以锅炉汽包水位控制为例，介绍人工控制和自动控制的执行过程。

图 1-1 所示为锅炉汽包水位控制的示意图。锅炉中产生的高压蒸汽，既可作为动力源，又可作为热源。要保证锅炉的正常运行，将锅炉的汽包水位维持在一定的高度是非常重要的；如果汽包水位过低，需要的蒸汽量较大，水的汽化速度很快，如不及时控制，就会使汽包内的水全部汽化，导致锅炉烧坏或爆炸；水位过高，则会影响汽包内的汽水分离，使蒸汽夹带水分，对后续生产设备造成影响和破坏。因此，要维持汽包水位稳定在规定的数值上，根据物料平衡的原理，就必须保证锅炉的给水量和蒸汽的排出量（或称蒸汽负荷）相等。当蒸汽负荷发生变化而给水量不变时，锅炉水位将会发生变化；或者，当给水压力发生变化而负荷不变时，锅炉水位也将会偏离规定的数值。

在图 1-1(a)的人工控制系统中，首先用眼睛观察安装在锅炉汽包上的玻璃管液位计中的水位数值，在大脑中将观察到的数值与规定的数值进行比较，得到偏差，并根据此差值的大小及变化趋势，控制人的双手开大或关小给水阀门。不断地重复上述过程，直到汽包水位维持在规定的数值上。从这一过程可以看出，人工控制的劳动强度很大，而且要求操作人员必须具有一定的操作经验。当过程参数变化较快或操作条件要求较严格时，这种控制方法就很难满足控制要求。

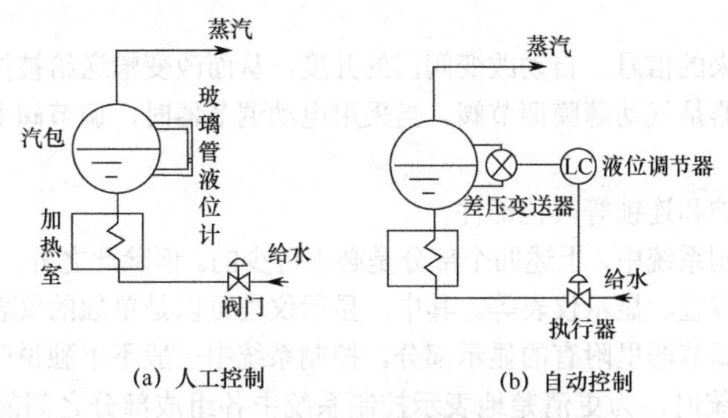

图 1-1 锅炉汽包水位控制示意图

与人工控制不同，图 1-1(b)的锅炉汽包水位自动控制系统中，采用过程测量仪表代替人眼的观察，得到水位数据，通过信号转换及传输装置将该数据送到过程控制仪表中（本图为液位控制器）。控制仪表（也称调节仪表）相当于人工控制中人的大脑，将变送器送来的信号与预先设定的水位信号进行比较得到两者的偏差，然后根据一定的控制算法（即调节器的调节规律）对该偏差加以计算得到相应的控制信号，将该信号传送给执行器（一般为自动调节阀），执行器根据控制信号的大小调节给水阀，改变给水量的大小。如此反复调节，直至水位恢复到规定的高度上，完成水位的自动控制。

在自动控制系统中，测量仪表、控制仪表、自动调节阀分别代替了人工控制中人的观察、思考和手动操作，因而大大降低了人的劳动强度；同时，仪表的信号测量、运算、传输、动作速度远远高于人的观察、思考和操作过程，因此自动控制可以满足信号变化速度快、控制要求高的场合。

从上面锅炉汽包水位的自动控制系统中可以看出，自动控制系统主要由两大部分组成：一部分是起控制作用的全套自动控制装置，包括测量仪表、变送器、控制仪表以及执行器等；另一部分是自动控制装置控制下的生产设备，即被控对象如锅炉、反应器、换热器等。在图 1-1(b)中，锅炉、差压变送器、调节器、执行器等构成一个完整的自动控制系统，而这几个部分在系统里是必不可少的。

过程控制系统一般由以下几部分组成。

（1）被控过程（或对象）

在自动控制系统中，工艺变量需要控制的生产设备或机器称为被控对象，简称对象。在化工生产中，各种塔器、反应器、泵、压缩机以及各种容器、贮罐、贮槽，甚至一段输送流体的管道或者复杂塔器（如精馏塔）的某一部分都可以是被控对象。图 1-1 中的锅炉即为锅炉汽包水位控制系统中的被控对象。

（2）测量元件和变送器

（用于生产过程参数的检测与变送仪表）测量需控制的工艺参数并将其转化为一种特定信号（电流信号或气压信号）的仪器，在自动控制系统中起着“眼睛”的作用，因此要求准确、及时、灵敏。

（3）调节器又称控制器

它将检测元件或变送器送来的信号与其内部的工艺参数给定值信号进行比较，得到偏差信号；根据这个偏差的大小按一定的运算规律计算出控制信号，并将控制信号传送给执行器。

（4）执行器

接收调节器送来的信号，自动改变阀门的开度，从而改变输送给被控对象的能量或物料量。最常用的执行器是气动薄膜调节阀。当采用电动调节器时，调节阀上还需增加一个电气转化器。

（5）报警、保护和连锁等其他部件

在一个自动控制系统中，上述四个部分是必不可少的。但除此之外，还有一些辅助装置，如给定装置、转换装置、显示仪表等。其中，显示仪表可以是单独的仪表，有时也可能是测量仪表、变送器和调节器里附有的显示部分。控制系统中一般不单独说明辅助装置。

在研究控制系统时，为更清楚地表示控制系统中各组成部分之间的相互影响和信息联系，一般用框图来表示控制系统的组成和作用。图 1-2 所示为一个简单控制系统的框图。

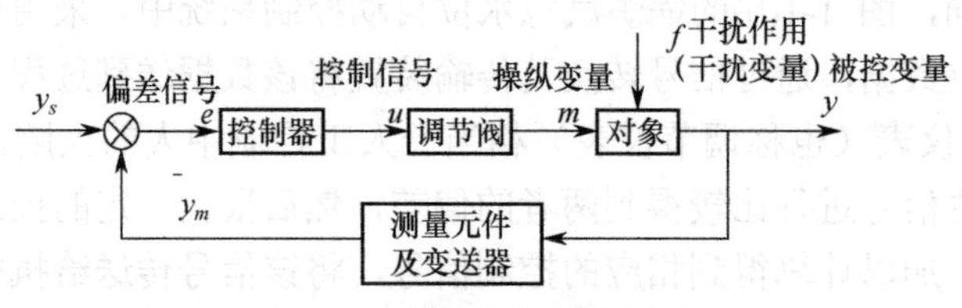

图 1-2　简单控制系统框图

图中的每个方框代表控制系统的一个组成部分，称为“环节”。环节具有单向性，即任何环节只能由输入得到输出，不能逆行。连接两个环节的带箭头的线条表示控制系统中传递的信息，也就是系统中各环节的输入输出的变量。箭头指出了信息的作用方向，箭头送入的信息为该环节的输入信号，箭头送出的信息为该环节的输出信号。每一个环节输出信号与输入信号之间的关系仅取决于该环节自身的特性。从整个系统来看，给定值信号和干扰信号是输入信号，被控变量或其测量值是系统的输出信号。框图中的圆圈为“加法器”，用于信号相加或相减，当两个信号相减，即 $e=y_s-y_m$ 时，又称为比较元件。

下面对框图中出现的一些控制系统常见术语加以解释说明。

被控变量 y：指需要控制的工艺参数，如锅炉汽包的水位、反应器的温度、燃料流量等，它是被控对象的输出信号。在控制系统框图中，它也是自动控制系统的输出信号。但它是理论上的真实值，而由测量变送器输出的信号是被控变量的测量值 y_m。

给定值（或设定值）y_s：对应于生产过程中被控变量的期望值。当其值由工业调节器内部给出时称为内给定值。最常见的内给定值是一个常数，它对应于被控变量所需保持的工艺参数值；当其值产生于外界某一装置并输入至调节器时称为外给定值。

测量值 y_m：由检测元件得到的被控变量的实际值。

操纵变量（或控制变量）m：受控于调节阀，用以克服干扰影响，具体实现控制作用的变量称为操纵变量，它是调节阀的输出信号。在图 1-1 所示的例子中，就是锅炉的给水流量。化工、炼油等工厂中流过调节阀的各种物料或能量，或者由触发器控制的电压或电流都可以作为操纵变量。

干扰（或外界扰动）f：除操纵变量以外能够引起被控变量偏离给定值的各种因素。最常见的干扰因素是负荷改变，电压、电流的波动，气候变化等。在锅炉水位控制中，蒸汽用量的变化就是一种干扰。

偏差信号 e：在理论上应该是被控变量的实际值与给定值之差，而能够直接获取的信息是被控变量的测量值。因此，通常把给定值与测量值的差作为偏差，即 $e=y_s-y_m$。在反馈控制系统中，调节器根据偏差信号的大小去控制操纵变量。

控制信号 u：控制器将偏差按照一定规律计算得到的量。

图 1-2 表示了一个过程控制系统的基本结构和控制过程。控制器（或称调节器）根据系统输出量检测值 y_m 与设定值 e 的偏差，按照一定的控制算法输出控制量 u，对被控过程进行控制。执行机构（如调节阀）接受控制器送来的控制信息调节被控量，从而达到预期的控制目标。过程的输出信号通过过程检测与变送仪表，反馈到控制器（或称调节器）的输入端，构成闭环控制系统。

图 1-3 是转炉供氧量控制系统示意图。转炉是炼钢工业生产过程中的一种重要设备。熔融的铁水装入转炉后，通过氧枪供给转炉一定的氧气，称之为吹氧。其目的是使铁水中的碳氧化燃烧，以不断降低铁水中的含碳量。控制吹氧量和吹氧时间，可以获得不同品种的钢产品。由图可见，从节流装置 1 采集到的氧气流量，送入流量变送器 FT2，再经过开方器 3，其结果送到流量控制器（调节器）FC4 作为流量反馈值，与供氧量的设定值比较，得到偏差值，经过流量控制器（调节器）FC4 进行 PID 运算，输出控制信号，去控制调节阀 5 的开度，从而改变供氧量的大小，以满足生产工艺要求。

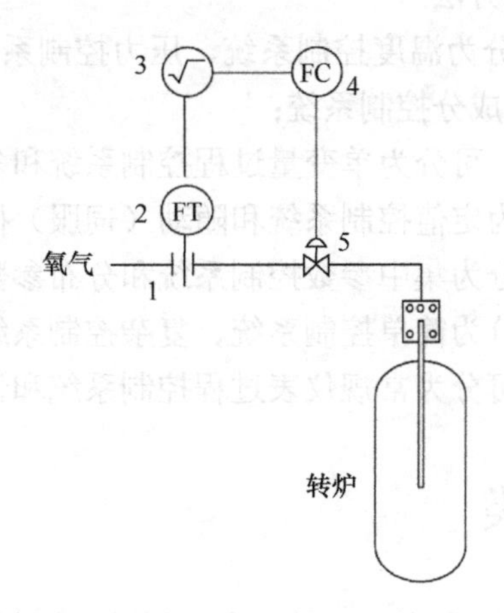

图 1-3 转炉供氧量控制系统示意图

1.3.2 过程控制系统特点

（1）被控过程的多样性

过程工业涉及各种工业部门，其物料加工成的产品是多样的。同时，生产工艺各不相同，如石油化工过程、冶金工业中的冶炼过程、核工业中的动力核反应过程等，这些过程的机理不同，甚至执行机构也不同，因此，过程控制系统中的被控对象（包括被控量）是多样的，明显地区别于运动控制系统。

（2）控制方案的多样性

过程工业的特点以及被控过程的多样性决定了过程控制系统的控制方案必然是多样的，这种多样性包含系统硬件组成和控制算法以及软件设计。观察图 1-2 所示过程控制系统的基本结构和图 1-3 所示过程控制系统的举例，早期的控制器是模拟调节仪表，如果将控制器、执行机构（如调节阀）和检测与变送仪表统称为过程检测控制仪表，则一个简单的过程控制系统是由被控过程和过程检测控制仪表两部分组成的，也称为仪表过程控制系统。随着现代工业生产的发展，工业过程越来越复杂，对过程控制的要求也越来越高，传统的模拟式过程检测控制仪表已经不能满足控制要求，因而采用计算机作为控制器组成计算机过程控制系统。从控制方法的角度看，有单变量过程控制系统，也有多变量过程控制系统。同时，控制算法多种多样，有 PID 控制、复杂控制，也有包括智能控制的先进控制方法，等等。

（3）被控过程属于慢过程且多属于参数控制

连续工业过程大惯性和大滞后的特点决定被控过程为慢过程。被控过程是物流变化的过程，伴随物流变化的信息（物性、成分、温度、压力、流量、液位或物位）表征为被控过程状态的参数，也是过程控制系统的被控量。

（4）定值控制是过程控制的主要形式

在多数生产过程中，被控参数的设定值为一个定值，定值控制的主要任务在于如何减小或消除外界干扰，使被控量尽量保持接近或等于设定值，使生产稳定。

（5）过程控制有多种分类方法

① 按被控变量分类，可分为温度控制系统、压力控制系统、流量控制系统、液位或物位控制系统、物性控制系统、成分控制系统；

② 按被控变量数量分类，可分为单变量过程控制系统和多变量过程控制系统；

③ 按设定值分类，可分为定值控制系统和随动（伺服）控制系统；

④ 按参数性质分类，可分为集中参数控制系统和分布参数控制系统；

⑤ 按控制算法分类，可分为简单控制系统、复杂控制系统、先进或高级控制系统；

⑥ 按控制器形式分类，可分为常规仪表过程控制系统和计算机过程控制系统。

1.4 过程控制系统分类

过程控制系统的分类方法有很多。但是，在分析过程控制系统的特性时，常常采用下面几种分类方法。

1.4.1 按给定值的特点划分

（1）定值控制系统

定值控制系统的给定值是恒定不变的，因此称为“定值”。控制系统的输出（即被控变量）应稳定在和给定值相对应的工艺指标上，或在规定工艺指标上下一定范围内变化。在生产过程中，大多数场合要求被控变量保持恒定或给定值附近。因此，定值控制系统是生产过程控制中最常见的。

（2）随动控制系统

随动控制系统的给定值是一个不断变化的信号，而且这种变化不是预先规定好的，也就是说，给定值的变化是随机的。这类系统的主要任务是使被控变量能够迅速地、准确无误地跟踪给定值的变化，因此这类系统又称为自动跟踪系统。在生产过程中多用于复杂控制系统。

（3）程序控制系统

程序控制系统的给定值也是一个不断变化的信号，但这种变化是一个已知的时间函数，即给定值按一定的时间程序变化。这类系统在间歇生产过程中的应用比较广泛，如食品工业中的罐头杀菌温度控制、造纸工业中制浆蒸煮温度控制等，它们要求的温度指标不是一个恒定的数值，而是一个按工艺规程规定好的时间函数，具有一定的升温时间、保温时间、降温时间等。

1.4.2 按系统输出信号对操纵变量影响划分

（1）闭环控制系统

在闭环控制系统中，系统输出信号的改变会返回并影响操纵变量，所以操纵变量不是独立的变量，它依赖于输出变量。闭环控制系统最常见的形式是负反馈控制系统。当操纵变量使系统的输出信号增大时，反馈影响操纵变量的结果使输出信号减小。负反馈是使系统稳定的基本条件。一个工业控制系统，当调节器进入“自动”运行时，就是一个闭环控制系统。如前所述，图 1-2 所示的自动控制系统无须操作者干预其运行，即可自动克服干扰作用的影响，使被控变量保持在给定值的附近。其控制作用依赖于对被控变量的测量。自动控制通过调节器输出的控制信号实现：调节器根据被控变量偏差信号的大小产生相应的控制作用，改变操纵变量，克服干扰作用的影响。

（2）开环控制系统

开环控制系统的操纵变量不受系统输出信号的影响。为了使系统的输出满足事先规定的要求，必须周密而精确地计算操纵本来的变化规律。一个工业控制系统，当反馈回路断开或调节器置于“手操”位置时，就成为开环控制系统。图 1-1(a)中所示的人工控制即为开环控制系统。

1.4.3 按系统的复杂程度划分

（1）简单控制系统

一般称图 1-2 所示的控制系统为简单控制系统。这类控制系统只有一个简单的反馈回路，所以也称为单回路控制系统。

（2）复杂控制系统

工程上的控制系统常常比较复杂，表现为在系统中包含多个调节器、检测变送器或执行器，从而形成系统中存在多个回路，或者在系统中存在多个输入信号和多个输出信号。为了和简单控制系统相区别，称其为复杂控制系统。图 1-4 所示的夹套式反应器温度控制系统就是具有两个回路的控制系统，该反应器的温度 T_1 通过进入夹套的蒸汽量加以控制。图中 TC 为温度调节器，TT 为温度控制变送器。

图 1-5 为该控制系统的框图，从图中可以看出，这是具有两个反馈回路的控制系统，工程上又称为串级控制系统。此外，还有更多的回路或更复杂的形式。

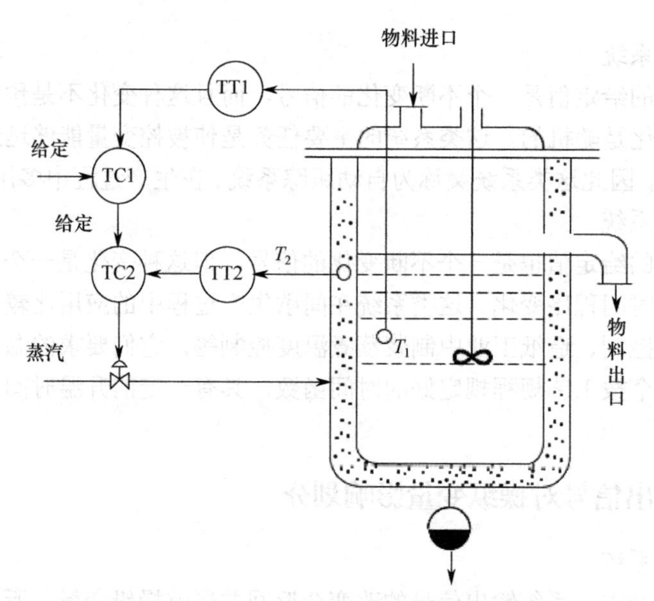

图 1-4 夹套式反应器温度控制系统示意图

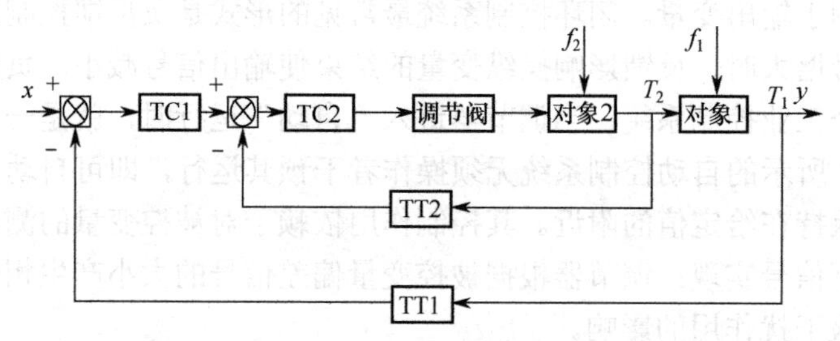

图 1-5 夹套式反应器温度控制系统框图

1.4.4 按系统克服干扰的方法划分

（1）反馈控制系统

如图 1-6 所示，当干扰 f 使系统的被控变量发生改变时，被控变量反馈至系统输入端，与给定值相比较并得到偏差信号，经调节器及调节阀影响操纵变量以减弱或消除被控变量的变化。

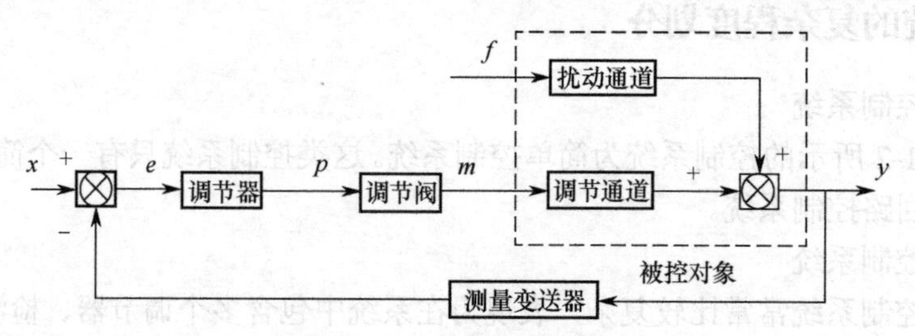

图 1-6 反馈控制系统框图

（2）前馈控制系统

如图 1-7 所示，当干扰 f 引起被控对象的输出 y_2 改变时，控制系统测得干扰信号的大小，并输入前馈补偿器（或称前馈控制器），由前馈补偿器的输出去控制操纵变量 m，引起被控对象输出 y_1 的改变，且 y_1 与 y_2 的方向相反，由此减弱或消除被控变量 y 受干扰影响而产生的变化。当前馈完全补偿时，有 $y = y_1 + y_2 = 0$。

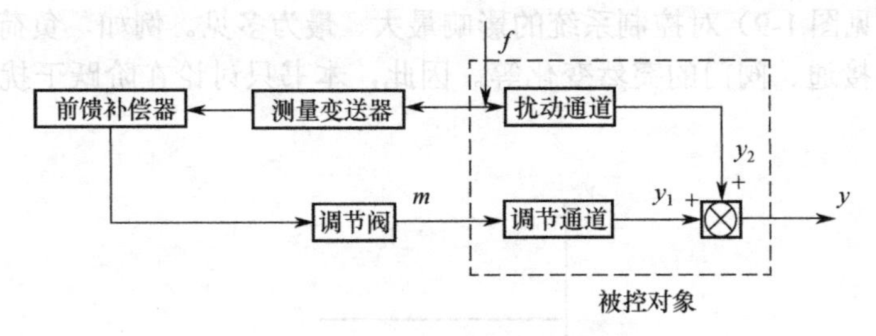

图 1-7　前馈控制系统框图

（3）前馈—反馈控制系统

当以上两种控制系统复合在一起时，就构成了前馈—反馈控制系统，如图 1-8 所示。这种系统在受到干扰 f 的影响时，可以通过前馈补偿器使被控变量不变，若前馈补偿不完全，还可以通过反馈控制系统加以修正。控制系统受其他因素影响，或系统的给定值发生改变时，则由反馈控制系统加以控制。

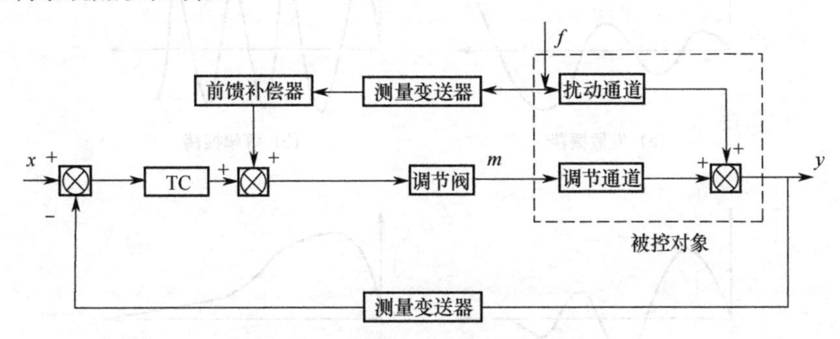

图 1-8　前馈—反馈控制系统框图

在工程上控制系统的形式多种多样，各具特点。例如，在计算机控制系统中，由于信号以断续的脉冲形式出现，它和一般连续信号是有区别的，因而成为离散控制系统或采样控制系统。随着自动控制技术的不断进步和完善，以及智能化仪表和计算机控制的应用，自动控制系统的形式越来越多，有些控制系统可以是不同类型系统的组合，这里不再一一说明。

1.5　过程控制系统过渡过程及其性能指标

处于平衡状态下的自动控制系统受到干扰作用后，被控变量会发生变化而偏离给定值，系统进入过渡过程。自动控制系统的作用就是检测变化、计算偏差并消除偏差。在这一过程中，被控变量的变化情况、偏离给定值的最大程度以及系统消除偏离的速度、精度等都是衡量自动控制系统质量的依据。

1.5.1　控制系统的过渡过程

从被控对象受到干扰作用使被控变量偏离给定值时起，调节器开始发挥作用，使被控变量回复到给定值附近范围内。然而，这一回复并不是瞬间完成的，而是要经历一个过程，这个过程就是控制系统的过渡过程。它是控制系统在闭环情况下，在干扰和自动控制的共同作用下形成的。在生产过程中，干扰的形式是多种多样的，而且大部分都属于随机性质，其中阶跃干扰（见图 1-9）对控制系统的影响最大、最为多见。例如，负荷的变化、直流电路的突然断开或接通、阀门的突然变化等。因此，本书只讨论在阶跃干扰影响下控制系统的过渡过程。

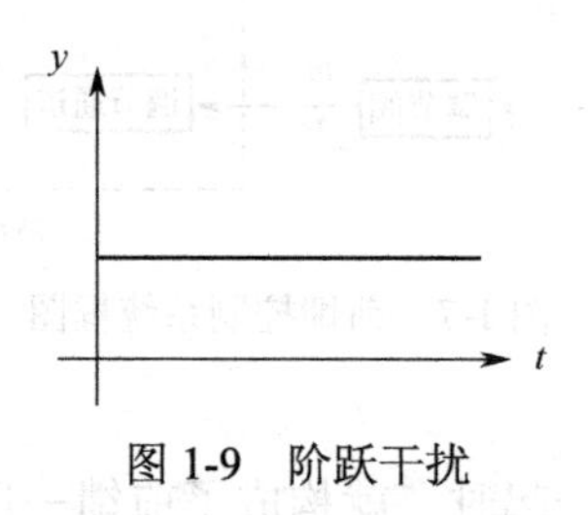

图 1-9　阶跃干扰

在阶跃干扰的作用下，控制系统的过渡过程有如图 1-10 所示的几种基本形式。

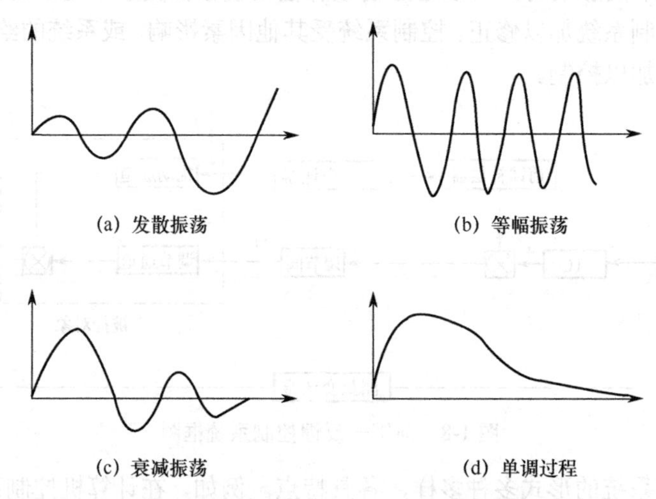

(a) 发散振荡　(b) 等幅振荡

(c) 衰减振荡　(d) 单调过程

图 1-10　过渡过程的几种基本形式

发散振荡过程如图 1-10(a)所示，它表明系统在受到阶跃干扰的作用后，不但不能使被控变量回到给定值，反而越来越偏离给定值，以致超出生产的给定限度。严重时引起事故。这是一种不稳定的过渡过程，因此要尽量避免。

等幅振荡过程如图 1-10(b)所示，被控变量在某稳定值附近振荡，而振荡幅度恒定不变。这意味着系统在受到阶跃干扰作用后，就不能再稳定下来，一般不采用。对于某些工艺上允许被控变量在一定范围内波动的、控制质量要求不高的场合，这些形式的过渡过程还是可以采用的。

衰减振荡过程如图 1-10(c)所示，被控变量在稳定值附近上下波动，经过两三个周期后稳定下来。这是一个稳定的过渡过程，在过程控制中，多数情况下都希望得到这样的过渡过程。

非振荡的单调过程如图 1-10(d)所示，它表明被控变量最终稳定下来，是一个稳定的过渡过程。但与衰减振荡相比，其回复到平衡状态的速度慢、时间长，因此一般不采用。

综上所述，自动控制系统的过渡过程，首先应是一个渐趋稳定的过程，这是满足生产要求的基本保证；其次，在大多数场合下，应是一个衰减振荡的过程。

1.5.2　控制系统的性能指标

工业过程对控制的要求，可以概括为准确性、稳定性和快速性。另外，定值控制系统和随动（伺服）控制系统对控制的要求既有共同点，也有不同点。定值控制系统的关键在于恒定，即要求克服干扰，使系统的被控参数稳、准、快地保持接近或等于设定值。而随动（伺服）控制系统的主要目标是跟踪，即稳、准、快地跟踪设定值。根据过程控制的特点，我们主要讨论定值检测的性能指标。图 1-11 分别为定值过程控制系统和随动过程控制系统阶跃响应曲线。

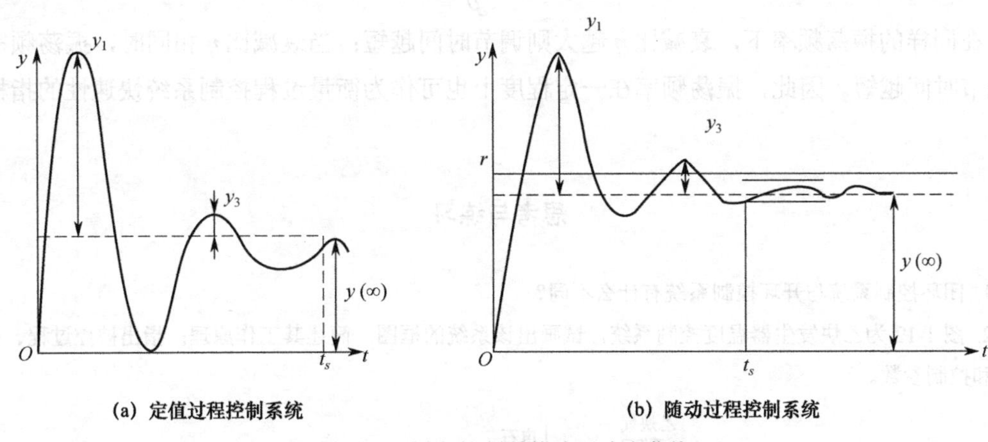

(a) 定值过程控制系统　　(b) 随动过程控制系统

图 1-11　过程控制系统阶跃响应曲线

（1）衰减比 η 和衰减率 ψ

衰减比是衡量振荡过程衰减程度的指标，等于两个相邻同向波峰值之比，即

$$\eta = \frac{y_1}{y_3}$$

衡量振荡过程衰减程度的另一种指标是衰减率，它是指每经过一个周期以后，波动幅度衰减的百分数，即

$$\psi = \frac{y_1 - y_3}{y_1}$$

衰减比习惯上用 η ：1 表示。在实际生产中，一般希望过程控制系统的衰减比为 4：1 到 10：1，它相当于衰减率 $\psi = 0.75$ 到 $\psi = 0.9$ 。若衰减率 $\psi = 0.75$ ，则振荡两个完整波就认为系统进入稳态。

（2）最大动态偏差和超调量

最大动态偏差是指在阶跃响应中，被控参数偏离其最终稳态值的最大偏差量，一般表现在过渡过程开始的第一个波峰，如图 1-11 中的 y_1。最大动态偏差占被控量稳态值的百分比称为超调量。最大动态偏差能直接反映到生产记录曲线上，特别是在越来越先进的计算机过程控制系统中，能够更为方便直观地在监视器屏幕上观察到被控参数的实时响应波形。最大动态偏差是过程控制系统动态准确性的衡量指标。

（3）余差

余差是指过渡过程结束后，被控量新的稳态值 $y(\infty)$ 与设定值 r 的差值。它是过程控制系统稳态准确性的衡量指标。

（4）调节时间 t_s 和振荡频率 β

调节时间 t_s 是从过渡过程开始到结束的时间。理论上，它应该为无限长。但一般认为，当被控量进入其稳态值的±5%范围内，就算过渡过程已经结束，这时所需的时间就是调节时间 t_s，如图 1-11 所示。调节时间 t_s 是过程控制系统快速性的指标。

过渡过程的振荡频率 β 是振荡周期 p 的倒数，即

$$\beta = \frac{2\pi}{p}$$

在同样的振荡频率下，衰减比 η 越大则调节时间越短；当衰减比 η 相同时，振荡频率越高调节时间越短。因此，振荡频率在一定程度上也可作为衡量过程控制系统快速性的指标。

思考与练习

1. 闭环控制系统与开环控制系统有什么不同？

2. 图 1-12 为乙炔发生器温度控制系统，试画出该系统的框图。简述其工作原理；指出被控过程、被控参数和控制参数。

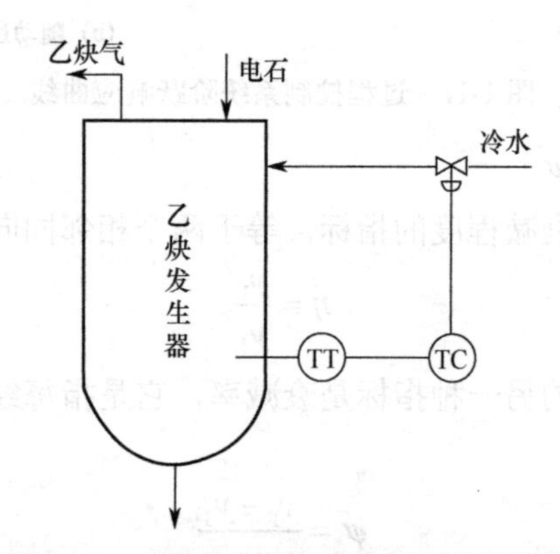

图 1-12 乙炔发生器温度控制系统示意图

3. 在图 1-13 所示的换热器出口温度控制系统中，工艺要求热物料出口温度保持为某一设定值。

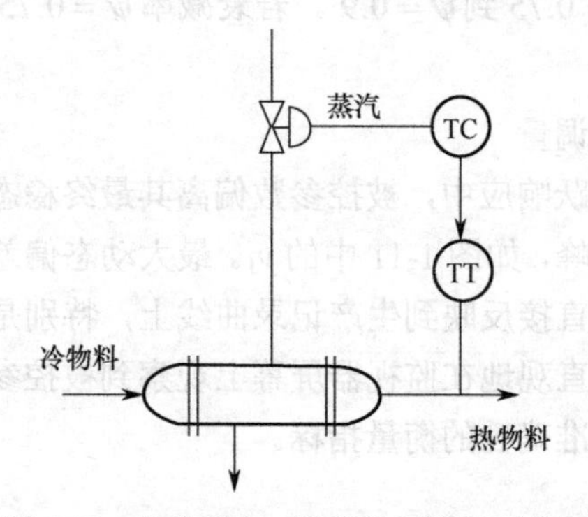

图 1-13 换热器出口温度控制系统示意图

① 试画出该控制系统的框图。

② 框图中各环节的输入信号和输出信号是什么？整个系统的输入信号和输出信号又是什么？

③ 系统在遇到干扰作用（例如冷物料流量突然增大 Δq_v）时，该系统是如何实现自动控制的？

4. 图 1-14 为贮槽液位控制系统，工艺要求液位保持为某一数值。

① 试画出该系统的框图。

② 指出该系统中被控对象、控制变量、操纵变量、干扰作用各是什么？

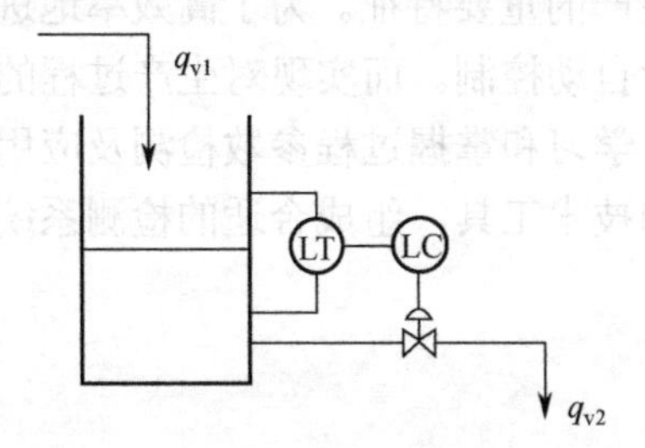

图 1-14　贮槽液位控制系统示意图

5. 衰减比 η 和衰减率 ψ 可以表征过程控制系统的什么性能？

6. 最大动态偏差与超调量有何异同？

7. 试分析衰减比对过渡过程的影响，并画出衰减比分别为 $n<1$，$n=1$，$n>1$，$n\to\infty$时的过渡过程曲线。

8. 图 1-15 所示是某温度记录仪上面画出的曲线图，试写出最大偏差、衰减比、余差、振荡周期，如果工艺上要求控制温度为（40±20℃），那么该控制系统能否满足要求？

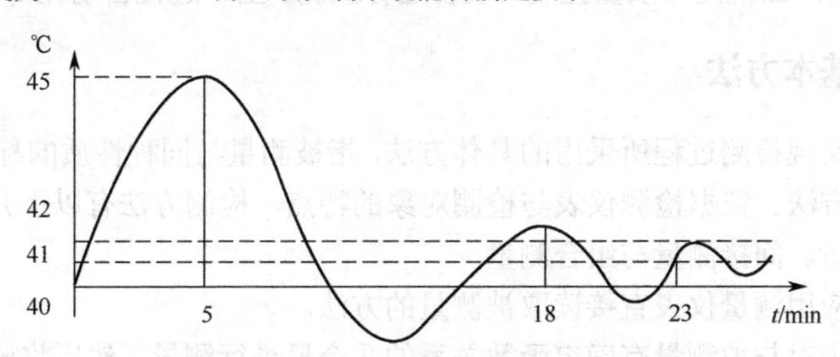

图 1-15　扰动下的温度响应曲线示意图

第2章　过程检测技术

生产过程自动化是现代生产的重要特征。为了高效率地进行生产操作、提高产品的质量和产量，必须对生产过程进行自动控制。而实现对生产过程的自动控制，首先必须对生产过程的各参数进行可靠的测量。学习和掌握过程参数检测及应用，能够根据检测原理及方法在科研和生产中正确选择所需的技术工具，组成合适的检测系统，完成检测任务。

2.1　检测概述

检测是利用敏感元件与被测物体或生产过程直接或间接接触，拾取其反映物理、化学、热学、电学、力学和生物等各种过程信息，将信息进行转换并传递到显示仪表上显现出来。该过程是人类揭示物质运动规律、定性了解与定量掌握事物本质、从事生产等活动不可缺少的技术手段。

信息时代，以信息获取、信息转换和信息处理为主要内容的检测技术已成为一门完整的技术科学，并成为产品检测与质量控制、设备运行监测、生产过程自动化等的重要组成部分。

2.1.1　检测的基本方法

检测方法是实现检测过程所采用的具体方法，指被测量与同种性质的标准量（即单位量）进行比较的实验方法。依据检测仪表与检测对象的特点，检测方法有以下几种分类。

（1）直接测量、间接测量与组合测量

直接测量指应用测量仪表直接读取被测量的方法。

间接测量指先对与被测量有确定函数关系的几个量进行测量，然后将测量值代入函数关系式，经过计算获得被测量的方法。

组合测量是先直接测量与被测量有一定函数关系的某些量，然后在一系列直接测量的基础上，通过求解方程组获得测量结果的方法。

（2）等精度测量与非等精度测量

等精度测量指用相同仪表和测量方法对同一被测量进行多次重复测量。

非等精度测量指用不同精度的仪表或不同的测量方法对同一被测量进行多次重复测量。

（3）接触式测量与非接触式测量

接触式测量指仪表检测元件与被测对象直接接触获得测量信号的测量方法。

非接触式测量指仪表不直接接触被测对象，而是间接承受被测参数的作用或变化，达到检测目的的方法。

（4）偏差式、零位式与微差式测量

偏差式测量是指用仪表指针的位移（即偏差）来表示被测量的测量方法。

零位式测量也称为平衡式测量，测量时用被测量与标准量相比较，用指零仪表指示被测量与标准量平衡，从而获得被测量。

微差式测量综合了偏差式测量与零位式测量的优点，它将被测量与已知的标准量相比较，取得差值后，再用偏差法测得此差值。

2.1.2　测量误差与分类

检测器是用来度量被测量的，测量的方法和测量的结果及其误差都是要考虑的问题。所以，在此介绍一下测量误差的概念、分类及处理。

（1）测量误差的基本概念

在实际测量过程中，测量设备精度的限制、测量方法的不同、测量环境的影响，都会使测量结果与测量的真实值不一致。测量结果与被测量真实值之差就是测量误差，其大小反映测量质量的好坏。

真值：在一定的时间及空间（位置或状态）条件下，被测量所体现的真实数值。它是一个理想的概念，一般是无法得到的。所以在计算误差时，一般用约定真值或相对真值来代替。通常所说的真值可以分为“理论真值”、“约定真值”和“相对真值”。

约定真值：用约定的办法确定的最高基准值，它被认为充分接近于真值，因而可以代替真值使用。如基准米定义为“光在真空中 1/299792458 秒的时间内的行程长度”。

相对真值：将测量仪表按精度不同分为若干等级，高等级的测量仪表的测量值即为相对真值，有时也叫实际值。

标称值：计量或测量器具上的标注值，如标准砝码上标出的 1kg。

示值：由测量仪器或测量系统给出的量值。

（2）测量误差的分类与处理

1）测量误差的分类

本节主要介绍两种比较常见的测量误差。

① 按表示方法划分为绝对误差、相对误差、引用误差、满度引用误差和容许误差等。

绝对误差：某一被测量的值 x 与真值 x_0 的差

$$\Delta x = x - x_0$$

其中，x 为测量值，可用测量仪器的示值、标准量具的标称值、标准信号源的调定值代替；x_0 为被测量的真值，常用约定真值或相对真值代替。绝对误差不能说明测量质量的好坏。

相对误差：用来表示测量精度的高低，分为实际相对误差和标称（示值）相对误差。

实际相对误差用绝对误差 Δx 与被测量约定真值 x_0 的比值（百分比）表示，即

$$r_{\text{a}} = \frac{\Delta x}{x_0} \times 100\%$$

标称（示值）相对误差是绝对误差与仪器示值的比值，即

$$r_{\text{b}} = \frac{\Delta x}{x} \times 100\%$$

引用误差：也称满度相对误差，它是用绝对误差与仪表量程 x_{m} 的比来表示的，即

$$r_{\text{m}} = \frac{\Delta x}{x_{\text{m}}} \times 100\%$$

该误差是为了评价测量仪表精度而引入的，实际中常用最大引用误差（满度引用误差）

来表述。

满度引用误差（简称满度误差）为

$$r_{mm} = \frac{|\Delta x|_{max}}{x_m} \times 100\%$$

其中，$|\Delta x|_{max}$ 为绝对误差最大值。

容许误差：根据技术条件的要求，规定测量仪器误差不应超过的最大范围。它是衡量仪器的重要指标，仪器的准确度和稳定度可用容许误差来表示。它常用绝对误差形式来表达。

② 按误差性质划分为系统误差、随机误差和粗大误差。

系统误差：相同条件下，同一被测量被重复测量时，误差固定不变，或按照一定规律变化的误差。它定义为无限多次测量结果的平均值减去该被测量的真值。

随机误差：在相同条件下，对同一物理量多次重复测量时，受偶然因素影响而出现的没有一定规律的测量误差。它定义为测量示值减去在重复条件下同一被测量无限多次测量的平均值。

粗大误差：疏忽误差，测量结果明显偏离真实值对应的误差。

2）测量误差的处理

对误差的处理：消除或减小。能够消除的，应该消除；消除不了的，应予以减小。

系统误差的发现与处理比随机误差难，对它的消除或减小应考虑以下几方面：

① 从来源上考虑，如选择仪器设备、测量环境、测量条件、测量方法，提高测量人员素质等。

② 利用修正法，对测量结果进行修正，要定期检查和校准仪器。

③ 采用一些特殊的测量技术和方法。

对随机误差，根据随机误差的特点，多次测量、反复比较，用统计规律描述和确定。对粗大误差，采用剔除数据的方法。

2.1.3 检测仪表与系统

检测仪表是实现检测过程的物质载体，它将被测量经过一次或多次的信号或能量形式的转换，再由显示仪表显现测量值，从而实现被测量的检测。检测仪表原则上具有传感器、变送器、显示仪表等几个基本环节，以实现信号获取、转换和显示等功能。

（1）传感器　也称为敏感元件或一次元件，是检测仪表与被测对象的接口装置。其作用是感受被测量的变化并产生一个与被测量有某种函数关系的输出信号。

（2）变送器　其作用是将敏感元件（传感器）输出的信号转换成既能保存原始信号全部信息，又更易于处理、传输及测量的变量。对变送器的要求是能够准确稳定地实现信号的传输、放大和转换。

（3）显示仪表　又称二次仪表，其作用是将测量信息转化成人体器官所能接受的形式，是实现人机对话的重要环节。显示仪表可实现瞬时或累积量显示、越限和极限报警、测量信息记录和数据自动处理等功能。显示仪表有模拟显示、数字显示与屏幕显示三种形式。

一般情况下，一台检测仪表只可以实现一个参数的检测。但有时一个参数的检测需要多台检测仪表，这种由若干台检测仪表所构成的系统称为检测系统。检测仪表是检测系统的基本单元，一台检测仪表可以构成一个检测系统，也可以是一个检测环节。检测系统是由检测环节、变换环节以及显示或输出环节三部分组成的，如图 2-1 所示。

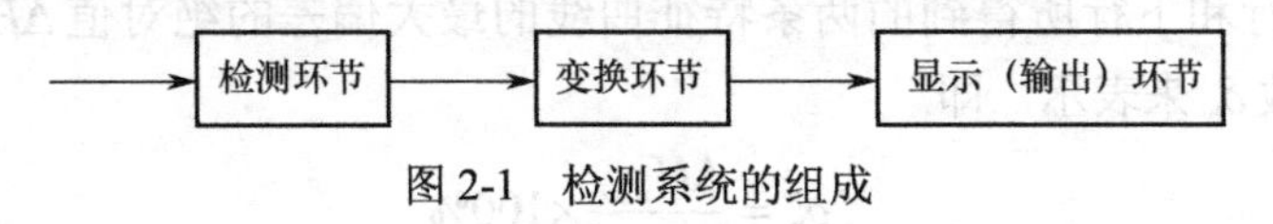

图 2-1　检测系统的组成

2.1.4　检测性能指标

衡量仪表性能好坏和质量优劣的依据是仪表的性能指标，该指标也是正确选择仪表和使用仪表以达到准确测量目的所必须具备和了解的知识。以下是检测仪表的主要性能指标。

（1）测量范围与量程

测量范围是指在正常工作条件下，检测系统或仪表能够测量的被测量值的总范围，其最低值和最高值分别称为测量范围的下限与上限，测量范围上限与下限的代数差称为测量量程。

（2）准确度与精度等级

准确度又称精确度，是指测量结果与实际值相一致的程度。准确度是测量的一个基本特征，通常是仪表允许误差与量程之比的百分数，即

$$\text{准确度}=\frac{\text{仪表的允许误差}}{\text{仪表的量程}}\times 100\%=\frac{\Delta_{\max}}{a-b}\times 100\%$$

式中，$\Delta_{\max}$ 是仪表所允许的误差界限，即允许误差；a，b 是仪表测量范围的上限值与下限值。

仪表的精度等级按照国家规定的允许误差范围分为若干等级，主要包括 0.005、0.02、0.05、0.1、0.2、0.5、1.0、1.5、2.5、4.0 等几种级别。一般仪表精度等级为 0.5～4.0 级。

【例 2.1】某台测温仪表，其测量范围为 100～600℃，经检验发现仪表的基本误差为±7℃，试确定该仪表的精度等级。

解：该仪表的最大引用误差为

$$r_{\mathrm{mm}}=\pm\frac{7}{600-100}\times 100\%=\pm 1.4\%$$

如果将该仪表的最大引用误差去掉“±”和“%”后，其数值为 1.4，由于国家规定的精度等级中没有 1.4 级的仪表，该仪表的最大引用误差大于 1.0 级仪表的允许误差（±1.0%），所以该仪表的精确度等级为 1.5 级。

可以看出，仪表基本误差越小，准确度越高；基本误差不变时，仪表的量程越大，准确度越高，反之越低。

（3）线性度

在规定条件下，传感器标定曲线与拟合直线间的最大偏差与满量程输出的百分比，称为线性度（线性度又称为“非线性误差”），如图 2-2 所示，图中 a 表示标定曲线，b 表示拟合直线。用标定曲线与拟合直线之间最大偏差 $\Delta L_{\max}$ 与满量程 $Y_{\max}$ 比值的百分数来表征线性度 L_{N}，即

$$L_{\mathrm{N}}=\frac{\Delta L_{\max}}{Y_{\max}}\times 100\%$$

（4）回差

回差也称迟滞误差，指在外界条件不变的前提下，使用同一仪表对某一参数进行正行程（由小到大）和反行程（由大到小）测量，两示值之差为回差。图 2-3 中，用仪表全部测量范围内被测量值上行和下行所得到的两条特征曲线的最大偏差的绝对值 $\Delta H_{\max}$ 与仪表满量程 $Y_{\max}$ 之比的百分数 δ_{h} 来表示，即

$$\delta_{\mathrm{h}} = \frac{\Delta H_{\max}}{Y_{\max}} \times 100\%$$

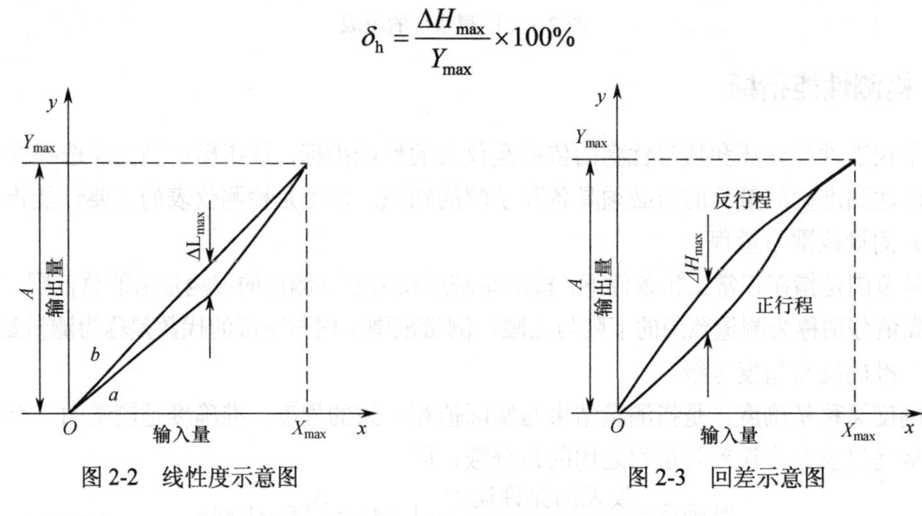

图 2-2 线性度示意图　　图 2-3 回差示意图

（5）灵敏度

灵敏度是指仪表或装置在到达稳态后，输入量变化引起的输出量变化的比值，或者说输出增量 Δy 与输入增量 Δx 之比 K，即

$$K = \frac{\Delta y}{\Delta x}$$

灵敏度亦可直观地理解为单位输入变量所引起的指针偏转角度或位移量。

2.1.5 检测仪表的分类

实际生产过程的复杂性与被测对象的多样性决定了测量方法与测量仪表的多样性。检测仪表的分类方法常见的有如下几种：

（1）按被测参数的性质分类

按照被测参数的性质分为过程参数、电气参数和机械参数检测仪表。过程参数主要包括温度、压力、流量、液位、成分等；电气参数包括电能、电流、电压、频率等；机械参数包括重量、距离、振动、缺陷、故障等。

（2）按使用性质分类

按使用性质分为实用型仪表、范型仪表和标准型仪表三种。实用型仪表用于实际测量，包括工业用表与实验用表；范型仪表用于复现和保持计量单位，或用于对实用型仪表进行校准和刻度；标准型仪表用于保持和传递国家计量标准，并用于对范型仪表的定期检定。

（3）其他分类方式

按工作原理不同分为模拟式、数字式和图像式等；按仪表功能的不同分为指示仪、记录仪、累积仪等；按仪表系统组成方式的不同分为基地式仪表和单元组合式仪表；按仪表结构的不同分为开环式仪表与闭环式（反馈式）仪表。

2.2 温度检测

2.2.1 概述

温度是表示物体冷热程度的物理量，自然界许多物质的物理变化或化学变化都与温度有关。温度在工业生产过程中是一种最常见、最基本的参数，对它的检测与控制是实现众多产品优质高产的重要条件，温度在过程控制中一直受到重视。

温度的测量方法很多，从测量元件与被测介质是否接触的角度，大致可将温度测量仪表分为接触式和非接触式。接触式测温是使感温元件直接与被测物体接触，通过热交换感受被测物的冷热程度及其变化；非接触式测温是感温元件与被测物体互不接触，而是通过接收热辐射或热对流来实现测量。

具体来说，接触式测温方法有热电效应测温、热电阻测温、膨胀式测温、压力式测温等；非接触式测温方法有光学测温、辐射测温、比色测温等。详见表2-1。

表2-1 主要测温方法及特点[1]

测温方法	测温种类和仪表		测温范围/℃	主要特点
接触式	膨胀式	玻璃液体	−100～600	结构简单、使用方便、测量精度较高、价格低廉；测量上限和精度受玻璃质量的限制，易碎，不能远传
接触式	膨胀式	双金属	−80～600	结构紧凑、牢固、可靠；测量精度较低、量程和使用范围有限
接触式	压力式	液体	−40～200	耐震、坚固、防爆、价格低廉；工业用压力式温度计精度较低、测温距离短、滞后大
接触式	压力式	气体	−100～500	耐震、坚固、防爆、价格低廉；工业用压力式温度计精度较低、测温距离短、滞后大
接触式	热电阻	铂电阻	−260～850	测量精度高，便于远距离、多点、集中检测和自动控制；不能测高温，须注意环境温度的影响
接触式	热电阻	铜电阻	−50～150	测量精度高，便于远距离、多点、集中检测和自动控制；不能测高温，须注意环境温度的影响
接触式	热电阻	半导体热敏电阻	−50～300	灵敏度高、体积小、结构简单、使用方便；互换性较差，测量范围有一定限制
接触式	热电效应	热电偶	−200～1800	测量范围广、测量精度高，便于远距离、多点、集中检测和自动控制；需自由端温度补偿，在低温段测量精度较低
非接触式	辐射式	光学	0～3500	不破坏温度场，测温范围大，可测运动物体的温度；易受外界环境的影响，标定较困难
非接触式	辐射式	辐射	0～3500	不破坏温度场，测温范围大，可测运动物体的温度；易受外界环境的影响，标定较困难
非接触式	辐射式	比色	0～3500	不破坏温度场，测温范围大，可测运动物体的温度；易受外界环境的影响，标定较困难
非接触式	辐射式	光电	0～3500	不破坏温度场，测温范围大，可测运动物体的温度；易受外界环境的影响，标定较困难
非接触式	辐射式	红外辐射	0～3500	不破坏温度场，测温范围大，可测运动物体的温度；易受外界环境的影响，标定较困难

温标是温度的标尺和度量单位，常用的有如下3种：

- 摄氏温标（℃），该温标可用t表示。在标准大气压下，冰的熔点为0℃，水的沸点为100℃，中间划分为100等份，每等份为1摄氏度，其符号为℃。
- 华氏温标（℉），该温标可用F表示，$F= (9/5)t+32$。在标准大气压下，冰的熔点为32℉，水的沸点为212℉，中间划分为180等份，每等份为1华氏度，其符号为℉。
- 热力学温标又称开尔文温标，该温标可用T表示，$T = t+273.16$。它规定分子运动停止时的温度为绝对零度，其符号为K。

2.2.2 热电偶及测温原理

热电偶具有结构简单、性能稳定、响应速度快等特点，主要用于中高温场合，在冶金、建材、石油等生产行业大量应用。

（1）热电偶的结构与类型

热电偶是由两种不同导体或半导体材料焊接而成的，焊接的一端称为热端、测温端或工作端，测温时被插入测温场中；另一端与导线或显示仪表连接，称为冷端、参考端或自由端，测温时被置于测温场外。

无论何种结构，热电偶一般都是由热电极、绝缘管、保护套管和接线盒等组成的。热电偶典型结构如图 2-4 所示。

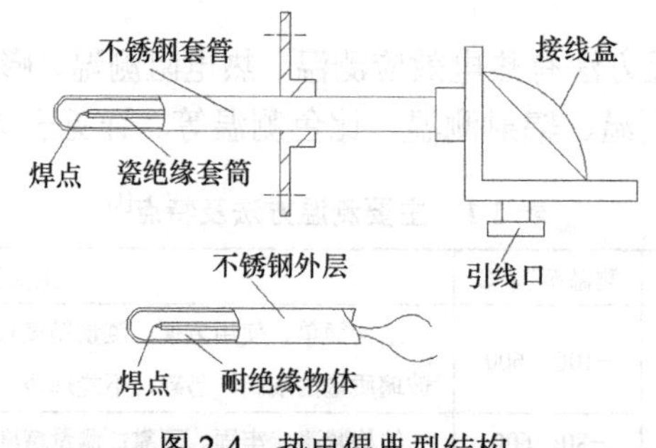

图 2-4 热电偶典型结构

工业常用热电偶分为标准热电偶和非标准热电偶两类。标准热电偶规定了热电动势与温度的关系、允许误差，并有统一的标准分度表，也有与之配套的显示仪表供选用。按国际电工委员会（International Electrotechnical Commission，IEC）制定的标准，标准热电偶有 8 种，详见表 2-2；非标准热电偶没有统一的分度表，一般用于特殊的场合。

表 2-2 标准热电偶

型号标志	材　　料	温度范围/℃	特　　点	适用场合
S	铂铑 10-铂[①]	−50～1768	性能稳定，抗氧化，测温范围广，精度高，但线性度差，价格高	精密测量，有氧化性和惰性气体环境
B	铂铑 30-铂铑 6	0～1820	同上	测高温，不适于还原性气体场合
K	镍铬-镍硅	−270～1372	测温范围广，热电动大，线性度好，价格低廉，但稳定性较前两种差	中高温测量
E	镍铬-铜镍合金（康铜）	−270～1000	热电动势大，中低温稳定性好，价格低廉	中低温测量，有氧化性和惰性气体环境
J	铁-铜镍合金（康铜）	−210～1200	热电动势较大，价格低廉	多用于化工行业
T	铜-铜镍合金（康铜）	−270～400	精度高，价格低廉，易氧化	低温测量
N	镍铬硅-镍硅	−270～1300	高温时稳定性和使用寿命比 K 型好，性能与 S 型接近，价格低廉	高温场合
R	铂铑 H-铂 铂铑 13-铂	−50～1768	热电动势较大，与 S 型热电偶性能相近	与 S 型热电偶相同

① 铂铑 10-表示铂 90%，铑 10%，其他类同。

（2）热电偶的测温原理

热电偶的测温原理是以热电效应为基础的。将两种不同的导体 A 和 B 组成一个闭合回路，如图 2-5 所示，分别将两端置于不同的温度中，回路中就会产生热电动势，这种现象就是热电效应。由两个不同导体组成，利用热电效应将温度转换为热电动势的传感元件就是热电偶。在两个接点中，右端温度高的接点称为热端，左端温度低的接点称为冷端。

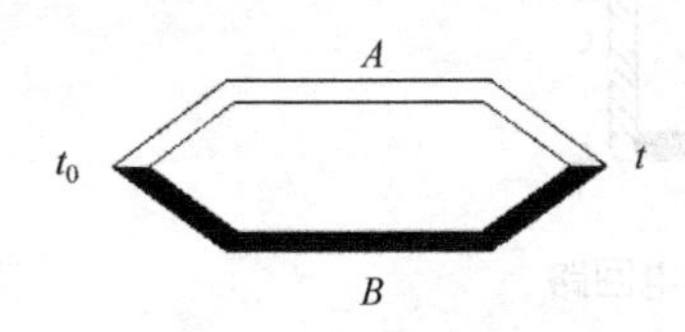

图 2-5　热电偶热电效应

由热电效应可知，闭合回路中产生的热电势由两部分组成，即接触电势和温差电势。实验结果表明，温差电势比接触电势小很多，可忽略不计，则热电偶的总电动势可表示为

$$E_{AB}(t,t_0)=e_{AB}(t)-e_{AB}(t_0) \tag{2-1}$$

对于已选定的热电偶，当 t_0 一定时，$e_{AB}(t_0)=C$ 为常数，则对确定的热电偶电极，其总电势只与温度 t 成单值函数关系

$$E_{AB}(t,t_0)=e_{AB}(t)-C \tag{2-2}$$

这一关系式在实际测量中很重要，即只要测出 $E_{AB}(t,t_0)$ 的大小，就能得到被测温度 t。

（3）热电偶基本定律

① 均质导体定律　由两种均质导体组成的热电偶，其热电动势的大小只与两种材料及两接点温度有关，与热电偶的尺寸大小、形状及沿电极各处的温度分布无关。如果材料不均匀，当导体上存在温度梯度时，就会有附加电动势产生。

② 中间导体定律　如图 2-6 所示，将 A、B 构成的热电偶的 t_0 端断开，接入第三种导体 C，并使 A 与 C 接触处的温度均为 t_0，则接入导体 C 后对热电偶回路中的总电势没有影响。证明如下。

由于温差电势忽略不计，则回路中的总电势等于各接点的接触电势之和，即

$$E_{ABC}(t,t_0)=e_{AB}(t)+e_{BC}(t_0)+e_{CA}(t_0) \tag{2-3}$$

当 $t=t_0$ 时，有

$$E_{ABC}(t,t_0)=e_{AB}(t_0)+e_{BC}(t_0)+e_{CA}(t_0)=0 \tag{2-4}$$

由上式可得

$$e_{BC}(t_0)+e_{CA}(t_0)=-e_{AB}(t_0)$$

代入式（2-3）得

$$E_{ABC}(t,t_0)=e_{AB}(t)-e_{AB}(t_0)=E_{AB}(t,t_0) \tag{2-5}$$

同理，热电偶回路中接入多种导体后，如果接入的每种导体两端温度相同，则对热电偶的热电动势没有影响。热电偶的这一特性，同时允许回路中接入电气测量仪表和采用任何焊接方法来焊接热电偶。

③ 中间温度定律　热电偶 AB 在接点温度 t、t_0 时的热电势 $E_{AB}(t,t_0)$ 等于热电偶 AB 在接点温度为 t、t_c 和 t_c、t_0 的热电势 $E_{AB}(t,t_c)$ 和 $E_{AB}(t_c,t_0)$ 的代数和，见图 2-7，即

$$E_{AB}(t,t_0)=E_{AB}(t,t_c)+E_{AB}(t_c,t_0) \tag{2-6}$$

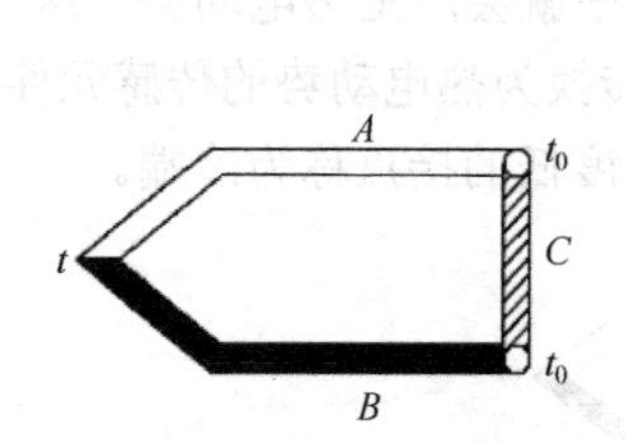

图 2-6　三种导体的热电回路

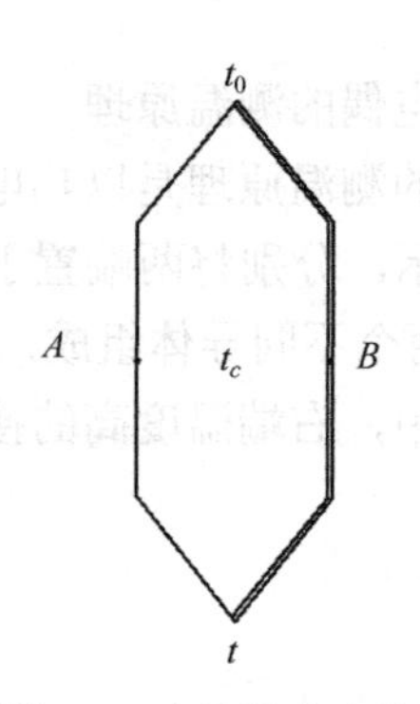

图 2-7　中间温度定律

④ 等值替代定律　如果使热电偶AB在某一温度范围内产生的热电势等于热电偶CD在同一温度范围内产生的热电势，即$E_{AB}(t,t_0)=E_{CD}(t,t_0)$，则这两支热电偶在该温度范围内可以相互代用。

下面就上述热电偶有关定律的应用举几个例题。

【例 2.2】如图 2-8(a)所示，设$E_{CD}(t_c,t_0)=E_{AB}(t_c,t_0)$，证明该回路的总电势为$E_{AB}(t,t_0)$。

证：因为$E_{CD}(t_c,t_0)=E_{AB}(t_c,t_0)$，根据等值替代定律，这两支热电偶可以互相代用，即图 2-8 的(a)和(b)具有相同的热电势。

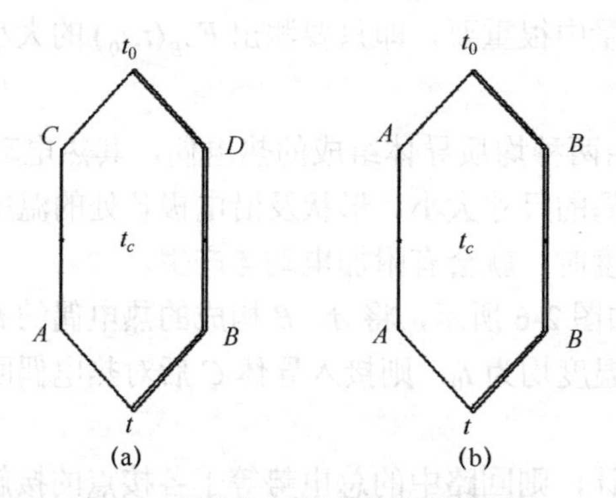

图 2-8　具有相同热电势的热电回路

又根据中间温度定律，图 2-8(b)的热电势为

$$E_{AB}(t,t_c)+E_{AB}(t_c,t_0)=E_{AB}(t,t_0)$$

本题也可以用以下的代数运算来证明。对于图 2-8(a)，总电势为

$$E_{ABCD}(t,t_0)=e_{AB}(t)+e_{BD}(t_c)+e_{DC}(t_0)+e_{CA}(t_c) \tag{2-7}$$

若$t=t_0=t_c$，则

$$e_{AB}(t_c)+e_{BD}(t_c)+e_{DC}(t_c)+e_{CA}(t_c)=0$$

把上式整理后代入式（2-7）中，得

$$E_{ABCD}(t,t_0)=e_{AB}(t)-e_{AB}(t_c)-e_{DC}(t_c)+e_{DC}(t_0)=E_{AB}(t,t_c)+E_{CD}(t_c,t_0) \tag{2-8}$$

因为$E_{CD}(t_c,t_0)=E_{AB}(t_c,t_0)$，则

$$E_{ABCD}(t,t_0)=E_{AB}(t,t_c)+E_{AB}(t_c,t_0)$$

最后根据中间温度定律，得

$$E_{ABCD}(t,t_0)=E_{AB}(t,t_0)$$

【例 2.3】根据热电偶的基本性质，试求如图 2-9(a)所示热电偶回路的电势，已知 $e_{AB}(240)=9.747\text{mV}$，$e_{AB}(50)=2.023\text{mV}$，$e_{AC}(50)=3.048\text{mV}$，$e_{AC}(10)=0.591\text{mV}$。

解法 1：在热电极 A 中设一中间温度为 50℃的点，如图 2-9(b)所示，则利用式（2-8）的结论可得

$$E_{ABC}=E_{AB}(240,50)+E_{AC}(50,10)=e_{AB}(240)-e_{AB}(50)+e_{AC}(50)-e_{AC}(10)$$

将已知电势值代入上式，可得 $E_{ABC}=10.181\text{mV}$。

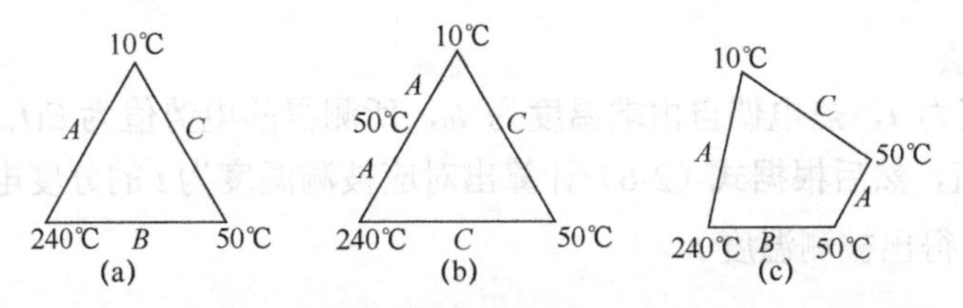

图 2-9　由三种导体构成的热电偶回路

解法 2：利用中间温度定律，将图 2-9(a)中 BC 处的接点断开，加入热电极 A，使该电极两端温度均为 50℃，则回路总电势不变，如图 2-9(c)所示。该回路的总电势为

$$\begin{aligned}E_{ABC}&=e_{AB}(240)+e_{BA}(50)+e_{AC}(50)+e_{CA}(10)\\&=e_{AB}(240)-e_{AB}(50)+e_{AC}(50)-e_{AC}(10)=10.181\text{mV}\end{aligned}$$

解法 3：直接对图 2-9(a)写出回路总电势

$$E_{ABC}=e_{AB}(240)+e_{BC}(50)+e_{CA}(10) \tag{2-9}$$

假设该回路中各接点处的温度均为 50℃，则

$$E_{ABC}=e_{AB}(50)+e_{BC}(50)+e_{CA}(50)=0$$

由上式得 $e_{BC}(50)=-e_{AB}(50)-e_{CA}(50)$，

代入式（2-9），有

$$\begin{aligned}E_{ABC}&=e_{AB}(240)-e_{AB}(50)-e_{CA}(50)+e_{CA}(10)\\&=e_{AB}(240)-e_{AB}(50)+e_{AC}(50)-e_{AC}(10)=10.181\text{mV}\end{aligned}$$

（4）热电偶的冷端补偿

在温度的实际测量中，处在同一地点的冷端温度常常并不是一成不变的。例如，室外某一地点，中午的温度与午夜的温度往往相差很大，20～30℃的温差不足为奇。另外，冷端距热源较近、温度波动较大，都给测量带来误差。为了减小误差，引入热电偶冷端补偿法，主要包括补偿导线法、补偿电桥法及计算修正法等。这里仅就其中的补偿电桥法和计算修正法进行介绍。

① 补偿电桥法

补偿电桥法是利用不平衡电桥产生的电势来补偿热电偶因自由端温度变化而引起的热电势的变化值。如图 2-10 所示，电桥由 r_1、r_2、r_3（均为锰铜电阻）和 r_{Cu}（铜电阻）组成，串联在热电偶回路中，热电偶自由端与电桥中 r_{Cu} 处于相同温度。当 $r_{\text{Cu}}=r_1=r_2=r_3=1\Omega$ 时，电桥平衡，无电压输出，回路中的电势就是热电偶产生的电势，即为 $E(t,0)$，当 t_0 变化时，r_{Cu} 也将改变，于是电桥两端 a、b 就会输出一个不平衡电压 u_{ab}。如选择适当的 R_{s}，可使电桥的输出电压 $u_{ab}=E(t_0,0)$，从而使回路中的总电势仍为 $E(t,0)$，起到自由端温度的自动补偿。

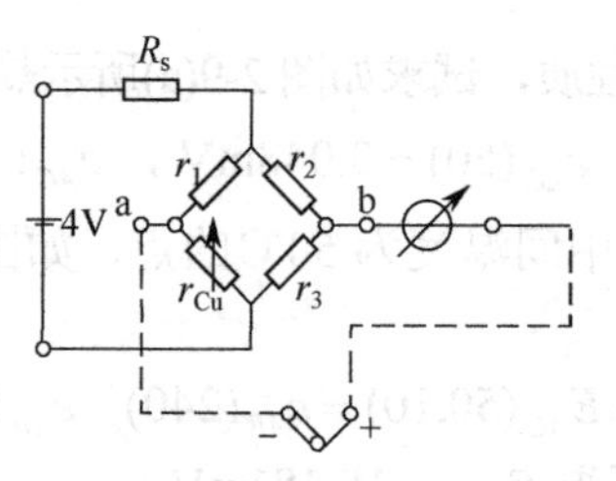

图 2-10 补偿电桥

② 计算修正法

如果被测温度为 t，热电偶自由端温度为 t_0，所测得的电势值为 $E(t,t_0)$。利用分度表先查出 $E(t_0,0)$ 的数值，然后根据式（2-6）计算出对应被测温度为 t 的分度电势 $E(t,0)$，最后按照该值再查分度表得出被测温度 t。

2.2.3 热电阻及测温原理

（1）热电阻测温原理及材料

利用金属导体或半导体的阻值变化来实现温度测量的传感元件就是热电阻。它的主要特点是测量精度高、性能稳定，适合于中低温区测量。热电阻大多由纯金属材料制成，目前工业上常用的金属热电阻有铂和铜。其中，铂热电阻的测量精度是最高的，它不但广泛应用于工业测温，也被制成标准的基准仪。

（2）热电阻的结构类型

① 铂热电阻　由金属铂构成，具有精度高、稳定性好、测量范围宽等特点，但它价格高、温度系数小。广泛用来测量−260～850℃范围内的温度。在少数情况下，低温可测至 1K，高温可测至 1000℃。铂热电阻与温度是近似线性关系。

② 铜热电阻　具有较高的温度系数，铜热电阻与温度呈线性关系。广泛用来测量−50～150℃范围内的温度。其优点是高纯铜丝容易获得、价格低、互换性好，但易氧化。

（3）热电阻的信号连接方式

热电阻是把温度变化转换为电阻值变化的一次元件，通常需要把电阻信号通过引线传递到计算机控制装置或者其他一次仪表上。金属热电阻通常采用二线制、三线制和四线制与外部电路连接，以实现将电阻变化转化为电压变化或电流变化。下面简要介绍这几种连接方法。

① 二线制　在热电阻的两端各连接一根导线来引出电阻信号的方式叫二线制。这种引线方法很简单，但由于连接导线必然存在引线电阻 r，r 的大小与导线的材质和长度等因素有关，因此这种引线方式只适用于测量精度较低的场合。

② 三线制　在热电阻的根部的一端连接一根引线，另一端连接两根引线的方式称为三线制，这种方式通常与电桥配套使用，可以较好地消除引线电阻的影响，是工业过程控制中最常用的引线电阻。

③ 四线制　在热电阻的根部两端各连接两根导线的方式称为四线制，其中两根引线为热电阻提供恒定电流 I，把 R 转换成电压信号 U，再通过另两根引线把 U 引至二次仪表。这种引线方式可完全消除引线的电阻影响，主要用于高精度的温度检测。

工业上一般热电阻采用三线制接法。当采用不平衡电桥来测量时，连接热电阻的导线均分布在桥路的一个臂上，如图 2-11(a)所示。由于热电阻与仪表之间有一段较长的距离，并且两根连接导线的电阻值随温度变化，此时将同一热电阻变化阻值一起加在不平衡电桥的一个臂上，会使测量产生较大的误差。为减小这一误差，金属热电阻采用三线制与外部电源连接，即从热电阻引出三根导线，连接热电阻的两根导线恰好分别处于相邻的两个桥臂上，连接方式见图 2-11(b)。当环境温度变化使导线电阻值改变时，其产生的作用正好相互抵消，使桥路输出的不平衡电压不随之改变。另一根导线电阻的变动仅对电桥电压有极微小的影响，但在要求的准确度范围内，这样可以消除导线线路电阻带来的测量误差。

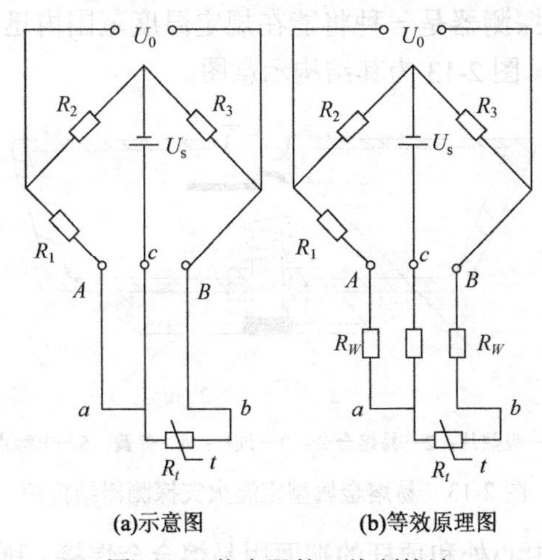

图 2-11 热电阻的三线制接法

2.2.4 应用案例

温度测量在整个楼宇系统中应用较多，例如在消防、空调、供电等系统中都得到了应用。下面介绍温度测量在消防和空调系统中的具体应用。

（1）在消防系统中的应用

一个典型的楼宇消防系统可用图 2-12 表示。系统主要由火灾探测器、火灾报警控制器、声光报警装置、联动装置（输出若干控制信号，驱动灭火装置）、联锁装置（输出若干控制信号，驱动排烟机、风机等减灾装置）等构成。

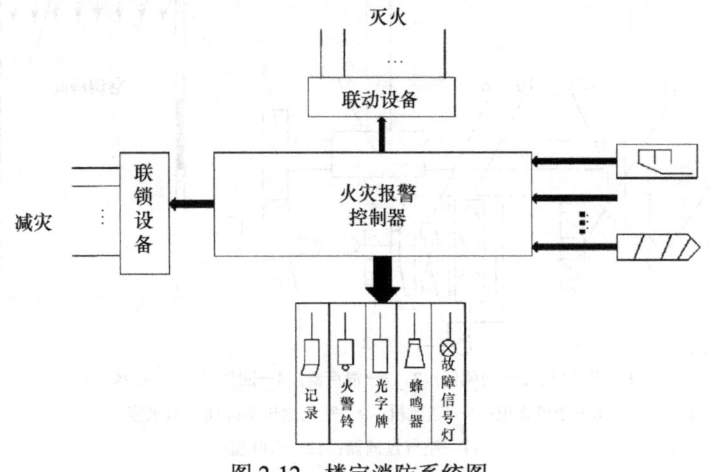

图 2-12 楼宇消防系统图

工作过程：火灾探测器将现场火灾信号（烟、光、温度）转换成电气信号（或者通过手动报警按钮以人工方式得到火灾信号），并将其传送到火灾报警控制器，火灾报警控制器经过运算处理后认定火灾，输出指令信号。一方面启动火灾报警装置如声、光报警等，另一方面启动灭火联动装置驱动各种灭火设备，同时启动联锁减灾系统驱动各种减灾设备。

现场火灾信号包含温度信号，因为火灾发生时温度肯定会上升，通过测量温度能判断现场火灾的发生。感温型火灾探测器有多种类型，这里介绍易熔金属型定温火灾探测器。

易熔金属型定温火灾探测器是一种将能在规定温度范围内迅速熔化的易熔合金作为热敏元件的定温火灾探测器，图 2-13 为其结构示意图。

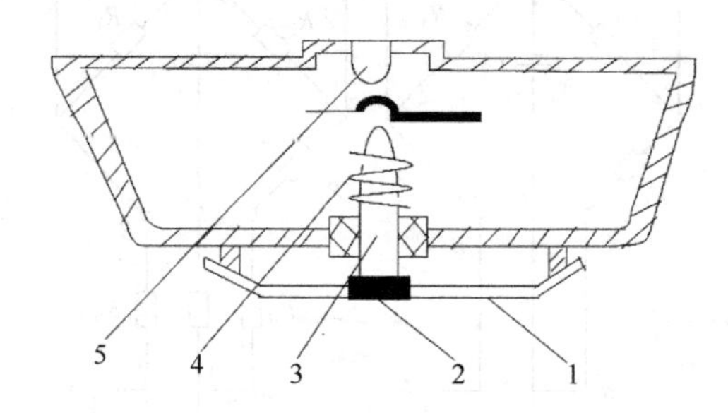

1—吸热片；2—易熔合金；3—顶杆；4—弹簧；5—电触点

图 2-13　易熔金属型定温火灾探测器结构图

探测器下方吸热片的中心处和顶杆的端面用易熔合金焊接，弹簧处于压紧状态，在顶杆的上方有一对电触点。无火灾时，电触点处于断开状态，探测器处于监视状态，火灾发生后，探测到的温度升到动作温度值，低熔点合金迅速熔化，释放顶杆，顶杆借助弹簧立即被弹起，使电触点闭合，探测器启动。

（2）在空调系统中的应用

图 2-14 所示是一种常用的以空气作为介质的集中式空调系统的示意图。空调系统由空气处理设备、风道、送回风机（口）以及运行调节等基本部分组成。它的任务是对空气进行加热、冷却、加湿、干燥和过滤等处理，然后将其送到各个房间，满足生产与生活的需要。

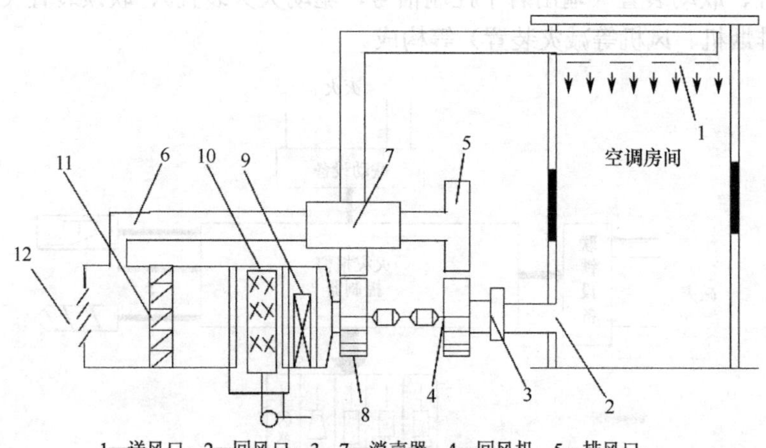

1—送风口；2—回风口；3、7—消声器；4—回风机；5—排风口；
6—送风管道；8—送风机；9—空气加热器；10—喷水室；
11—空气过滤器；12—百叶窗

图 2-14　集中式空调系统示意图

图 2-14 可以用一个更加简单的示意图（见图 2-15）来表示。

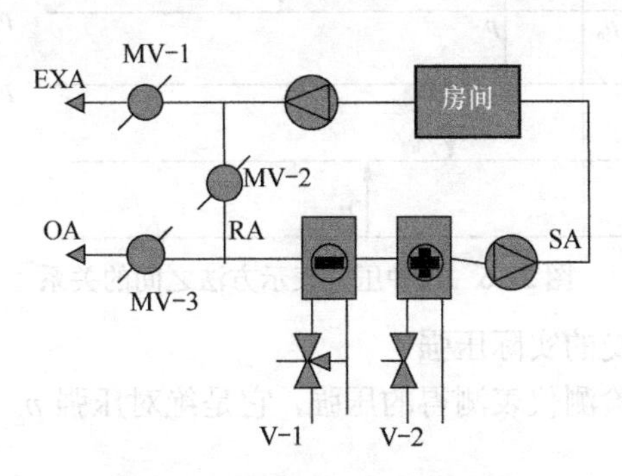

图 2-15　简单空调系统示意图

在整个空调系统的控制中，无论采用何种控制方式，通常都需要测量送风温度、回风温度、房间温度、新风温度，将这些值作为控制的基础。要注意的是，并不是每次都要测量所有这些温度值，需根据控制系统的要求决定具体测量哪几个温度值。

2.3　压力检测

在化工生产过程中，由于压力（过程控制中所称的压力，有时就是物理学中压强的概念。所谓的“压力检测”，检测的物理量实际上是“压强”）可以改变化学平衡，影响反应速度，也可以改变物质性质，提高过程质量等，经常被用到比大气压高几百倍、上千倍或比大气压低很多的工艺条件。例如，氨的合成需要 32MPa 的高压，某些精馏或蒸发过程需要很高的负压（真空度）。所以，为了保证生产工艺要求，获得更好的技术经济指标，压力检测和控制是非常重要的。

2.3.1　概述

1．压强单位

压强是指均匀而垂直作用于单位面积上的力的大小，用符号 p 表示。在国际单位制中，压强的单位为帕斯卡（简称帕，用符号 Pa 表示），1 帕是指 1 牛顿力垂直而均匀地作用在 1 平方米面积上产生的压强。我国已规定国际单位帕斯卡为压强法定的计量单位。在工程技术上，目前还有其他压强单位在使用，工程大气压、物理大气压、巴、毫米汞柱和毫米水柱等。这些单位之间满足如下换算关系：

$$1\text{工程大气压(at)}=1\text{kgf}/\text{cm}^2=98066.5\text{N}/\text{m}^2\approx 98\text{kPa}$$

$$1\text{标准大气压(atm)}=1.013\times 10^5\text{Pa}$$

$$1\text{毫米汞柱(mmHg)}=133.322\text{Pa}$$

$$1\text{毫米水柱(mmH}_2\text{O)}=9.80665\text{Pa}$$

2．压强表示方法

压强的表示方法有四种，即绝对压强 p_{a}、表压强 p、真空度或负压 p_{h} 和差压 Δp。它们的关系如图 2-16 所示。

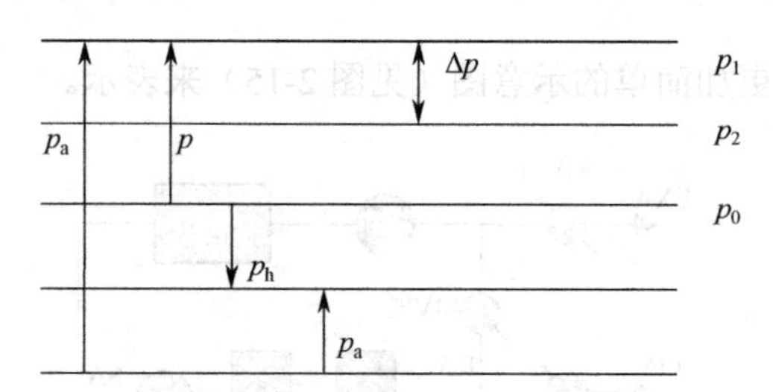

图 2-16 几种压强表示方法之间的关系

绝对压强是指物体所受的实际压强。

表压强是指常规压力检测仪表测得的压强，它是绝对压强 p_a（高于大气压）与大气压强 p_0 之差，即 $p = p_a - p_0$

真空度是指大气压与低于大气压的绝对压强之差，有时也称负压，即 $p_h = p_0 - p_a$

差压是指两个压强之差，用 Δp 表示。设一个压强为 p_1，另一个压强为 p_2，则它们之间的差压为 $\Delta p = p_1 - p_2$

生产过程中有时直接以差压作为工艺参数，差压测量还可作为流量和物位测量的间接手段。工程上最常采用表压和真空度来表示压强的大小。一般的压力检测仪表指示的压力大多是表压或真空度。因此，在压力参数使用过程中，若无特殊说明，均指表压力。

2.3.2 液柱式压力检测

液柱式压力表依据流体静力学基本方程，将被测压力转换为液柱高度进行压力测量。多采用 U 形管、单管或斜管充水或水银进行测量，其结构形式如图 2-17 所示。它的优点是使用方便、结构简单、价格低廉，缺点是误差大、精度较低，仅限于测量低压或微压、负压不大、环境不复杂的场合。

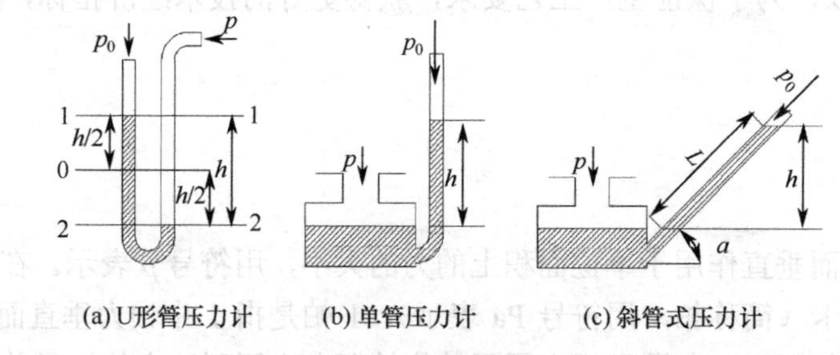

图 2-17 液柱式压力表

U 形管压力计的结构如图 2-17(a)所示。测量压力时，U 形管一端通大气，压力为 p_0，A 为 U 形管内孔截面积、ρ 为 U 形管内工作液的密度、g 为重力加速度，h 为液柱高度差，则检测压强为

$$p = p_0 + \rho g h \tag{2-10}$$

由式（2-10）可以看出，U 形管内的液柱高度 h 与被测压力成正比，因此被测压力可用液位高度 h 的大小来表示。为了减小读数误差，可采用单管压力计，如图 2-17(b)所示。

当使用 U 形管压力计测量微小压力时，因误差较大，需采用斜管式压力计（微压计）。它的读数最小单位为 0.1mm，测量精度在 0.5%～1.0%之间，图 2-17(c)为斜管式压力计的原理图。

2.3.3　弹性式压力检测

利用弹性元件在外力作用下产生变形来测量压力，称这类仪表为弹性压力检测仪表。其弹性元件通常有弹性膜片、波纹管、弹簧管等，如图 2-18 所示。

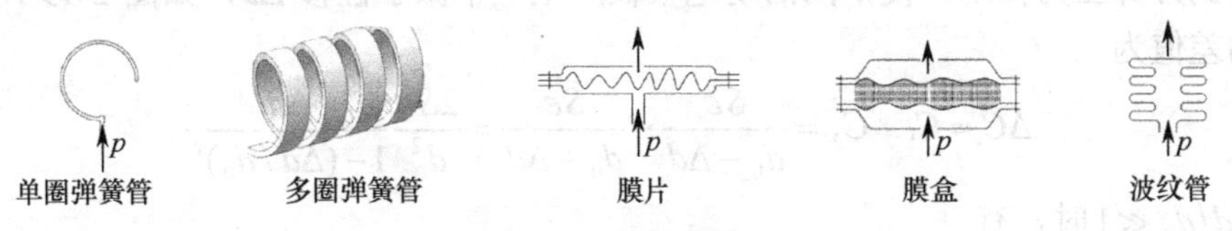

图 2-18　弹性元件

（1）弹性膜片　膜片一般是用金属薄片支撑的，有时也用橡皮膜。由于该膜片位移较小，多用来测量微压和黏滞性介质压力。

（2）波纹管　用金属薄管折皱成的筒体，形状像手风琴的风箱。当其受到轴向压力作用时，自由端沿轴向产生较大的伸长或收缩，灵敏度较高，常用于测量不超过 1MPa 的压强。

（3）弹簧管　将扁圆形或椭圆形的金属空心管弯成圆弧形，一端封口作为自由端，另一端作为测量端，冲入压力气体或液体。当被测压力自固定端输入后，压力使管有变圆并伸直的趋势，产生的力矩使自由端向后移动，中心角变小。被测压力越大，自由端位移越大。因而它可以反映被测压力大小。另外还有多圈的弹簧管，施以同样的压力，其自由端位移量比单圈的大。

从制作材料来看，不锈钢、磷青铜的弹簧刚性较大，多用来测高压；黄铜的弹簧刚性较小，可用来测低压。

2.3.4　电容式压力检测

电容式差压变送器是一种将压力转变为电容变化，并将电容的变化转换为标准电流或电压的装置。它具有电路独特、结构紧密、稳定性好和精度高等特点。

电容式差压变送器由差压—电容传感器部分和电容—电压/电流转换部分组成。下面主要介绍差压—电容传感器部分。

如图 2-19 所示，电容式差压传感器由外隔离膜片、测量膜片（可动电极）、两固定膜片（固定电极）等组成。初始状态下，可动电极正好位于两固定电极的中间，此时左右两个电容的容量完全相等，其差值为零。每个电容的容量为

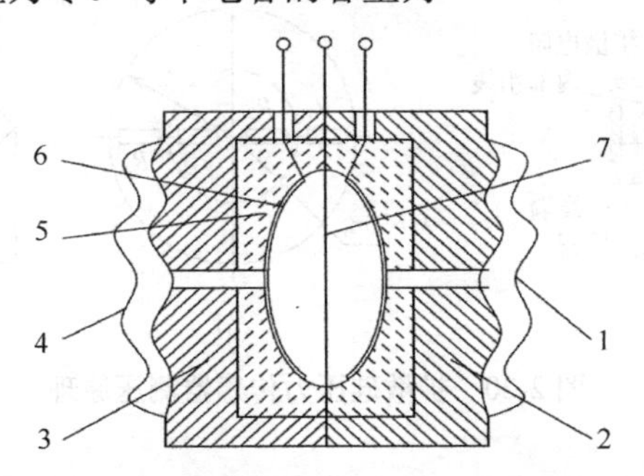

1，4—波纹隔离膜片；2，3—不锈钢基座；
5—玻璃绝缘体；6—金属薄膜；7—弹性膜片

图 2-19　电容式差压传感器原理

$$C_0 = \frac{S\varepsilon}{d_0} \tag{2-11}$$

式中，ε 为电极间介质的介电常数、d_0 为电极间的距离、S 为电容极板面积。

当受到外界压力作用，使中间活动电极板产生一个微小位移 Δd，如图 2-19 所示，其两个电容的差值为

$$\Delta C = C_1 - C_2 = \frac{S\varepsilon}{d_0 - \Delta d} - \frac{S\varepsilon}{d_0 + \Delta d} = \frac{2S\varepsilon}{d_0^2}\frac{\Delta d}{1-(\Delta d/d_0)^2} \tag{2-12}$$

当 $\Delta d/d_0 \ll 1$ 时，有

$$\Delta C \approx \frac{2S\varepsilon}{d_0^2}\Delta d = K\Delta d \tag{2-13}$$

由式（2-13）可知，当差压–电容传感器的中间活动电极板的位移较小时，其电容变化量与可动电极板的位移成正比，电容式差压变送器正是基于这一原理而设计的。

电容式差压传感器没有机械传动结构，测量精度高、结构紧凑、抗震性好、工作稳定可靠，而且零点和量程调整过程中互不干扰。当低压室通大气时，可直接测量压力。

2.3.5 应变式压力检测

应变式压力传感器是利用电阻应变原理工作的，它分为金属应变片和半导体应变片两种。金属应变片是基于金属材料电阻应变效应工作的，即金属导体在外力作用下产生机械变形（伸缩变形）时，其电阻值也发生变化。

半导体应变片是基于压阻效应工作的，即当半导体受到应力作用时，载流子迁移率变化使其电阻率发生变化这一原理。扩散硅应变片就是一种弹性半导体硅片，其测压原理结构和电阻布置如图 2-20(a)和(b)所示。一般膜片内侧承受被测量压力 P，外侧为大气压力。

当被测压力作用于膜片内侧时，硅杯上的膜片将受力而产生变形。位于中间区域的电阻 R_2 和 R_3 受到拉应力作用而拉伸，电阻值增大；位于边缘区域的电阻 R_1 和 R_4 则受到压应力作用而压缩，电阻值减小。如果把这 4 个应变电阻接成图 2-20(c)的电桥形式，在电源电压为 E 时，即可以输出电压信号。当压力为零时，桥路的输出为

$$U = \frac{R_2 E}{R_1 + R_2} - \frac{R_4 E}{R_3 + R_4} \tag{2-14}$$

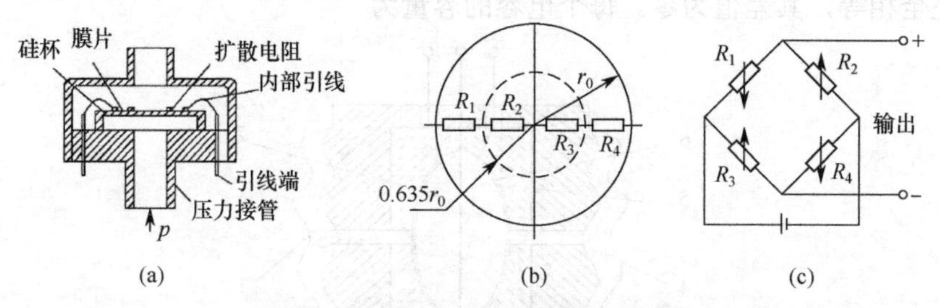

图 2-20 扩散硅压力传感器测压原理

硅杯设计时，取 $R_1 = R_2 = R_3 = R_4 = R$，桥路平衡，$U = 0$。当有压力作用时，4 个电阻的变化量相等，即 $\Delta R_1 = \Delta R_2 = \Delta R_3 = \Delta R_4 = \Delta R$，这时桥路的输出电压信号为

$$U=\frac{\Delta RE}{R} \tag{2-15}$$

上式表明，桥路的输出电压与应变电阻的变化量成正比。输出电压再经放大和转换，成为标准信号显示。

2.3.6 应用案例

压力测量在楼宇系统中得到较广泛的应用，给排水系统、消防系统、空调系统中的许多位置都需要测量压力。下面简单介绍它在消防系统及给排水系统中的应用。

（1）消防系统中的应用

消防系统中涉及流体的部分有消防水系统、二氧化碳灭火系统、卤代烷灭火系统等，其中，消防水系统又包括消火栓系统、水喷淋系统等。在这些系统中的许多工艺点都需要测量压力，下面介绍湿式喷洒水灭火系统的原理。

图2-21为湿式喷洒水灭火系统示意图。由湿式报警阀、闭式喷头、水流指示器、控制阀门、管道和供水设施等组成。系统中关键部件为湿式报警阀（见图2-22所示），理解其工作原理是掌握湿式喷洒水灭火系统原理的关键。

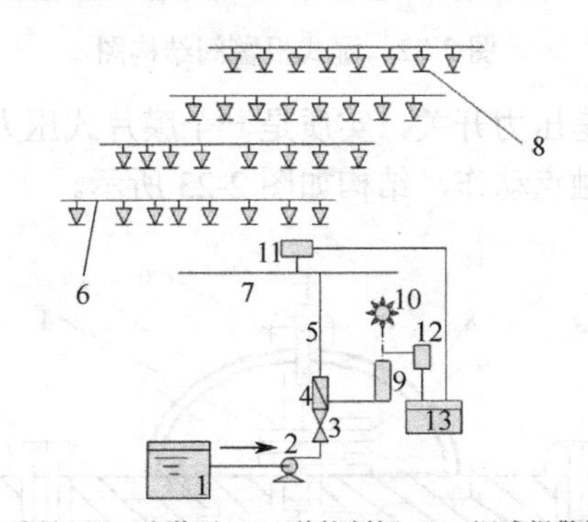

1—水池；2—喷淋泵；3—总控制阀；4—湿式报警阀；
5—配水干管；6—配水管；7—配水干管；8—闭式喷头；
9—延时器；10—水力警铃；11—水流指示器；12—压力开关；13—控制器

图2-21 湿式喷洒水灭火系统示意图

从图2-22可见，立式单向阀片中央的导杆3可使阀片上下移动，并保证阀片在上下移动时不偏离中心位置。单向阀片能上下移动，与其上下两侧水压有关。平时无火灾时，管网中的水处于静止状态，阀片上下两侧水压相等，阀片由于其自身重量作用沿阀片导杆3移动而降落在阀座上，关闭通向水力警铃的管孔，此时接在总干管及配水干管中的两块压力表指示的压力值相等。火灾时，由于喷水灭火使配水干管中的水压降低，单向阀上下两侧压力失去平衡，阀片开始上升，总干管中的水通过湿式报警阀流入配水干管，为管网提供消防用水，同时水通过细水管5流入水力警铃，发出火警信号。放水阀8用于检查水力警铃是否工作正常，在关闭总闸阀9进行检修时，放水阀8可放出湿式报警阀上部喷洒管网中的水。总闸阀始终处于开启状态。

平时无水灾时，管网压力水由高位水箱提供，使管网内充满压力水。火灾时，由于着火现场温度急剧升高，闭式喷头中玻璃体内的液体（乙醚或酒精）受热膨胀而导致玻璃球炸裂，从而打开被玻璃球支撑而密封的喷水口，喷出压力水灭火。此时湿式报警阀自动打开，水力警铃发出火灾报警信号。随着灭火过程进行，管网中水的压力降低到一定值时，安装在湿式报警阀的延迟器上部的压力开关动作，将水压转换成开关信号，送入湿式报警控制箱，起动喷淋泵。当水压超过某一规定值时，停止喷淋泵。

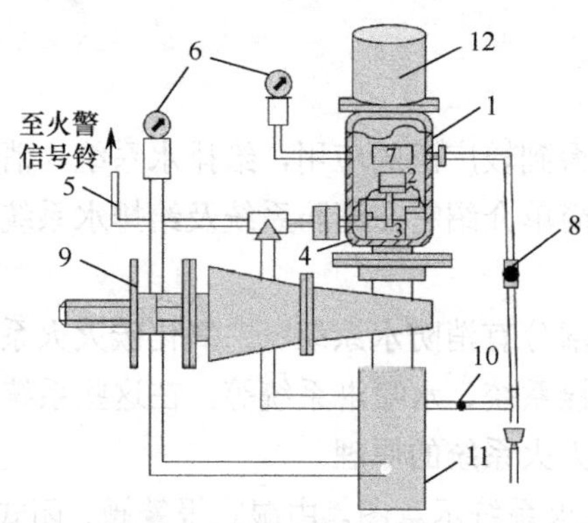

1—阀体外壳；2—立式单向阀；3—单向阀片导杆；
4—环形沟槽；5—连接水力警铃的细水管；6—压力表；7—挡板；
8，10—放水阀；9—总闸阀；11—总干管；12—配水干管

图 2-22 湿式报警阀结构图

系统中另一个重要部件是压力开关，实质是一个膜片式压力测量仪表，原理为压力的变化导致膜片产生位移，带动触点动作，结构如图 2-23 所示。

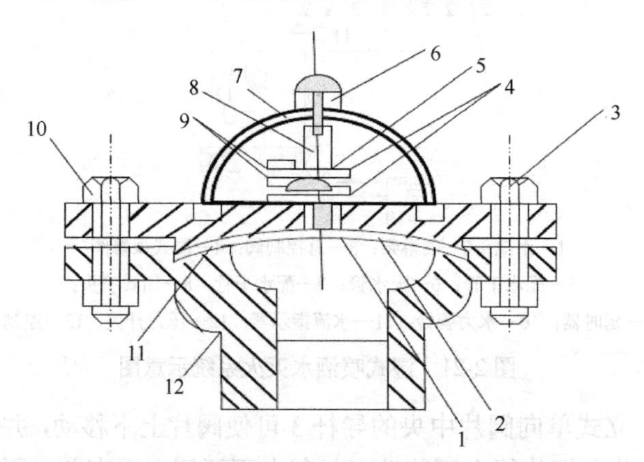

1—顶柱；2—膜片；3，6—螺钉；4—触点；5—弹簧；
7—玻璃罩；8—立柱；9—绝缘垫板；10—上盖；11—毡垫；12—壳体

图 2-23 压力开关结构图

（2）给水系统中的应用

在给水系统中，不同楼宇采用的给水方式会有所不同，下面介绍其中的一种典型形式——气压罐恒压供水系统，见如图 2-24。

为了保证供水压力的恒定，采用隔膜式气压罐，即在罐内设置弹性隔膜，将水、气隔开，罐内预存定量的空气，空气压力随贮水量的变化而变化，水、气不接触。管网中水的压力最初由隔膜式气压罐来保证，因为当用水量有较少变化导致水压降低时，气压罐中的弹性隔膜将产生一定变形以维持水压恒定；当水压进一步降低，压力传感器所测压力降低到一定值时，

控制器发出信号起动稳压泵，维持水压恒定。压力回升到设定值即停止稳压泵，转而靠气压罐保持压力恒定。若用水量较大，稳压泵起动后仍无法保证压力恒定，此时通过控制器发出信号起动生活水泵以维持水压恒定。

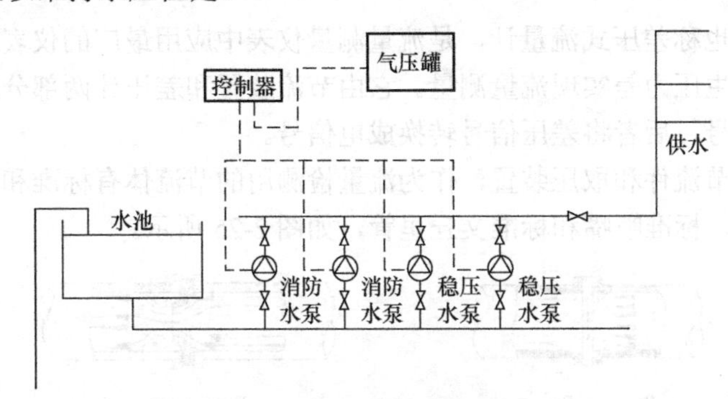

图 2-24　气压罐恒压供水系统图

2.4　流量检测

2.4.1　概述

流量是现代工业生产中重要的过程参数之一。在流动介质的工艺流程中，具有气体、液体或固体粉末的物料，通过管道在设备之间按比例或流速进行配比和传输，参与各种物理和化学反应。因此，流量关系到产品的数量与质量，同时涉及节能、经济核算等问题。

流量是指单位时间内流经管道（或通道）中某截面流动介质的数量，也称瞬时流量。而在某一段时间内流过流体的总和，即瞬时流量在某一段时间内的累积值，称为总量或累积流量。流量单位可用体积表示，也可用质量表示。

体积流量与质量流量的关系为

$$q_{\mathrm{m}} = \rho q_{\mathrm{v}} \tag{2-16}$$

式中，q_{v} 为体积流量，q_{m} 为质量流量，ρ 为流体密度。

目前，尽管流量的测量方法很多，但是并没有统一。根据测量原理不同，流量计可分为节流式、变面积式、电磁式、容积式和超声波式等，其特点见表 2-3。

表 2-3　几种常见的流量计及其特点

特点 \ 类型	节流式	变面积式	电磁式	容积式	超声波式
测量原理	伯努利方程	定压降环形面积可变原理	法拉第电磁感应定律	测输出轴转速	超声波传播时间差
被测介质	液体、气体	液体、气体	导电性液体	液体、气体	液体、气体
测量精度	±2%	±（1～2）%	±（0.5～1.5）%	±（0.2～0.5）%	±（0.2～0.5）%
安装直管段	需要	不需要	上游需要，下游不需要	不需要	需要
压头损失	较大	有	几乎没有	有	没有
更换量程	难改变送器刻度	难改浮子重量	易调量程	难	可以
口径/mm	50～1000	2～150	2～2400	10～300	较大
生产成本	中等	低	高	较高	较高

本节重点介绍节流式、电磁式、容积式和变面积式 4 种流量计。

2.4.2 节流式流量检测

节流式流量计也称差压式流量计，是流量测量仪表中应用最广的仪表之一，它利用流体流经节流装置时产生压力差实现流量测量。它由节流装置和差压计两部分组成，前者将被测流量转化成差压信号，后者将差压信号转换成电信号。

节流装置包括节流件和取压装置，作为流量检测用的节流体有标准和特殊两种。标准节流件包括标准孔板、标准喷嘴和标准文丘里管，如图 2-25 所示。

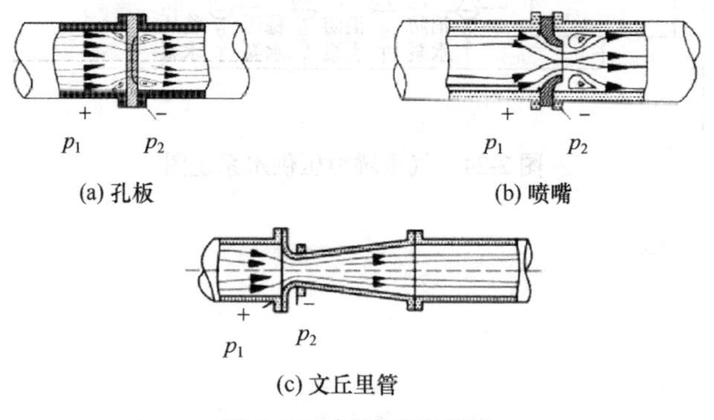

图 2-25 标准节流装置

目前最常见的节流件是标准孔板，下面以孔板为例介绍测量原理。

流体流经节流装置孔板时，流速加快，静压力降低，在进出口前后形成压力差，用差压计测出该压强差，如图 2-26 所示。在截面 1 处流体未受节流件影响，管道截面为 A_1，流体静压强为 p_1，平均流速为 v_1，流体密度为 ρ_1。截面 2 是经节流件后流束收缩的最小截面，其截面积为 A_2，压强为 p_2，平均流速为 v_2，流体密度为 ρ_2。在节流件前，流体向中心加速，至截面 2 处，流束截面收缩到最小，流速达到最大，静压强最低。随后流束截面扩大，流速减慢，静压强升高，直到截面 3 处。由于流体在管道中流动时会产生能量损耗，此时截面 3 处的静压强 p_3 不等于原先静压强 p_1，而产生永久的压力损失 δ_p。

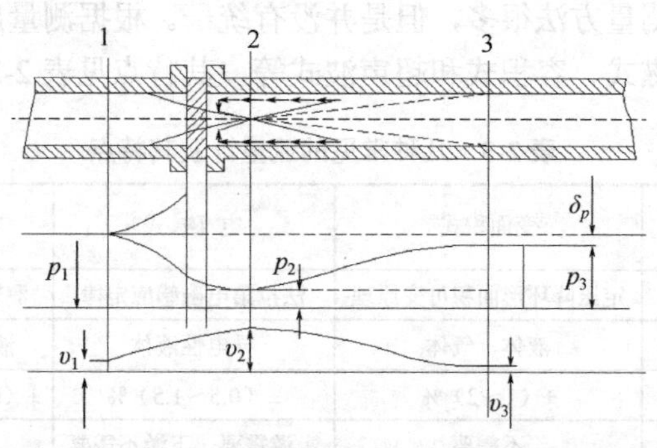

图 2-26 流体流经节流件时压强和流速变化情况

假如流体为不可压缩的，即 $\rho_1=\rho_2=\rho$，由伯努利方程和流体的连续性，有

$$\frac{p_{10}}{\rho_1}+\frac{v_{10}^2}{2}=\frac{p_{20}}{\rho_2}+\frac{v_{20}^2}{2} \tag{2-17}$$

$$A_1 v_1 \rho = A_2 v_2 \rho \tag{2-18}$$

由实际流体具有黏性，截面 1、2 处平均流速与管中心的流速有以下关系：

$$v_{10} = C_1 v_1, v_{20} = C_2 v_2 \tag{2-19}$$

式中，C_1、C_2 为截面 1、2 处流速分布不均匀的修正系数。

对于节流件而言，流体经过时会产生局部损失 $\frac{1}{2}\xi v_2^2$，ξ 为局部损失系数。

综合上述因素，截面 1、2 处的能量关系可写成

$$\frac{p_{10}}{\rho} + \frac{C_1^2}{2} v_1^2 = \frac{p_{20}}{\rho} + \frac{C_2^2}{2} v_2^2 + \frac{\xi}{2} v_2^2 \tag{2-20}$$

又设节流件的开孔面积为 A_0，定义开口截面比 $m = A_0/A_1$，收缩系数 $\mu = A_2 / A_0$。联立求解式（2-18）和式（2-20），可得

$$v_2 = \frac{1}{\sqrt{C_2^2 + \xi - C_1^2 \mu^2 m^2}} \sqrt{\frac{2}{\rho}(p_{10} - p_{20})} \tag{2-21}$$

因流束的最小截面 2 位置随流速而变，而实际取压点的位置是固定的；另外，实际取压是在管壁进行的，所测得的压力是管壁处的静压力。考虑到上述因素，设实际取压点处的压强为 p_1' 和 p_2'，如果用它们代替式（2-21）中管轴中心的静压强 p_{10} 和 p_{20}，需引入一个取压系数 ψ，即

$$\psi = \frac{p_{10} - p_{20}}{p_1' - p_2'} \tag{2-22}$$

将上式代入式（2-21），并根据质量流量的定义，可写出质量流量与差压 $\Delta P = p_1' - p_2'$ 的关系：

$$q_{\mathrm{m}} = v_2 A_2 \rho = \frac{\mu \sqrt{\psi} A_0}{\sqrt{C_2^2 + \xi - C_1^2 \mu^2 m^2}} \sqrt{2 \rho \Delta p} \tag{2-23}$$

令流量系数 α 为

$$\alpha = \frac{\mu \sqrt{\psi}}{\sqrt{C_2^2 + \xi - C_1^2 \mu^2 m^2}} \tag{2-24}$$

于是流体的质量流量可简写为

$$q_{\mathrm{m}} = \alpha A_0 \sqrt{2 \rho \Delta p} \tag{2-25a}$$

体积流量为

$$q_{\mathrm{v}} = \alpha A_0 \sqrt{\frac{2}{\rho} \Delta p} \tag{2-25b}$$

体积流量或质量流量的表达式说明，流体的流量与节流元件的前后压差的平方根成正比。因此，选用差压流量变送器，即带有开方运算功能的差压变送器，可直接与节流装置配合起来，实现流量与输出电流之间的线性关系，完成流量测量任务。

流量系数 α 是一个很多因素影响的综合系数，其大小与节流装置的形式和尺寸、截面比、取压方式、管道内壁粗糙度以及流体流动状态等因素有关，可用试验方法确定。

2.4.3 电磁式流量检测

电磁式流量计是一种基于法拉第电磁感应原理，用来测量管道中导电性液体流量的仪表。它不仅可测量各种腐蚀性酸碱盐溶液流量，还可测量医药和食品等行业部门的流量产品，如牛奶、血浆和酒类等。

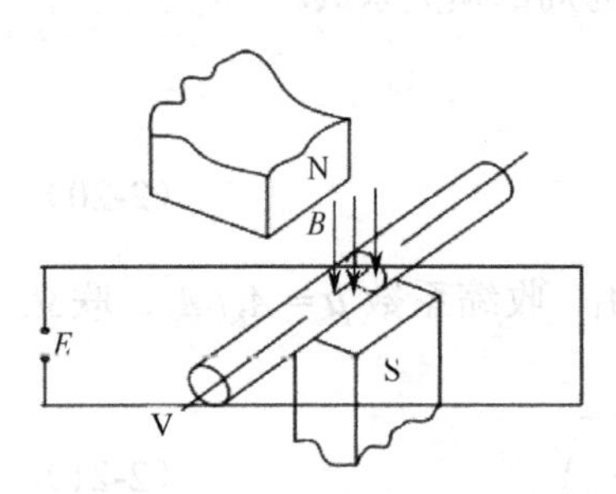

图 2-27 电磁式流量计工作原理

电磁式流量计工作原理如图 2-27 所示，在不导磁的管道两侧，放有南北两极的电磁铁 S 和 N，在与磁铁垂直的方向上，置有一对与被测液体接触的电极。当被测导电液体在管道内流动时，液体中会产生感应电动势，并由两电极引出，其大小为

$$E = kBdv \tag{2-26}$$

式中，E 为感应电动势，单位为 V；k 为系数；B 为磁感应强度，单位为 T；d 为测量管内径，单位为 m；v 为平均流速，单位为 m/s。

体积流量 q_v 与流速 v 的关系为

$$q_v = \frac{1}{4}\pi d^2 v \tag{2-27}$$

而

$$E = \frac{4kB}{\pi d}q_v \tag{2-28}$$

当 B 恒定、k 由校验确定时，被测流量完全与电势 E 成正比。

由此可知，感应电动势与流量成正比。通常电动势只有几到几十毫伏，需进行放大转换后输出标准信号［0～5V（DC）或 5～20mA］，然后送到显示仪表或控制器。

电磁式流量计的特点是：使用可靠、寿命长、无测量滞后现象，如果在测量管道内装有防腐蚀衬里，则可测量各种腐蚀性介质的流量。该流量计要求所测介质有足够的导电率，所以它不可测油类、气体和蒸汽等介质的流量。

2.4.4 容积式流量检测

容积式流量计又称定排量流量计，通过测量输出轴转速实现流量测量。容积式流量计具有测量精度高、适合流体种类多、管道安装要求低、测量范围宽等特点，特别适合在昂贵介质或需精确计量的场合。

容积式流量计的种类较多，按旋转体的结构分为转轮式、转盘式、活塞式和皮囊式等。转轮式流量计有两个相切转轮，又可分为齿轮式、腰轮式、双转子式和螺杆式等。下面简要介绍齿轮式中的椭圆齿轮流量计工作原理。

椭圆齿轮流量计的工作原理如图 2-28 所示。互相啮合的一对椭圆形齿轮在被测流体的压力推动下进行旋转，在图 2-28(a)中，p_1 为流体入口侧压强，p_2 为流体出口侧压强，显然 $p_1>p_2$，椭圆齿轮 B 在两侧压差的作用下，沿着逆时针方向旋转，此时为主动轮，而齿轮 A 为从动轮，它在主动轮带动下，顺时针旋转；在图 2-28(b)中，两个齿轮均在流体压差作用下产生旋转力矩，并在力矩的作用下沿箭头方向旋转；在图 2-28(c)位置时，齿轮 A 变为主动轮，齿轮 B 变为从动轮，并按箭头方向旋转。两齿轮在旋转过程中便把齿轮与壳体之间的流体从入口侧推到出口侧。一次循环过程，流量计排出由 4 个齿轮与壳壁围成的新月形空腔的流体体积（上述过程两次），该体积为标定容积，只要计量齿轮的转数就可得知有多少体积的被测流体通过仪表。

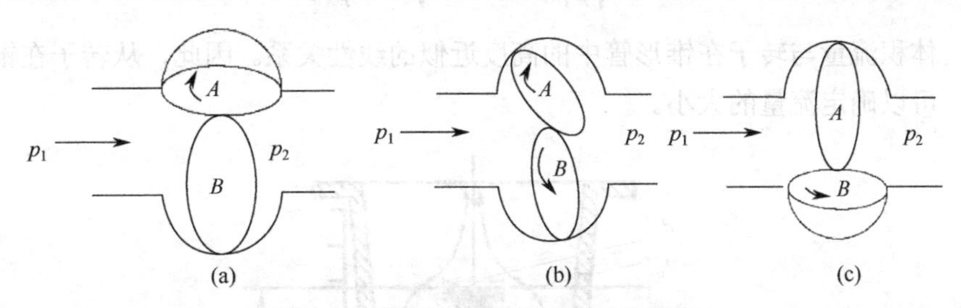

图 2-28　椭圆齿轮流量计的工作原理

椭圆齿轮流量计是按固定容器来计量流体流量，其量程与齿轮转速和半月牙形容器相关。当被测液体黏度较大时，由于齿轮间隙中漏掉的液体较少，测量误差也随之减小，所以它很适合高黏度流体的测量，如重油、润滑油等。如果加工和安装严格按标准做，其测量精度可达 0.2%～0.5%，所以该类流量计常作为精密测量或标准仪表来用。但是，这类流量计不宜应用于流体中含有污物或颗粒的情况，因为污染颗粒物会使齿轮卡死和磨损。另外，该流量计对流体温度也有要求，因为热胀冷缩影响齿轮的运行和精度。

2.4.5　变面积式流量检测

变面积式流量检测是利用在下窄上宽的锥形管中的转子所受的力平衡原理而工作的，由于节流元件不是固定地安装在管道中，而是用一个可以上下移动的转子，并且安装时需要垂直，所以也称为转子流量计。

转子流量计的基本结构如图 2-29 所示，它由锥形管和转子组成。当被测流体自下而上流经锥形管时，由于转子的限流作用，转子前后出现压差 $\Delta p = p_1 - p_2$，它对转子产生一个向上的推力，于是转子向上运动。当该推力与转子的重力相等时，转子便悬浮在锥形管中某一位置，并保持平衡。此时的平衡方程为

$$S\Delta p = (\rho_r - \rho_f)gV \tag{2-29}$$

式中，S 为转子的最大横截面积，ρ_r 为转子材料的密度，ρ_f 为被测流体的密度，g 为重力加速度，V 为转子体积。

测量流量时，由于 S、ρ_r、ρ_f、g 和 V 均为常数，所以转子平衡时压强差为恒值

$$\Delta p = p_1 - p_2 = \frac{(\rho_r - \rho_f)gV}{S} \tag{2-30}$$

由于转子也属节流元件，流量的计算公式也适用于该处，其体积流量为

$$q_v = \alpha S_0 \sqrt{\frac{2}{\rho_f}\Delta p} \tag{2-31}$$

式中，α 为流量系数，S_0 为圆锥形测量管的环形缝隙流通面积，它与转子的高度 h 有关

$$S_0 = kh \tag{2-32}$$

将式（2-30）、式（2-32）代入式（2-31），得

$$q_v = \alpha S_0 \sqrt{\frac{2}{\rho_f}\Delta p} = \alpha kh \sqrt{\frac{2(\rho_r - \rho_f)gV}{\rho_f S}} \tag{2-33}$$

显然，体积流量与转子在锥形管中的高度近似的线性关系。因此，从转子在锥形管中的高度位置，可以确定流量的大小。

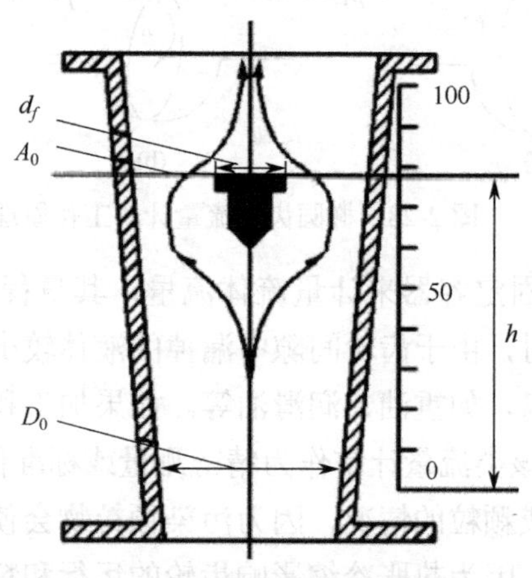

图 2-29 转子流量计基本结构

2.4.6 应用案例

现以空调系统为例说明，在 2.2 节温度测量仪表应用实例中介绍了空调系统的工作原理，其中的空气处理部分可以完成对空气的冷却处理，即制冷系统产生的冷冻水通过热交换机吸收空气的热量来实现对空气的冷却。

一般空调冷冻水采用恒流量系统，用旁通阀控制供水和回水压力差，如图 2-30 所示。在空调冷冻水变流量系统中，空调冷冻水的流量随空调负荷而变化。可用变频器调节水泵电动机速度，从而调节空调冷冻水的流量。一次泵可以用蒸发器冷冻水入口的流量来控制，因此需要测量流量。二次泵用冷却器的进出口压力差来控制。

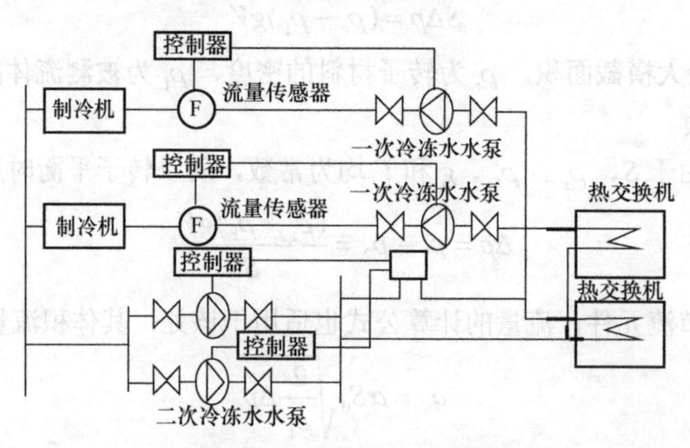

图 2-30 空调冷冻水系统

在空调系统中，冷却水也可采用变流量控制，如图 2-31 所示。冷却水的流量随空调负荷而变化。水泵电动机可采用变频器调速，同样也需要流量测量仪表测量冷却水的流量。

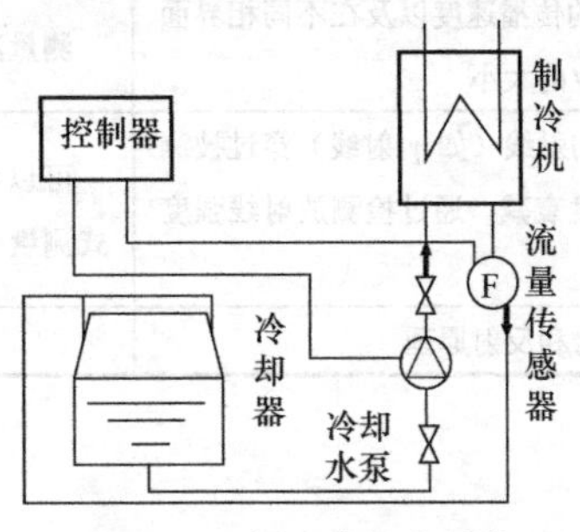

图 2-31 空调冷却水系统

2.5 液位检测

2.5.1 概述

液位是工业生产中重要的过程参数。通过对锅炉内的水位，油罐、水塔和各种储液罐的液位，以及高温条件下连续生产中的铝水、钢水或铁水的液位进行测量，可以掌握容器中所储存物质的压力、体积和质量，及时调节流入流出容器的物料平衡，保证生产过程中各个环节所需的材料与配比。显然，对液位进行检测和控制，有时可以保证生产正常连续运行，确保产品质量。

液位是液体在容器中的储存高度，液位检测就是测量容器中液体高度。由于被测对象种类繁多，检测条件和环境也有很大差别，所以液位检测的方法很多。表 2-4 为几种常见的液位检测方法和特点。

表 2-4 几种常见的液位检测方法和特点

检测方法	检测原理	特 点	检测仪表
直读式	采用在设备容器侧壁开窗口或旁通管方式，直接显示液位的高度	简单、常见，方法可靠、准确，但只能就地指示，主要用于压力较低的液位检测场合	—
静压式	基于流体静力学原理，液面高度与液柱重量形成的静压力成比例关系，当被测介质密度不变时，通过测量参考点的压力来测量液位	—	压力式液位计 差压式液位计
浮力式	基于阿基米德定律，飘浮于液面上的浮子或浸没在液体中的浮筒，在液位发生变化时其浮力发生相应的变化来测量液位	应用最早，使用范围广	浮子式液位计 浮筒式液位计
机械接触式	通过测量物位探头与物料面接触时的机械力实现物位的测量	—	重锤式液位计 音叉式液位计 旋翼式液位计
电气式	将电气式液位敏感元件置于被测介质中，当液位发生变化时，电气参数发生相应的改变，通过检测这些参数测量液位	可以测量液位，也可以测量料位	电容式液位计 电阻式液位计 电感式液位计

续表

液位检测方法	检测原理	特　点	检测仪表
超声波式	利用超声波在介质中的传播速度以及在不同相界面发射特性不同来检测物位的大小	测量液位和料位	—
射线式	放射线同位素所发出的射线（如 γ 射线）穿过被测介质时，被介质吸收强度衰减，通过检测放射线强度的变化实现测量液位	可以实现液位的非接触式测量	—
光纤式	基于液位对光波的折射和反射原理	—	—

2.5.2 静压式液位计

静压式液位计基于容器内的液面高度与液柱重量形成的静压力比例关系来测量液位。当被测液体密度不变时，通过测量参考点的压力来测量液位。如图 2-32 所示，A 点为实际液面，B 点为零液位，H 为液位高度。根据流体静压强基本方程，得 A 和 B 两点的压差为

$$\Delta p = p_B - p_A = \rho g H \tag{2-34}$$

即

$$H = \frac{\Delta p}{\rho g} \tag{2-35}$$

式中，p_A，p_B 为容器中 A、B 两点的静压强。由于液体密度一定，所以 Δp 与液位 H 成正比关系，测得差压 Δp 就可以得知液位 H 的大小。

从表 2-4 中可以看出，静压式液位计包括压力式和差压式两类，压力式适用于敞口容器的液位检测，差压式适用于封闭容器的液位检测。此处仅就差压式液位检测原理进行介绍。

在一个封闭容器中，容器底部的液体压强不仅与液位高度有关，还与液面上部的气体压强有关。在这种情况下，一般采用测量压差的方法来测量液位，如图 2-33 所示。从容器底部和顶部分别引出一根导管，接至差压变送器正压室和负压室。容器上部为干燥气体，为了防止内外温差使气压引压管中的气体凝结成液体，一般在低压管中充满隔离液体。

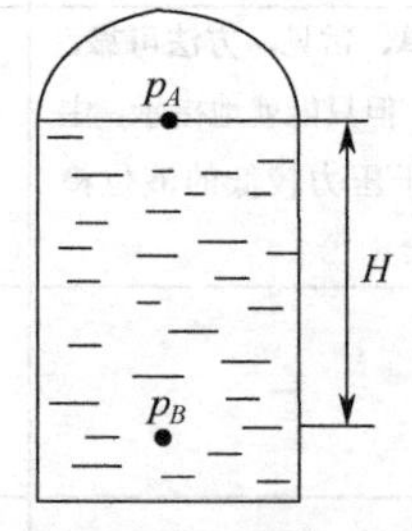

图 2-32　静压式液位计原理

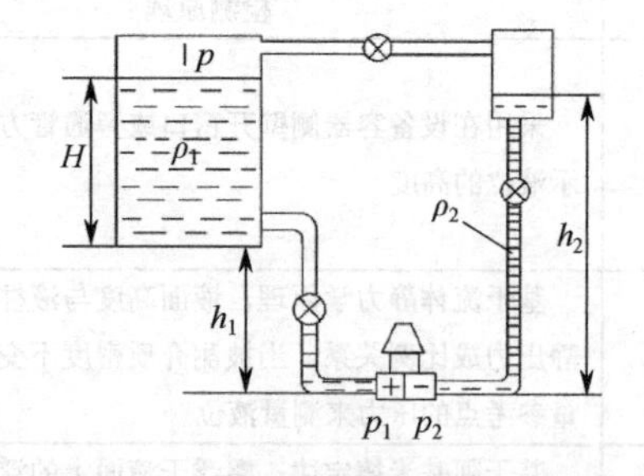

图 2-33　差压式液位计原理示意图

设隔离液体密度为 ρ_1，被测液体的密度为 ρ_2，一般使 $\rho_1 > \rho_2$，则正、负压室的压强平衡公式分别为

$$p_1 = \rho_1 g(H + h_1) + p$$
$$p_2 = \rho_2 g h_2 + p \tag{2-36}$$

压强平衡公式为

$$\Delta p = p_1 - p_2 = \rho_1 g(H + h_1) - \rho_2 g h_2 = \rho_1 g H + \rho_1 g h_1 - \rho_2 g h_2 \tag{2-37}$$

式中，p_1，p_2 为引入变送器正、负压室的压强；H 为液面高度；h_1，h_2 为容器底面或工作液面距变送器的高度。

2.5.3 浮力式液位计

浮力式液位计通过飘浮于液面上的浮子或浸没在液体中的浮筒在液位发生变化时其浮力发生相应的变化来测量液位。因而浮力式液位计包括浮子式和浮筒式两类，下面介绍浮筒式液位计测量原理。

浮筒式液位计测量原理如图 2-34 所示，也称为变浮力液位计。当被测液面位置发生变化时，浮筒被浸没的体积发生变化，因而其所受的浮力也随之变化。通过测量浮力变化可确定液位大小。将一截面积为 A、质量为 m 的浮筒悬挂在弹簧上，弹簧的下端固定，弹簧因浮筒的重力被压缩。当浮筒的重力和浮力与弹簧力平衡时，则有

$$W - F = Kx_0 \tag{2-38}$$

即

$$mg - AH\rho g = Kx_0 \tag{2-39}$$

式中，K 为弹簧的刚度系数，x_0 为弹簧由于浮筒重力被压缩所产生的位移。

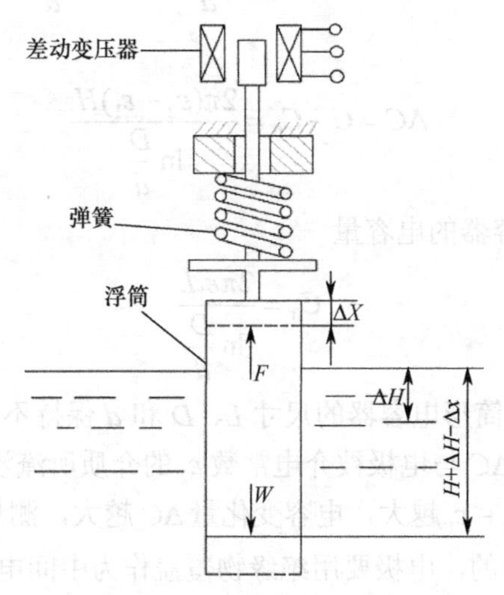

图 2-34　浮筒式液位计测量原理图

以液面刚刚接触浮筒处为液面零点。当浮筒的一部分被液体浸没时，浮筒因浮力作用向上移动。当浮力和浮筒的重力与弹簧力平衡时，液面升高了 ΔH，浮力增加，浮筒向上移动，浮筒上下移动的距离即弹簧的位移改变量 Δx，浮筒实际浸在液体里的高度为 $H + \Delta H - \Delta x$，则力平衡方程为

$$mg - A(H + \Delta H - \Delta x)\rho g = K(x_0 - \Delta x) \tag{2-40}$$

将式（2-39）代入（2-40），则得

$$\Delta H = \left(1 + \frac{K}{A\rho g}\right)\Delta x \tag{2-41}$$

从式（2-41）可以看出，当液位发生变化时，浮筒产生的位移量与液位高度成正比；液

位变化与弹簧变形成正比，显然只要测出弹簧变形即可得到液位。测量弹簧变形有很多种方法，常用的有差动变压器式、扭力矩力平衡式等。可以通过差动变压器使输出电压与位移成正比关系进行测量。也可将浮筒所受到的浮力通过安装扭力管使其达到力矩平衡，把浮筒的位移量变成扭力矩的角位移，然后用转换元件转换为电信号，构成一个完整的液位计。

2.5.4 电容式液位计

电容式液位计是利用在电容的两极板之间加入被测介质，通过介质在两极板之间的液位变化，获得电容量的变化，然后将电容量的变化通过电桥电路转换为电流或电压的变化。

以同心圆柱式电容液位计为例，讨论其测量原理。图 2-35 是由两个同轴不同直径的柱板构成的电容器，该电容器的长度为 L，外径和内径分别为 D 和 d，当两个圆筒间一部分充入介电常数 ε_1 的介质，另一部分被介电常数 ε_2 的介质淹没，设被淹没的电极的长度为 H，则此时的电容量为

$$C = C_1 + C_2 = \frac{2\pi\varepsilon_1(L-H)}{\ln\frac{D}{d}} + \frac{2\pi\varepsilon_2 H}{\ln\frac{D}{d}} \tag{2-42}$$

电容的变化量为

$$\Delta C = C - C_0 = \frac{2\pi(\varepsilon_2 - \varepsilon_1)H}{\ln\frac{D}{d}} \tag{2-43}$$

式中，C_0 为同心圆柱式电容器的电容量

$$C_0 = \frac{2\pi\varepsilon_1 L}{\ln\frac{D}{d}}$$

式（2-43）表明，当圆筒形电容器的尺寸 L、D 和 d 保持不变，且介电常数 ε_1 和 ε_2 也不变时，电容器的电容变化量 ΔC 与电极被介电常数 ε_2 的介质所淹没的高度 H 之间成正比关系。两种介质的介电常数差值 $\varepsilon_2 - \varepsilon_1$ 越大，电容变化量 ΔC 越大，测量的灵敏度越高。

假如被测液体是可导电的，电极要用绝缘物覆盖作为中间电极，内电极可用紫铜或不锈钢，并在外面套上塑料管或搪瓷绝缘层，而导电液体和容器壁构成电容器的外电极，如图 2-36 所示。若容器内无液体，内电极和容器壁组成电容器，绝缘层和空气为介电层；若液面的高度为 H，有液体部分由内电极和导电液体构成电容器，绝缘套作介电层。此时整个电容相当于由液体部分和无液体部分两个电容的并联。

有液体部分的电容为

$$C_2 = \frac{2\pi\varepsilon_2 H}{\ln\frac{D}{d}} \tag{2-44}$$

无液体部分的电容为

$$C_1 = \frac{2\pi\varepsilon_1(L-H)}{\ln\frac{D_0}{d}} \tag{2-45}$$

总等效电容为

$$C = C_1 + C_2 = \frac{2\pi\varepsilon_1(L-H)}{\ln\dfrac{D_0}{d}} + \frac{2\pi\varepsilon_2 H}{\ln\dfrac{D}{d}} \tag{2-46}$$

式中，ε_1，ε_2 分别为空气和绝缘套组成的介电层的介电常数和绝缘套的介电常数；L 为电极和容器的覆盖长度；d，D，D_0 为内电极、绝缘套的外径和容器的内径。

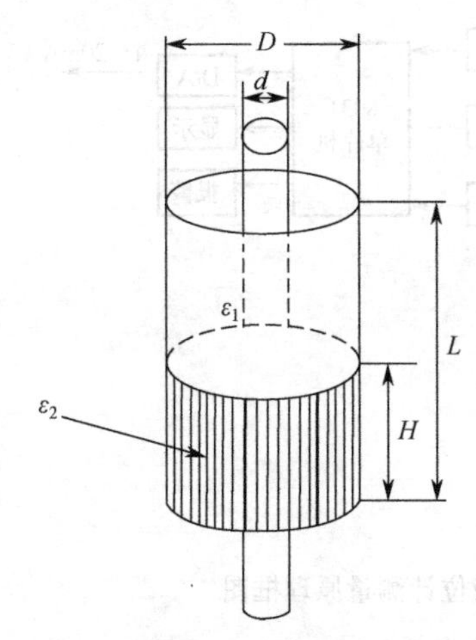

图 2-35 同心圆柱式电容器的检测原理图

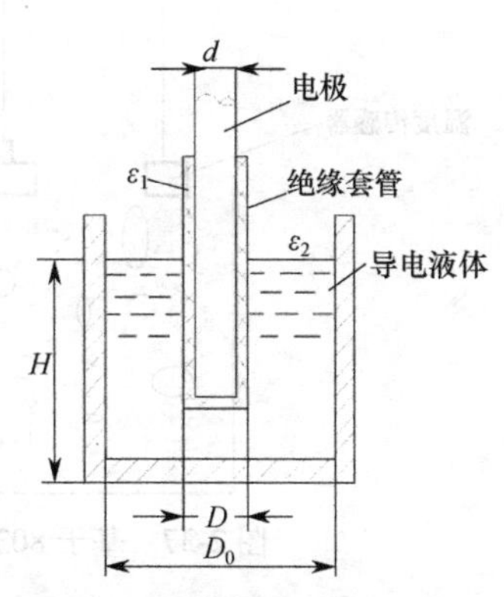

图 2-36 导电液体液位测量示意图

当被测液位为 H 时，电容器的电容变化量为

$$\Delta C = C - C_0 = \frac{2\pi\varepsilon_1(L-H)}{\ln\dfrac{D_0}{d}} + \frac{2\pi\varepsilon_2 H}{\ln\dfrac{D}{d}} - \frac{2\pi\varepsilon_1 L}{\ln\dfrac{D_0}{d}} = \left[\frac{2\pi\varepsilon_2}{\ln\dfrac{D}{d}} - \frac{2\pi\varepsilon_1}{\ln\dfrac{D_0}{d}}\right] H \tag{2-47}$$

若 $D_0 \gg d$，且 $\varepsilon_1 \ll \varepsilon_2$，则

$$\Delta C = \frac{2\pi\varepsilon_2}{\ln\dfrac{D}{d}} H \tag{2-48}$$

从式（2-48）可以看出，电容变化量与液位高度成正比。

2.5.5 超声波式液位计

超声波式液位计测量是由传感器发出超声波脉冲，脉冲声波经液体表面反射回来，由同一传感器接收或超声波接收器接收，通过压电晶体转换成电信号，并由声波的发射和接收之间的时间来计算传感器到被测液体表面的距离实现。由于采用非接触的测量，被测介质几乎不受限制，可广泛用于各种液体和固体物料高度的测量。

设超声波到液面的距离为 H，波的传播速度为 c，传播时间间隔为 Δt，则

$$H = \frac{1}{2} c \Delta t \tag{2-49}$$

从式（2-49）可以看出，声速 c 固定不变才可用超声波传播时间确定液位。实际上，声

速随介质及其温度变化而变化，为准确测量液位，对于一定的介质，必须对声速进行校正。根据声速与温度之间的关系计算出测量时的声速，再根据式（2-49）求出液位 H。

空气中的声速 c 与温度 T 之间的关系为

$$c = (331.45 + 0.61T)(\text{m/s}) \tag{2-50}$$

图 2-37 为基于 8031 单片机的超声波液位计测量原理框图，该液位计以 8031 单片机为核心，进行超声波的发射、接收和数据处理。

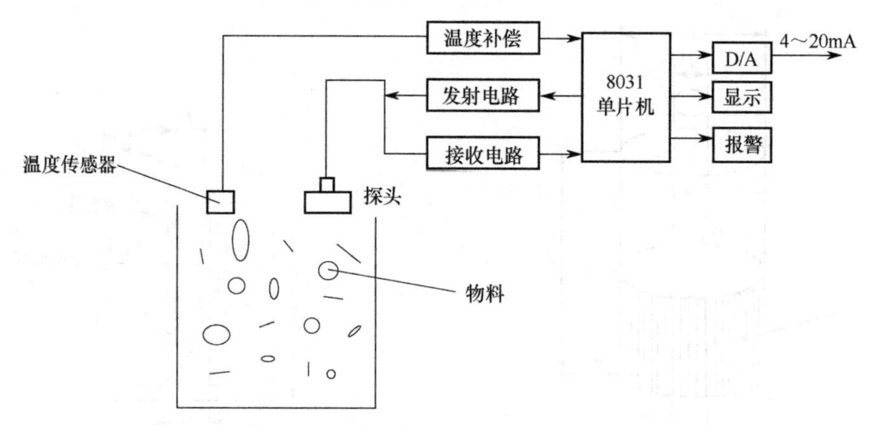

图 2-37 基于 8031 单片机的超声波液位计测量原理框图

8031 单片机输出脉冲信号，经功率放大后，加到探头上，探头发出超声波到液面，发射后又回到探头，探头将接收到的超声波能转换成电信号，放大后发送到 8031 单片机的中断口。该单片机通过对超声波从发射到接收所需的时间计时和测量现场环境温度，按式（2-49）和式（2-50）计算出探头到液面的高度 H，料仓的高度减去 H 得到液位的高度。

超声波液位计测量液位时不接触介质，无可动部件，传播速度比较稳定，对湿度、光线、介质黏度、介电常数、热导率、电导率不敏感，因此可以测量腐蚀性、有毒或高黏度等特殊场合的液位。其结构复杂、价格昂贵，测量时对温度比较敏感，温度的变化会引起声速的变化，因此需要通过温度补偿提升超声波液位计的测量精度。

2.5.6 应用案例

楼宇中的液位测量较为简单，通常在楼宇的地下室和楼顶设有低位水箱和高位水箱，它们的水位必须保持在一定范围内，因此必须测量水位的高低。低位水箱采用浮球阀，利用浮球控制阀门开闭，水位降低时打开阀门进水，到达设定值时关闭阀门。高位水箱中的水位测量需输出电接点信号，当水位降低到一定值时，启动水泵将水从低位水箱泵入高位水箱。

2.6 成分检测

2.6.1 概述

在工业生产中，混合物料中成分参数的检测具有非常特殊而重要的意义。一方面，通过对它们的检测，可以了解生产过程中原料、中间产品及最后产品的成分及其性质，从而判断工艺过程是否合理；另一方面，将它们作为产品质量控制指标，比对其他参数进行控制更加直接有效。例如，在锅炉燃烧系统中，为了确定炉子燃烧状况，计算燃烧效率，要求知道烟道气中 O_2、CO、CO_2 等气体的含量；另外，对某些生产过程中产生的易燃、易爆、有毒和腐蚀性气体的检测与控制，更是确保工作人员身体健康和生命财产安全不可缺少的条件。成分参数的检测方法至少有十几种，其中一些方法见表 2-5。

表 2-5　成分参数检测方法及仪表

检测方法	仪表种类
热学方法	热导式、热化学式、差热式等分析仪
磁力方法	热磁式、热力机械式等分析仪
光学方法	光电比色、红外吸收、紫外吸收、光干涉、光散射式、分光光度、激光等分析仪
射线方法	X 射线、电子光学式、核辐射式、微波式等分析仪
电化学方法	电导式、电量式、电位式、电解式、氧化锆氧量等检测仪
色谱分离方法	气相、液相色谱仪
质谱分析方法	静态、动态质谱仪
波谱分析方法	核磁、电子顺磁、λ 共振等波谱仪
其他方法	晶体振荡、气敏式、化学变色等分析仪

下面介绍几种常用的成分检测方法及所用仪表的工作原理。

2.6.2　热导式检测技术

热导式分析仪是根据待测组分与其他组分的导热系数有明显差异特性，检测出被测气体待测组分含量变化引起导热系数的变化，再经过热导池转换成电热丝电阻值的变化，从而间接获得待测组分的含量。

表征物质导热能力大小的物理量称为导热系数 λ，λ 越大，说明物质传热速率越大，更容易导热。常见气体的导热系数见表 2-6。

表 2-6　一些气体 0℃时的导热系数（λ_0）、相对导热系数（$\frac{\lambda_0}{\lambda_{A0}}$）

气体名称	0℃时的导热系数 λ_0/W/(m·K)	0℃时相对空气的相对导热系数	气体名称	0℃时的导热系数 λ_0/W/(m·K)	0℃时相对空气的相对导热系数
氢气	0.1741	7.130	一氧化碳	0.0235	0.964
甲烷	0.0322	1.318	氨气	0.0219	0.897
氧气	0.0247	1.013	二氧化碳	0.0150	0.614
空气	0.0244	1.000	氩气	0.0161	0.658
氮气	0.0244	0.998	二氧化硫	0.0084	0.344

同一种气体，其导热系数也不是固定不变的，它随温度的升高而增大。设 0℃和 t℃时的导热系数分别为 λ_0 和 λ_t，则它们之间存在如下关系：

$$\lambda_t = \lambda_0(1+\beta t) \tag{2-51}$$

式中，β 为一定温度范围内气体的导热系数的温度系数。

对于混合气体而言，若彼此之间无相互作用，其导热系数可近似由下式计算：

$$\lambda = \sum_{i=1}^{n} \lambda_i c_i \tag{2-52}$$

式中，λ_i为混合气体中第i组分的导热系数；c_i为混合气体中第i组分的浓度。

设待测组分的浓度为c_1，相应的导热系数为λ_1；混合气体中其他组分的导热系数近似相等，即$\lambda_2 \approx \lambda_3 \approx \lambda_4 \approx \cdots$，则利用式（2-52）可得待测组分浓度$c_1$与混合气体的导热系数之间的关系：

$$c_1 = \frac{\lambda - \lambda_2}{\lambda_1 - \lambda_2} \tag{2-53}$$

式（2-53）表明，测得λ，即可求得待测组分的浓度。

需要注意的是，在应用式（2-53）时，必须满足两个条件：一是混合气体中除待测组分外，其余各组分的导热系数应相同或十分接近；二是待测组分的导热系数与其余组分的导热系数有明显差异，相差越大，灵敏度越高，即，由待测组分浓度变化引起的混合气体λ的变化也越大。

热导式气体分析仪主要由发送器、电源控制器、温度控制器等组成。其中，发送器一般由4个热导池构成，每个热导池中的电阻丝作为电桥的一个桥臂电阻，如图2-38所示。图中R_1、R_3气室称为测量气室，通被测气体；R_2、R_4气室称为参比气室，通测量下限气体。当流经测量气室的待测组分含量与参比气室中的标准气样相等时，各个热导池的散热条件相同，4个桥臂电阻相等，电桥输出为零。当流经测量气室的待测组分含量发生变化时，R_1、R_3将发生变化，电桥失去平衡，其输出信号的大小代表了待测组分的含量。

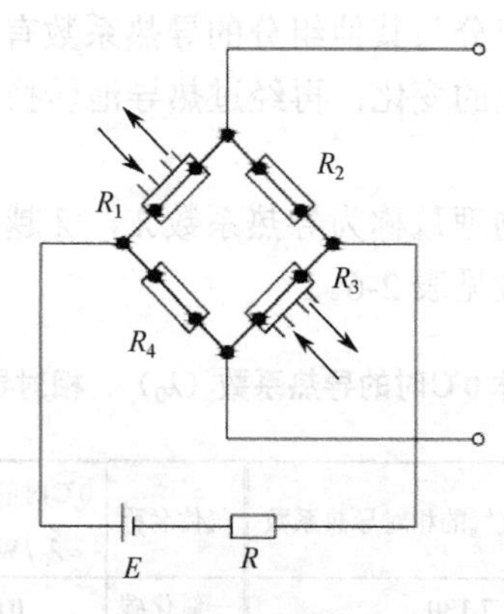

图2-38 测量电桥

电源控制器包括为发送器温度控制系统提供的加热电源，为电桥提供的直流稳压电源等。

温度控制器包括加热线圈和带电接点的水银温度计，通过水银温度计上的电接点，控制加热线圈电源的通或断，使发送器保持恒定的温度。

在图2-38中，用两个测量气室可以提高测量电桥的灵敏度，参比桥臂设置的目的是减小发送器温度波动对测量的影响。因此，图2-38所示的单电桥测量系统比只采用一个测量气室（无参比气室）要好，但电源电压的波动对电桥输出有直接影响。为提高测量精度，可采用双电桥测量系统。

2.6.3 热磁式检测技术

热磁式分析仪是利用被测气体混合物中待测组分相对其他气体有更高的磁化率，以及磁化率随温度的升高而降低等热磁效应来检测待测气体组分含量的。

根据物理学原理，任何物质处于外磁场中均可被磁化，气体物质也不例外。但不同的物质，其磁化率是不同的。常见气体的磁化率见表 2-7。

表 2-7 某些气体在 0℃时的体积磁化率

气　体	$\chi\times10^9$	气　体	$\chi\times10^9$	气　体	$\chi\times10^9$
氧气	+146	乙炔	+1	氮气	−0.58
一氧化氮	+53	甲烷	−1.8	水蒸气	−0.58
空气	+30.8	氦气	−0.083	氯气	−0.6
二氧化氮	+9	氢气	−0.164	二氧化碳	−0.84

由表 2-7 可知，氧气的磁化率远远高于其他气体，而且已知还与温度和压力有关。根据上述特性制成的气体分析仪称为热磁式氧气分析仪。下面介绍其检测原理。

理论与实验研究表明，磁化强度矢量 $\boldsymbol{J}$ 取决于外磁场强度 $\boldsymbol{H}$ 并与介质本身性质有关，即

$$\boldsymbol{J}=\chi\boldsymbol{H} \tag{2-54}$$

式中，χ 称为介质的磁化率，是一个反映介质磁性的系数。当介质的磁化率 $\chi>0$ 时，称该介质为顺磁性物质，它在外磁场中表现为被磁场吸引；当介质的磁化率 $\chi<0$ 时，称该介质为逆磁物质，在外磁场中表现为被磁场排斥。

实验证明，对于顺磁性气体，其磁化率与温度、压强有如下关系：

$$\chi=\frac{CMp}{RT^2} \tag{2-55}$$

式中，C 为居里常数，M 为气体的分子量，p 为气体的压强，R 为气体常数，T 为气体的温度。

式（2-55）表明，气体压强升高时，磁化率增大；而温度升高时，磁化率剧烈下降。

对于互相不发生化学反应的多组分混合气体，在常温常压下，磁化率为

$$\chi=\sum_{i=1}^{n}\chi_i c_i \tag{2-56}$$

式中，χ_i 为混合气体中第 i 组分的磁化率；c_i 为混合气体中第 i 组分的浓度。

若在混合气体中，待测组分为氧气，其磁化率为 χ_1，浓度为 c_1；同时假设混合气体中非氧组分的磁化率近似相等，则式（2-56）可简写为

$$\chi=\chi_1 c_1+\chi_2(1-c_1) \tag{2-57}$$

式中，χ_2 为混合气体中其他组分的等效磁化率。

由于氧气的磁化率较绝大多数其他气体大得多，即 $\chi_1\gg\chi_2$，则式（2-57）中 $\chi_2(1-c_1)$ 一项可以忽略不计。这时，混合气体的磁化率可写成

$$\chi=\chi_1 c_1 \tag{2-58}$$

由上式可知，热磁式氧量分析仪正是根据氧气的强顺磁性和磁化率对温度的强烈敏感性这两个特点制成的。

热磁式氧量分析仪中的检测部件是发送器，经过变换后将混合气体中氧含量的变化转换为电信号的变化。发送器有内对流式和外对流式两种，下面主要介绍内对流式。内对流式发送器的工作原理见图 2-39 所示。

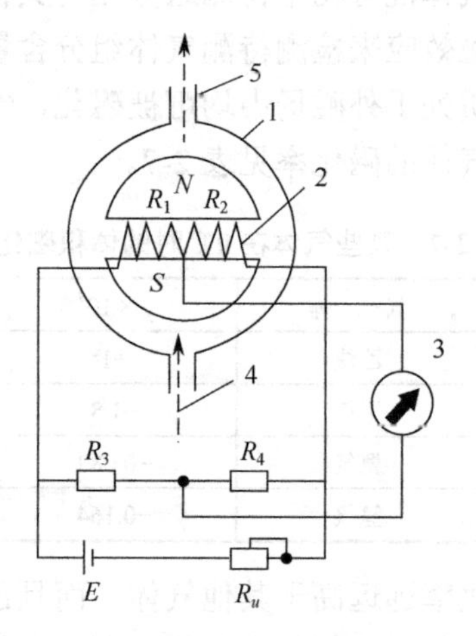

1—环形管；2—中间通道；3—显示仪表；4—被测气体入口；5—被测气体出口

图 2-39　内对流式发送器工作原理图

环形气室中设有一个石英玻璃管中间管道，在中间通道外面，均匀地绕以热电阻丝（常用铂丝），电阻丝中间的抽头把电阻丝分成两个阻值相等（在相同的温度下）的电阻 R_1 和 R_2，R_1、R_2 与另两个固定电阻 R_3、R_4 一起构成测量电桥。电桥接上电源后，R_1、R_2 因发热使中间管道温度升高。若中间管道无气流通过，则其上各处温度相同，$R_1 = R_2$，测量电桥输出为零。

中间管道左端的磁极形成磁场，当温度为 T_0 在环形气室中流动的气体流经该磁场附近时，若气体组分中有氧气等顺磁性介质，则这些气体受磁场吸引而进入中间管道，同时被加热到温度 T。被加热的气体由于磁化率减小而受磁场的吸引力变弱，尚未加热的气体继续受较强的磁场吸引而进入管道，进而将磁场吸引力变弱的气体推出。若该过程不断进行，中间管道中自左向右就会形成一连续气流，此现象称热磁对流现象，该气流称为磁风。热磁对流将带走电阻丝 R_1 和 R_2 上的部分热量，但由于冷气体先经过 R_1 处，故 R_1 上被气体带走的热量要比 R_2 上带走的热量多，于是 R_1 处的温度低于 R_2 处的温度，电阻值 $R_1<R_2$，电桥就有一个不平衡电压输出。输出信号的大小取决于 R_1 和 R_2 的差值，即磁风的大小，进而反映了混合气体中氧含量的多少。

2.6.4　红外式成分检测

红外气体分析仪是利用不同气体对不同波长的红外线辐射能具有选择性吸收的特性来进行浓度分析的。它具有量程范围宽、选择性高、灵敏度高、精度高以及通用性好等特点。

红外线的波长范围为 0.76～1000μm，红外气体分析仪中利用的波长范围为 2～25μm，可以用恒定电流加热镍铬丝到某一适当的温度而产生某一特定波长范围的红外线。除了具有对称结构，无极性的双原子气体（如 O_2、H_2、Cl_2、N_2）和单原子分子气体（如 He、Ar）外，几乎所有气体以及水蒸气等对红外线都具有强烈的选择吸收性。部分气体的特征吸收峰波长见表 2-8。

表 2-8 部分气体特征吸收峰波长

气体名称	特征吸收峰波长/μm	气体名称	特征吸收峰波长/μm
CO	4.65	H_2S	7.6
CO_2	2.7，4.26，14.5	HCl	3.4
CH_4	2.4，3.3，7.65	C_2H_4	3.4，5.3，7，10.5
NH_3	2.3，2.8，6.1，9	H_2O	在2.6～10之间都有相当的吸收
SO_2	7.3		

某种气体对于一定波长的红外线辐射能的吸收，遵循贝尔（Bell）定律：

$$I = I_0 e^{-kcl} \tag{2-59}$$

式中，I为透射光强度，I_0为入射光强度，k为吸收系数，c为气体浓度，l为气体吸收层厚度。

由式（2-59）可见，当l和I_0一定时，红外线被待测气体吸收后的光强度I是气体浓度c的单值函数。若气体吸收层的厚度l很薄和待测气体浓度c很低，即$kcl \ll 1$，式（2-59）可近似为

$$I = I_0(1-kcl) \tag{2-60}$$

在红外线气体分析仪中，为使l和c具有线性关系，应使c、l较小，因此，应根据被测气体浓度c选择测量室的厚度l，使l较小，或根据l选择较低浓度的待测气体。

目前，工业生产过程中常用的红外线气体分析仪结构原理图如图2-40所示。

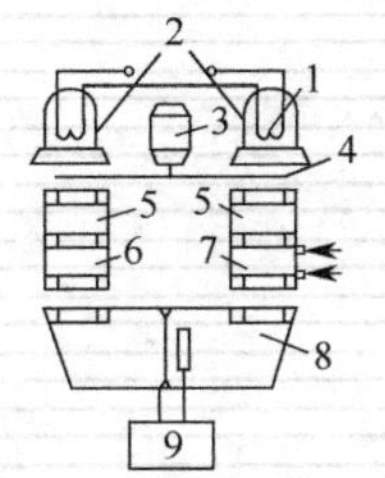

1—光源；2—抛物体反射镜；3—同步电动机；4—切光片；
5—滤波室；6—参比室；7—测量室；8—红外探测器；9—放大器

图2-40 红外线气体分析仪结构原理图

恒光源发出光强为I_0的某一特征波长的红外光，经反射产生两束平行的红外光，同步电机带动有若干对称圆孔的切光片，将连续红外光调制成两束频率相同的脉冲光。其中一束进入测量气室，另一束射入参比气室。待测气样中含有待测气体和干扰气体，在测量室中待测气体和干扰气体分别吸收各自特征波长的红外线能量，然后到达干扰滤光室。在参比气室中充满不吸收红外线的气体（如氮气），从参比气室射出的红外光能量不变，然后到达干扰滤光室。干扰滤光室充满浓度为100%的干扰气体，在干扰滤光室中，干扰气体将其对应的特征波长的红外光能量全部吸收掉。然后，两束红外光分别到达接收室的上、下两个气室。接收室由膜片将其分成容积相等的上、下两个部分。膜片与定极板组成一只电容器。接收室上、下两室均充满浓度为100%的待测气体，因此在接收室中，待测气体将其吸收特征波长的两束红外线能量全部吸收掉。由于参比室中N_2未吸收红外线能量，而测量室中待测气体吸收了部分能量，因此到达下接收室的红外线强度比到达上接收室的红外线强度强。在接收室中分别被吸收完成后，下接收室产生的能量比上接收室产生的能量多，致使电容器动极板（膜片）

产生位移，改变了电容器两极板间的距离，引起电容器电容值发生变化。最后电子放大器将电容的变化量ΔC转变成电压或电流输出，便于信号远传。同时也可供记录仪表显示和记录被测气体的百分浓度。

被测气体的百分浓度越大，到达接收室的两束红外线的强度差越大，电容的变化量ΔC越大，放大器的输出电压或电流越大。

2.6.5 色谱分析方法

色谱分析仪的测量原理是，基于不同物质在固定相和流动相所构成的体系，即色谱柱中具有的不同分配系数，将被测样气各组成分分离开来，然后用检测器将各组成气体的色谱峰转换成电信号，经电子放大器转换成电压或电流输出。

混合物的分离是色谱法的关键。分离过程是一种物理化学过程，它是通过色谱柱来完成的。如图 2-41 所示，需分离的样品由气体或液体携带着沿色谱柱连续流过，该携带样品的气体或液体称为载气或载液，统称为流动相。色谱柱中放有固体颗粒或涂在担体上的液体，它们对流动相不产生任何物理化学作用（如吸附、溶解），但能吸收或溶解样品中的各组分，并且对不同组分具有不同的吸收或溶解能力。这种放在色谱柱中不随流动相而移动的固体颗粒或液体统称为固定相。

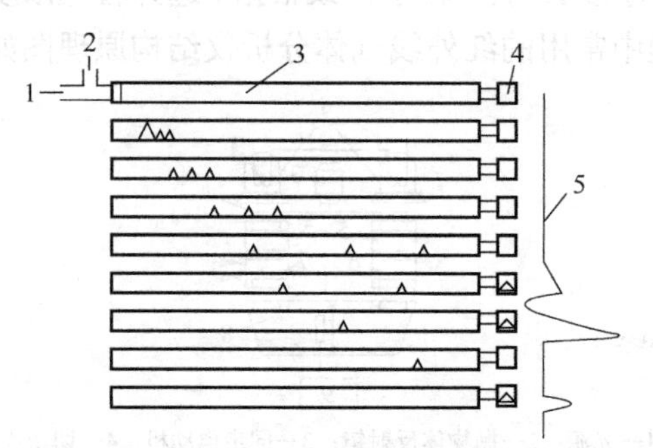

1—载气；2—样品；3—色谱柱；4—检测器；5—色谱图

图 2-41 混合物在色谱柱中的分离

色谱法就是利用色谱柱中固定相对被测样品中各组分具有不同的吸收或溶解能力，使各组分在两相中反复进行分配，分配的结果使各组分得以分离，致使各组分按照一定的顺序流出色谱柱。固定相对某一组分的吸收或溶解能力越强，该组分就越不容易被流动相带走，流出色谱柱的时间就越慢。如果在色谱柱的出口处安装一个检测器（如热导式检测器），则当有组分从色谱柱流入检测器时，检测器将输出一个对应于该组分浓度大小的电信号，并通过记录仪把每个组分对应的输出曲线记录下来，形成如图 2-41 中 5 所示的由不同峰值组成的曲线图，称该图为色谱图。

色谱法根据流动相的不同，可分为气相色谱和液相色谱两种。

- 气相色谱　流动相为气体。如果固定相为液体（这种液体称固定液），则称气液色谱；如果固定相为固体，则称气固色谱。
- 液相色谱　流动相为液相。根据固定相的不同，液相色谱也有液液色谱和液固色谱两种情况。

无论用何种色谱方法，其基本原理均相似，所以下面以气相色谱为例进行介绍。

气相色谱仪的基本组成如图2-42所示。一台完整的气相色谱仪主要包括载气处理及控制系统、进样装置、色谱柱、检测器和记录仪等。

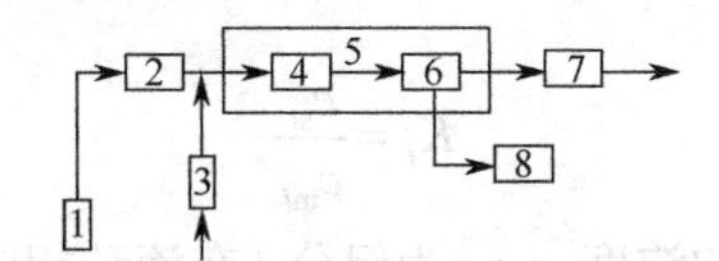

1—载气源；2—流量控制器；3—进样装置；4—色谱柱；
5—恒温箱；6—检测器；7—气体流量计；8—记录仪

图2-42　气相色谱仪基本组成图

（1）载气处理及控制系统

色谱仪用的载气一般有专用的气源，经过干燥、净化处理后进入流量控制器，使进入色谱柱的载气流量保持恒定。

（2）进样装置

实验室用气相色谱仪在分析液体样品时，可用注射器针头刺入密封的橡皮膜盖手动进样；若分析气体样品，则可用定量管进样。工业用色谱仪都用定量管进样。定量管进样的方法是：经过处理的被测样品由管道流过电磁阀（用来控制样品的进入）后进入取样阀。取样阀的作用是将一定量的样品送入色谱柱中，常见的取样阀有直线滑阀和六通平面转阀等。图2-43给出了六通平面转阀在取样和进样时的情况。图中(a)为取样时的情况，样品流入取样阀经过定量管后流出，载气经取样阀直接流入色谱柱；阀盖旋转60°后即为进样，如图中(b)所示。载气入口与定量管相连，在载气压力的作用下，把定量管中的样品带入色谱柱。可见，进样量的大小除与定量管及与阀的连接管的体积有关外，还与样品进入时的温度、压力有关。因此，样品在进入取样装置前需进行预处理。对于气体样品，除了过滤外，还要进行压力温度的控制，以保证进样的准确性；对于液体样品，一般只需过滤和减压处理，但在进样后需要经过汽化室，使样品在进入色谱柱之前迅速汽化。

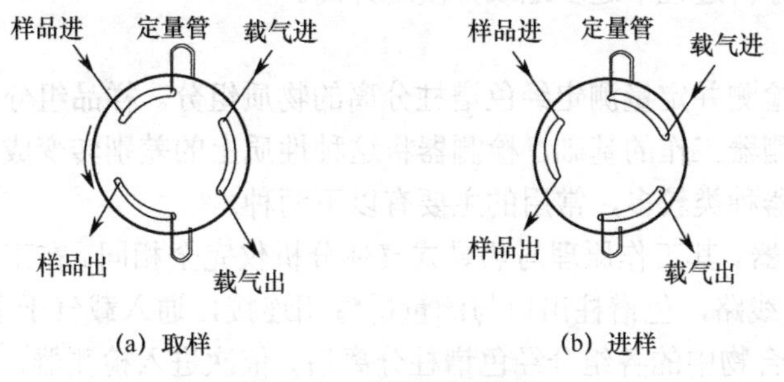

图2-43　六通平面转阀

（3）色谱柱

色谱柱是色谱仪中最重要的部分之一，其作用是将被测样品的各组分进行分离。色谱柱有填充式和毛细管式两种。填充式色谱柱中装有固体颗粒，如石墨化炭黑、分子筛、硅胶和多孔性高分子微球。由这种色谱柱构成的色谱为气固色谱，其中的固体颗粒称为吸附剂。

- 填充式色谱柱：多用内径4～6mm的不锈钢管制成螺旋形柱管，常用柱长2～4m。填充液体固定相（气液色谱）或固体固定相（气固色谱）。

- 毛细管式色谱柱：柱管为毛细管，常用内径 0.1～0.5mm 的玻璃或弹性石英毛细管，柱长几十米至百米。

气液色谱是利用样品中的不同组分在选定的两相中具有不同的分配系数来达到分离的。所谓分配系数定义为

$$K_i = \frac{c_{si}}{c_{mi}} \tag{2-61}$$

式中，c_{si} 为组分 i 在固定相中的浓度；c_{mi} 为组分 i 在流动相中的浓度。

分配系数大的组分在色谱柱中不易被载气带走，在固定相中滞留的时间长；反之，滞留时间就短。液液色谱的分离原理与气液色谱相同，它们都称为分配色谱。

不管是吸附色谱（液固色谱）还是分配色谱，各组分在色谱柱中的分离效果都与固定相、载气以及色谱柱所处的温度等因素有关，因此，在应用色谱柱时要注意以下几个问题。

① 色谱柱在使用前必须根据被测混合物各组分的特性选用合适的色谱柱（即选择固定相），确保各组分能在色谱柱中得到充分的分离。为此，气相色谱仪往往有多支色谱柱可供选择；另外，为提高色谱柱的分离效率和稳定性，色谱仪常采用多柱系统组合方式，让样品按一定的顺序先后流过两个色谱柱，通过仪器中的柱切阀来进行柱子的切换。

② 合理选择流动相的依据是固定相和被测组分的不同。对流动相（即载气）的要求是不与样品中各组分及固定相起化学反应，且不为固定相吸附或溶解。一般氮气、氢气、氩气、空气及二氧化碳可用作载气，而最常用的是氮气和氢气。在分析烟气中的氢气时，可用氩气。此外，载气的选择还与所用的检测器种类有关。

③ 色谱柱的温度对组分的分离效果有很大影响，因此必须选择合适的温度，并通过温度控制器使色谱柱的温度在工作期间保持恒定。色谱柱工作温度范围可以是从几十摄氏度到三百多摄氏度，主要取决于样品各组分的沸点。对于沸点较低的组分，选用较低的工作温度；而对沸点较高的组分，则应选择较高的工作温度。如果各组分的沸点相差很大，为了能对低沸点组分和高沸点组分同时具有较好的分离效果，可采用程序升温的方法，即通过程序控制，使色谱柱的温度在分析过程中逐步地或分段地升高。

（4）检测器

检测器是用来检测并定量测定经色谱柱分离的物质组分。样品组分与载气在性质上的任何差别都可作为检测器工作的基础，检测器将这种性质上的差别转变成电信号输出。作为气相色谱仪用的检测器种类较多，常用的主要有以下两种。

- 热导池检测器。其工作原理与热导式气体分析仪完全相同。在工业色谱仪中一般采用单电桥测量线路，色谱柱出口与测量桥臂相连接，通入载气于参比桥臂，如图 2-44 所示。当混合物中的各组分经色谱柱分离后，依次进入检测器，检测器中导热系数随组分的不同依次发生变化，将电桥的输出信号进行记录，即可得到色谱图。
- 氢火焰电离检测器。如图 2-45 所示，带有样品的载气从色谱柱出来后与纯氢气混合进入检测室，从喷气口喷出。点火丝通电点燃氢气，设样品中含有碳氢化合物，则样品中的有机物在燃烧过程中产生的离子及电子，在强电场作用下向收集电极和极化电极移动，从而形成电流，经放大器放大后显示和记录。

氢火焰电离检测器的灵敏度比热导池检测器要高 1000 倍左右。这种检测器对有机碳氢化合物有响应，其响应信号随着化合物中碳原子的数量增多而增大，对所有惰性气体及 CO、

CO_2、SO_2 等气体则没有响应。

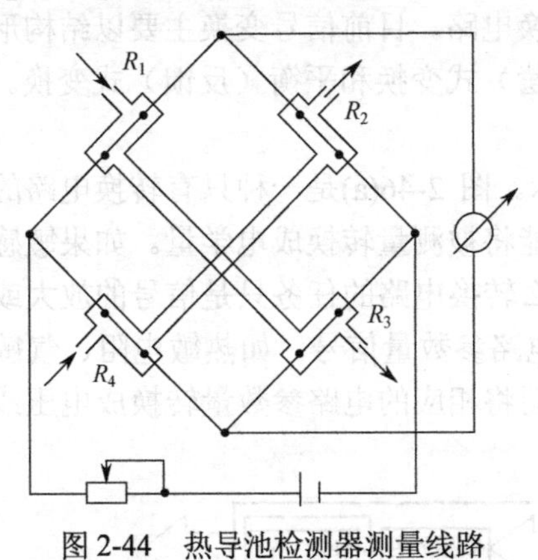

图 2-44　热导池检测器测量线路

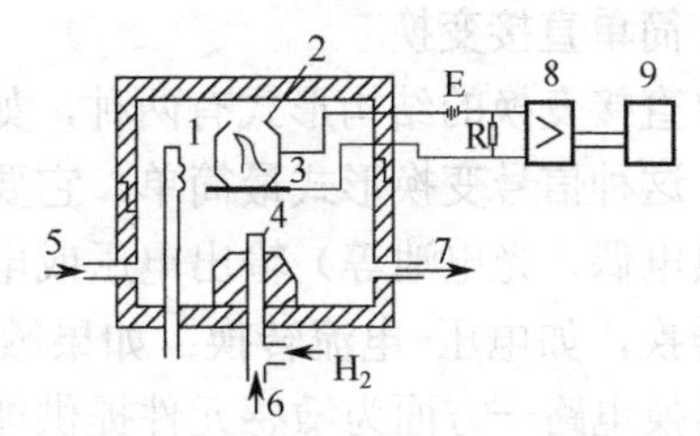

1—点火丝；2—收集电极；3—极化电极；4—喷气口；
5—空气入口；6—载气口；7—排气口；8—放大器；9—记录仪表

图 2-45　氢火焰电离检测器

（5）记录仪

记录仪用来对信号数值进行指示、记录，并产生色谱图。记录仪一般使用电子电位差计。

2.6.6　应用案例

楼宇中的锅炉主要给后续装置提供蒸汽负荷。为了保证蒸汽压力稳定，需要对锅炉的燃烧系统进行控制，从节能角度考虑，我们希望燃烧充分，也就是实现经济燃烧。为了实现经济燃烧，当燃料量改变时，必须相应地改变送风量，使送风量与燃料量相适应。燃料量与送风量燃烧过程的经济与否可以通过剩余空气系数是否合适来衡量，过剩空气系数通常用烟气的含氧量来间接表示。这是氧成分检测的一个应用。

2.7　检测信号变换技术

本章前几节介绍了温度、压力、流量、液位、成分等参数的检测方法，它们的共同特点是利用各种敏感元件把被测参数转换成电阻、差压、电容、位移、电压等物理量，一部分物理量可以直接用显示仪表指示测量结果，另一部分还需进行信号的转换、放大和处理等才能显示。此外，自动化水平的不断提高及计算机技术的广泛应用，对自动化仪表的标准化提出了更高的要求，这都需要有统一的信号进行信息传递。我国目前暂定的统一信号有 0～10mA DC、4～20mA DC、0～5V DC、1～5V DC 和 20～100kPa。本节涉及的信号变换是指把敏感元件输出的某一物理量，经过转换元件或转换电路变换成统一的标准信号，或能直接用显示仪表显示的信号。本节主要讨论信号变换的一般形式和特点，并介绍常见信号（物理量）间的变换技术和相关案例。

2.7.1　信号变换的基本形式

信号变换主要依靠转换元件和转换电路来实现。转换元件是将敏感元件输出的非电物理量转换为电学量。转换电路是将敏感元件或转换元件输出的电路参数量转换成便于测量的电量，或将非标准的电压、电流转换成统一的电压、电流信号。

实际应用过程中，有些检测仪表不需要信号变换环节；有的在信号变换环节中只有转换元件，有的只有转换电路，有的则兼有转换元件和转换电路。目前信号变换主要以结构形式来分类，包括简单直接变换、差动式变换、参比（补偿）式变换和平衡（反馈）式变换。

（1）简单直接变换

简单直接变换的结构形式有两种，如图 2-46 所示。图 2-46(a)是一种只有转换电路的信号变换。这种信号变换形式最简单，它要求敏感元件能将被测量转换成电学量。如果敏感元件（如热电偶、光电池等）输出电压或电流信号，那么转换电路的任务只是信号的放大或信号间的转换，如电压-电流转换；如果敏感元件输出电路参数量信号，如热敏电阻、气敏电阻，则转换电路一方面为敏感元件提供能量，另一方面将相应的电路参数量转换成电压或电流输出。

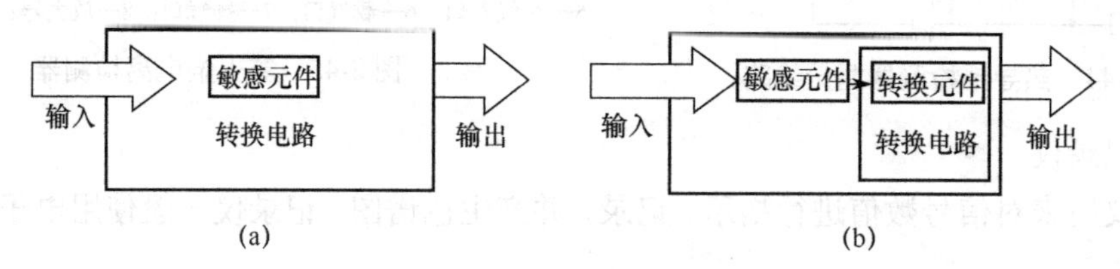

图 2-46 简单直接变换结构形式

图 2-46(b)是一种既有转换元件又有转换电路的信号变换。敏感元件首先把被测参数转换成某种可利用的中间物理量，再通过转换元件把中间物理量转换成电学量，最后通过转换电路使输出的电压或电流信号与被测参数相对应。

（2）差动式变换

为了提高检测仪表（系统）的灵敏度和线性度，减小或消除环境因素的影响，信号变换常采用差动式结构。即用两个性能完全相同的转换元件，感受敏感元件的输出量，并把它转换成两个性质相同但沿反方向变化的电路参数量，如图 2-47 所示。

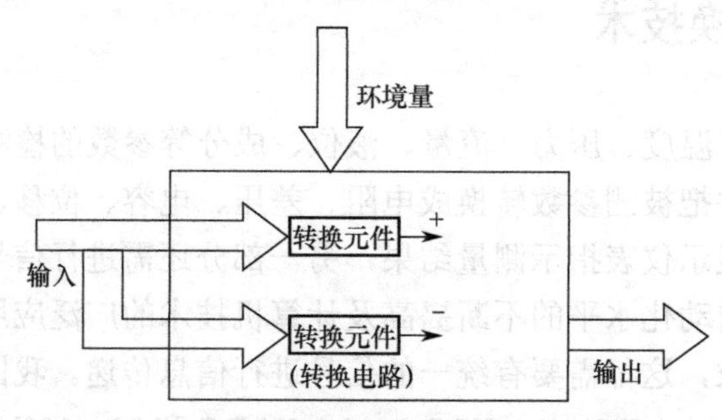

图 2-47 差动式变换结构形式

图 2-48 是两个差动式变换的应用实例，其中图 2-48(a)称为差动式变压器（或差动式电感器），当铁心在中间位置时，$e_1 = e_2$。当铁心向上移动时，e_1 增加，e_2 减小；当铁心向下移动时，e_1 减小而 e_2 增大。图 2-48(b)为差动式电容器，电容器由三个极板组成，其中两边为固定极板，中间为弹性元件（即为敏感元件），由此构成两个电容器。差动式变换的转换电路一般采用电桥或差动放大形式，前者用于输出量为电路参数量的转换元件，后者用于输出量为差动电势的转换元件。

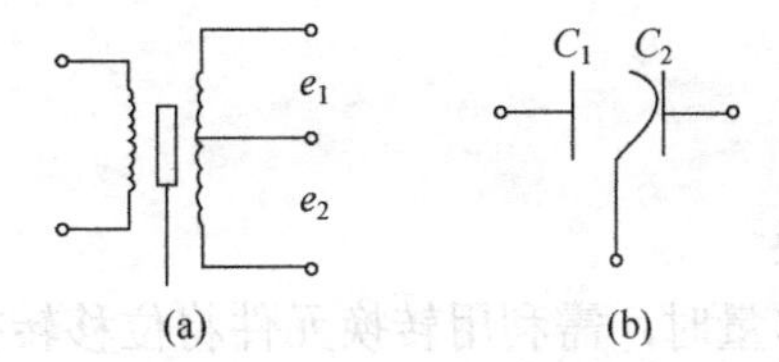

图 2-48 差动式变换应用实例

（3）参比式变换

参比式变换也称补偿式变换。采用这种变换主要是为了消除环境条件件变化（如温度变化、电源电压波动等）对敏感元件的影响，解决在上述差动式变换中出现的问题。

图 2-49 是参比式变换的结构形式，图中的检测元件表示它可以是一个敏感元件，也可以是一个敏感元件加转换元件。这种变换形式采用两个性能完全相同的检测元件，其中一个检测元件感受被测量和环境条件量，另一个检测元件只感受环境条件量。根据环境条件量对被测量的作用效果，通过转换电路把检测元件中包含环境条件量的干扰信息除去，即相当于对环境条件进行了补偿，从而达到减小或消除环境干扰影响的目的。

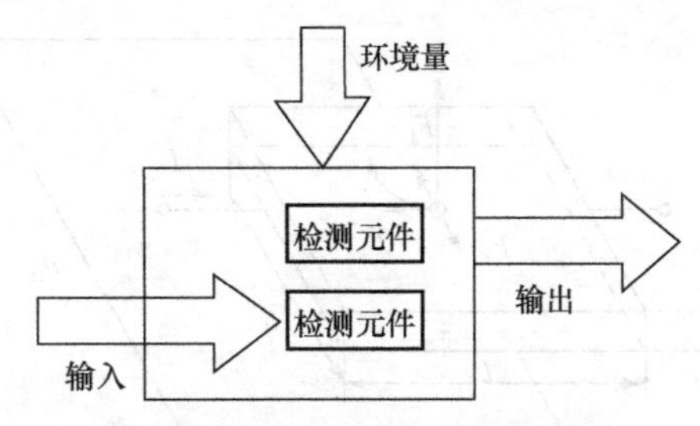

图 2-49 参比式变换的结构形式

（4）平衡式变换

平衡式变换也称反馈式变换，是指信号变换环节（包括转换元件和转换电路）为闭环式结构。具有平衡式变换环节的仪表称为平衡式仪表，其原理如图 2-50 所示。图中 C 为比较器，即敏感元件的输出信号 x_i 与反馈元件的输出信号 x_f 在此进行比较，其差值传递给转换元件，通过转换电路和放大器后输出。

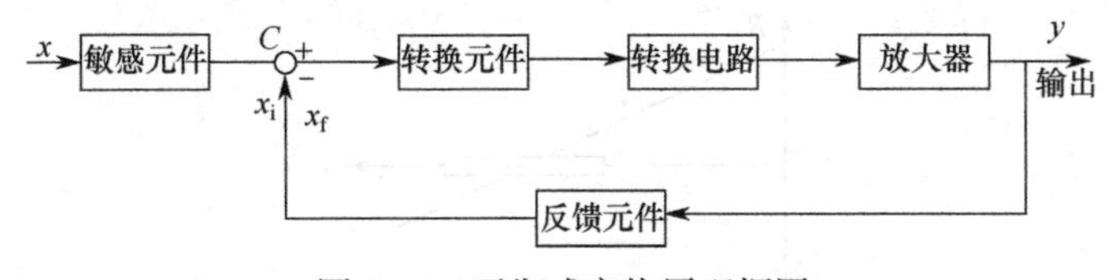

图 2-50 平衡式变换原理框图

如果反馈元件的反馈系数为 β（$=x_f/y$），则变换环节的信号输入输出关系可近似为 $y/x_i=\dfrac{1}{\beta}$。当反馈系数 β 比较稳定时，整个变换环节就可以达到比较高的精度，而转换元件和转换电路的非线性以及环境条件量的影响等在较大程度上可以得到减轻。

如果敏感元件的输出信号 x_i 为力或力矩，则比较器将进行力或力矩的比较，这种变换形式称为力平衡式或力矩平衡式变换。如果敏感元件输出为电信号，则比较器将进行电压或电流的比较，这种变换形式称为电压平衡式或电流平衡式变换，它一般不再需要转换元件。

2.7.2 常见信号间的变换

（1）位移与电信号的变换

当敏感元件的输出为位移量时，需利用转换元件将位移转换为电信号。例如，在压力检测中，压力作用在弹性元件上，使它产生位移；在液位检测中，变浮力浮筒随液位的变换（即所受浮力的大小）而上下移动；转子流量计中转子随流量的大小而平衡在锥形管中的一定位置；在温度检测中，双金属片自由端随温度的升高而改变位移量。

从上述例子可知，它们的被测变量完全不同，敏感元件的特性也不一样，但敏感元件的输出均为相同的位移量。常用的转换元件有霍尔元件、电容器和差动变压器等。

① 霍尔元件

在外磁场作用下，当有电流以垂直于外磁场方向通过它时，在薄片垂直于电流和磁场方向的两侧表面之间将产生霍尔电势，也称霍尔效应电势，图 2-51 为霍尔效应原理图。霍尔电势与磁场强度和电流乘积成正比，即 $u_H = R_H BI$。

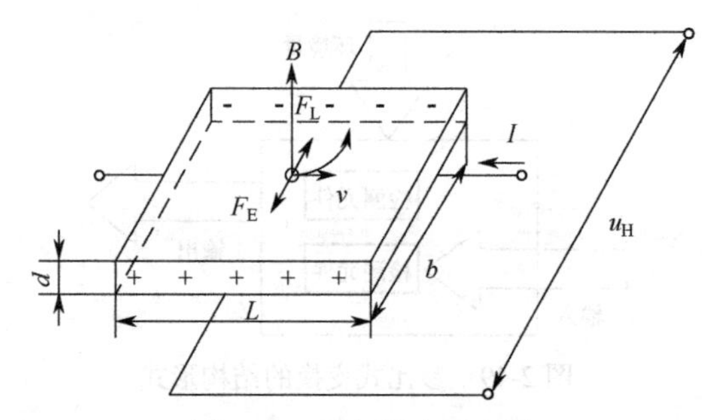

图 2-51　霍尔效应原理图

霍尔元件实现位移-电压的转换过程中，应将磁场改为沿 x 方向线性变化的非均匀强磁场，如图 2-52 所示。当霍尔元件沿 x 方向移动时，穿过霍尔元件的磁场强度随之而变，从而改变霍尔元件的输出电势 u_H。因为 B 与 x 之间存在线性关系，u_H 与霍尔片的位移也为线性比例关系，进而实现位移-电压的转换。

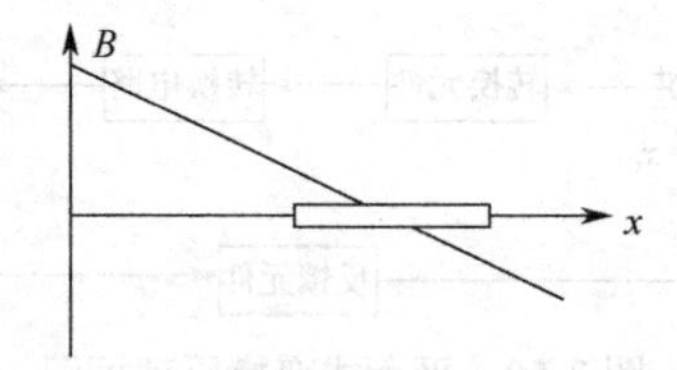

图 2-52　霍尔元件在非均匀强磁场中

图 2-53 为霍尔式压力传感器原理图，被测压力由弹簧管 1 的固定端引入，弹簧管自由端与霍尔元件 2 连接，在霍尔元件的上、下方垂直安放两对磁极，使霍尔元件处于两对磁极形成的线性磁场中。霍尔元件的 4 个端面引出 4 根导线，其中与磁极平行的两根导线接恒流源，另两根导线作为霍尔元件的输出。

当被测压力为 0 时，霍尔电势输出为 0。当被测压力升高时，弹簧管产生位移，改变霍尔元件在磁场中的位置，霍尔电势改变。被测压力越大，霍尔元件的位移越大，则输出的霍尔电势也越高。因此，霍尔式远传压力传感器利用弹簧管作为敏感元件，将压力转换为位移，采用霍尔元件作为转换元件将位移转换成电压信号。

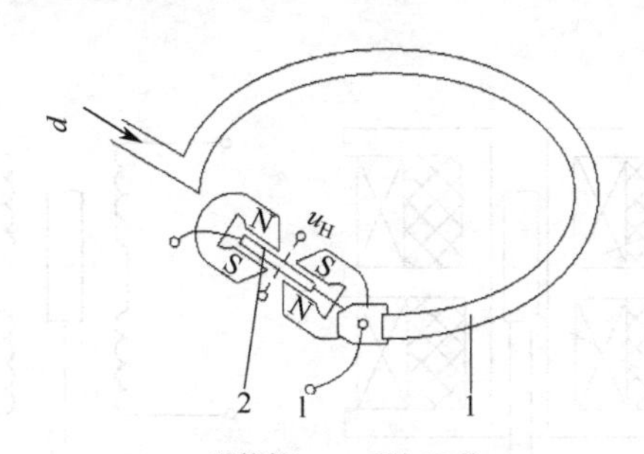

1—弹簧管；2—霍尔元件

图 2-53 霍尔式压力传感器原理图

② 电容器

当敏感元件（电容的其中一个极板）在测量作用下产生位移时，电容量就会发生变化。

实际应用过程中，为减小非线性和介电常数受温度的影响，提高灵敏度和精度，电容器常采用差动式结构。此时，固定极板采用凹球面状结构。图 2-54 为电容式差压传感器的结构原理图，测量室的两边为两电容器的固定极板，测量膜片对称地位于两个固定极板的中间。在测量膜片的左右两室中充满硅油，用来传递两边的压力。当左右压力相等，即差压 $\Delta p = p_{\text{H}} - p_{\text{L}} = 0$ 时，测量膜片左右两电容器的容量完全相等，即 $C_{\text{H}} = C_{\text{L}} = C_0$。当 $\Delta p > 0$ 时，测量膜片向左发生变形，即向低压侧的固定极板靠近，其结果使 C_{L} 增加，而 C_{H} 减小。按电容器串联公式可写出

$$\frac{1}{C_{\text{L}}} = \frac{1}{C_0} - \frac{1}{C_{\text{A}}} \tag{2-62}$$

$$\frac{1}{C_{\text{H}}} = \frac{1}{C_0} + \frac{1}{C_{\text{A}}} \tag{2-63}$$

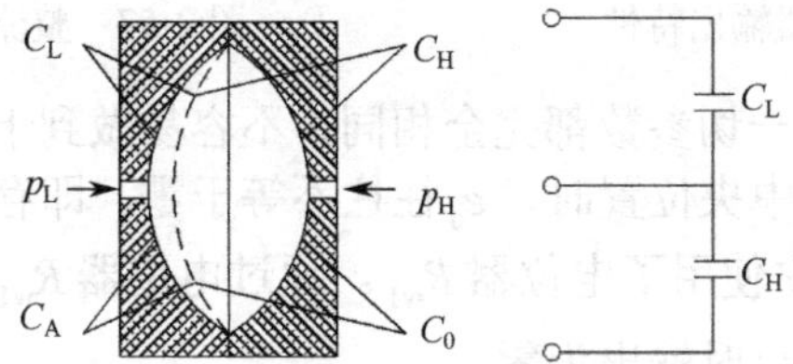

图 2-54 电容式差压传感器结构原理图

③ 差动变压器

差动变压器是利用互感原理把位移转换成电信号的一种常用转换元件，其原理如图 2-55 所示。铁心与产生位移信号的敏感元件刚性连接，能随敏感元件的位移而改变在线圈中的位置。线圈骨架呈“王”字形结构，分上下相等长度的两段。原边线圈以相同匝数均匀地绕在上下段的内层，并以顺向串联方式连接。副边线圈分别以相同的匝数绕在上下段的外层，但以反向方式连接。

变压器的原边由电流供电。当铁心在中间位置时，上下两段副边线圈产生的感应电动势 e_1 和 e_2 大小相等。由于它们是反向串联的，则 $e_{\text{o}} = e_1 - e_2 = 0$。当铁心在敏感元件的带动

下向上移动时，则e_1增大，e_2减小，使e_o增大，e_o的大小与铁心的位移成正比。当铁心向下移动时，e_1减小，e_2增大，使e_o负向增大，进而实现位移-电压的转换，其输出特性如图2-56所示。

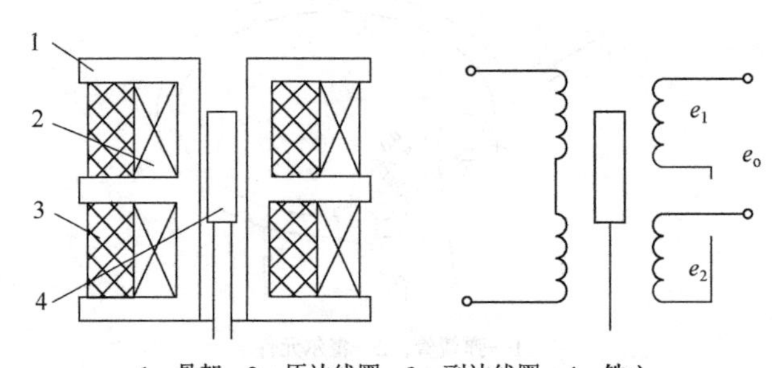

1—骨架；2—原边线圈；3—副边线圈；4—铁心

图2-55　差动变压器结构原理

副边输出的电信号与原边同频率的交流电压，经整流和滤波后变为直流电压信号，其电路原理如图2-57所示。图中D_1、D_2、R_1、R_2和R_{w1}组成半波相敏整流，当差动变压器的铁心处于非电气平衡位置时，感应电动势e_1和e_2分别经D_1和D_2整流后在电阻R_1和R_2产生半波直流电压，它们的极性相反，而且大小也不等，其电压差经R_{w2}和C_1滤波后得直流电压u_o，可送显示仪表显示或进一步用其他转换电路变换成标准信号。

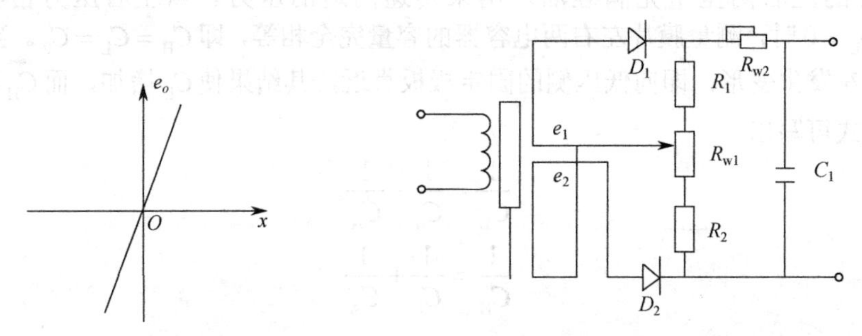

图2-56　差动变压器输出特性　　　　图2-57　整流和滤波电路原理图

由于两副边线圈不可能一切参数都完全相同，不容易做到十分对称，铁心的磁化曲线也难免有非线性，因此铁心在中央位置时，e_o往往不等于零，即存在所谓残余电压。为了消除零点残余电压，在图2-57中使用了电位器R_{w1}。通过电位器R_{w1}的调整，改变上下两支路的电阻分配，可使铁心在正中央时输出为零。

差动变压器除了图2-55所示的结构外，还有很多其他形式，图2-58为常用的螺管式差动变压器的结构示意图。线圈骨架分成三段，其中原边线圈绕在中间段，副边分为匝数相等的两部分各绕在原边的两端。螺管式差动变压器的输出电势e_o与铁心位移x之间的关系如图2-59所示。

④ 其他转换元件或方法

Ⅰ. 电感器　利用线圈互感原理把位移转换成电感量的变化。图2-60是一个典型的自感式转换元件，可动衔铁与敏感元件采用刚性连接，当敏感元件产生位移时，使衔铁与铁心之间的气隙长度δ发生变化，进而改变了线圈的感抗。理论推导得出，电感量L与气隙长度δ等参数之间的关系为

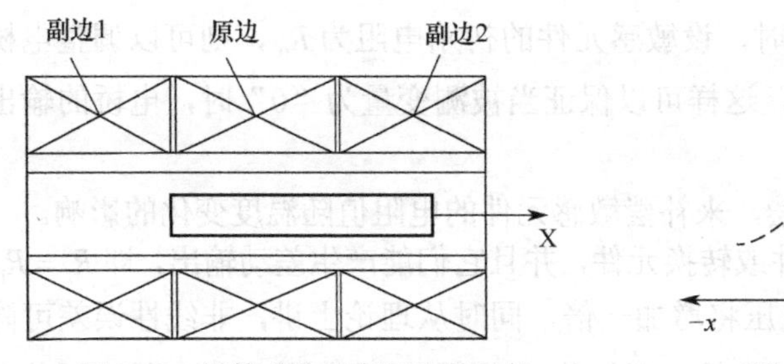

图 2-58　螺管式差动变压器的结构

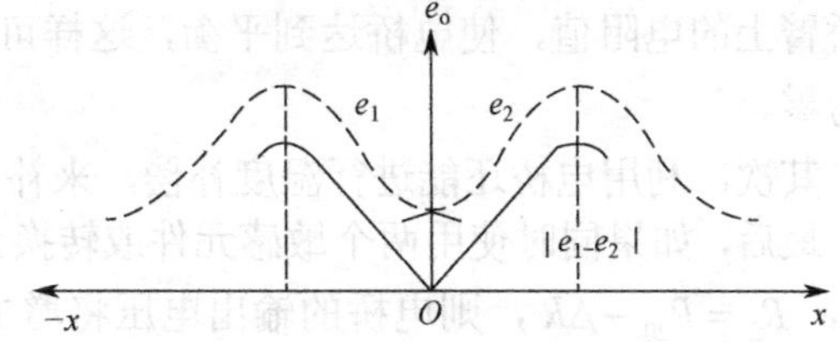

图 2-59　电势 e_o 与铁心位移 x 的关系

$$L \approx \frac{N^2 \mu_0 S}{2\delta} \tag{2-64}$$

式中，N 为线圈的匝数，μ_0 为气隙的磁导率，S 为气隙的横断面积。

式（2-64）表明，线圈的电感量 L 与衔铁的位移成反比，从而实现了位移–电感量的转换，使用适当的转换电路可进一步把电感量转换成电压或电流信号。

II. 光学法　先将位移量转换成光强的变化，再用光敏元件把光信号转换成电信号。目前用来进行位移量转换的方法主要有反射法和透射法。图 2-61 是应用透射法进行位移–电信号转换的原理图。光纤 1 和光纤 2 之间有一缝隙，当挡板在该缝隙外面，即位移 $x = 0$ 时，光纤 1 发出的光几乎被光纤 2 全部接收，光敏元件输出的电信号最大；当挡板向下移动进入两光纤间的缝隙时，光纤 2 接收到的光强减弱，使光敏元件输出的电信号减小；挡板的位移越大，则相应的输出信号就越小，进而实现位移–电信号的转换。

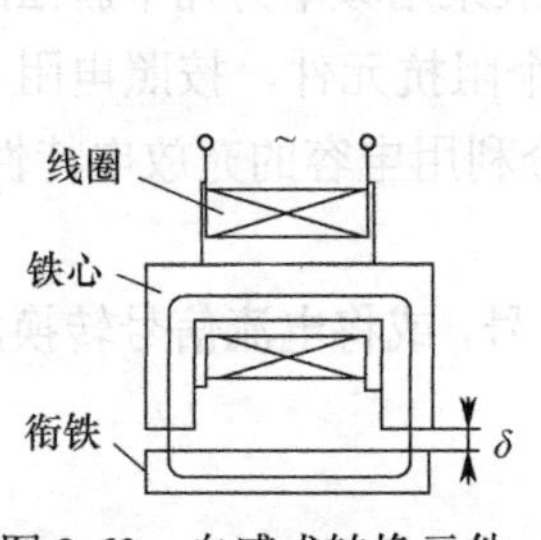

图 2-60　自感式转换元件

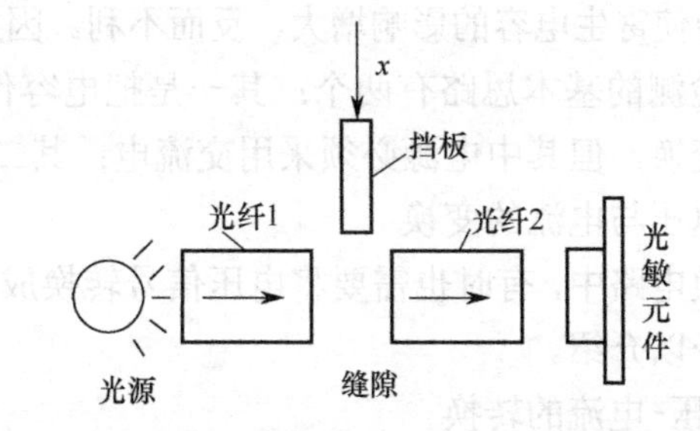

图 2-61　应用透射法进行位移–电信号转换原理图

（2）电阻与电压的变换

在前几节参数检测原理介绍过程中发现，人们经常把被测量转换成电阻值，这是因为电阻体容易制成，而且可以做得很精确，同时电阻值也很方便转换成电压或电流，进而实现信号的输出和显示，该转换技术现如今已十分成熟。例如，在成分参数检测中，热导池中的电热丝一方面起产生热量的作用，另一方面，由于热量通过被测气体的热传导作用向壁面散发，达到平衡时电热丝的温度变化直接反映为电热丝的电阻值变化，因此电热丝同时起将被测气体的热导能力（即热导系数）转换为电阻值变化的作用；根据压阻效应，一些半导体电阻的阻值随作用在其上的压力的变化而增加或减少；金属热电阻的阻值随被测温度的升高而上升。

电阻信号转换成电压（或电流）主要有两种方法：一是外加电源法，其可以和被测电阻一起构成回路，测量回路中的电流或某一固定电阻上的压降，进而实现信号转换；二是利用电桥进行转换。下面介绍电桥转换方法。

首先，当被测变量为初始状态 x_0 时，设敏感元件的初始电阻为 R_0，则可以调整电桥其他桥臂上的电阻值，使电桥达到平衡，这样可以保证当被测变量为“0”时，电桥的输出电压为零。

其次，利用电桥还能进行温度补偿，来补偿敏感元件的电阻值随温度变化的影响。

最后，如果同时使用两个敏感元件或转换元件，并且它们能产生差动输出，即 $R_1 = R_{10} + \Delta R$，$R_2 = R_{20} - \Delta R$，则电桥的输出电压将增加一倍，同时从理论上讲，非线性误差可降为零。如果采用 4 个电阻为检测元件，并且是两两差动，则输出电压还将增加一倍。因此，采用电桥转换电路有利于提高灵敏度。

电桥变换有多种形式，如不平衡电桥、平衡电桥以及双电桥等。其中，不平衡电桥应用最多，平衡电桥主要在显示仪表中使用，双电桥在气体成分参数检测中用得较多。

（3）电容与电压的变换

在液位检测、压力检测及气体成分参数检测原理介绍过程中发现，它们偶尔会利用敏感元件（或加转换元件）将某些被测变量转换成电容器的电容量，然后再用转换电路将电容转换为电压。

电容器的形状可以有多种多样，常见的有双圆筒式电容器、球面状电容器和平行板电容器等。很多种原因都可以引起作为检测元件用的电容器的电容量变化，其中主要有由于被测变量变化而改变几何形状（如电容器两极板间的距离）以及改变电容器中两极板间的介电常数。

电容量的检测一般须用交流电源，而且频率应选高一些，以利于比较各容抗间的差别。但频率过高会使寄生电容的影响增大，反而不利。因此，一般采用频率为几千赫兹的交流电源。

电容检测的基本思路有两个：其一是把电容作为一个阻抗元件，按照电阻-电压转换的方式进行变换，但其中电源必须采用交流电；其二是充分利用电容的充放电特性进行变换。

（4）电压与电流的变换

在转换电路中，有时也需要将电压信号转换成电流信号，或将电流信号转换成电压信号。下面分别予以介绍。

① 电压-电流的转换

一般集成运算放大器的输出为电压信号，输出功率较小，因此需要进行电流放大，进而转换成统一的标准电流输出，以便显示或与其他仪表（如 DDZ 电动单元组合仪表）配套使用。

电压-电流转换的原理如图 2-62 所示。由图可得输出电流与输入电压之间的关系为

$$I_o = \frac{K}{1+K\beta} u_i \tag{2-65}$$

从式（2-65）中可以看出，当放大器的放大倍数 K 足够大时，且 $K\beta \gg 1$ 时，输出电流 $I_o \approx u_i / \beta$ 只与反馈系数 β 有关。又从图 2-62 中可知，要得到具有恒流特性的输出电流 I_o，要求电路有电流负反馈。

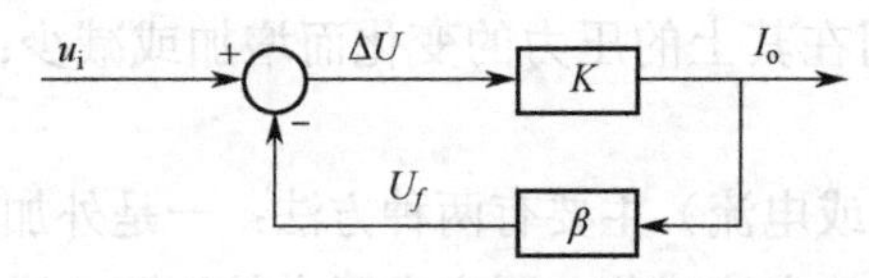

图 2-62　电压-电流转换原理方框图

根据上述原理组成的电路有很多种类，下面是其中的两个例子。

图 2-63 是一种十分常见的电压-电流转换电路。假设放大器 A 的放大倍数很大，两输入端的电位可近似相等；又设晶体管 T 的基极电流忽略不计，则流过电阻 R_4 的电流与流过 R_L 的电流近似相等。当输入电压为 u_i 时，输出电流为

$$I_o = \frac{u_i}{R_4} \tag{2-66}$$

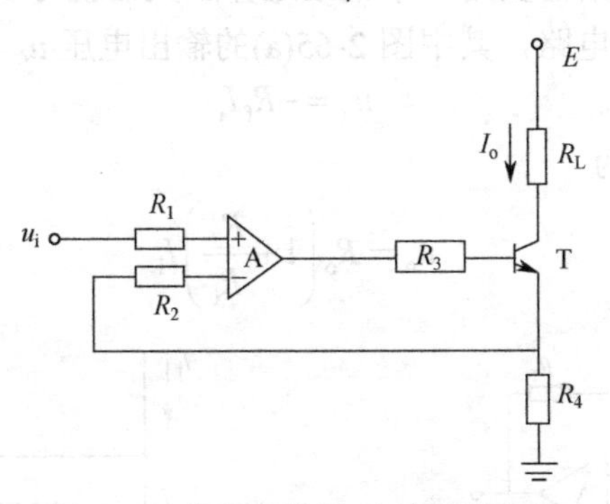

图 2-63　常见的电压-电流转换电路

取 $R_4 = 100\Omega$，则当 $u_i = 0 \sim 1V$ 时，输出电流 $I_o = 0 \sim 10mA$。

图 2-64 为另一种常见电压-电流转换电路。它和图 2-63 的主要区别是输入信号 u_i 以 u_B 为基准电压，加入放大器的反向端；另外，在放大器的同向端加有相对于基准电压 u_B 为 u_z 的电压。为了便于分析，可以把晶体管 T 看成 A 的一部分，化简后的等效电路为图 2-64(b)。设计时使 $R_1 = R_2 = R_3 = R_4$，则可以求得 R_7 上的电压为

$$u_{R_7} = -u_i + u_z \tag{2-67}$$

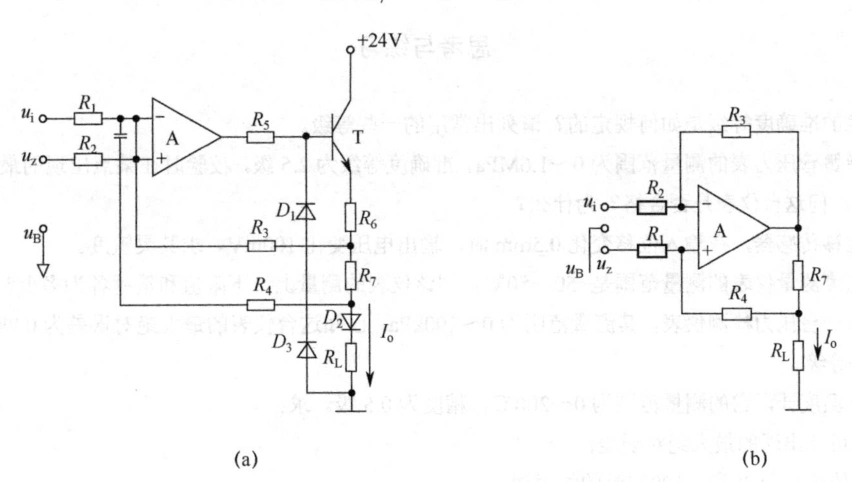

图 2-64　有基准电压的电压-电流转换电路

由于 R_4（$1M\Omega$）$\gg R_L$（$<1.5k\Omega$），可以认为流过负载电阻 R_L 的电流 I_o 等于流过 R_7 的电流，因此

$$I_o = \frac{u_{R_7}}{R_7} = \frac{-u_i + u_z}{R_7} \tag{2-68}$$

取 R_7 为 250Ω，并使 $u_z=1\text{V}$，则由式(2-68)可知，当 u_i 为 0～−4V 变化时，$I_o=4\sim20\text{mA}$。

图 2-64(a)中，稳压管 D_1 用于限制最大输出电流 I_o；D_2 用于提高 T 发射极电位，以满足放大器 A 输出电压范围的要求，保证放大器在 $R_L=0$ 时仍能正常工作；D_2 同时和 D_3 一起作输出保护之用。

② 电流-电压的转换

电流-电压的转换一般只需要用一个集成运算放大器就可以实现信号转换。图 2-65 是两个典型的电流-电压转换电路，其中图 2-65(a)的输出电压 u_o 与输入电流 I_i 之间的关系为

$$u_o=-R_f I_i \tag{2-69}$$

图 2-65(b)的输出电压为

$$u_o=R_o\left(1+\frac{R_2}{R_1}\right)I_i \tag{2-70}$$

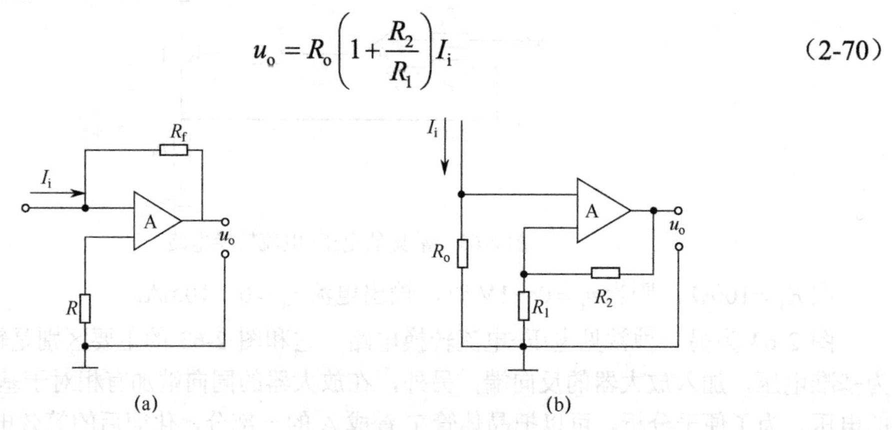

图 2-65　两种电流-电压转换电路

思考与练习

1. 仪表的准确度等级是如何规定的？请列出常用的一些等级。

2. 某弹簧管压力表的测量范围为 0～1.6MPa，准确度等级为 2.5 级，校验时在某点出现的最大绝对误差为 0.05MPa。问这台仪表是否合格？为什么？

3. 某位移传感器，在输入位移变化 0.5mm 时，输出电压变化 100mV。求其灵敏度。

4. 某温度测量仪表的测量范围是−50～50℃，则该仪表的测量上、下限值和量程各为多少？

5. 现有一台压力检测仪表，其测量范围为 0～100kPa，已知这台仪表的最大绝对误差为 0.9kPa。试确定它的准确度等级。

6. 有一温度计，它的测量范围为 0～200℃，精度为 0.5 级。求：

①该表可能出现的最大绝对误差；

②当示值分别为 20℃、100℃时的相对误差。

7. 已知待测拉力约为 70N，现有两台测压表，一台为 0.5 级，0～500N，另一台为 1.0 级，0～100N。选择哪一台更好？为什么？

8. 试比较热电偶测温与热电阻测温有什么不同（可以从原理、系统组成和应用场合三方面来考虑）。

9. 在下述检测液位的仪表中，受被测液位密度影响的有哪几种？并说明原因：

（1）静压式液位计；

（2）浮力式液位计；

（3）电容式液位计；

（4）超声波液位计。

10. 试设计计算采用角接取压的标准孔板，并配用电动差压变送器，已知条件如下：

（1）被测介质为空气；

（2）最大流量 $q_v = 22000\text{m}^3/\text{h}$；

（3）工作压强 $p = 0.5\text{MPa}$（表压）；

（4）工作温度 $t = 100℃$；

（5）相对湿度 $\varphi = 0$；

（6）管道直径 $D_{20} = 350\text{mm}$，材料为 20 号钢管；

（7）压力损失即敷设条件无要求。

11. 在你学习到的各种流量检测方法中，请指出哪些测量结果受被测流体的密度影响？为什么？

12. 有一台用来测量液体流量的转子流量计，其转子材料是耐酸不锈钢（密度 $\rho_t = 7900\text{kg}/\text{m}^3$），用于测量密度为 750kg/m^3 的介质，当仪表读数为 5.0m^3/h 时，被测介质的实际流量为多少？

13. 有一台电动差压变送器配标准孔板测量流量，差压变送器的量程为 16kPa，输出为 4～20mA，对应的流量为 0～50t/h。工艺要求在 40t/h 时报警。问：

（1）差压变送器不带开方器时，报警值设定在多少毫安？

（2）带开方器时，报警值设定在多少毫安？

14. 请比较热导式气体分析仪和热磁式气体分析仪在检测原理上的异同点。

15. 什么叫干扰组分？使用热导式气体分析仪、热磁式气体分析仪和红外线气体分析仪时应如何克服或减小干扰组分的影响？

16. 用色谱仪分析双组分混合物，测得甲、乙两组分色谱峰（对称峰）数据及灵敏度值如下表所示，求各组分含量及两个谱峰的分辨力为多少（设走纸速度为 1cm/s）？

名　称	甲组分	乙组分	名　称	甲组分	乙组分
灵敏度 S/mV·mL/mg	40.6	75.2	半峰宽 $W_{半}$/cm	1.4	2.0
峰高 h/cm	1.6	4.0	滞留时间 t_r/s	12.0	14.4

17. 举例说明信号变换有哪几种基本形式。

18. 差动式变换和参比式变换各有什么特点？

第3章　过程控制系统建模

在控制系统的分析和设计中，首先要建立系统的数学模型。控制系统的数学模型是描述系统内部物理量（或变量）之间关系的数学表达式。在静态条件（即变量时间导数为零）下，描述变量之间关系的数学表达式称为静态数学模型；而描述随时间变化的各变量之间关系的数学关系式称为动态数学模型，可表示为微分方程。如果已知输入量及变量的初始条件，对微分方程求解就可以得到系统输出量的表达式，并由此对系统进行性能分析。因此，建立控制系统的数学模型是分析和设计控制系统的首要工作。

建立控制系统数学模型的方法主要有分析法和实验法两种——机理法和测试法。机理法（分析法）对系统各部分的运动机制进行分析，根据它们所依据的物理规律或化学规律分别列出相应的运动方程。例如，电学中有基尔霍夫定律，力学中有牛顿定律，热力学中有热力学定律，等等。测试法（实验法）是人为地给系统施加某种测试信号，记录其输出响应，并用适当的数学模型去逼近，这种方法也称为系统辨识。近年来，系统辨识已发展成一门独立的学科分支。本章主要介绍使用机理法和测试法建立数学模型。

3.1　被控过程的数学模型与建立

研究被控过程的特性，就要建立描述被控过程特性的数学模型。

3.1.1　过程的数学模型

数学模型是数学理论与实际问题相结合的一门科学。它将现实问题归结为相应的数学问题，并在此基础上利用数学的概念、方法和理论进行深入的分析和研究，从定性和定量的角度获得普遍性的结论，为解决现实问题提供精确的数据或可靠的指导。

在过程工业中，被控过程是指在生产过程中为生产产品提供各种工艺服务的流程和生产设备。例如，化工过程中的精馏塔、化学反应器，热工过程中的加热炉、锅炉、换热器，冶金过程中的炼钢炉、回转窑，等等。被控过程的数学模型，就是用数学符号和表达式，对生产工艺流程与设备中的物料平衡关系或能量传递关系进行定量描述，是作业过程在控制量和扰动量的作用下输出变化的数学表达式。

数学模型分为静态模型和动态模型。静态模型是描述过程稳态时输入与输出的关系式，动态模型是描述输出变量与输入变量之间随时间变化规律的关系式。动态模型有两种表现形式，一是参量形式，如微分方程、差分方程、传递函数和状态方程等；二是非参量形式，如数据表格、曲线等，这类形式不便于控制使用。参量形式的动态模型主要用于设计和分析控制系统、确定工艺设计和操作条件等。

过程数学模型按照不同的过程类型分为集中参数型、分布参数型和混合参数型三种。但对工业过程控制而言，实践中用得最多的还是集中参数的数学模型，这是因为它简单易行，同时，一般工业过程对控制模型的要求不高（一些特殊要求的除外）。下面围绕集中参数、单输入-单输出的过程进行讨论。

3.1.2　过程建模的目的与要求

（1）建模目的

数学模型在实践中的作用是多方面的，如分析和发现问题、预测发展变化、检验效果等。就过程控制而言，建模目的主要体现在以下几个方面：

① 选用合适的控制方案与控制算法

被控过程和控制目标决定控制方案和控制算法。由于被控过程的多样性、特殊性，加上对产品要求的异同性，过程控制系统之间，从选型到组成、从硬件到软件可能相差很大。只有获得过程的动态数学模型，才能对其具体情况做到心中有数，从而针对性地选择控制方案和控制算法。例如，有的过程因受干扰对系统性能影响很大，并且对干扰的源头、强度和路径等有所了解，如果选用前馈-反馈复合控制系统，则可有效、及时地去除干扰，同时维持既定控制指标不变；对大滞后过程，如果采用PID控制，就难以达到预期的控制效果。

② 整定控制器参数、优化控制性能

选定了控制方案和算法，并不等于完成了工作，还需进行细化，使之完美。通过对数学模型的试验，可以进一步完善控制方案、优化控制器参数，使得系统的性能达到最佳状态。如果改用实际系统来做，费时费力是很现实的问题。通过数学模型仿真获得预期结果后，将仿真试验中确定的数据和参数直接用于实际系统，虽然不能保证百分之百准确，但是建立了基础，在此基础上稍加修改，基本上可再现原预期效果。

③ 进行仿真试验

出于成本和安全的考虑，有些过程控制由于试验的成本太大或者危险性太高，不便进行实际系统的试验和核实，为了检验所选方案的可行性与合理性，改用其数学模型代替实际过程进行仿真模拟试验，同时也为优化设计和修改缺陷等提供机会，如核电站的控制、大型水电站、火力发电厂的控制等。

④ 培养和训练操作人员与技术人员

可利用数学模型和相关设备，对操作人员进行上岗前的培养和训练，使其熟练掌握操作要领和处置方法，为胜任即将开始的工作创造条件；对过程控制中的故障诊断和排除，可利用数学模型及相应的配套设施进行实践与演练，为保障系统正常运行培养人才。

（2）过程建模的要求

将一个实际的物理过程抽象为控制用的数学模型，本身就要忽略很多因素，该模型仅仅是从动态特性方面对实际过程的一种近似数学描述，并且其表达形式必须有利于后续的处理与应用。因此，“突出本质，去繁就简”是建模的基本原则。

事实上，被控过程的结构一般不超过三阶，并且其参数应与结构一致。虽然有些过程阶数越高、参数越多，模型越准确，但高阶模型给实时控制带来的大计算量也是一个很实际的问题。因此，工业过程的建模一般考虑为线性系统，且多为或近似为一阶或二阶系统，有时还需根据实际情况附加纯滞后环节。虽然这种做法得到的结果在某些高阶系统场合与事实有一些出入，但对于多数被控对象而言，产生的误差尚可接受，并且实践证明这样处理可行。

3.1.3 过程建模的方法

过程建模的方法包括机理法建模、测试法建模（也称实验法建模）和混合法建模。

（1）机理法建模

机理法建模就是根据被控过程的内在机理，通过静态与动态物料平衡或能量平衡关系，用数学推导方法获得过程的数学模型。这类建模法也称解析法，它要求清楚了解要建模的过程机理，列出相应的物料平衡方程、能量平衡方程、动量平衡方程、相平衡方程，以及流体流动、传热、化学反应等基本规律运动方程、物性方程等，并经相应的数学处理，获得有关输入或输出状态的数学模型，其形式通常是微分方程、差分方程、传递函数、状态方程和输出方程等。

通过各种平衡关系建立起来的相关方程，通常包含输入变量和输出变量，相关变量的阶次和系数与数学模型的结构和参数相对应，它们通常由被控过程的结构形式和运行方式来决定，参数部分可通过计算或测量获得。如果模型过于复杂，可适当简化，如忽略次要因素、降低模型阶数，或者舍弃无足轻重的项式等。总之，这类建模要求对被控过程的机理十分清楚，能用相应的数学语言加以描述，反映动态过程实质。否则，机理法建模是无能为力的。

实际上，具体工作中能够用机理法建模的只有很小一部分，大部分被控过程由于结构、工艺或者物理、化学和生物反应等方面的原因，目前无法用数学语言加以具体表述，更不能建立起各类相应的平衡方程或能量方程。此时，可以考虑用测试法建模。

（2）测试法建模

根据实验或生产获得被控过程的输入输出数据，按系统辨识和参数估计的方法，获得被控过程的数学模型，就是测试法建模，也称实验法建模。测试法建模通常是在人们对被控过程内部机理不很清楚的情况下，通过实验测试的方法获得数学模型。显然，这是不同于机理法建模的另一种形式。事实上，生产过程中，很大一部分数学模型就是用这种方法建立的，其内容包括结构辨识和参数估计两部分。

面对一个并不很熟悉的被控过程，为了通过测试的方法获得它的动态特性，可以对过程施加变化的激励信号，例如不同频率、不同幅度的信号，以激发被测过程的各种动态特征，并经输出信号表现出来。通过对激励和响应的研究，获得被测过程的动态结构与相关参数。通常用的激励信号有阶跃、脉冲、频率和伪随机等。

对过程控制而言，有的过程是高阶的，一般根据实际被控情况，将过程近似为一阶或二阶的动态模型，由此需加入纯滞后环节。因此，过程控制中的结构似乎不是这里讨论的重点，问题往往集中在对参数的估计上。

（3）混合法建模

除了以上两种建模法，还有一种介于两者之间的建模方法：混合法建模。它有两种做法：一是先通过机理分析，确定模型的结构形式，然后通过实验数据确定模型中各相关参数的大小，两者结合起来构成完整的数学模型；二是对于过程中比较熟悉的部分用机理法建模，对于过程中不熟悉的部分采用测试法建模，然后将两者结合起来，构成整个过程的数学模型。

随着人们认识能力的逐步提高，以及计算机技术的应用与进步，越来越多的过程数学模型，特别是较复杂的、大规模的过程模型，正借助计算机技术、采用混合法建模而获得，该方法正引起人们的关注。

3.2 机理法建模

3.2.1 基本思路

虽然工业过程生产的产品繁多，在生产中使用的工艺流程和机器设备复杂多变，各种物理、化学和生物反应也错综复杂。但是，它们大多涉及窑、炉、罐和管道设备，产品的加工和生产离不开物质的流动、状态的改变和能量的转化等过程，并通过被控参数将物质运动、改变或转化的结果表现出来，这些被控参数通常是流量、压力、温度、物位、成分和酸碱度等。这些参数设置得合理与否，最终通过产品质量反映出来。所以，从物质的运动、状态的变化和能量的转化着手，考查被控过程的静动态特点与变化规律，是机理法建模的出发点。

采用机理法建模的一般步骤如下。

（1）全面了解被控过程的作业流程，弄清过程的工作机制，掌握有关量之间的相互关系。不同的生产过程使用不同的生产程序，过程发生了哪些变化、这些变化基于什么原理、如何表现、如何描述和表达设备，有着不同的生产程序。

（2）根据建模的用途，对建模的条件做出合理的假设，突显模型的重要因素，忽略次要因素。由于模型使用的目的不同，所以建模的侧重点会有所区别。例如，有的模型具有非线性特质，可考虑一定程度的线性化；有的过程中的参数是分散的，可考虑一定条件下的参数集中化。总之，在不违背主要原则的基础上，在一定范围内，或一定程度上，将复杂问题简单化。

（3）根据过程的内在机理建立相应的方程、方程组，消除中间变量，获得输入量和输出量的数学表达式。根据被控过程中物料传输、状态改变或能量转化等引起的相关物理、化学和生物变化，按照相关定理和定律建立过程的稳态和动态平衡方程组，消去方程组中的中间变量，保留被控过程的输入变量和输出变量，相应的微分方程、差分方程、传递函数或状态空间表达式等，即为该过程的数学模型。

（4）简化模型。由第（3）步获得的数学模型通常较为严谨而复杂，应用起来显得不大方便，在满足控制要求的前提下，尽量对模型进行简化处理，如降低模型阶次、忽略次要参数，或用低阶模型近似原高阶模型等。

3.2.2 单容对象的数学模型

尽管不同生产过程中被控对象各有不同，但最终都是可以由微分方程进行表示的。微分方程阶次的高低是由被控对象中储能部件的多少决定的。下面从最简单的一种形式——仅有一个储能部件的单容对象开始介绍。

（1）单容水位过程

单容水位过程是只有一个储蓄容器的过程，双容水位过程是有两个储蓄容器的过程，多容水位过程是具有两个以上储蓄容器的过程。

图 3-1(a)所示为单容水位结构图，假设初始时刻，进水阀开度为x_0时，水的流入量Q_{i0}与流出量Q_{o0}相等，容器中液位保持一定的高度h_0不变。当流入侧的阀门开度突然增大到$x_0+\Delta x$时，进到容器中的水流量阶跃式地增加为$Q_{i0}+\Delta Q_i$，容器水位升高为$h_0+\Delta h$，水箱内水位的静压力增大，使水的流出量也增加为$Q_{o0}+\Delta Q_o$。根据物料平衡关系，单位时间内储蓄容器中水的流入量与流出量之差应为储蓄容器储水的变化率：

$$Q_{i0}+\Delta Q_i-\left(Q_{o0}+\Delta Q_o\right)=\frac{\mathrm{d}V}{\mathrm{d}t}=\frac{\mathrm{d}\left(C\left(h_0+\Delta h\right)\right)}{\mathrm{d}t}=C\frac{\mathrm{d}\Delta h}{\mathrm{d}t}$$

其中，C 为水箱横截面积，称为液容，或容器的容量系数；V 为容器中水的体积。由于稳态时 $Q_{i0}-Q_{o0}=0$，所以有

$$\Delta Q_i-\Delta Q_o=C\frac{\mathrm{d}\Delta h}{\mathrm{d}t} \tag{3-1}$$

现在考虑进水量ΔQ_i的增加是由阀门开度增量Δx引起的，所以有

$$\Delta Q_i=K_x\Delta x \tag{3-2}$$

其中，K_x 为调节阀流量系数。而水的流出量与水位的关系为$Q_0=K_v\sqrt{h_0}$，其增量为

$$\Delta Q_o=\frac{K_V\Delta h}{2\sqrt{h_0}}$$

其中，K_V 为比例系数。由此可见，流出量与水位高度呈非线性关系。当考虑水位与流出量均在有限小的范围内变化时，可以认为流出量与水位变化呈线性关系，设流阻（类似于电路中的电阻）$R=2\sqrt{h_0}/K_V$，则有

$$\Delta Q_o=\frac{\Delta h}{R} \tag{3-3}$$

分别将式（3-2）和式（3-3）代入式（3-1），整理得

$$RC\frac{\mathrm{d}\Delta h}{\mathrm{d}t}+\Delta h=K_xR\Delta x$$

令$T=RC$为时间常数，$K=K_xR$为放大系数，则有一般形式

$$T\frac{\mathrm{d}\Delta h}{\mathrm{d}t}+\Delta h=K\Delta x \tag{3-4}$$

式中，T称为过程时间常数；C为液溶，或容量系数，即水箱横截面积；K为过程放大系数。

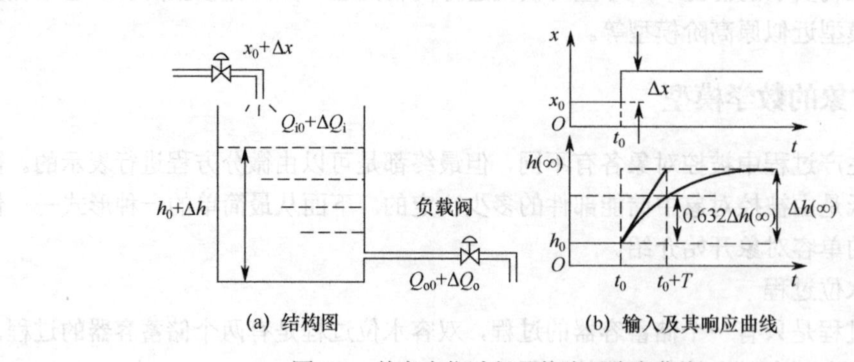

(a) 结构图　　(b) 输入及其响应曲线

图 3-1　单容水位过程及其阶跃响应曲线

将式（3-4）做拉普拉斯变换后，相应的传递函数为

$$\frac{H(s)}{X(s)}=\frac{K}{Ts+1}$$

（2）具有纯时延的单容储箱

实际生产过程中往往会遇到时延，称为纯时延，也称纯滞后。纯时延是因物料或能量传输引起的，所以也有人称它为传输时延，一般用τ_0表示。

图 3-2 为具有纯时延的单容水位过程，与图 3-1(a)相比，除了自进水阀至水箱的距离增加l之外，其他没有变化。现已知水从进水阀到水箱所需时间为τ_0，水箱初始水位为零，其他条件与单容水位过程相同。

根据与单容水位过程相同的原理，可列写下述微量方程组

$$\Delta Q_{\rm i}-\Delta Q_{\rm o}=C\frac{{\rm d}\Delta h}{{\rm d}t}$$

$$\Delta Q_{\rm i}=K_x\Delta x(t-\tau_0)$$

$$\Delta Q_{\rm o}=\frac{\Delta h}{R}$$

将后两个方程代入第一个方程，并经整理，有

$$RC\frac{{\rm d}\Delta h}{{\rm d}t}+\Delta h=K_xR\Delta x(t-\tau_0)$$

令$T=RC$，$K=K_xR$，并经拉普拉斯变换后，有传递函数

$$\frac{H(s)}{X(s)}=\frac{K}{Ts+1}{\rm e}^{-\tau_0 s}$$

若输入为阶跃信号，则有响应曲线，如图 3-3 所示。在响应曲线图中，t的起始段 0～τ_0，h变化量为零，因为这段时间水量的变化尚未进入水箱。

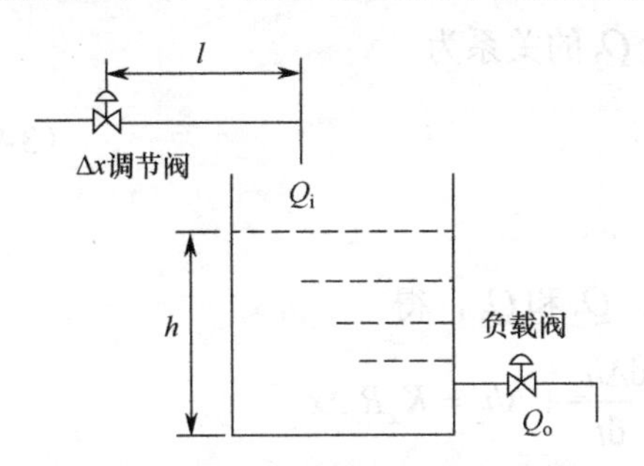

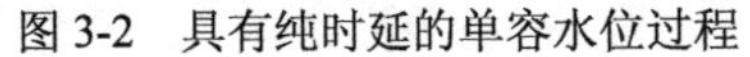

图 3-2 具有纯时延的单容水位过程

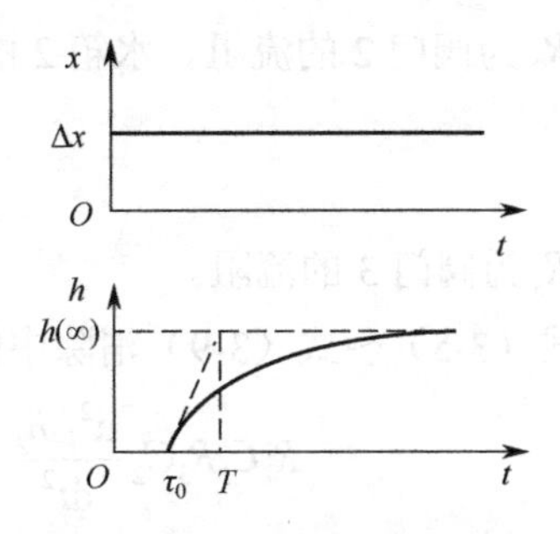

图 3-3 纯时延单容水位控制输入及其响应曲线

有些过程既有纯时延τ_0，又有容量时延τ_c（做近似处理时），此时的总时延应为这两部分相加，即$\tau=\tau_0+\tau_c$。

3.2.3 多容对象的数学模型

（1）双容水位过程及其容量时延

图 3-4(a)为双容水位过程示意图，水从阀门 1 进入容器 1，通过阀门 2 流向容器 2，最后

经阀门 3 流出。现在要通过控制阀门 1 的开度 Δx 实现对容器 2 水位高度 h_2 的控制，试求该过程的数学模型。

根据水的流动平衡关系，分别对容器 1 和容器 2 列出增量方程

$$\Delta Q_1 - \Delta Q_2 = C_1 \frac{\mathrm{d}\Delta h_1}{\mathrm{d}t} \tag{3-5}$$

$$\Delta Q_2 - \Delta Q_3 = C_2 \frac{\mathrm{d}\Delta h_2}{\mathrm{d}t} \tag{3-6}$$

式中，Q_1、Q_2、Q_3 分别为流过阀门 1、2、3 的流量，h_1 和 h_2 分别为水箱 1 和 2 的水位高度。C_1 和 C_2 分别为容器 1 和 2 的横截面积，t 为时间。

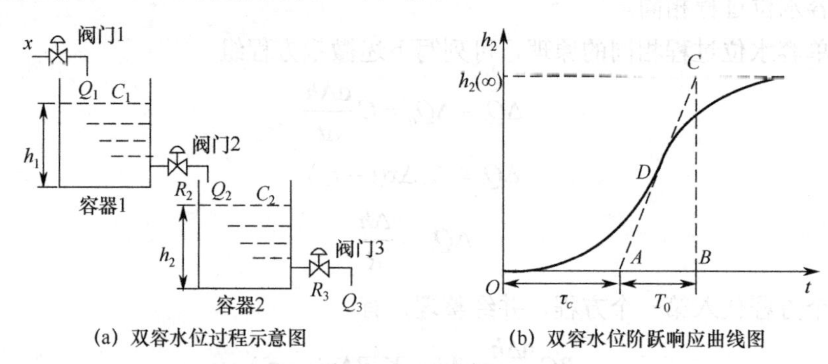

(a) 双容水位过程示意图　　(b) 双容水位阶跃响应曲线图

图 3-4 双容水位过程结构及其阶跃响应曲线图

由前述可知，流量 Q_1 与阀门开度 x 的关系为

$$\Delta Q_1 = K_x \Delta x \tag{3-7}$$

式中，K_x 为阀门 1 的流量系数。水箱 1 的水位高度 h_1 与流出量 Q_2 的关系为

$$\Delta Q_2 = \frac{\Delta h_1}{R_2} \tag{3-8}$$

式中，R_2 为阀门 2 的流阻。水箱 2 的水位 h_2 与流量 Q_3 的关系为

$$\Delta Q_3 = \frac{\Delta h_2}{R_3} \tag{3-9}$$

式中，R_3 为阀门 3 的流阻。

由式（3-5）～式（3-9）消除中间变量 h_1、Q_1、Q_2 和 Q_3，得

$$R_2C_1R_3C_2\frac{\mathrm{d}^2\Delta h_2}{\mathrm{d}t^2} + (R_2C_1 + R_3C_2)\frac{\mathrm{d}\Delta h_2}{\mathrm{d}t} + \Delta h_2 = K_xR_3\Delta x$$

设 $T_1 = R_2C_1$，$T_2 = R_3C_2$，$K = K_xR_3$，则上式可写为

$$T_1T_2\frac{\mathrm{d}^2\Delta h_2}{\mathrm{d}t^2} + (T_1 + T_2)\frac{\mathrm{d}\Delta h_2}{\mathrm{d}t} + \Delta h_2 = K\Delta x$$

对上式取拉普拉斯变换，并考虑零初始条件，有传递函数

$$\frac{H_2(s)}{X(s)} = \frac{K}{T_1T_2s^2 + (T_1 + T_2)s + 1} = \frac{K}{(T_1s + 1)(T_2s + 1)}$$

当 Δx 为阶跃输入信号时，阶跃响应曲线 $h_2(t)$ 如图 3-4(b)所示。

从阶跃响应 $h_2(t)$ 的曲线变化来看，$h_2(t)$ 变化趋势呈向右倾斜的“S”形，变化速度在开始

的时候缓慢（切线斜率不陡），与单容过程的同时段响应曲线变化速度比较起来小很多。经过一段时间后，双容响应曲线才以最大速度变化，即双容过程对于输入的响应在时间上存在缓慢变化段，概念上将双（多）容过程这段缓慢变化时间称为容量时延，或容量滞后，用τ_c表示。这是由于物料或能量的传递需要克服一定的阻力而产生的。显然，它的存在延缓了过渡过程时间。

容量时延的产生是有一定原因的。阀门1的开度有了Δx变化后，水即进入容器1，由于容器1有一定的容积，需要一定时间的积累，水箱1的水位h_1才开始上升。同时，容器2随着容器1的出水，也开始积水，到一定程度后，其水位h_2开始上升。等到两水箱的水位达到一定高度后，水箱2的水位才开始迅速上升。于是，就产生了容量时延。显而易见，两个水箱的截面积越大，容量时延越长。

有时为处理问题方便，可将双容水位过程用伴有时延的单容过程来近似：

$$\frac{H_2(s)}{X(s)} \approx \frac{K}{T_0 s+1} \mathrm{e}^{-\tau_c s} \tag{3-10}$$

式中，时延τ_c的值可用作图法求取，具体是在图3-4(b)中，通过h_2的拐点D作切线，与时间轴交于A点，与稳态值$h_2(\infty)$交于C点，它在时间轴上的投影为B，于是OA即为时延τ_c的数值，而AB为近似的时间常数T_0，$K_0=K$。

如果按图3-4(a)的结构形式，在右下端再接容器和出水阀，将可形成3容及以上的过程，其多容过程的传递函数为

$$\frac{H_n(s)}{X(s)} = \frac{K}{(T_1 s+1)(T_2 s+1)\cdots(T_n s+1)}$$

随着容器个数的增加，容量时延越来越大，响应越来越慢。图3-5为$n=1$～4时的阶跃响应曲线示意图。

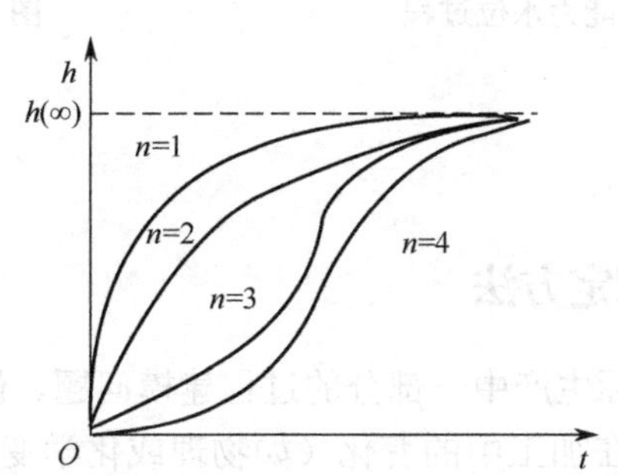

图3-5　n容过程阶跃响应曲线示意图

实际的被控容器数目可能不相同，容器的大小也可能相异，但它们的阶跃响应趋势大同小异。如果对模型要求不严格，基本上可用式（3-10）的单容过程加时延来近似描述，其参数用τ_c、T_0和K_0来代替。

（2）无自平衡能力的双容水槽

图3-6为双容无自平衡能力水位过程，按照本节中关于双容水位过程建模的思路，并考虑$\Delta Q_3=0$，则有

$$\Delta Q_1 - \Delta Q_2 = C_1 \frac{\mathrm{d}\Delta h_1}{\mathrm{d}t} \qquad \Delta Q_2 = C_2 \frac{\mathrm{d}\Delta h_2}{\mathrm{d}t}$$

并考虑式（3-7）和式（3-8），消去中间变量，整理后，有

$$R_2C_1\frac{\mathrm{d}^2\Delta h_2}{\mathrm{d}t^2}+\frac{\mathrm{d}\Delta h_2}{\mathrm{d}t}=\frac{K_x}{C_2}\Delta x$$

设$T=R_2C_1$为时间常数，$T_a=C_2/K_x$为响应时间，则有

$$T\frac{\mathrm{d}^2\Delta h_2}{\mathrm{d}t^2}+\frac{\mathrm{d}\Delta h_2}{\mathrm{d}t}=\frac{1}{T_a}\Delta x$$

相应的传递函数为

$$\frac{H(s)}{X(s)}=\frac{K}{Ts+1}\cdot\frac{1}{T_as}$$

当阀门1输入为单位阶跃信号时，其响应为

$$h_2(t)=\frac{T}{T_a}\left(\mathrm{e}^{\frac{t}{T}}-1+\frac{t}{T}\right)$$

其波形如图3-7所示。

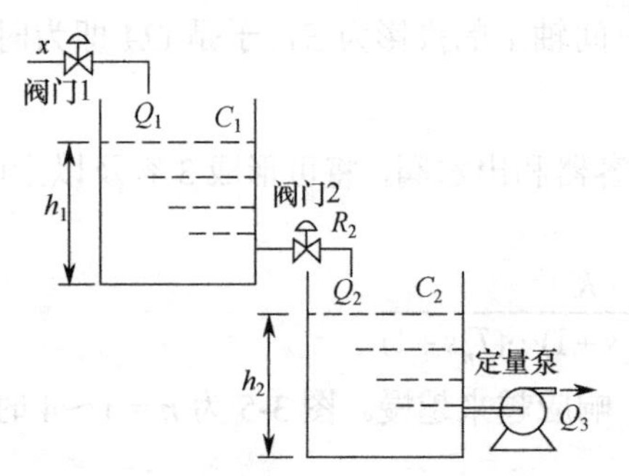

图3-6　双容无自平衡能力水位过程

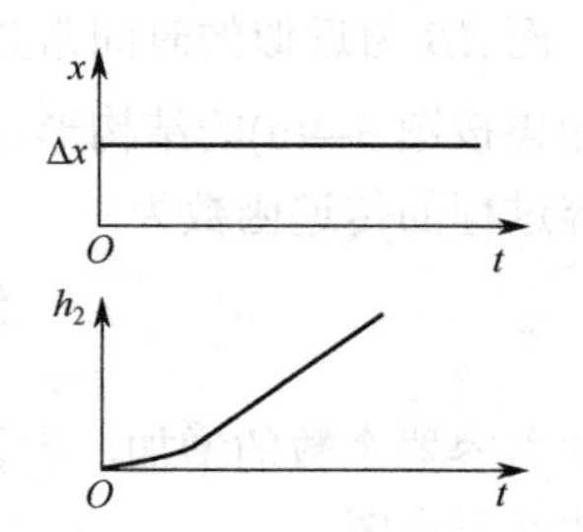

图3-7　阶跃输入及其响应波形

3.3　测试法建模

3.3.1　对象特性的实验测定方法

机理法建模能够解决实际生产中一部分的过程建模问题。但是，还有很多生产过程，由于工艺的复杂性、产品本身在加工中的变化（如物理或化学变化），用机理法建模在技术上遇到了极大的困难，人们不得不考虑用其他的方法建模。

从学科角度来看，建立数学模型应该属于系统辨识与参数估计的范畴。简单地说，系统辨识主要是对被研究对象的结构进行判断，解决“是什么”的问题，例如一阶惯性环节、二阶系统；而参数估计则对支撑结构的参数进行估计，解决“是多少”的问题。

事实上，有很多比较复杂的过程，我们对其工作机理并不清楚，更难以用数学和物理的方法具体描述，此时不得不采用测试法建模。与机理法建模相比，测试法建模不需要深入了解过程的工作机制。通常的做法是将其看成一个“黑箱”，从外部施加适当的输入信号测得过程的输出信号，通过对这些输入和输出信号的处理和研究，获得其动态特性和数学模型。因此，问题主要归纳为：

- 施加何种输入信号才能最大限度地激励被测过程，使动态特性得以充分表现，并通过

输出信号显露出来。

- 对获得的数据或波形，通过什么方法和技术才能估算出适于控制的动态模型。

一般来说，模型有非参数模型和参数模型之分。建立非参数模型的方法通常有时域法、频域法和统计相关法等，这类建模不需要事先确定模型的结构，可用于广泛的被控过程。获得参数模型的方法主要有最小二乘法、极大似然法和梯度校正法等，这类建模需要假设一定的模型结构，通过极小化模型与过程之间的误差准则来确定相应的模型参数。

- 用时域法测定被控过程的数学模型：给过程施加阶跃信号，或者方波信号，测取响应曲线，并由此确定过程的传递函数。该方法具有测试简单、需用设备少的优点，但测试精度不高，获得的模型可用于一般工业过程控制。
- 用频域法测定被控过程的数学模型：对过程施加不同频率的正弦波输入信号，获得相应的输出幅值与相位，由此可得到该过程的频率特性，由频率特性获得传递函数。该方法需要用专门的频率发生和测试设备，模型精度比使用时域法高。
- 用统计相关法测定被控过程的数学模型：对被控过程施加伪随机信号，采用统计相关法获得过程的动态特性。它的特点是，可在生产状态下施加随机信号并测取相关数据，精度较高，但需获得较多数据并借助计算机协助处理。

最小二乘法又称为最小平方法，是估计离散时间数学模型参数的一种常用方法。随着计算机技术在控制中的应用，最小二乘法在过程辨识的实践中应用越来越广泛。

3.3.2 测定动态特性的时域法

（1）响应曲线的测取

时域响应曲线法是对被控过程施加阶跃信号，如果被控过程不允许长期施加阶跃信号，则改用矩形脉冲信号，然后测取响应曲线，并由此求取输入和输出之间的传递函数。

① 阶跃响应曲线的测取

被控过程稳定之后，对调节阀施加一个幅值合适的阶跃信号。用记录仪或数据采集系统记录被控量的变化曲线。例如，被控量为温度时记录温度响应曲线，直到变化曲线进入稳定状态。下面几点是在这一过程中值得注意的：

- 在施加阶跃信号之前，被控过程应处在较为稳定的工作状态，下一轮施加输入信号应等前一过程结束并恢复稳态一段时间之后进行。
- 施加阶跃信号的幅度：通常为正常输入信号的 5%～15%，以不影响正在进行的生产为好。同时，幅度不能太小，因为过小的输入容易被其他信号淹没，在响应曲线上难以表现出来。
- 多次、全面测试，消除偶然性，获得真实结果。试验不仅应在相同条件下重复几次，获得至少 2 次较为接近的响应曲线，而且应选取不同负荷、不同输入值，测得相应的响应曲线，以获得全面的动态特性。

② 矩形脉冲响应曲线的测取

在有些情况下，用阶跃信号输入可能危及生产安全，或者影响产品的质量和数量。此时，输入可考虑用矩形脉冲信号代替阶跃信号，测得过程的矩形脉冲响应曲线。由于通过阶跃响应曲线求传递函数被人们所熟悉，所以，往往将矩形脉冲响应曲线转化为阶跃响应曲线，进而按阶跃响应曲线法确定传递函数。

图 3-8(a)为矩形脉冲输入信号，它可以分解为图 3-8(b)所示的两个阶跃信号的叠加，即

$$u(t)=u_1(t)+u_2(t)=u_1(t)-u_1(t-a)$$

其中，a 为脉冲宽度，$u_2(t)=-u_1(t-a)$。如果被控过程是线性的，则其矩形脉冲响应曲线 $y(t)$ 可分解为阶跃响应曲线 $y_1(t)$ 和 $y_2(t)$，即

$$y(t)=y_1(t)+y_2(t)=y_1(t)-y_1(t-a)$$

如图 3-8(c)所示。这里，$y_1(t)$ 和 $y_2(t)$分别为 $u_1(t)$ 和 $u_2(t)$ 的响应。于是，起源于零点的阶跃响应为

$$y_1(t)=y(t)+y_1(t-a) \tag{3-11}$$

其中，$y(t)$ 为矩形脉冲响应，$y_1(t-a)$ 为起源于 $t=a$ 点的阶跃响应（注意此时的符号为正）。式(3-11)为由矩形脉冲响应求阶跃响应的公式，可用作图法逐步求出：t 在 0～a 时，$y_1(t)=y(t)$，当 $a<t\leqslant 2a$ 时，$y_1(t)=y(t)+y_1(t-a)$，此时 $y_1(t-a)$ 为起源于 $x=a$ 点的阶跃响应，$y(t)$ 为已知，所以可求得 $y_1(t)$，以此类推，一直进行到进入稳态，得到完整的阶跃响应曲线 $y_1(t)$。

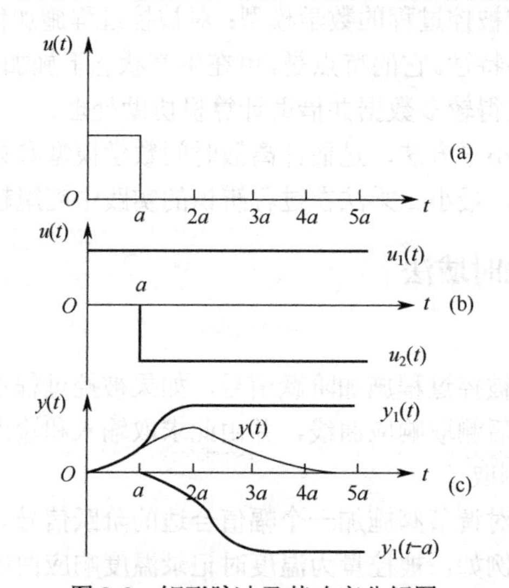

图 3-8 矩形脉冲及其响应分解图

（2）由过程阶跃响应曲线确定传递函数

由阶跃响应曲线确定传递函数，通常需要确定传递函数的结构及其参数。结构形式是指被控过程的传递函数形式，生产过程主要是一阶惯性环节、二阶惯性环节、n 阶惯性环节，并且这些环节时常含有纯滞后，其表达形式为

无滞后：$G(s)=\dfrac{K}{Ts+1}$，$G(s)=\dfrac{K}{(T_1s+1)(T_2s+1)}$，…，$G(s)=\dfrac{K}{(Ts+1)^n}(n=1,2,3,\cdots)$

有滞后：$G(s)=\dfrac{K}{Ts+1}\mathrm{e}^{-\tau s}$，$G(s)=\dfrac{K}{(T_1s+1)(T_2s+1)}\mathrm{e}^{-\tau s}$，…，$G(s)=\dfrac{K}{(Ts+1)^n}\mathrm{e}^{-\tau s}(n=1,2,3,\cdots)$

对于无自平衡能力的过程，也有类似的形式

无滞后：$G(s)=\dfrac{1}{Ts}$，$G(s)=\dfrac{1}{T_1s(T_2s+1)}$，…，$G(s)=\dfrac{1}{T_1s(T_2s+1)^n}$

有滞后：$G(s)=\dfrac{1}{Ts}\mathrm{e}^{-\tau s}$，$G(s)=\dfrac{1}{T_1s(T_2s+1)}\mathrm{e}^{-\tau s}$，…，$G(s)=\dfrac{1}{T_1s(T_2s+1)^n}\mathrm{e}^{-\tau s}$

传递函数的参数是伴随结构形式出现的待定常数，如一阶惯性、具有纯时延、有自平衡能力的传递函数含有 K、T 和 τ 三个需要确定的参数。

关于传递函数结构形式的确定，主要有两方面的考虑：

- 根据对被控过程的经验和知识（即通常所说的先验知识）来确定。
- 根据控制的要求，尽量将一个原本较复杂的过程用低阶的传递函数来近似描述，产生的误差只要在可接受的范围内即可。

下面的讨论集中在参数的确定上。

① 由阶跃响应曲线求一阶惯性加纯时延环节的参数

这里传递函数形式为

$$G(s)=\frac{K}{Ts+1}e^{-\tau s} \tag{3-12}$$

它有三个参数需要确定，即放大系数 K、时间常数 T 和纯时延 τ。原本就是一阶惯性加纯时延过程的阶跃响应曲线，见图 3-3，其 T 和 τ 从图中很容易确定，放大系数为 $K=y(\infty)/\Delta u$（其中 Δu 为阶跃输入信号的幅值）。下面讨论原本是二阶及以上过程，且响应曲线呈“S”形，如何用式（3-12）来近似描述。

现有阶跃响应曲线如图 3-9 所示，如果用式（3-12）来近似描述，需确定 K、T 和 τ 三个参数。

显然，放大系数可用下式求得

$$K=\frac{y(\infty)-y(0)}{\Delta u} \tag{3-13}$$

式中，Δu 为输入幅值，为已知量。

关于 T 和 τ 的确定，有两种方法：作图法和计算法，下面分别介绍。

用作图法求 T 和 τ：首先找到响应曲线上凹和下凹的交接点，即拐点 D，过 D 点作曲线的切线，切线与时间轴 t 相交于点 A，与 $y(\infty)$ 相交于点 C，该点在时间轴上的投影为 B，则 OA 为 τ，AB 为 T。

作图法的问题是，曲线的拐点有时不易找到，并且作切线时有一定的随意性。所以，用作图法求 T 和 τ，可能会因人而异，有一定的误差。

计算法求 T 和 τ：将阶跃响应曲线的纵坐标 $y(t)$ 标准化，即实际值/基准值，这里取基准值为 $y(\infty)=K\Delta u$，于是 $y(t)$ 的标准值为

$$\overline{y}(t)=\frac{y(t)}{y(\infty)}$$

图 3-9 变为图 3-10。该标准化处理并不改变响应曲线的横坐标和形状，仅方便求得参数。我们的目的是要通过图 3-10 所示的阶跃响应曲线，方便地求出式（3-12）中的 T 和 τ。

式（3-12）的阶跃响应标准化后，输出为

$$\overline{y}(t)=\begin{cases}0 & t<\tau \\ 1-e^{-\frac{t-\tau}{T}} & t\geqslant\tau\end{cases} \tag{3-14}$$

为求 T 和 τ，在图 3-10 曲线上取两点：$E(t_1,\overline{y}(t_1))$ 和 $F(t_2,\overline{y}(t_2))$，且 $t_2>t_1>\tau$，则有

$$\overline{y}(t_1)=1-e^{-\frac{t_1-\tau}{T}}$$

$$\overline{y}(t_2)=1-e^{-\frac{t_2-\tau}{T}}$$

由此解出

$$T=\frac{t_2-t_1}{\ln[1-\overline{y}(t_1)]-\ln[1-\overline{y}(t_2)]}$$

$$\tau=\frac{t_2\ln[1-\overline{y}(t_1)]-t_1\ln[1-\overline{y}(t_2)]}{\ln[1-\overline{y}(t_1)]-\ln[1-\overline{y}(t_2)]}$$

当然，为了计算上的方便，也可取 $\overline{y}(t_1)=0.39$，$\overline{y}(t_2)=0.63$，代入上述两式，有

$$T=2(t_2-t_1)$$

$$\tau=2t_1-t_2$$

算出 T 和 τ 后，可用式（3-14）检验它与实测曲线的误差大小，如果误差可接受，则所求的传递函数式（3-12）可用，否则，应考虑用其他类型传递函数（例如高阶传递函数）来描述。

具体检验方法为，另取三点 t_3、t_4 和 t_5，具体为

$$t_3<\tau,\ t_4=0.8T+\tau,\ t_5=2T+\tau$$

由式（3-14）算得

$$\overline{y}(t_3)=0, \overline{y}(t_4)=0.55, \overline{y}(t_5)=0.87$$

可分别对应图 3-10 中的纵坐标。

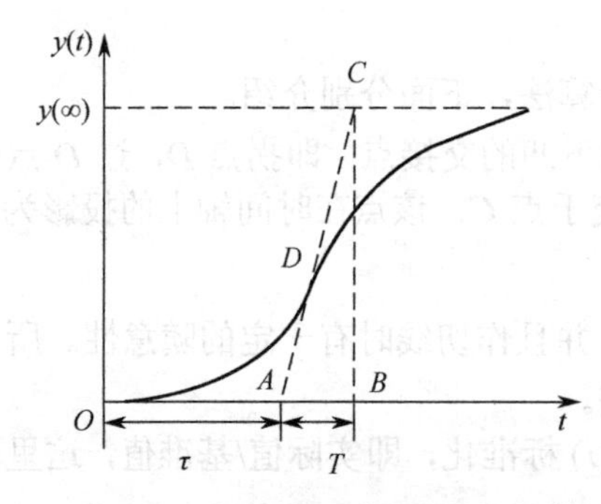

图 3-9　由阶跃响应曲线确定 T 和 τ

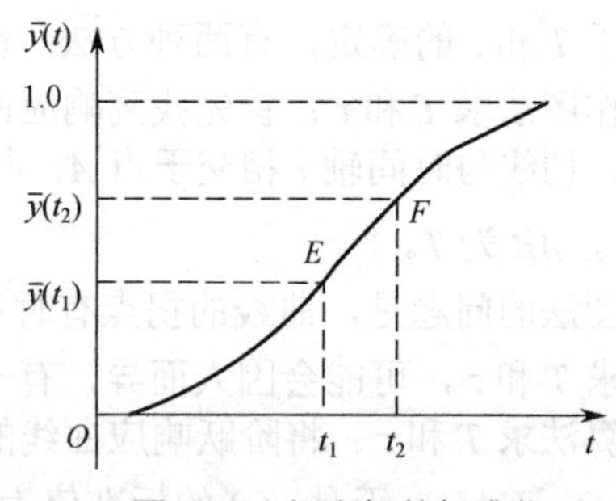

图 3-10　纵坐标的标准化

② 由阶跃响应曲线求二阶惯性及以上环节的参数

当用一阶惯性环节近似被控过程传递函数，检验发现误差不能满足原定的精度时，可考虑二阶及以上的惯性环节传递函数。

设有阶跃响应曲线如图 3-11 所示，如果用二阶惯性环节的传递函数来近似描述它

$$G(s)=\frac{K}{(T_1s+1)(T_2s+1)} \tag{3-15}$$

式中，K、T_1 和 T_2 为待定的参数。

当输入为 $x(t)=x_0$ 时，该传递函数的响应为

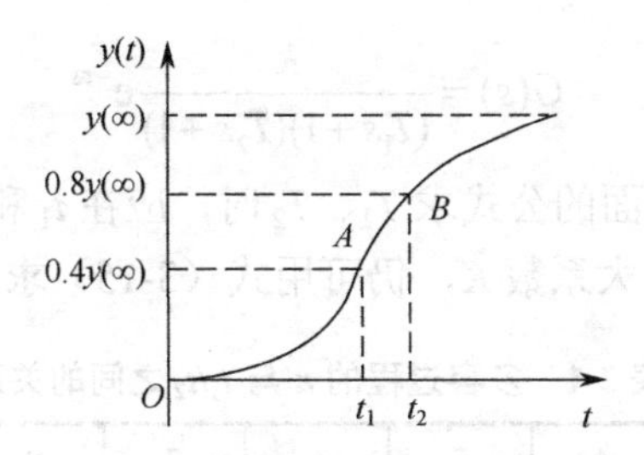

图3-11　阶跃响应曲线

$$
\begin{aligned}
y(t) &= Kx_0\left(1+\frac{T_1}{T_2-T_1}\mathrm{e}^{-t/T_1}-\frac{T_2}{T_2-T_1}\mathrm{e}^{-t/T_2}\right) \\
&= y(\infty)\left(1+\frac{T_1}{T_2-T_1}\mathrm{e}^{-t/T_1}-\frac{T_2}{T_2-T_1}\mathrm{e}^{-t/T_2}\right)
\end{aligned}
\tag{3-16}
$$

在图3-11所示的阶跃响应曲线上，找出两点：$A(t_1, y(t_1)=0.4y(\infty))$ 和 $B(t_2, y(t_2)=0.8y(\infty))$，并将这两点分别代入式（3-16），有

$$
\frac{T_1}{T_2-T_1}\mathrm{e}^{-t_1/T_1}-\frac{T_2}{T_2-T_1}\mathrm{e}^{-t_1/T_2}=-0.6
$$

$$
\frac{T_1}{T_2-T_1}\mathrm{e}^{-t_2/T_1}-\frac{T_2}{T_2-T_1}\mathrm{e}^{-t_2/T_2}=-0.2
$$

其近似解为

$$
T_1+T_2\approx\frac{1}{2.16}(t_1+t_2)
$$

$$
\frac{T_1T_2}{(T_1+T_2)^2}\approx\left(1.74\frac{t_1}{t_2}-0.55\right)
$$

研究表明，由式（3-16）表示的阶跃响应，应有 $0.32<t_1/t_2<0.46$，并且当 $t_1/t_2\leqslant0.32$ 时，被控过程应为一阶惯性环节 $K/(T_1s+1)$，且时间常数为

$$
T=\frac{t_1+t_2}{2.16}
$$

当 $0.32<t_1/t_2\leqslant0.46$ 时，被控过程为二阶等容惯性环节 $K/(T_1s+1)^2$，且

$$
T=\frac{t_1+t_2}{4.32}
$$

当 $t_1/t_2>0.46$ 时，被控过程应为二阶以上惯性环节，可用等 n 容惯性环节来描述

$$
G(s)=\frac{K}{(T_1s+1)^n}
$$

其中，n 和 T 分别按下式计算

$$
n=\left(\frac{1.075t_1}{t_2-t_1}+0.5\right)^2, T\approx\frac{t_1+t_2}{2.16n}
$$

如果求得的 n 不为整数，应取最接近的整数。n 与 t_1/t_2 的关系也可用表3-1表示。

如果阶跃响应曲线有明显的纯时延，如图3-12所示，则应在式（3-15）右边乘上一个纯时延环节 $\mathrm{e}^{-\tau s}$，变为

$$G(s)=\frac{K}{(T_1 s+1)(T_2 s+1)}\mathrm{e}^{-\tau s}$$

其中，τ 见图 3-12。具体用上面的公式求 T_1、T_2 时，应在 t_1 和 t_2 中减去 τ 时间段。

对于以上传递函数中的放大系数 K，仍可用式（3-15）求取。

表 3-1 多容过程的 n 与 t_1/t_2 之间的关系

n	1	2	3	4	5	6	7	8	9	10	12	14
$\frac{t_1}{t_2}$	0.317	0.460	0.534	0.584	0.618	0.640	0.666	0.684	0.699	0.712	0.734	0.751

③ 由无自平衡过程的阶跃响应曲线求过程参数

当阶跃响应的曲线如图 3-13 所示时，该过程的传递函数具有无自平衡特性，其特点是，随着 $t\to\infty$，响应曲线的变化速率逐渐趋于某一常数。根据该响应曲线，该过程可用式（3-17）来近似

$$G(s)=\frac{1}{Ts}\mathrm{e}^{-\tau s} \tag{3-17}$$

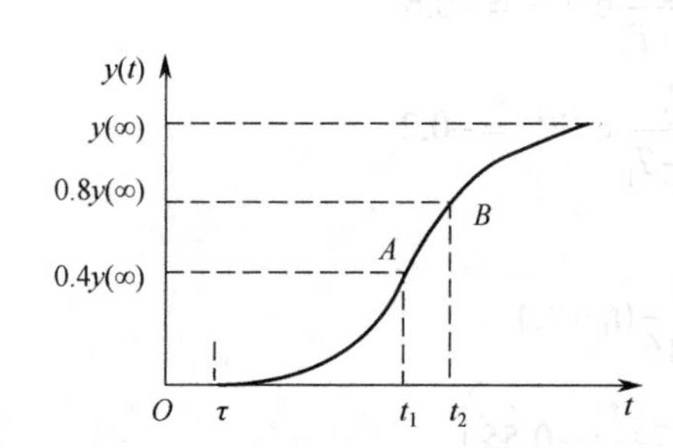

图 3-12 具有纯时延的阶跃响应曲线

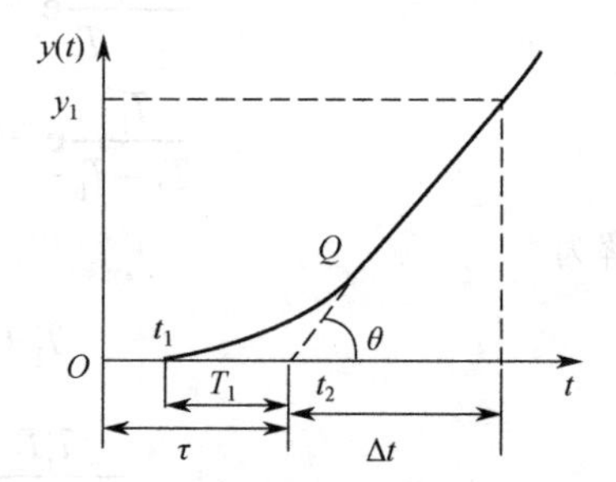

图 3-13 无自平衡过程阶跃响应曲线

当阶跃信号 $y(t)=y_0$ 作用于输入端时，其输出为

$$y(t)=\begin{cases}0 & (0<t\leqslant\tau)\\ \dfrac{y_0}{T}(t-\tau) & (t>\tau)\end{cases}$$

下面将讨论 T 和 τ 的确定。作阶跃响应直线部分的延长线（见图中虚线段），与 t 轴相交于点 t_2，该线与时间轴 t 夹角为 θ，于是

$$\tau=t_2$$

由于 $y'=\tan\theta=y_1/\Delta T$，所以

$$T=\frac{y_0}{\tan\theta}=\frac{y_0}{y_1/\Delta t}$$

其中，y_1 和 Δt 见图 3-13。

由图 3-13 可知，用式（3-17）近似原过程的最大误差发生在从 t_1 到 Q 这一段曲线上，即响应的起始段。为此可再加一个惯性环节来减小误差，即采用下列传递函数来描述过程

$$G(s)=\frac{1}{Ts(T_1 s+1)}\mathrm{e}^{-\tau s} \tag{3-18}$$

式中，T 的确定如上所示，方法不变，而 τ 和 T_1 的确定如下

$$\tau = t_1$$
$$T_1 = t_2 - t_1$$

显然，用式（3-18）描述响应曲线表示的过程比式（3-17）要更精确。

3.3.3　测定动态特性的频域法

被控对象的动态特性也可用频率特性来描述，它与传递函数及微分方程一样，同样表征了系统的运动规律

$$G(\mathrm{j}\omega) = \frac{Y(\mathrm{j}\omega)}{U(\mathrm{j}\omega)} = |G(\mathrm{j}\omega)| \angle G(\mathrm{j}\omega)$$

在一般动态特性测试中，幅频特性较易测得，而相角信息的精确测量则比较困难。这是由于通用的精确相位计要求被测波形失真度小，而在实际测试中，测试对象的输出常混有大量的噪声，有时甚至淹没有用信号。

由于一般工业控制对象的惯性比较大，因此要测试对象的频率特性，需要持续很长时间。而测试时，将有较长的时间使生产过程偏离正常运行状态，这在生产现场往往不允许，故用测试频率的方法来在线求对象的动态特性受到一些限制。

（1）正弦波方法

频率特性表达式可以通过频率特性测试的方法得到。其测试方法见图 3-14，在所研究对象的输入端加入某个频率的正弦波信号，同时记录输入和输出的稳定振荡波形，在选定的各个频率重复上述测试，便可测得该被控对象的频率特性。

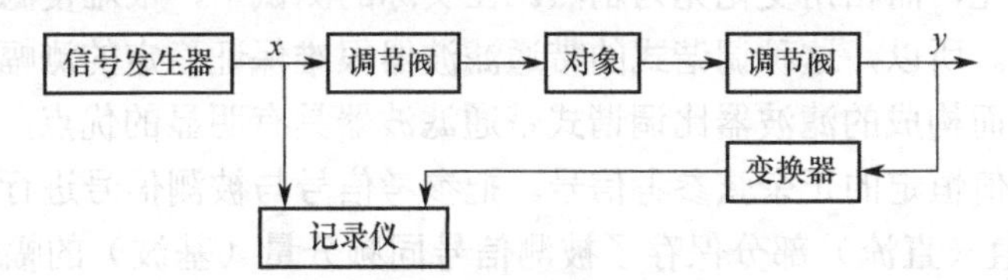

图 3-14　测试对象频率特性方框图

以正弦波输入测定对象的频率特性，所应用的原理和数据处理都是很简单的。在所研究对象的输入端加以某个频率的正弦波信号，记录输出的稳定振荡波形，就可测得精确的频率特性。当然，应该对所选的各个频率逐个地进行试验。

在对象输入端加入所选择的正弦信号，使对象的振荡过程建立起来。当振荡的轴线、幅度和形式都维持稳定后，就可测出输入和输出的振荡幅度及它们的相移。输出振幅与输入振幅的比值就是幅频特性在该频率的数值，而输出振荡的相位与输入振荡的相位之差，就是相频特性值。

这个试验可以在对象的通频带区域内分成若干等份，对每个分点 ω_1，ω_2，…，ω_c 进行试验，试验通带范围一般由 $\omega = 0$ 到输出振幅减少到 $\omega = 0$ 时幅值 1/100～1/20 的上限频率为止。如果主要目的是确定某个区域内的频率特性，如调节对象在相移为 180º 的频率 ω_π 附近一段的频率特性，可在此附近做一些较详细的试验，其他频率区域可以粗略地做几点，甚至不做。

用正弦波的输入信号测定对象频率特性的优点在于，能直接从记录曲线上求得频率特

性，且由于是正弦的输入输出信号，容易在试验过程中发现干扰的存在和影响。因为干扰会使正弦波信号发生畸变。

这种方法的优点是简单、测试方便、具有一定的精度。缺点是需要使用专门的超低频测试设备，测试工作量较大，且使用这种方法进行试验较费时间，尤其是一些缓慢的生产过程被控变量的零点漂移在所难免，所以不能长期进行试验。

（2）频率特性的相关测试法

尽管可以采用随机激励信号、瞬态激励信号来迅速测定系统的动态特性，但为获得精确的结果，仍然广泛采用稳态正弦激励试验来测定。稳态正弦激励试验是利用线性系统频率保持性，即在单一频率强迫振动时系统的输出也应是单一频率，且把系统的噪声干扰及非线性因素引起输出畸变的谐波分量都看做干扰。因此，测量装置应能滤出与激励频率一致的有用信号，并显示其响应幅值，相对于参考（激励）信号的相角，或者给出其同相分量及正交分量，以便画出在该测点上系统响应的奈氏图。一般动态特性测试中，幅频特性较易测量，而相角信息的精确测量比较困难。

在实际工作中，测试对象的输出常混有大量的噪声，有时甚至把有用信号淹没。这就要求采取有效的滤波手段，在噪声背景下提取有用信号。滤波装置必须有恒定的放大倍数，不造成相移或只能有恒定的、可以标定的相移。

滤波的方式有多种，其中基于相关原理而构成的滤波器具有明显的优点。简单的滤波方式是采用调谐式的带通滤波器。由于激励信号频率可调，带通滤波中心频率也应是可调的。为了使滤波器有较强的排除噪声的能力，通带应窄一些。这种调谐式的滤波器在调谐点附近幅值放大倍数有变化，而相角变化尤为剧烈。在实际的测试中，很难使滤波中心频率始终和系统激励频率一致。所以，这种调谐式的带通滤波器很难保证稳定的测幅、测相精度。

基于相关原理而构成的滤波器比调谐式带通滤波器具有明显的优点，激励输入信号经波形变换后可得到幅值恒定的正余弦参考信号。把参考信号与被测信号进行相关处理（即相乘和平均），所得常值（直流）部分保存了被测信号同频分量（基波）的幅值和相角信息。具体测试过程和方法可参看有关资料，这里不详细讨论。

（3）闭路测定法

前面两种测定法都是在开路状态下输入周期信号 $x(t)$，测定其输出 $y(t)$，这种测定法的缺点是，被控变量 $y(t)$ 的振荡中线，即零点的漂移不能消除，因而不能长期进行试验。另外，它要求输入的振幅不能太大，以免增大非线性的影响，降低测定频率特性的精度。

利用调节器所组成的闭路系统进行测定，就可避免上述缺点。

图 3-15 所示为试验的原理图。图中信号发生器所产生的专用信号加在这一调节器的给定值处。而记录仪所记录的曲线则是被测对象输入、输出端的曲线。对此曲线进行分析，即可求得对象的频率特性。

闭路测定法的优点有两个：

- 精度高。因为已经形成一个闭路系统，大大削弱了对象的零点漂移，因此可以长期进行试验，振幅也可以取得较大。另外，由于闭路工作，若输入加在给定值上的信号是正弦波，各坐标将作正弦变化，也就减少了开路测定时非线性环节所引起的误差。用这种方法进行测定时，主要用正弦波作为输入信号，所有这一切都提高了测定精度。

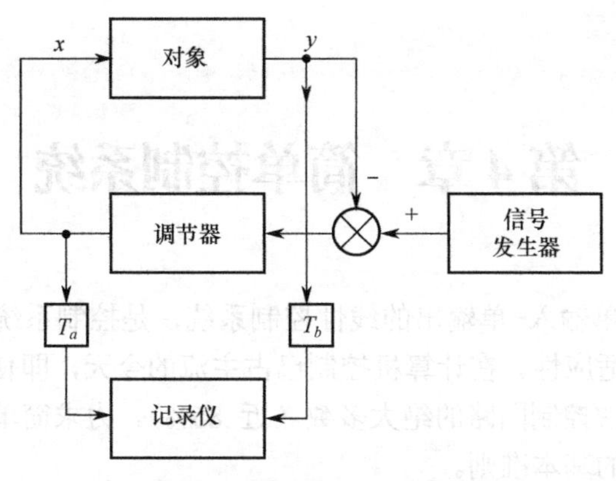

图 3-15　闭路测定法原理图

- 安全。因为调节器串接在这个系统中，所以即使突然有些干扰，调节器的作用也可使其不产生过大偏差而发生事故。

此外，这种方法可以对无自平衡特性对象进行频率特性的测定，也可以同时测得调节器的动态特性。此方法缺点是只能对带有调节器的对象进行试验。

思考与练习

1. 为什么要研究过程的数学模型？研究过程数学模型的方法有哪几种？

2. 什么是被控过程的时延特性？时延有哪几种？产生的原因是什么？

3. 如图 3-16 为某液体液位过程，液体以流量 Q_1 从容器上端的阀门1进入，分别以流量 Q_2 和 Q_3 从容器下端两侧的阀门 2 和阀门 3 流出，设阀门 1～3 的液阻 R_1、R_2、R_3 为线性液阻，容器横截面积为 C，液位高度为 h，（1）列出过程的微分方程组；（2）画出过程的框图；（3）求出过程传递函数：$G(s)=H(s)/Q_1(s)$。

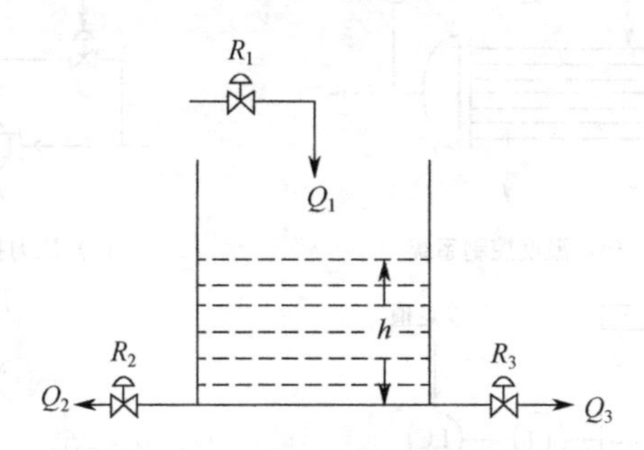

图 3-16　水槽中某液体液位过程

4. 试验测得某一容器液位过程的阶跃响应数据如下表所示

t/s	0	10	20	40	60	80	100	140	180	250	300	400	500	600	…
h/cm	0	0	0.2	0.8	2.0	3.6	5.4	8.8	11.8	14.4	16.6	18.4	19.2	19.6	…

已知阶跃扰动输入幅度为 $\Delta x=0.2$，试完成如下工作：

（1）画出阶跃响应曲线；

（2）用一阶惯性环节加纯时延近似描述该过程的动态特性，确定 K、τ 和 T。

第 4 章　简单控制系统

简单控制系统是指单输入-单输出的线性控制系统，是控制系统的基本形式。其特点是结构简单，具有广泛的适应性。在计算机控制已占主流的今天，即使在高水平的自动控制设计中，简单控制系统仍占控制回路的绝大多数（近 85%）。力求简单、可靠、经济并保证控制效果是控制系统设计的基本准则。

4.1　简单控制系统组成

在生产过程中有各种控制系统，图 4-1 是几个简单控制系统的示例，TT、PT、LT 和 FT 分别表示温度、压力、液位和流量变送器，TC、PC、LC 和 FC 分别表示相应的控制器。在这些控制系统中都有一个需要控制的过程变量，例如，图中的温度、压力、液位、流量等，这些需要控制的变量称为被控变量。为使被控变量与设定值保持一致，需要有一种控制手段，例如，图中的蒸汽流量、回流流量和出料流量等，这些用于调节的变量称为操纵变量或操控变量。同时，在控制过程中，被控变量常常偏离设定值，这是由于过程中存在扰动，例如，蒸汽压力、泵的转速、进料量的变化等。

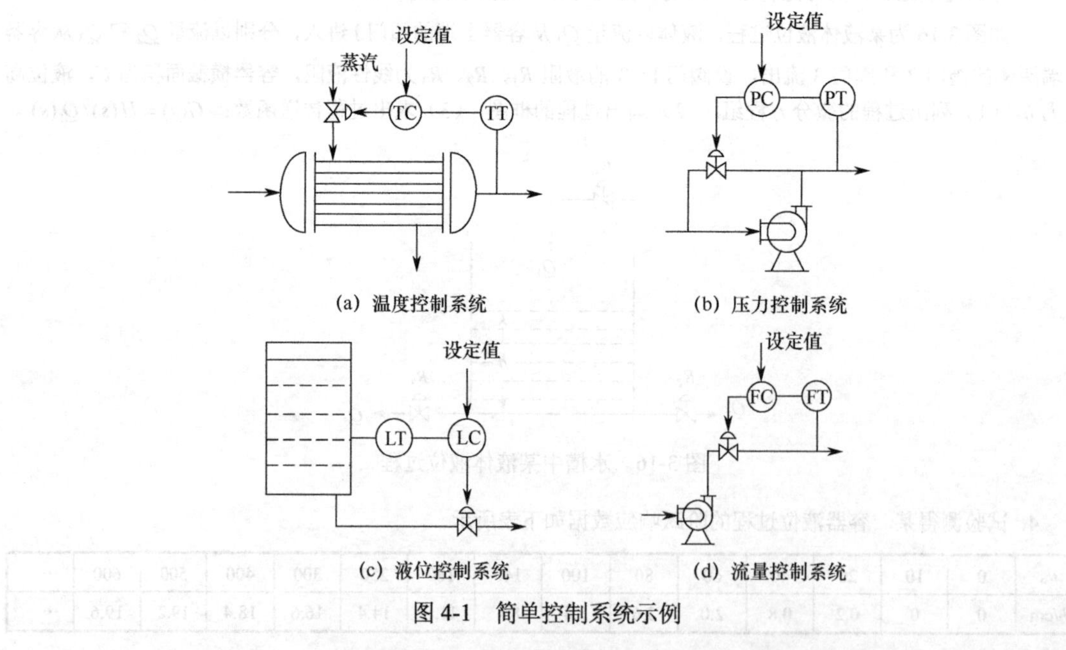

图 4-1　简单控制系统示例

在这些控制系统中，检测元件和变送器将被控变量检测并转换为标准信号，当系统受到扰动影响时，检测信号与设定值之间有偏差，因此，检测变送信号在控制器中与设定值比较，其偏差值按一定的控制规律运算，并输出信号驱动执行机构改变操纵变量，使被控变量恢复到设定值。可见，简单控制系统由检测变送单元、控制器、执行器和被控对象组成。

检测元件和变送器用于检测被控变量，并将检测到的信号转换为标准信号输出。例如，热电阻或热电偶和温度变送器、压力变送器、液位变送器、流量变送器等。

控制器用于将检测变送单元的输出信号与设定值信号进行比较，按一定的控制规律对其偏差信号进行运算，运算结果输出到执行器。控制器可以采用模拟仪表的控制器或由微处理器组成的数字控制器，例如，用 DCS 中的控制功能模块等实现。

执行器是控制系统环路中的最终元件，直接用于控制操纵变量变化。执行器接收控制器的输出信号，通过改变执行器节流件的流通面积来改变操纵变量。它可以是气动薄膜控制阀、带电气阀阀门定位器的电动控制阀等。如图 4-1 中的执行器都用控制阀表示。执行器也可用变频调速电机等实现。

被控对象是需要控制的设备，例如，图 4-1 中的换热器、泵、储罐和管道等。

简单控制系统的框图如图 4-2 所示。结合图 4-1，图 4-2 中检测变送部分分别指温度、压力、液位、流量等检测变送器，而执行器通常用控制阀表示。

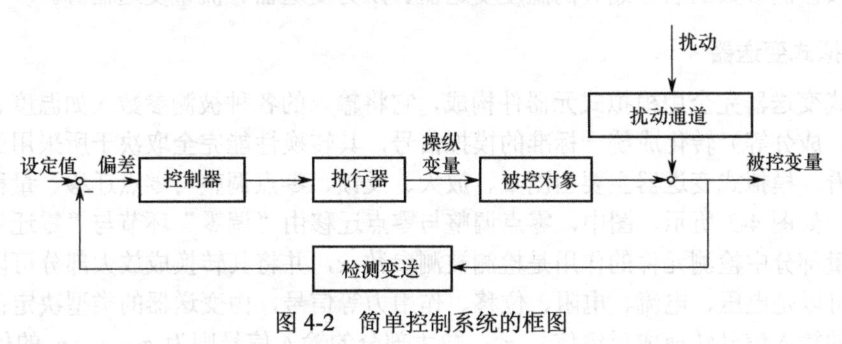

图 4-2　简单控制系统的框图

4.2　简单控制系统设计

4.2.1　被控变量和操控变量的选择

（1）被控变量的选择

被控变量的选择是控制系统设计中的关键问题。在实践中，该变量的选择以工艺人员为主，自控人员为辅，因为对控制的要求是从工艺角度提出的。但自动化专业人员也应多了解工艺，多与工艺人员沟通，从自动控制的角度提出建议。工艺人员与自控人员之间的交流与合作有助于选择合理的控制系统的被控变量。

在过程工业装置中，为了实现预期的工艺目标，往往有多个工艺变量或参数可以被选择作为被控变量，在这种情况下，被控变量的选择成为重要的问题。在多个变量中选择被控变量一般应遵循下列原则：

- 尽量选择能直接反映产品质量的变量作为被控变量。
- 所选被控变量能满足生产工艺稳定、安全、高效的要求。
- 必须考虑自动化仪表及装置的现状。

（2）操控变量的选择

在选定被控变量之后，要进一步确定控制系统的操控变量。实际上，被控变量与操控变量是放在一起综合考虑的。操控变量的选取一般应遵循下列原则：

- 操控变量必须是工艺上允许调节的变量。
- 操控变量应该是系统中所有被控变量的输入变量中对被控变量影响最大的一个。控制通道的放大系数 K 要尽量大一些，时间常数 T 要适当小些，滞后时间应尽量小。
- 不宜选择代表生产负荷的变量作为操控变量，以免产量受到波动。

4.2.2 变送器及其选择基本要求

4.2.2.1 变送器

传感器的作用主要是基于各种自然规律和基础效应，把被测变量转化为便于传送的信号。如电压、电流、电阻、电容、位移、力等。由于传感器的输出信号种类多且比较微弱，所以必须由变送器将其转化为统一标准信号。变送器的种类很多，按照目前的技术水平，变送器可分为两类：一类是按传递信号划分的模拟式变送器、数字式（亦称智能式）变送器；另一类则按被测参数的名称划分的温度变送器、压力变送器、流量变送器等。

1. 模拟式变送器

模拟式变送器完全由模拟式元器件构成，它将输入的各种被测参数（如温度、压力、流量、液位、成分等）转化成统一标准的模拟信号，其转换性能完全取决于所采用的硬件。从构成原理看，模拟式变送器主要由测量、放大、反馈、零点调整与零点迁移、量程调整等几部分组成，如图 4-3 所示。图中，零点调整与零点迁移由“调零”环节与“零迁”环节共同完成；测量部分中检测元件的作用是检测被测参数 x，并将其转换成放大部分可以接收的信号 z_i，z_i 可以是电压、电流、电阻、位移、作用力等信号，由变送器的类型决定；反馈部分把变送器的输入信号转换成反馈信号 z_f；放大部分的输入信号则为 z_i、z_f、z_0 的代数和 ε；ε 由放大部分进行放大，并转换成为统一标准模拟信号 y 输出。

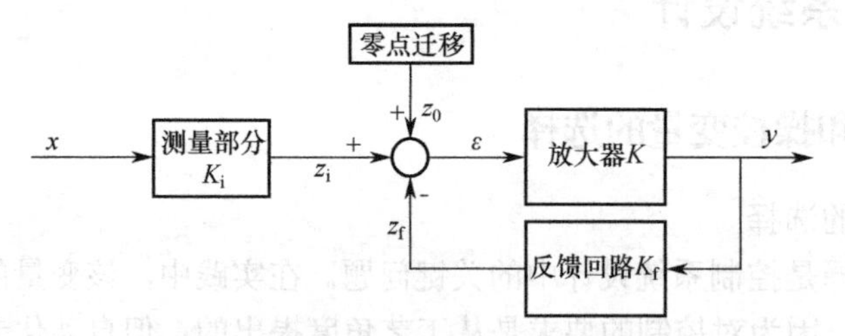

图 4-3 模拟式变送器的构成框图

由图 4-3 可以求得整个变送器的输入/输出关系为

$$y=\frac{K_iK}{1+KK_f}x+\frac{K}{1+KK_f}z_0 \tag{4-1}$$

由式（4-1）可知，由 $KK_f \gg 1$ 的条件，上式近似为

$$y=\frac{K_i}{K_f}x+\frac{1}{K_f}z_0 \tag{4-2}$$

式（4-2）表明，在满足 $KK_f \gg 1$ 的条件下，变送器的输入/输出关系仅取决于测量部分特性和反馈部分的特性，而与放大部分的特性无关。如果测量部分的转换系数 K_i 与反馈部分的反馈系数 K_f 的比值为常数，则变送器的输入/输出特性就具有理想线性特性。

2. 数字式变送器

与模拟式变送器不同的是，数字式变送器是由微处理器（CPU）为核心构成的硬件电路和由系统程序、功能模块构成的软件两大部分构成。模拟式变送器的输出信号一般为统一标准的模拟信号，如 DDZ-III 型仪表输出信号为 4～20mA DC 等，而且在一条电缆上只能传输一路模拟信号。数字式变送器的输出信号则为数字信号，它的优点是只要遵循共同的通信规范和标准，就可以允许多个信号在同一条通信电缆上传输。

（1）数字式变送器的硬件构成

一般形式的数字式变送器的构成框架如图 4-4 所示。可以看出，数字式变送器的硬件主要包括传感器组件、转换器、微处理器、存储器和通信电路等。其工作过程为：被检测参数 x 经传感器组件，由 A/D 转换器转换成数字信号，并送入微处理器进行数据处理；系统程序、传感器与变送器的输入/输出特性以及变送器识别等数据都存放在存储器中，以用于变送器信号转换时的各种补偿、零点调整、零点迁移和量程调整等；通信电路的作用是将数字式变送器与控制系统的网络通信电缆相连，并与网络中其他智能化的现场控制设备或计算机通信，向它们传送测量结果或变送器本身的各种参数。网络中其他智能化的现场控制设备或计算机也可以通过它对变送器进行远程调整和参数设定等。

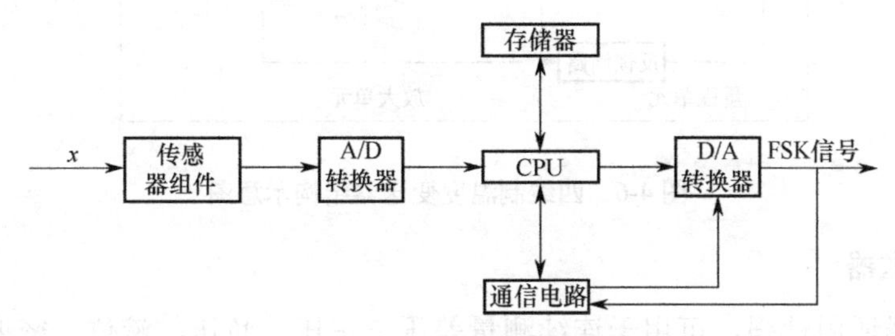

图 4-4 数字式变送器的构成框图

（2）数字式变送器的软件构成

数字式变送器的软件分为系统程序和功能模块两部分。系统程序主要负责对变送器的硬件进行管理，使变送器完成最基本的功能，如模拟信号和数字信号的转换、数据通信、变送器自检等；功能模块为用户提供组态调整时的各种功能不同的变送器，其功能在内容和数量上各不相同。

3. 温度变送器

温度变送器的功能是将热电偶或热电阻的输出电信号经过放大和线性化等处理后，变为标准的电信号输出。温度变送器还可以作为直流毫伏转换器使用，将其他能够转换成直流毫伏信号的工艺参数也变成标准统一信号输出。因此，温度变送器被广泛使用。

温度变送器有四线制和两线制之分，它们均有三类：直流毫伏变送器、热电偶温度变送器和热电阻温度变送器。四线制是指供电电源和输出信号分别用两根导线传输，两线制是指变送器与控制室之间仅用两根导线传输。图 4-5 为四线制传输与两线制传输示意图。

目前大多使用四线制，下面仅对四线制温度变送器进行介绍。四线制温度变送器结构示意图如图 4-6 所示，空心箭头“⇨”表示供电回路，实心箭头“→”表示信号回路。毫伏输入信号 U_i 或由测温元件送来的反映温度大小的输入信号，与桥路部分的输出信号 U_z' 及反馈信号U_f'相叠加，送入集成运算放大器，放大后的电压信号再由功率放大器和隔离输出电路转换成4～20mA直流电流I_o和1～5V直流电压U_o输出。因为输入和输出之间放置隔离变压器，同时采取安全火花防爆措施，所以其具有良好的抗干扰性能，也能测量来自危险场所的直流毫伏信号或温度信号。热电偶和热电阻温度变送器中采用了线性化电路，从而使温度变送器的输出信号和被测温度呈线性关系，以便显示记录。

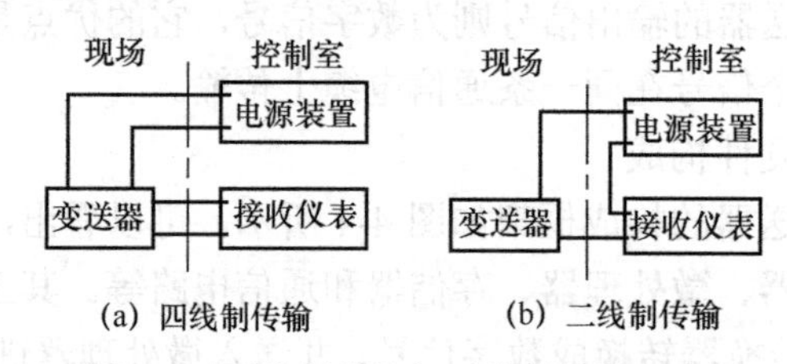

图4-5 四线制传输与两线制传输示意图

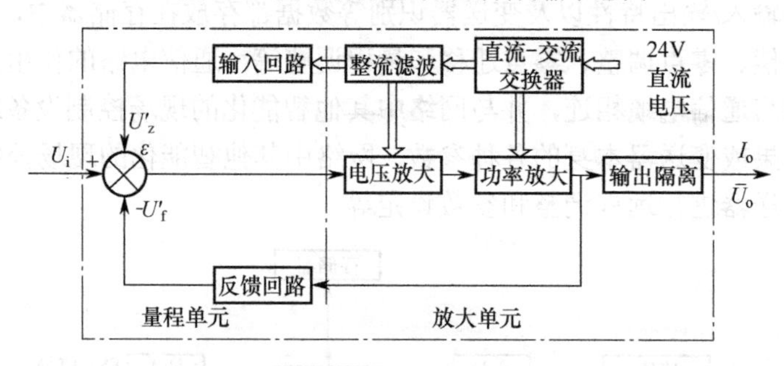

图4-6 四线制温度变送器结构示意图

4. 差压变送器

差压变送器通用性强，可用于连续测量差压、正压、负压、液位、密度等变量，与节流装置配合，还可以连续测量液体（或气体）流量。差压变送器将测量信号转换成标准统一信号，作为显示仪表、控制器或运算器的输入信号，以实现对相关参数的显示、记录或自动控制。

差压变送器主要有力矩平衡式差压变送器、电容式差压变送器和扩散硅式差压变送器。

- 力矩平衡式差压变送器：用来将液体、气体或蒸汽的压力转换成4～20mA直流标准电信号的仪表。它用24V直流电源供电，为两线制现场安装、安全火花型（即在任何状态下产生的火花都是不能点燃爆炸性混合物的安全火花）防爆仪表，具有较高的测量精度（一般为0.5级）。
- 电容式差压变送器：主要由测压元件传感器（也称为压力传感器）、测量电路和过程连接件三部分组成。它能将测压元件传感器感受到的气体、液体等物理压力参数转变成标准的电信号（如直流 4～20mA DC 等），以供给指示报警仪、记录仪、调节器等二次仪表进行测量、指示和过程调节。
- 扩散硅式差压变送器：是指被测介质的压力直接作用在传感器的膜片上（不锈钢或陶瓷），使膜片产生与介质压力成正比的微位移，致使传感器的电阻值发生变化，由电子线路检测此变化并转换成标准检测信号输出。

5. 智能变送器

为适应现场总线控制系统的要求，近年来出现了采用微处理器和先进传感器技术的智能变送器，如智能温度变送器、智能压力变送器、智能差压变送器等。智能变送器可以输出数字和模拟两种信号，其在准确度、稳定性和可靠性等方面均优于模拟式变送器，并且可以通过现场总线网络与上位计算机相连。智能变送器具有以下特点：

- 测量准确度高，基本误差仅为±0.1%，且性能稳定、可靠。
- 具有较宽的零点迁移范围和较大的量程比。
- 具有温度、静压补偿功能（差压变送器）和非线性校正能力（温度变送器），保证仪表的准确度。
- 具有数字、模拟两种输出方式，能够实现双向数据通信。
- 通过现场通信器能对变送器进行远程组态调零、调量程和自诊断，维护和使用十分方便。

从整体上看，智能变送器由硬件和软件两大部分组成。硬件部分包括微处理器电路，输入、输出电路，人、机联系部件等；软件部分包括系统程序和用户程序。不同厂家、不同品种的智能变送器的组成基本相似，只是在器件类型、电路形式、程序编码和软件功能上有所差异。

4.2.2.2　变送器选择基本要求

对检测变送仪表的基本要求是准确、迅速和可靠。准确，指的是传感器和变送器能正确反映被控或被测变量，误差小；迅速，指的是能及时反映被控或被测变量的变化；可靠是对传感器和变送器的基本要求，它应能在环境工况下长期稳定运行。为此，要考虑以下三个主要问题。

（1）在所处环境下能否正常长期工作

传感器直接与被测或被控介质接触，因此，在选择传感器时应首先考虑该元件能否适应工业生产过程中的高温、高压、腐蚀性、粉尘和爆炸性环境，能否长期稳定运行。例如，在高温条件下测温时常采用铂铑-铂热电偶；对腐蚀性介质的液位与流量的测量，有的采用非接触测量方法，有的采用耐腐蚀的材质元件和隔离性介质；在易燃易爆的环境中，必须采用防爆型仪表等。

（2）动态响应是否迅速

检测变送仪表是广义被控对象的一部分。因此，减小时间常数 T_m 和纯延迟 τ_m 对提高控制系统的品质总是有益处的。相对于过程的时间常数，大多数检测变送仪表的时间常数 T_m 是比较小的，可以忽略不计，但成分检测变送仪表的时间常数 T_m 和纯迟延 τ_m 会很大。气动仪表的时间常数较电动仪表要大。采用保护套管的温度计检测温度要比直接与被测介质接触检测温度有更大的时间常数。此外，应考虑时间常数随过程运行而变化的影响。例如，保护套管结垢会造成时间常数增大，保护套管磨损会造成时间常数减小等。减小时间常数 T_m 的措施包括检测点位置的合理选择、选用小惯性检测元件、缩短气动管线长度、减小管径、正确使用微分单元等。

检测变送仪表中的纯迟延 τ_m 产生的原因有两个：一是检测点与检测变送仪表之间有一定的传输距离 l；二是被测介质以一定传输速度 w 进行流动。传输速度 w 并非被测介质的流体流速。例如，孔板检测流量时，流体流速是流体在管道中的流动速度，而孔板检测的信号是孔板两端的差压。因此，检测变送仪表的传输速度是差压信号的传输速度。对于不可压缩的流体，该信号的传输速度是极快的。但对于成分的检测变送，由于检测点与检测变送仪表之间的距离为 l，被检测介质经采样管线送达仪表有流速 w，因此，存在纯迟延 $\tau_m = l/w$。

减小纯迟延 τ_m 的措施包括选择合适的检测位置，减小传输距离 l；选用增压泵、抽气泵等装置，提高传输速度 w。在考虑纯迟延影响时，应考虑纯迟延与时间常数之比，而不只考虑纯迟延的大小，应减小纯迟延与时间常数的比值。相对于流量、压力、物位等过程变量的检测变送，过程成分等物性数据的检测变送有较大的纯迟延。有时，温度检测变送的纯迟延相对时间常数也会较大，应充分考虑它们的影响。

（3）测量误差是否满足要求

仪表的精确度影响检测变送仪表的准确性。所以，应以满足工艺测量和控制要求为原则，合理选择仪表的精确度。检测变送仪表的量程应满足读数误差的精确度要求，同时应尽量选用线性特性。测量误差与仪表的精确度有关。出厂时的仪表精度等级，反映了仪表在校验条件下存在的最大百分误差的上限，例如，仪表的精度等级为 0.5，表示其最大百分误差不超过 0.5%。对仪表的精度等级应合理选择，由于系统中其他误差的存在，仪表本身的精确度不必要求过高，否则没有意义。工业上一般取 0.5～1.0 级，物性及成分仪表的要求可再放宽些。

测量误差也与仪表的量程有关。仪表的精确度是按全量程的最大百分误差来定义的，量程越宽，绝对误差就越大。同样是一个 0.5 级的测温仪表，当测量范围为 0～1100℃时，可能出现的最大误差是±5.5℃；如果测量范围为 500～600℃，则最大误差将不超过±0.5℃。因此，从减小测量误差的角度考虑，在选择仪表量程时应尽量选窄一些。选择合适的测量范围可改变检测变送仪表的增益 K_m 缩小检测变送仪表的量程，就是使该环节的增益 K_m 增大。但从控制理论的可控性角度考虑，K_m 在反馈通道，因此，在满足系统稳定性和读数误差的条件下，K_m 较小有利于增大控制器的增益、使前向通道的增益增大，有利于克服扰动的影响。检测变送仪表增益 K_m 的线性度与整个闭环控制系统输入/输出的线性度有关，当控制回路的前向增益足够大时，整个闭环控制系统输入、输出的总增益是 K_m 的倒数。例如，采用孔板和差压变送器检测变送流体的流量时，由于压差与流量之间的非线性，造成流量控制回路呈现非线性，并使整个控制系统的开环增益为非线性，绝大多数检测变送仪表的增益 K_m 是正值。但也有的增益为负值，不过它们很少使用，在本书的讨论中，均假设检测变送仪表的增益 K_m 为正值。

4.2.3 控制器及控制规律的选择

控制器是自动控制系统中重要的组成部分。控制器接收变送器输出的标准信号，经过特定的控制算法，如 PID 运算后，输出标准信号，推动执行器动作，产生操纵量，使被控参数保持在给定值附近，或按预先给定的规律变化。

4.2.3.1 控制器

控制器是控制系统的核心，生产过程中被控变量偏离设定要求后，必须依靠控制器的作用去控制执行器，改变操纵变量，使被控变量符合生产要求。控制器在闭环控制系统中将检测变送环节传送过来的信息与被控变量的设定值比较后得到偏差，然后根据偏差按照一定的控制规律进行运算，最终输出控制信号作用于执行器上。

控制器种类繁多，有常规控制器和采用微机技术的各种控制器。控制器一般可按能源形式、信号类型和结构形式进行分类。

1. 按能源形式划分

控制器按能源形式可分为电动、气动等。过程控制一般都用电动和气动控制仪表，相应地采用电动和气动控制器。

气动控制仪表发展较早，其特点是结构简单、性能稳定、可靠性高、价格便宜，且在本质上安全防爆，广泛应用于石油、化工等有爆炸危险的场所。

电动控制仪表相对气动控制仪表出现得较晚，但由于电动控制仪表在信号的传输、放大、变换处理、实现远距离监视操作等方面比气动仪表容易得多，并且容易与计算机等现代化信息技术工具联用，因此电动控制仪表的发展极为迅速，应用极为广泛。近年来，电动控制仪表普遍采取了安全火花防爆措施，解决了防爆问题，所以在易燃易爆的危险场所也得到了应用。

目前采用的控制器中电动控制器占绝大多数。

2. 按信号类型划分

控制器按信号类型可以分为模拟式和数字式两大类。

模拟式控制器所传送的信号为连续的模拟信号，其基本结构包括比较环节、反馈环节、放大器三部分。

- 比较环节控制器首先通过比较环节将被控变量的测量值与设定值进行比较得到偏差。在电动控制器中，比较环节在输入电路中进行电压或电流信号的比较。
- 反馈环节控制器的 PID 控制规律是通过反馈环节进行的。在电动控制器中，输出的电信号通过电阻和电容构成的无源网络反馈到输入端。
- 放大器实质上是一个稳态增益很大的比例环节。在电动控制器中可采用高增益的集成运算放大器。

模拟式控制器线路较为简单，操作方便，在过程控制中曾经广泛应用。

数字式控制器传输信号通常是断续变化的数字量，其以微处理器为运算和控制核心，可由用户编制程序，组成各种控制规律。早期典型产品由我国从国外引进或组装，广泛使用的有 KMM、SLPC、PMK、Micro760/761 等。由于上述产品均控制一个回路，因此习惯上称为“单回路控制器”“可编程序调节器”。现在，由于受到 PLC 和 DCS 等应用普及的影响，数字式控制器具有的功能都可以在 PLC 和 DCS 中实现，其关注度和发展态势有所下降。但是，对于单个控制回路等不太复杂的控制系统，数字式控制器具有针对性强、性价比高的优势，加上强大的控制功能、灵活方便的操作手段、清晰直观的数字显示及安全性可靠性高等特点，得到推广应用。

3. 按结构形式划分

控制器按结构形式可分为基地式、单元组合式、组装式以及集散控制系统等。

基地式控制仪表将控制机构与指示、记录机构组成一体，结构简单，但通用性差，使用不够灵活，一般仅用于一些简单控制系统。

单元组合式控制仪表是将整套仪表划分成能独立实现某种功能的若干单元，各单元之间用统一标准信号联系。将各单元进行不同的组合，可以构成具有各种功能的控制系统，使用灵活方便，因此在生产现场得到广泛应用，如电动Ⅲ型控制器在一些老装置上还在使用，气动单元控制器由于控制滞后太大已经很少使用。

组装式控制器是在单元组合仪表的基础上发展起来的一种功能分离、结构组件化的成套仪表装置。

随着计算机技术的发展，出现了各种以微处理器为基础的控制器，如可编程序调节器（早期又称为单回路调节器），对于某些单一回路的控制或只有少数几个回路控制的生产过程来说比较适用。近 30 多年来可编程序控制器（PLC）发展迅速，从原先仅有逻辑控制功能发展到兼有控制回路，在结构、功能、可靠性等各个方面都使控制器进入一个新阶段，应用场合不断扩大，逐渐成为控制器主流品种。此外，基于集散控制系统（DCS）或者现场总线（FB）的控制器，除了一般的控制功能，还具有其他先进控制、优化运算、网络通信等功能，适应信息社会大规模生产的需要。

4.2.3.2 控制器基本控制规律

过程控制一般是指连续控制系统，控制器的输出随时间的变化而连续变化。不管是何种控制器，都有其基本的控制规律，即控制器输出信号与输入信号之间的关系。控制器的输入信号 $e(t)$是测量值 $y(t)$与被控变量的设定值 $r(t)$之差，即 $e(t) = y(t)-r(t)$；控制器的输出信号是送往执行机构的控制命令 $u(t)$。因此，控制器的控制规律就是控制器的输出信号 $u(t)$随输入信号 $e(t)$变化的规律。

控制器的控制规律来源于人工操作规律，是在模仿、总结人工操作经验的基础上发展起来的。控制器的基本控制规律有比例、积分和微分等几种。工业上所用的控制规律是这些基本规律之间的不同组合。此外还有其他如继电特性的位式控制规律等。

为理解控制器的基本控制规律，先简单介绍人工操作有哪几类规律，以图 4-7 所示的蒸汽加热反应器为例。

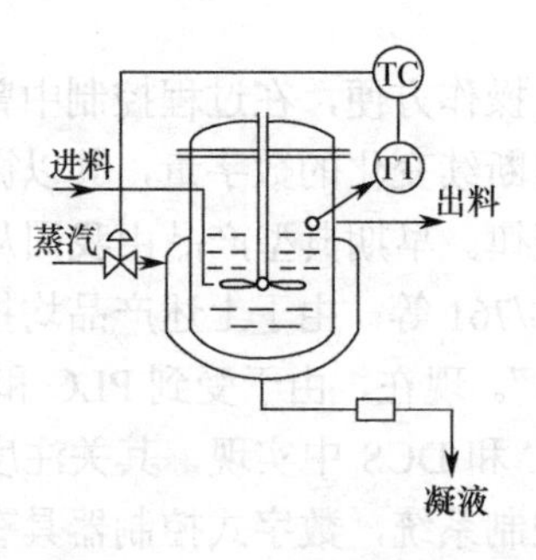

图 4-7 反应器的温度控制

设反应温度为 85℃，反应过程是轻微放热的，还需要从外界补充一些热量。

有人这样做，发现温度低于 85℃时，就把蒸汽阀门全开，高于 85℃时，就全关，这种做法称双位控制，因为阀门开度只有两个位置——全开或全关。

可以看到，阀门在全开时，供应的蒸汽量一定多于需要量，因此温度将上升，超过设定值 85℃；阀门在全关时，供应的蒸汽量一定少于需要量，因此温度将下降，低于设定值 85℃。这一多一少就能起到控制温度的作用，然而又使供需一直不平衡，温度波动不可避免，它是一个持续振荡过程。用双位控制规律来控制反应器温度，显然控制质量差，一般不采用。

若在正常情况下，温度为 85℃，阀门开度是三圈，有人这样做，若温度高于 85℃，每高出 5℃关一圈阀门；若低于 85℃，每降低 5℃开一圈阀门。显然，阀门的开启度与偏差成比例关系，用数学公式表示则为

$$\text{开启圈数} = 3 - \frac{1}{5}(y - 85) \tag{4-3}$$

式中，y 是测量值。

比例控制规律模仿上述操作方式，控制器的输出 $u(t)$ 与偏差 $e(t)$ 有一一对应关系

$$u(t) = u(0) + K_c e(t) \tag{4-4}$$

式中，$u(t)$是比例控制器的输出；$u(0)$是偏差 e 为零时的控制器输出，$e = y - r$；K_c 是控制器的比例放大倍数。

比例控制的缺点是在负荷变化时有余差。例如，在这一例子中，如果工况有变动，阀门开三圈，就不再能使温度保持在 85℃。

比例操作方式不能使温度回到设定值，有余差存在。为了消除余差，有人这样做：把阀门开启数圈后，不断观察测量值，若低于 85℃，则慢慢地继续开大阀门；若高于 85℃，则慢慢地把阀门关小，直到温度回到 85℃。与上一方式的基本差别是，这种方式是按偏差来决定阀门开启或关闭的速度的，而不是直接决定阀门开启的圈数。

积分控制规律就是模仿上述操作方式。控制器输出的变化速度与偏差成正比，即

$$\frac{du(t)}{dt} = K_I e(t) \tag{4-5}$$

或

$$u(t) = u(0) + K_I \int_0^t e(t)dt \tag{4-6}$$

由积分式可看出，只要有偏差随时间而存在，控制器输出总是在不断变化，直到偏差为零时，输出才会稳定在某一数值上。

由于温度过程的容量滞后较大，当出现偏差时，其数值已较大，为此，有人再补充这样的经验，观察偏差的变化速度即趋势来开启阀门的圈数，这样可抑制偏差幅度，易于控制。

微分控制规律就是模仿这种操作方式，控制器的输出与偏差变化速度成正比，用数学公式表示为

$$u(t) = T_D \frac{de(t)}{dt} \tag{4-7}$$

（1）连续 PID 控制算法

常用控制器具有在时间上连续的线性 PID 控制规律。

理想 PID 控制器的运算规律数学表达式为

$$\Delta u(t) = K_c \left[e(t) + \frac{1}{T_I} \int_0^t e(t)dt + T_D \frac{de(t)}{dt} \right] \tag{4-8}$$

式（4-8）传递函数表示为

$$G_c(s)=\frac{U(s)}{E(s)}=K_c\left(1+\frac{1}{T_I s}+T_D s\right) \tag{4-9}$$

式（4-8）中第一项为比例（P）部分，第二项为积分（I）部分，第三项为微分（D）部分。K_c为控制器的比例增益；T_I为积分时间（以 s 或 min 为单位）；T_D为微分时间（也以 s 或 min 为单位）。这三个参数大小可以改变，相应地改变控制作用大小及规律。

- 若 T_I为∞，T_D为 0，积分项和微分项都不起作用，则为比例控制。
- 若 T_D为 0，微分项不起作用，则为比例积分控制。
- 若 T_I为∞，积分项不起作用，则为比例微分控制。

控制器运算规律通常都是用增量形式表示的，若用实际值表示，则式（4-8）改写为

$$u(t)=K_c\left[e(t)+\frac{1}{T_I}\int_0^t e(t)\mathrm{d}t+T_D\frac{\mathrm{d}e(t)}{\mathrm{d}t}\right]+u(0) \tag{4-10}$$

式中，$u(t)=\Delta u(t)+u(0)$，$u(0)$为控制器初始输出值，即 $t=0$ 瞬间偏差为 0 时的控制器输出。

① 比例控制（P）

比例控制规律时，控制器输出信号 $u(t)$与输入信号 $e(t)$之间的关系为

$$\Delta u(t)=K_c e(t) \tag{4-11}$$

由式（4-11）可知，控制器的输出变化量与输入偏差成正比例，在时间上没有延滞。其开环输出特性如图 4-8 所示。

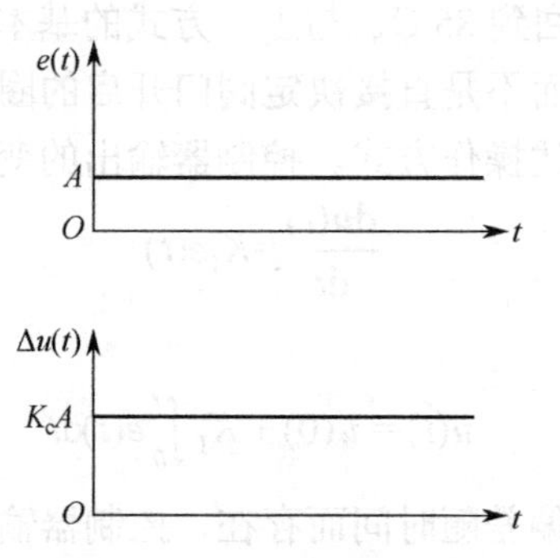

图 4-8　阶跃偏差作用下比例控制器的开环输出特性

比例控制器的传递函数为

$$G_c(s)=\frac{U(s)}{E(s)}=K_c \tag{4-12}$$

比例增益 K_c是控制器的输出变量 $\Delta u(t)$ 与输入变量 $e(t)$之比。K_c越大，在相同偏差 $e(t)$输入下，输出 $\Delta u(t)$ 也越大。因此 K_c是衡量比例作用强弱的因素。工业生产上所用的控制器，一般都用比例度 δ 来表示比例作用的强弱。

比例度 δ 定义为

$$\delta=\frac{\dfrac{e}{Z_{max}-Z_{min}}}{\dfrac{\Delta u}{u_{max}-u_{min}}}\times 100\% \tag{4-13}$$

式中，e 为控制器输入信号的变化量，即偏差信号；Δu 为控制器输出信号的变化量，即控制

命令；$(Z_{max}-Z_{min})$为控制器输入信号的变化范围，即量程；$(u_{max}-u_{min})$为控制器输出信号的变化范围。

也就是说，控制器的比例度 δ 可理解为：要使输出信号做全范围变化，输入信号必须改变全量程的百分数。

式（4-13）可改写为

$$\delta=\frac{e}{\Delta u}\frac{u_{max}-u_{min}}{Z_{max}-Z_{min}}\times 100\%=\frac{1}{K_c}\frac{u_{max}-u_{min}}{Z_{max}-Z_{min}}\times 100\% \tag{4-14}$$

在单元组合仪表中，控制器的输入和输出都是标准统一信号，即

$$Z_{max}-Z_{min}=u_{max}-u_{min} \tag{4-15}$$

此时比例度表示为

$$\delta=\frac{1}{K_c}\times 100\% \tag{4-16}$$

因此，比例度 δ 与比例增益 K_c 成反比。δ 越小，则 K_c 越大，比例控制作用就越强；反之，δ 越大，则 K_c 越小，比例控制作用越弱。

将比例控制器切入系统，控制器在闭环运行下比例度 δ 对系统过渡过程的影响见图 4-9。由图 4-9 可以看出以下几点。

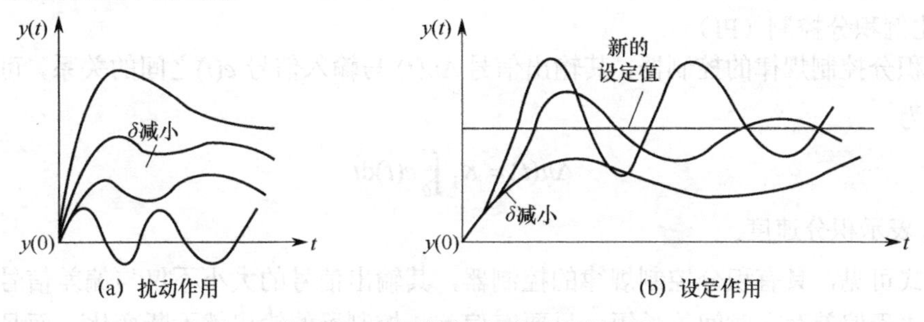

图 4-9　不同比例度下的过渡过程

（i）在扰动（例如负荷）及设定值变化时有余差存在。这是因为，一旦过程的物料或能量的平衡关系由于负荷变化或设定值变化而遭到破坏，只有改变进入到过程中的物料或能量的数量，才能建立起新的平衡关系。这就要求控制阀必须有一个新的开度，即控制器必须有一个输出量 Δu。而比例控制器的输出 Δu 又是正比于输入 e 的，因而这时控制器的输入信号 e 必然不会是零。可见，比例控制系统的余差是由比例控制器的特性决定的。在 δ 较小时，对应于同样的 Δu 变化量的 e 较小，故余差小。同样，在负荷变化小的时候，建立起新的平衡所需的 Δu 变化量较小，e 或余差也较小。

（ii）比例度 δ 越大，过渡过程曲线越平稳；随着比例度 δ 的减小，系统的振荡程度加剧，衰减比减小，稳定程度降低。当比例度 δ 继续减小到某一数值时，系统将出现等幅振荡，这时的比例度称为临界比例度 δ_k，当比例度小于临界比例度 δ_k 时，系统将发散振荡，这是很危险的，有时甚至会造成重大事故。因此，不能认为组成控制系统后就一定能起到自动控制的作用，只有根据系统各环节的特性，特别是过程特性，合理选择控制器的参数 δ，才能使系统获得较为理想的控制指标。

（iii）最大偏差在两类外作用下不一样，在扰动作用下，δ 越小，最大偏差越小；在设定作用下且系统处于衰减振荡时，δ 越小，最大偏差越大。这是因为最大偏差取决于余差和超

调量，在扰动作用下，主要取决于余差，δ 小则余差小，所以最大偏差也小；在设定作用下，则取决于超调量，δ 小则超调量大，所以最大偏差大。

（iv）如果 δ 较小，则振荡频率提高，因此把被控变量拉回到设定值所需时间就短。

一般而言，在广义对象的放大系数较小、时间常数较大、时滞较小的情况下，控制器的比例度可选得小些，以提高系统的灵敏度；反之，在广义对象的放大系数较大、时间常数较小而时滞较大的情况下，必须适当加大控制器的比例度，以增加系统的稳定性。工业生产中定值控制到系统通常要求控制系统具有振荡不太剧烈，余差不太大的过渡过程，即衰减比在 4∶1 到 10∶1 的范围内，而随动控制系统一般衰减比在 10∶1 以上。

在基本控制规律中，比例作用是最基本、最主要也是应用最普遍的控制规律，它能较为迅速地克服扰动的影响，使系统很快地稳定下来。比例控制作用通常适用于扰动幅度较小、负荷变化不大、过程时滞（指 τ/T）较小或者控制要求不高的场合。这是因为负荷变化越大，余差越大，如果负荷变化小，余差就不太显著；过程的 τ/T 越大，振荡越厉害，把比例度 δ 放大，余差也就越大，如果 τ/T 较小，δ 可小一些，余差也就相应减小。控制要求不高、允许有余差存在的场合，当然可以用比例控制，例如在液位控制中，往往只要求液位稳定在一定的范围之内，没有严格要求，只有当比例控制系统的控制指标不能满足工艺生产要求时，才需要在比例控制的基础上适当引入积分或微分控制作用。

② 比例积分控制（PI）

具有积分控制规律的控制器，其输出信号 $\Delta u(t)$ 与输入信号 $e(t)$之间的关系，可用数学表达式表示为

$$\Delta u(t)=K_{\mathrm{I}}\int_{0}^{t}e(t)\mathrm{d}t \tag{4-17}$$

式中，K_{I} 表示积分速度。

从上式可见，具有积分控制规律的控制器，其输出信号的大小不仅与偏差信号的大小有关，还取决于偏差存在时间的长短。只要有偏差，控制器的输出就不断变化，而且偏差存在的时间越长，输出信号的变化量越大，直到输出达到极限值为止。这就是说，只有在偏差信号 e 等于零的情况下，控制器的输出信号才能相对稳定。因此，力图消除余差是积分控制作用的重要前提。

在幅度为 A 的阶跃偏差作用下，积分控制器的开环输出特性如图 4-10 所示。由式（4-17）可得 $\Delta u(t)=K_{\mathrm{I}}\int_{0}^{t}e(t)\mathrm{d}t=K_{\mathrm{I}}At$。这是一条斜率不变的直线，直到控制器的输出达到最大值或最小值而无法再进行积分为止，输出直线的斜率即输出的变化速度正比于控制器的积分速度 K_{I}，即 $\mathrm{d}\Delta u(t)/\mathrm{d}t=K_{\mathrm{I}}A$。

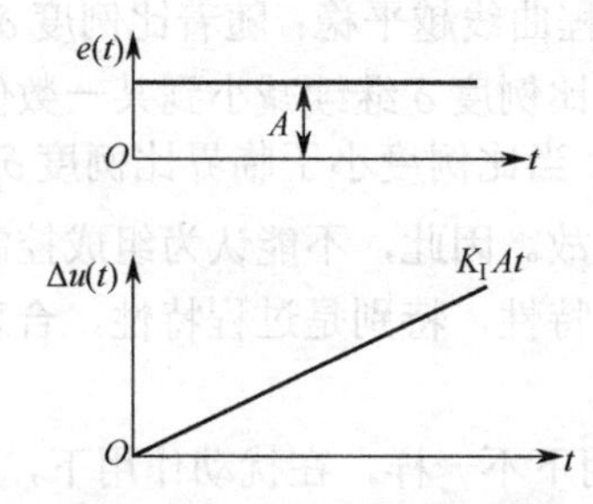

图 4-10　阶跃偏差作用下的积分控制器的开环输出特性

积分控制规律在工业生产上很少单独使用，因为它的控制作用总是滞后于偏差的存在，不能及时有效地克服扰动的影响，难以使控制系统稳定下来。从图4-11就可以看出，引入积分作用后会使系统易于振荡。比例输出Δu_p与e是同步的，e变大Δu_p也变大，e变小Δu_p也变小。因此变化是及时的。而积分输出则不然，在第一个前半周期内，测量值一直低于设定值，出现负偏差，所以Δu_I按同一方向累积。t从0到t_1，负偏差不断增大，Δu_I也不断增大是合理的，t从t_1到t_2，负偏差已经逐渐减小，但是Δu_I仍继续增大，这就暴露了积分作用的落后性，结果往往超调，使被控变量波动得很厉害。因此，生产上一般将比例作用与积分作用组合成比例积分控制规律来使用。

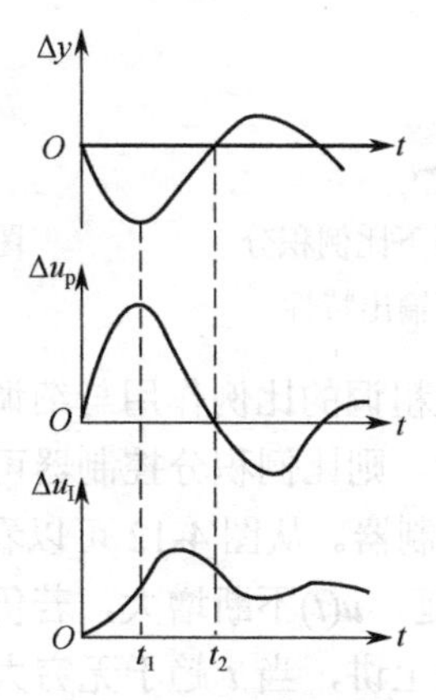

图4-11　积分作用的落后性

比例积分控制规律是比例作用与积分作用的叠加，其数学表达式为

$$\Delta u(t)=K_c\left[e(t)+\frac{1}{T_I}\int_0^t e(t)\mathrm{d}t\right] \tag{4-18}$$

式中，$K_c e(t)$是比例项；$\dfrac{K_c}{T_I}\int_0^t e(t)\mathrm{d}t$是积分项；$T_I$称为积分时间，$K_c/T_I=K_I$。

比例积分控制器的传递函数是

$$G_c(s)=\frac{U(s)}{E(s)}=K_c\left(1+\frac{1}{T_I s}\right) \tag{4-19}$$

在阶跃偏差作用下，比例积分控制器的开环输出特性如图4-12所示。当偏差的阶跃幅度为A时，比例输出立即跳变至K_cA，然后积分输出随时间线性增长，因而输出特性是一条截距为K_cA、斜率为K_cA/T_I的直线。在K_c和A确定的情况下，直线的斜率取决于积分时间T_I；T_I越大，直线越平坦，说明积分作用越弱；T_I越小，直线越陡峭，说明积分作用越强。积分作用的强弱也可以用在相同时间下控制器积分输出的大小来衡量：T_I越大，则控制器的输出越小；T_I越小，则控制器的输出越大，见图4-12。特别当T_I趋于无穷大时，控制器实际上已成为一个纯比例控制器。因而，T_I是描述积分作用强弱的一个物理量。T_I的定义是：在阶跃偏差作用下，控制器的输出达到比例输出的两倍所经历的时间，就是积分时间T_I。因为在任意时间t，控制器的输出值为$K_cA+(K_c/T_I)At$，当$t=T_I$时，输出即为$2K_cA$。

比例积分控制器在投运之前，需对比例度δ和积分时间T_I进行校验。测定积分时间T_I，一般是将比例度δ置于100%的刻度值上，然后对控制器输入一个幅度为A的阶跃偏差，测出控制器的输出跳变值 K_cA，同时用秒表计时，待到积分输出与比例输出（阶跃输入时控制器的跳变输出值 K_cA）相同时，所经历的时间就是积分时间 T_I，如图 4-13 所示。

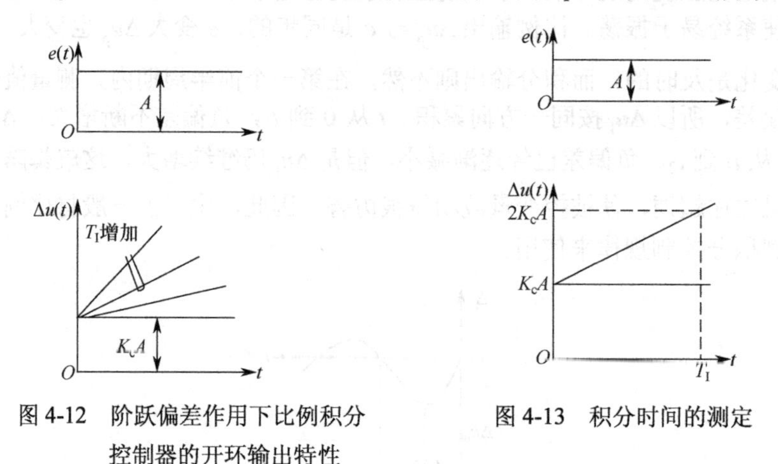

图 4-12　阶跃偏差作用下比例积分控制器的开环输出特性

图 4-13　积分时间的测定

一个比例积分控制器可看成是粗调的比例作用与细调的积分作用的组合。如果比例控制器的输出增量与偏差信号一一对应，则比例积分控制器可理解为比例度不断减小，即比例增益（放大倍数）不断加大的比例控制器。从图 4-12 可以看到，在偏差做阶跃变化时，一开始 $u(t)$是 $e(t)$的 K_c 倍，随着时间的推延，$u(t)$不断增大，若仍从比例控制规律来看，则相当于控制器的比例增益不断增大。从理论上讲，当 t 趋于无穷大时，控制器的比例增益也将趋于无穷大，因而它能最终消除控制系统的余差。一旦余差消除，即控制器的输入偏差 $e(t) = 0$，控制器的输出将稳定在输出范围内的任意值上。因此这种控制器也可看成为工作点不断改变的比例控制器。

积分时间 T_I 对系统过渡过程的影响，在一个纯比例控制的闭环系统中引入积分作用时，若保持控制器的比例度 δ 不变，则可从图 4-14 所示的曲线族中看到，随着 T_I 减小，则积分作用增强，消除余差较快，但控制系统的振荡加剧，系统的稳定性下降；T_I 过小，可能导致系统不稳定。T_I 小，扰动作用下的最大偏差下降，振荡频率增加。

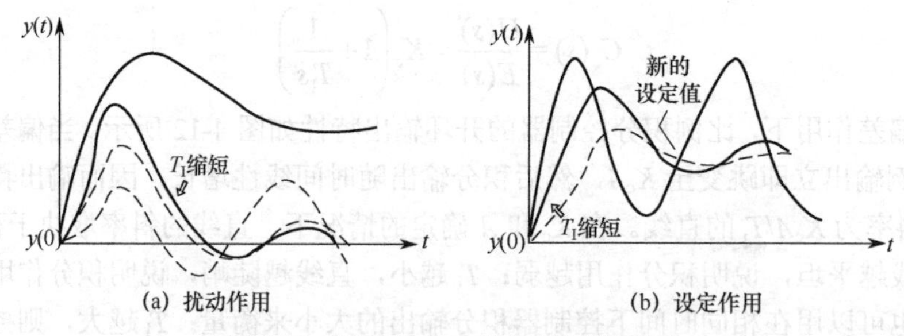

图 4-14　δ 不变时 T_I 对过渡过程的影响

在比例控制系统中引入积分作用的优点是能够消除余差，却降低了系统的稳定性；若要保持系统原有的衰减比，必须相应加大控制器的比例度，这会使系统的其他控制指标下降。因此，如果余差不是主要的控制指标，就没有必要引入积分作用。

由于比例积分控制器具有比例和积分控制的优点，有比例度 δ 和 T_I 两个参数可供选择，因此适用范围比较宽广，多数控制系统都可以采用。只有在过程的容量滞后大、时间常数大或负荷变化剧烈时，由于积分作用较为迟缓，系统的控制指标不能满足工艺要求，才考虑在系统中增加微分作用。

积分饱和指的是一种积分过量现象。在通常的控制回路中，由于积分作用能一直消除偏差，因而能达到没有余差的稳态值，但在有些场合却并非如此。例如，在保证压力不超限的安全放空系统中，如图 4-15(a)所示，设定值即为压力的容许限值，在正常操作情况下，放空阀是全关的，然而，实际压力总低于此设定值，偏差长期存在。如果考虑在气源中断时保证安全，采用气关阀，则控制器应该是反作用的。假使采用气动控制器，则由于在正常工况下偏差一直存在，控制器输出将达到上限。此时，控制器输出不是上升到额定的最大值 100kPa 就停止，而是会继续上升到气源压力 140kPa，见图 4-15(b)。

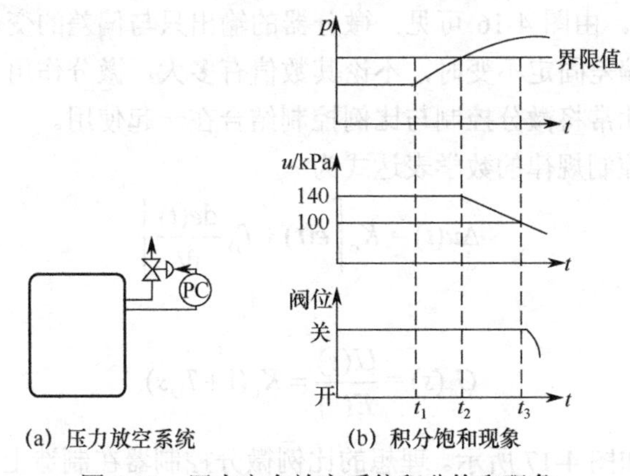

图 4-15　压力安全放空系统积分饱和现象

这样无法保证阀门正常关闭。从 $t=t_1$ 开始，容器内的压力开始等速上升，在达到规定界限值（即控制器设定值）以前，由于偏差仍是正值，只要积分作用强于比例作用，控制器输出不会下降。在 $t=t_2$ 时，压力达到设定值，从 t_2 以后，偏差反向，积分作用和比例作用都使控制器输出减小，不过在输出气压未降到 100kPa 以前，阀门仍是全关的，这就是说，在 t_2～t_3 这段时间，控制器仍未能起到它应该执行的作用。直到 $t>t_3$ 后，阀门才开始打开。这一时间上的推迟使初始偏差加大，也使以后控制过程中的动态偏差加大，甚至引起危险。这种积分过量的现象叫做积分饱和。

除了压力安全放空控制，还有一些简单控制系统也会出现积分饱和现象。例如，在间歇式反应釜的温度控制回路中，进料的温度较低，离设定值较远，因此在初始阶段正偏差较大，控制器输出会达到积分极限，把加热蒸汽阀开足。而当反应釜内温度达到和开始超出设定值后，蒸汽阀仍不能及时关小，其结果是使温度大大超出设定值，使动态偏差加大，控制质量变差。凡是长期存在偏差的简单控制系统，常常会出现积分饱和现象。而在有些复杂控制系统中，积分饱和甚至更为严重。

积分饱和不仅在使用气动控制器时可能会出现，在采用电动 PI 控制时也会出现。

积分饱和引起控制作用的推延乃至失灵，会对系统控制造成危害，严重时会发生事故。解决积分饱和问题的常用方法是使控制器实现 PI-P 控制规律，即当控制器的输出在某一范围内时，它起 PI 控制作用，能消除余差；当输出超过某一限值时，它起 P 作用，能防止积分饱和。

③ 比例微分控制（PD）

理想的微分控制规律，其输出信号 $\Delta u(t)$ 正比于输入信号 $e(t)$对时间的导数

$$\Delta u(t)=T_{\mathrm{D}}\frac{\mathrm{d}e(t)}{\mathrm{d}t} \tag{4-20}$$

式中，T_{D}为微分时间。

传递函数为

$$G_{\mathrm{c}}(s)=\frac{U(s)}{E(s)}=T_{\mathrm{D}}s \tag{4-21}$$

理想微分器在阶跃偏差信号作用下的开环输出特性是一个幅度无穷大、脉宽趋于零的尖脉冲，如图 4-16 所示。由图 4-16 可见，微分器的输出只与偏差的变化速度有关，而与偏差的存在与否无关，即偏差固定不变时，不论其数值有多大，微分作用下都无输出。纯粹的微分控制是无益的，因此常将微分控制与比例控制结合在一起使用。

理想的比例微分控制规律的数学表达式为

$$\Delta u(t)=K_{\mathrm{c}}\left[e(t)+T_{\mathrm{D}}\frac{\mathrm{d}e(t)}{\mathrm{d}t}\right] \tag{4-22}$$

传递函数为

$$G_{\mathrm{c}}(s)=\frac{U(s)}{E(s)}=K_{\mathrm{c}}(1+T_{\mathrm{D}}s) \tag{4-23}$$

其开环输出特性如图 4-17 所示。理想的比例微分控制器在制造上是困难的，工业上都是用实际比例微分控制规律的控制器。

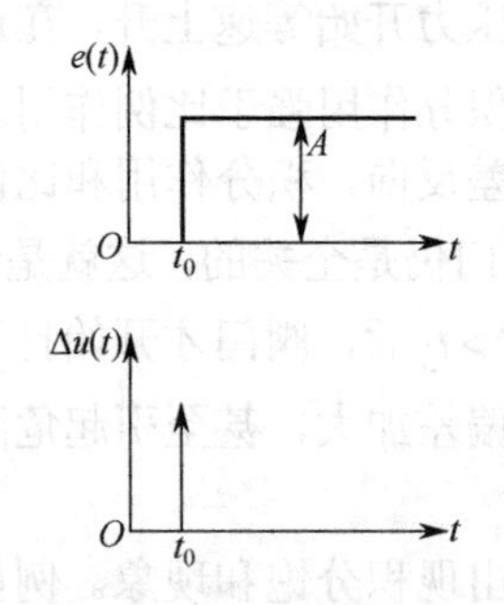

图 4-16 理想微分开环输出特性

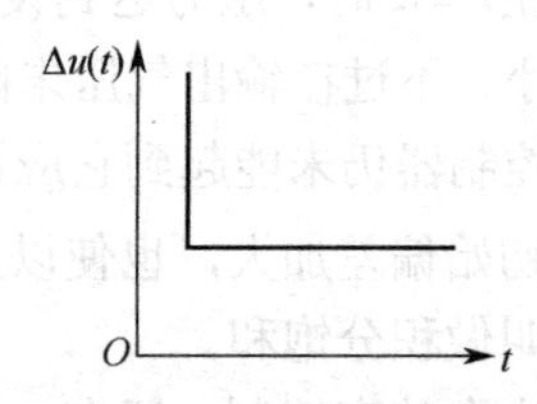

图 4-17 理想比例微分开环输出特性

实际比例微分控制规律的数学表达式为

$$\frac{T_{\mathrm{D}}}{K_{\mathrm{D}}}\frac{\mathrm{d}\Delta u(t)}{\mathrm{d}t}+\Delta u(t)=K_{\mathrm{c}}\left[e(t)+T_{\mathrm{D}}\frac{\mathrm{d}e(t)}{\mathrm{d}t}\right] \tag{4-24}$$

传递函数为

$$G_{\mathrm{c}}(s)=\frac{U(s)}{E(s)}=\frac{K_{\mathrm{c}}(1+T_{\mathrm{D}}s)}{\dfrac{T_{\mathrm{D}}}{K_{\mathrm{D}}}s+1} \tag{4-25}$$

式中，K_{D}为微分增益（微分放大倍数）。上式中若将 K_{D}取得较大，可近似认为是理想比例微分控制。

在幅度为 A 的阶跃偏差信号作用下，实际 PD 控制器的输出为

$$\Delta u(t) = K_c A + K_c A(K_D - 1)\exp\left(-\frac{t}{T}\right) \tag{4-26}$$

式中，$T = T_D/K_D$。根据上式可得实际比例微分控制器在幅度为 A 的阶跃偏差作用下的开环输出特性，见图 4-18。在偏差跳变瞬间，输出跳变幅度为比例输出的 K_D 倍，即 $K_D K_c A$，然后按指数规律下降，最后当 t 趋于无穷大时，仅有比例输出 $K_c A$。因此，决定微分作用的强弱有两个因素：一个是开始跳变幅度的倍数，用微分增益 K_D 来衡量；另一个是降下来所需的时间，用微分时间 T_D 来衡量。输出跳得越高，或降得越慢，表示微分作用越强。

微分增益 K_D 是固定不变的，只与控制器的类型有关。电动控制器的 K_D 值一般为 5～10。如果 K_D=1，则此时等同于纯比例控制。另外还有一类 K_D<1 的，称为反微分器，它的控制作用反而减弱。这种反微分作用运用于噪声较大的系统中，会起到较好的滤波作用。

微分时间 T_D 是可以改变的。测定微分时间 T_D 时，先测定阶跃信号 A 作用下比例微分输出从 $K_D K_c A$ 下降到 $K_c A + 0.368 K_c A(K_D - 1)$ 所经历的时间 t，此时 $T = T_D/K_D$，再将该时间 t 乘以微分增益 K_D 即可。如图 4-19 所示。微分时间 T_D 越大，微分作用越强。由于微分在输入偏差变化的瞬间就有较大的输出响应，因此微分控制被认为是超前控制。

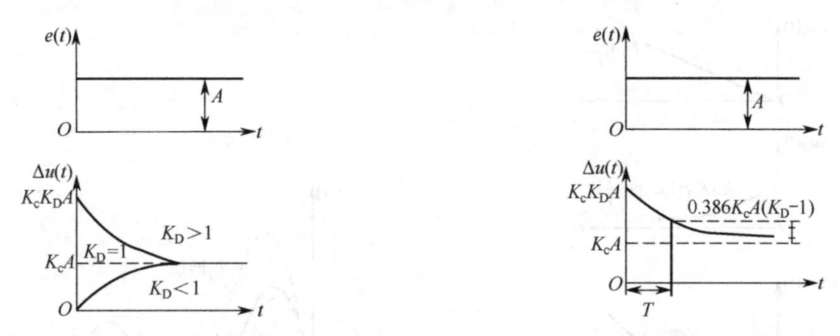

图 4-18　阶跃偏差作用下实际比例微分开环输出特性　　图 4-19　实际比例微分控制器微分时间测定

从实际使用情况来看，比例微分控制规律用得较少，在生产上微分往往与比例积分结合在一起使用，组成 PID 控制。

④ 比例积分微分控制（PID）

理想的比例积分微分控制（PID）规律表达式及传递函数见式（4-8）和式（4-9）。实际的 PID 控制规律较为复杂，在此不作叙述。

在幅度为 A 的阶跃偏差作用下，实际 PID 控制可看成是比例、积分和微分三部分作用的叠加，即

$$\Delta u(t) = K_c A\left[1 + \frac{t}{T_I} + (K_D - 1)\exp\left(-\frac{K_D t}{T_D}\right)\right] \tag{4-27}$$

其开环特性如图 4-20 所示。

微分时间 T_D 对系统过渡过程的影响，在负荷变化剧烈、扰动幅度较大或过程容量滞后较大的系统中，适当引入微分作用，可在一定程度上提高系统的控制质量。这是因为当控制器在感受到偏差后再进行控制，过程已经受到较大幅度扰动的影响，或者扰动已经作用了一段时间，而引入微分作用后，当被控变量一有变化时，根据变化趋势适当加大控制器的输出信号，将有

利于克服扰动对被控变量的影响，抑制偏差的增长，从而提高系统的稳定性。如果要求引入微分作用后仍然保持原来的衰减比 n，则可适当减小控制器的比例度，一般可减小 15%左右，从而使控制系统的控制指标得到全面改善。但是，如果引入的微分作用太强，即 T_D 太大，反而会引起控制系统剧烈地振荡，这是必须注意的。此外，当测量中有显著的噪声时，如流量测量信息常带有不规则的高频扰动信号，则不宜引入微分作用，有时甚至需要引入反微分作用。

微分时间 T_D 的大小对系统过渡过程的影响，如图 4-21 所示。从图 4-21 中可见，若 T_D 取值太小，则对系统的控制指标没有影响或影响甚微，如图中曲线 1 所示；选取适当的 T_D 值，系统的控制指标将得到全面的改善，如图中曲线 2 所示；但若 T_D 取值过大，即引入太强的微分作用，反而可能导致系统产生剧烈的振荡，如图中曲线 3 所示。

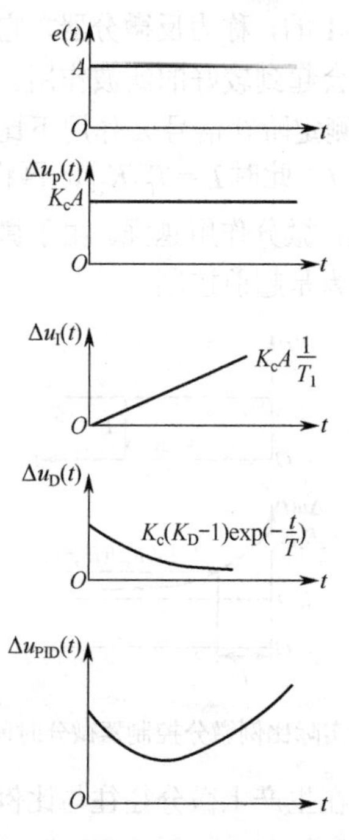

图 4-20 阶跃偏差作用下 PID 控制器开环输出特性

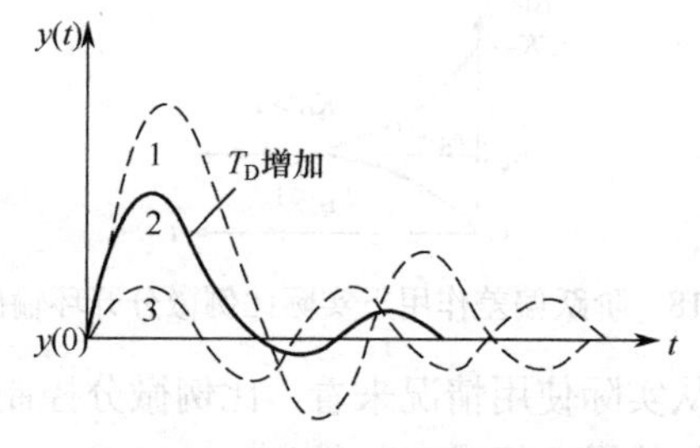

图 4-21 不同 T_D 下的控制过程

由于 PID 控制器有比例度 δ、积分时间 T_I、微分时间 T_D 三个参数可供选择，因而适用范围广，在温度和成分分析控制系统中得到更为广泛的应用。

PID 控制规律综合了各种控制规律的优点，具有较好的控制性能，但这并不意味着它在任何情况下都是最合适的，必须根据过程特性和工艺要求，选择最为合适的控制规律。下列是各类化工过程常用的控制规律。

- 液位：一般要求不高，用 P 或 PI 控制规律。
- 流量：时间常数小，测量信息中有噪声用 PI 或加反微分控制规律。
- 压力：介质为液体时的时间常数小，介质为气体时的时间常数中等，用 P 或 PI 控制规律。
- 温度：容量滞后较大，用 PID 控制规律。

PID 的构成方式有好几种，如电动Ⅱ型控制器中将 P、I、D 环节直接在反馈网络中串接，而电动Ⅲ型控制器以及数字式控制器中采用 PD 和 PI 电路相串接的形式。在串接形式中，一般认为 PD 接在 PI 之前较为合适。

图 4-22(a)的接法可以适当减轻积分饱和的程度，因为微分作用与偏差极性无关，只要偏差变化，它总能使输出发生变化，由正值变为负值或反之，使 PI 单元早一些发生变化。积分作用则不然，其输出变化与偏差极性有关，达到积分饱和后，虽然偏差有变化，若极性不变，控制器输出仍然处于最大或最小，对控制过程不利。

图 4-22(b)是将 PD 单元接在变送器之后而在比较机构之前，即只对测量值 y 有微分作用，而对设定值 r 不直接进行微分。这种方式被称为微分先行。当设定值改变时，不会使控制器输出产生突变，避免了设定值扰动，有利于系统的稳定。

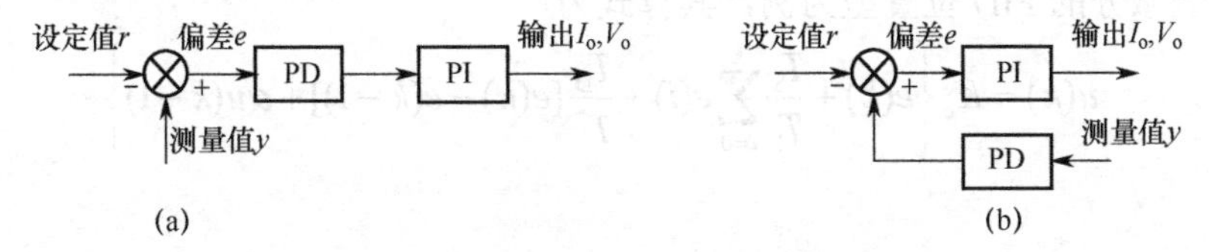

图 4-22　部分 PID 单元接法示意图

（2）离散 PID 控制算法

在数字式控制器和计算机控制系统中，对每个控制回路的被控变量处理在时间上是离散断续进行的，其特点是采样控制。每个被控变量的测量值与设定值比较一次，按照预定的控制算法得到输出值，通常把它保留到下一采样时刻。若采用 PID 控制，因为只能获得 $e(k)=r(k)-y(k)$（$k=1,2,3,\ldots$）的信息，所以连续 PID 运算相应改为离散 PID，比例规律采样进行，积分规律需通过数值积分，微分规律需通过数值微分。

① PID 算式基本形式

离散 PID 算式基本形式是对模拟控制器连续 PID 算式离散化得来的，有下列几种算法。

（i）位置算法

$$
\begin{aligned}
u(k) &= K_c e(k) + \frac{K_c}{T_I}\sum_{i=0}^{k} e(i)\Delta t + K_c T_D \frac{e(k)-e(k-1)}{\Delta t} \\
&= K_c e(k) + K_I \sum_{i=0}^{k} e(i) + K_D[e(k)-e(k-1)]
\end{aligned}
$$

式中，K_c 为比例增益；K_I 为积分系数；K_D 为微分系数。积分系数 $K_I = K_c T_S / T_I$，T_I 为积分时间。微分系数 $K_D = K_c T_D / T_S$，T_D 为微分时间。T_S 为采样周期（即采样间隔时间 Δt），k 为采样序号。

（ii）增量算法

$$
\begin{aligned}
\Delta u(k) &= u(k) - u(k-1) \\
&= K_c \Delta e(k) + K_I e(k) + K_D\{[e(k)-e(k-1)]-[e(k-1)-e(k-2)]\} \\
&= K_c[e(k)-e(k-1)] + K_I e(k) + K_D[e(k)-2e(k-1)+e(k-2)]
\end{aligned}
$$

式中，$\Delta u(k)$ 对应于在两次采样时间间隔内控制阀开度的变化量。

（iii）速度算法

$$
v(k) = \frac{\Delta u(k)}{\Delta t} = \frac{K_c}{T_S}[e(k)-e(k-1)] + \frac{K_c}{T_I}e(k) + \frac{K_c K_D}{T_S^2}[e(k)-2e(k-1)+e(k-2)]
$$

式中，$v(k)$是输出变化速率。由于采样周期选定后，T_S 就是常数，因此速度算式与增量算式没有本质上的差别。

在实际数字式控制器和计算机控制中，增量算式用得最多。

② PID 算式改进形式

在实际使用时，为了改善控制质量，对 PID 算式进行了改进。

（i）不完全微分型（非理想）算式

完全微分型算式的控制效果较差，故在数字式控制器及计算机控制中通常采用不完全微分型算式。

以不完全微分的 PID 位置型为例，其算式为

$$u(k)=K_c\left\{e(k)+\frac{T_S}{T_I}\sum_{i=0}^{k}e(i)+\frac{T_D}{T^*}[e(k)-e(k-1)]+\alpha u(k-1)\right\} \tag{4-28}$$

式中，

$$\alpha=\frac{\dfrac{T_D}{K_D}}{\dfrac{T_D}{K_D}+T_S},\ T^*=\frac{T_D}{K_D}+T_S$$

该算式与完全微分型算式相比，多出 $\alpha u(k-1)$ 一项，它是 $(k-1)$ 次采样的微分输出值，算式的系数设置和计算变得复杂，但控制质量变好。完全微分作用在阶跃扰动的瞬间，输出有很大的变化，这对控制不利。如果微分时间 T_D 较大，比例度较小，采样时间又较短，就有可能在大偏差阶跃扰动的作用下致使算式的输出值超出极限范围，输出值溢出而停机。另外，完全微分算式的输出只在扰动产生的第一个周期内有变化，微分仅在瞬间起作用，从总体上看，微分作用不明显；而不完全微分算式在偏差阶跃扰动的作用下微分作用瞬间不是太强烈，并可保持一段时间，从总体上看，微分作用得以加强，控制质量较好。

（ii）微分先行 PID 控制

只对测量值进行微分，而不对偏差进行微分。这样，在设定值变化时，输出不会突变，而被控变量的变化是较为缓和的。

（iii）积分分离 PID 算式

使用一般 PID 控制时，当开工、停工或大幅度改变设定值时，由于短时间内产生很大偏差，会造成严重超调或长时间的振荡。采用积分分离 PID 算式可以克服这一缺点。所谓积分分离，就是在偏差大于一定数值时，取消积分作用，而当偏差小于这一数值时，才引入积分作用。这样既可减小超调，又能使积分发挥消除余差的作用。

积分分离 PID 算式如下：

$$\Delta u(k)=K_c[e(k)-e(k-1)]+K_L K_I e(k)+K_D[e(k)-2e(k-1)+e(k-2)] \tag{4-29}$$

式中，当 $e(k)\leqslant A$ 时 $K_L=1$，引入积分作用；当 $e(k)>A$ 时 $K_L=0$，积分不起作用。A 为预定阈值。

③ 离散 PID 算法与连续 PID 算法性能比较

模拟式控制器采用连续 PID 算法，它对扰动的响应是及时的；而数字式控制器及计算机采用离散 PID 算法，它需要等待一个采样周期才响应，控制作用不够及时。其次，在信号通过采样离散化后，难免受到某种程度的曲解，因此，若采用等效的 PID 参数，则离散 PID 控

制质量不及连续 PID 控制质量，而且，采样周期取得越长控制质量下降得越快。但是，数字式控制器及计算机采用离散 PID 时可以通过对 PID 算式的改进来改善控制质量，并且 P、I、D 参数调整范围大，它们相互之间无关联，没有干扰，因此也能获得较好的控制效果。

4.2.3.3　控制器及控制规律的选择原则

（1）控制器的选择

控制器按照信号形式可分为模拟控制器和数字控制器两种。这两种控制器按照控制规律可分为位式、比例（P）、比例微分（PD）、比例积分（PI）和比例积分微分（PID）控制器等。模拟控制器按照所用的能源可分为气动、液动和电动控制器三类。在现代工业中，模拟控制器正逐步被数字控制器取代。目前，除了某些防爆要求高的场合少量地使用气动模拟控制器，仍在应用的模拟控制器是 DDZ-Ⅲ型电动控制器。

① DDZ-Ⅲ型电动控制器

DDZ 是电动单元组合仪表的简称。它按照自动检测与过程控制系统中各组成部分的功能与使用要求，将整套仪表划分为变送单元、控制（调节）单元、给定（设定）单元、计算单元、转换单元、显示单元、执行单元以及辅助单元 8 大类，各单元间采用统一的标准信号联系。利用这些通用的单元进行各种组合，可以构成功能和复杂程度各异的自动检测和控制系统。

DDZ-Ⅲ型控制器是在 DDZ-Ⅱ型控制器的基础上采用线性集成电路制造而成的，因而比 DDZ-Ⅱ型控制器具有更好的性能。它有两种基型产品，即全刻度指示控制器与偏差指示控制器，这两种控制器的线路结构基本相同，仅指示电路部分有差异。

DDZ-Ⅲ型控制器除具有一般控制器的偏差指示与 PID 运算功能、正反作用切换、产生内给定信号与进行内外给定切换、手动/自动双向切换以及输出指示等功能外，还具有以下特点。

- 手动/自动双向切换可以做到双向无平衡无扰动切换。
- 由于采用高增益、高阻抗线性集成电路，控制器积分增益很高，PI 运算电路部分的积分增益在 10^4 以上。
- 有良好的保持特性。当控制器由自动切换到软手动，且未进行软手动操作时，控制器输出信号可保持长时间不变。
- 在基型控制器基础上易于构成特种控制器，例如断续（间歇）控制器、自选控制器、前馈控制器、抗积分饱和控制器、非线性控制器等。亦可在基型控制器的基础上附加某些单元而使控制器具有其他功能，如输入报警、偏差报警、输出限幅等。同时还可与计算机联用，成为计算机控制系统的一部分，如 SPC 控制器和 DDC 备用控制器。

随着微电子技术、计算机技术以及网络技术等在过程控制中的应用，过程控制领域在过去的几十年得到较大的发展。目前，工业过程控制装置基本上采用微处理器为核心，计算机控制系统所占比例越来越大。通常的做法是，利用计算机程序代替传统意义上的控制器，采用传统意义上的控制器的控制系统已趋于消亡，管控一体化或综合自动化成为发展趋势，模拟控制器已没有太大的发展空间。

② 数字控制器

经历了半个世纪的模拟时代后，控制装置与仪表随着微电子技术、集成电路技术和计算机技术等的发展，全面进入了数字时代。利用数字计算机代替控制单元与计算单元，实现了真正的生产过程综合自动化。目前，基于计算机的数字控制仪表已成为生产过程自动控制系统设计时的首选，数字控制仪表取代模拟仪表是大势所趋。

20 世纪 70 年代初，首批微处理器上市销售，各仪表厂家纷纷采用。1975 年，霍尼韦尔（Honeywell）公司推出 TDC-2000 数字控制器，成为计算机控制技术在自动控制领域的应用成熟的标志。数字控制器是在模拟控制仪表的基础上采用数字技术和微电子技术发展起来的新型控制器。其结构与微型计算机十分相似，只是在功能上以自动控制为主。由于引入微处理器，与模拟控制器相比，数字控制器具有更多的优势。

- 智能化：由于采用微处理器作为仪表的核心，使仪表运算、判断的可控制功能都极强，功能丰富。
- 适应性强：控制器的功能主要由软件完成，编制不同的软件，可以得到各种不同的功能，实现不同的控制策略。用户程序编制语言易学易用。
- 具备通信能力：可以与上位计算机交换信息，从而实现大规模的集中监控系统。
- 可靠性高：在硬件与软件中采用了可靠性技术，具有自诊断功能，大大提高了可靠性。

根据应用场合、规模和控制功能的不同，可将数字控制器分为单回路或多回路控制器（DDC）、可编程逻辑控制器（PLC）和工业控制计算机（IPC，也称工控机）三类基层的控制装置。这三类控制器的组合又可以组成集散控制（DCS）和现场总线控制（FCS）等系统级的复杂控制系统，以实现诸如单回路控制、多回路控制、顺序控制和各种高级控制功能。

（2）控制器作用方向的选择

控制系统各环节增益有正、负之别。各环节增益的正或负可根据在稳态条件下该环节输出增量与输入增量之比确定。当该环节的输入增加时，其输出增加，则该环节的增益为正，反之，输入增加而输出减小，则增益为负。对象的增益可以是正的，亦可以是负的。例如，在液位控制系统中，控制阀装在入口处，对象的增益是正的；如果装在出口处，则对象的增益是负的。气开控制阀的增益是正的；气关控制阀的增益是负的。检测元件和变送器的增益一般是正的。控制器有正、反作用之分，正作用控制器的增益是负的；反作用控制器的增益是正的。这是因为在控制系统中偏差是设定值减测量值（$R-Y$），而控制器中偏差是测量值减设定值（$Y-R$）。

整个控制系统必须是一个负反馈系统，所以回路中各环节增益的乘积必须为正值。一个控制系统设计好后，对象、控制阀、检测元件和变送器的增益亦确定了，通过选择控制器作用方向来保证控制系统是一个负反馈系统。

在图 4-23 所示的液位控制系统中，如操纵变量是进料量并选择气开阀，如图 4-23(a)所示，确定控制器正、反作用。进料阀开度增加，液位升高，因此对象增益 K_o 为正；液位升高，检测变送环节的输出增加，检测变送环节 K_m 为正；而气开阀 K_v 为正；为保证负反馈，$K_{开}=K_cK_vK_oK_m>0$，因此应选择控制器增益 K_c 为正，即为反作用控制器。

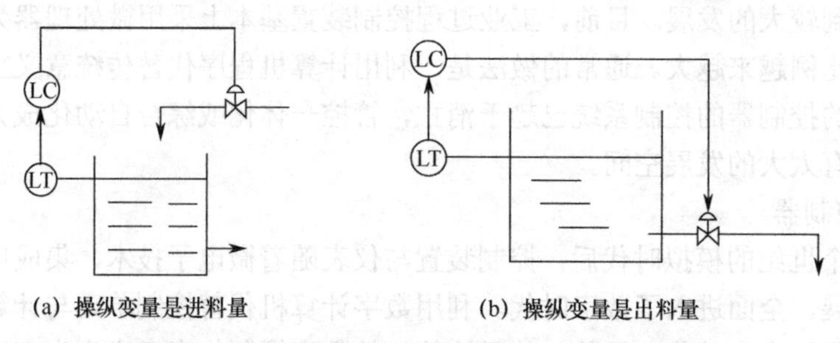

(a) 操纵变量是进料量　　(b) 操纵变量是出料量

图 4-23　液位控制系统中控制器正、反作用的确定

如操纵变量是出料量同样选择气开阀（如图 4-23(b)所示），此时出料阀开度增加，液位降低，因此对象增益 K_p 为负；应选择控制器增益 K_c 为负，即为正作用控制器。

4.2.4 执行器（调节阀）的选择

（1）调节阀的工作原理和流量方程式

在有流体流动的管道中，调节阀是一节流元件。设流体是不可压缩的，且充满管道，则根据伯努利方程和流体的连续性定律，通过阀的体积流量 Q_V 与阀的有效流通截面积 A 和通过阀前后的压降 $\Delta p=(p_1-p_2)$ 的平方根成正比，与流体的密度 ρ 的平方根和阀的阻力系数 ξ 的平方根成反比，即

$$Q_V \propto A\cdot\frac{1}{\sqrt{\xi}}\cdot\sqrt{\frac{\Delta p}{\rho}} \tag{4-30}$$

设 C 为包含 $\frac{A}{\sqrt{\xi}}$ 在内的比例系数，则

$$Q_V = C\sqrt{\frac{\Delta p}{\rho}} \tag{4-31}$$

又因为质量流量 $Q_m = Q_V\rho$，代入式（4-31）可得

$$Q_m = C\sqrt{\Delta p\rho} \tag{4-32}$$

其中

$$C = n\frac{A}{\sqrt{\xi}}\quad（n\text{ 为常数}） \tag{4-33}$$

式（4-31）和式（4-32）称为调节阀的流量方程式。C 称为调节阀的流量系数。

综上所述，可见

- 在给定条件（流体密度 ρ 和阀上的压降$\triangle p$）下，调节阀的流量系数 C 与流量 Q 成正比。C 值反映了阀能通过的流量的大小，故 C 值又可称为流通能力。
- 调节阀是一种流通截面可变的节流装置，其流量系数 C 与截面积 A 成正比，因此，流通能力随流通截面积的增减而增减。如阀处于全开状态，则阀的口径越大，流通能力越大。
- 流量系数 C 与阀的阻力系数 ξ 的平方根成反比，增大 ξ，就使阀的流通能力减小。若阀的口径一定，则不同结构的阀阻力系数不同，其 C 值也各异。

因此，流量系数 C 对于选定控制阀的口径和结构有着重要作用。如对各种结构和标准的控制阀，通过实验求得其全开的 C 值，列出标准 C 值表。在选用阀门时，根据给定条件计算所需阀门的 C 值，按标准 C 值表找到相近的标准 C 值，就可求得所需的控制阀门口径。C 值法是目前国际上通用的计算方法。

（2）流量系数的定义

按照我国法定计量单位，流量系数的定义是：温度为 5～10℃的水，在 10^5Pa 的压降下，每小时流过调节阀水量的立方米数，以符号 K_V 表示。国际上也通用这一定义。

有些国家使用英制单位，流量系数的定义是：温度为 60℉的水，在 1psi（磅/平方英寸）的压降下，每分钟流过调节阀水量的加仑数，以符号 C_V 表示。

$$K_V = 0.8569C_V \text{ 或 } C_V = 1.167K_V \tag{4-34}$$

（3）调节阀的可调比

调节阀的可调比（也称可调范围）是反映调节阀特性的一个重要参数，是衡量调节阀选择是否合适的指标之一。

调节阀的可调比是指该阀所能调节的最大流量 Q_{max} 和最小流量 Q_{min} 的比值，用 R 表示，即

$$R = \frac{Q_{max}}{R_{min}} \tag{4-35}$$

式中，Q_{min} 是调节阀可控流量的下限值，通常为最大流量的 10%左右，最低为 2%～4%。Q_{min} 不是阀全关时的泄漏量。

当调节阀两端压差不变时，阀的可调比称为理想可调比，为

$$R = \frac{Q_{max}}{Q_{min}} = \frac{C_{max}\sqrt{\Delta p/\rho}}{C_{min}\sqrt{\Delta p/\rho}} = \frac{C_{max}}{C_{min}} \tag{4-36}$$

由式（4-36）可知，理想可调比是阀的最大和最小流通能力之比。从使用的角度看，理想可调比越大越好。但是，受阀芯结构和加工工艺的限制，C_{min} 不能太小。

在实际使用中，调节阀前后的压降是随管道阻力的变化而改变的。有旁路的调节阀，打开旁路阀时调节阀的可调比会改变。此时，调节阀实际控制的最大和最小流量之比称为实际可调比。

① 串联管道

图 4-24 为串联管道系统示意图。在管道系统的总压降 Δp_T 一定时，随着流量的增加，串联管路的阻力损失相应增大，调节阀上的压降减少，从而调节阀所能流通的最大流量减少，所以，串联管道上调节阀的实际可调比会降低。

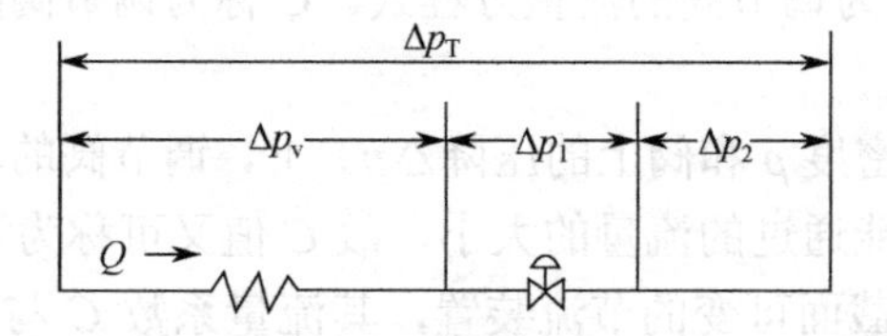

图 4-24 串联管道系统示意图

令串联管道调节阀的实际可调比为 R_s，则

$$R_s = \frac{Q_{max}}{Q_{min}} = \frac{C_{max}\sqrt{\frac{\Delta p_{min}}{\rho}}}{C_{min}\sqrt{\frac{\Delta p_{max}}{\rho}}} = R\frac{\sqrt{\Delta p_{min}}}{\sqrt{\Delta p_{max}}} \tag{4-37}$$

式中，R 是理想可调比；Δp_{min} 是调节阀全开时阀上的压降；Δp_{max} 是调节阀最小开度下阀上的压降，它接近于管路系统的总压降值 Δp_T。

由此可得

$$R_s \approx R\sqrt{\frac{\Delta p_V}{\Delta p_T}} = R\sqrt{s} \tag{4-38}$$

式中，$s=\dfrac{\Delta p_{\min}}{\Delta p_{\mathrm{T}}}$，即压降比。

由式（4-38）可见，s 值越小，实际可调比也越小。因此，在实际应用中，为了确保调节阀有一定的可调比，阀全开时的压降应在管路系统中占有合适的比例，通常 s 值在 0.3～0.6 范围内。

② 并联管道

并联管道系统如图 4-25 所示，旁路流量的存在，相当于通过调节阀的最小流量增大，因而使调节阀的实际可调比降低。设实际可调比为 R_{P}，则

$$R_{\mathrm{P}}=\frac{\text{总管最大流量}}{\text{阀体部件最小流量}+\text{旁路流量}}=\frac{Q_{\mathrm{Tmax}}}{Q_{1\min}+Q_2} \tag{4-39}$$

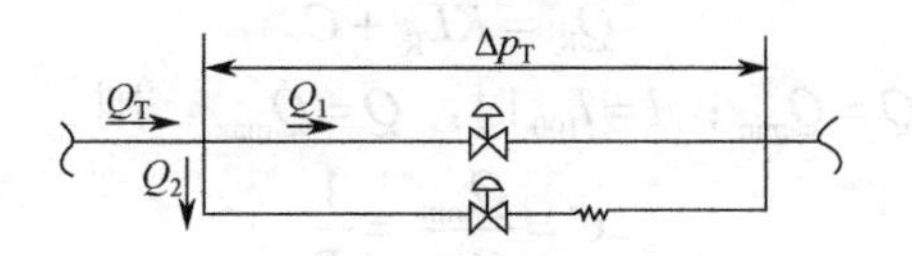

图 4-25 并联管道系统

令旁路程度 $B=\dfrac{Q_{1\max}}{Q_{\mathrm{T}\max}}$，又 $R=\dfrac{Q_{1\max}}{Q_{1\min}}$，由此可得

$$Q_{1\min}=\frac{Q_{\mathrm{T}\max}B}{R} \tag{4-40}$$

$$Q_2=Q_{\mathrm{T}\max}-Q_{1\max}=(1-B)Q_{T\max} \tag{4-41}$$

将式（4-40）和式（4-41）代入式（4-39），可得

$$R_{\mathrm{P}}\approx\frac{1}{1-B\dfrac{R-1}{R}} \tag{4-42}$$

由于调节阀的理想可调比 $R\gg1$，所以 $\dfrac{R-1}{R}\approx1$，则

$$R_{\mathrm{P}}=\frac{1}{1-B}=\frac{Q_{\mathrm{T}\max}}{Q_2} \tag{4-43}$$

由式（4-41）可见，调节阀在并联管道上的实际可调比近似为总管最大流量与旁路流量的比值，并随旁路程度 B 值的减小而降低。实际使用时应使 B 值大于 0.8。

（4）调节阀的流量特性的选择

调节阀的流量特性是指流体流过阀门的相对流量 Q_{R}，和相对开度 L_{R} 之间的函数关系，即

$$Q_{\mathrm{R}}=f(L_{\mathrm{R}}) \tag{4-44}$$

式中，Q_{R} 是相对流量，阀在某一开度下的流量与全开时流量的比，$Q_{\mathrm{R}}=\dfrac{Q}{Q_{100}}$；$L_{\mathrm{R}}$ 是相对开度，阀在某一开度的行程与全开时行程的比，$L_{\mathrm{R}}=\dfrac{l}{l_{100}}$。

如前所述，改变调节阀的开度，也就改变了阀的流通截面以及通过阀的流量，从而导致改变管道的系统阻力以及阀前后的压差。因此，研究调节阀的流量特性对于选用调节阀有重要意义。为了便于分析，先假设阀前后压差不变，然后再引申到真实情况进行研究，前者称

为理想流量特性，后者称为工作流量特性。

理想流量特性是阀前后压差保持不变的特性，主要有直线、对数、抛物线、快开等四种特性。

① 直线流量特性

直线流量特性是指调节阀的单位相对位移的变化所引起的相对流量的变化，其是常数，数学表达式为

$$\frac{dQ_R}{dL_R}=K \tag{4-45}$$

式中，K 是常数，称为调节阀的放大系数。

将式（4-45）积分，得

$$Q_R=KL_R+C \tag{4-46}$$

当边界条件 $l=0$ 时，$Q=Q_{min}$；$l=l_{100}$ 时，$Q=Q_{max}$，则

$$C=\frac{Q_{min}}{Q_{max}}=\frac{1}{R} \tag{4-47}$$

其放大系数为

$$K=1-C=1-\frac{1}{R} \tag{4-48}$$

上式中的 R 为理想可调比。由此可得

$$Q=\frac{1}{R}\left[1+(R-1)L_R\right] \tag{4-49}$$

图 4-26 中 a 为直线流量特性曲线。需注意的是，当可调比不同时，特性曲线的纵坐标上的起点是不同的。比如 $R=30$，$C=1/30=0.033$，则 $K=0.967$。

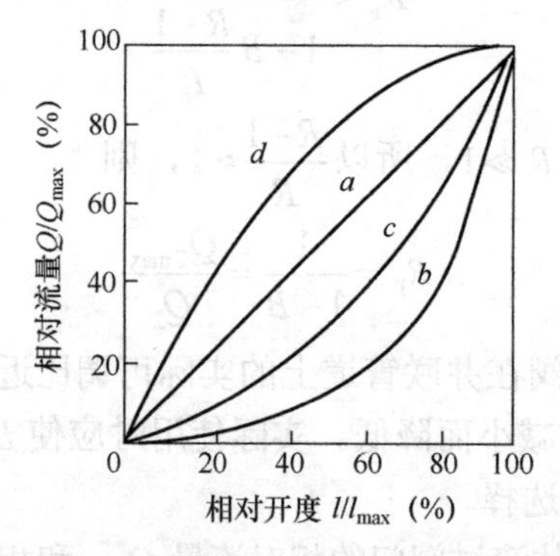

a—直线流量特性曲线；b—对数流量特性曲线；c—抛物线流量特性曲线；d—快开流量特性曲线

图 4-26 调节阀的理想流量特性曲线（$R=30$）

直线特性的调节阀在开度变化相同的情况下，当流量小时，流量的变化值相对较大，调节作用较强，易产生超调和引起振荡；当流量大时，流量变化值相对较小，调节作用进行缓慢，不够灵敏。

② 对数流量特性

对数流量特性又称等百分比特性，是调节阀单位相对开度的变化所引起的相对流量的变化和此点的相对流量成正比关系。其数学表达式为

$$\frac{\mathrm{d}Q_{\mathrm{R}}}{\mathrm{d}L_{\mathrm{R}}}=KQ_{\mathrm{R}} \tag{4-50}$$

将上式积分并代入边界条件，得

$$Q_{\mathrm{R}}=R^{L_{\mathrm{R}}-1}$$

或

$$L_{\mathrm{R}}=\frac{\ln Q_{\mathrm{R}}}{\ln R}+1 \tag{4-51}$$

其放大系数为

$$K=\frac{\mathrm{d}Q_{\mathrm{R}}}{\mathrm{d}L_{\mathrm{R}}}=R^{L_{\mathrm{R}}-1}\ln R \tag{4-52}$$

图 4-26 中 b 为对数流量特性曲线。从图中可以看出，曲线的放大系数是随开度的增大而递增的。在同样的开度变化值下，流量小时（小开度时），流量的变化也小（调节阀的放大系数小），调节平稳缓和；流量大时（大开度时），流量的变化也大（调节阀的放大系数大），调节灵敏有效。无论是小开度还是大开度，相对流量的变化率都是相等的，表明流量变化的百分比是相同的。

③ 抛物线流量特性

阀的相对流量与相对开度的平方根成正比关系的特性称为抛物线流量特性。其数学表达式为

$$\frac{\mathrm{d}Q_{\mathrm{R}}}{\mathrm{d}L_{\mathrm{R}}}=K\sqrt{Q_{\mathrm{R}}} \tag{4-53}$$

将式（4-53）积分，代入边界条件，整理可得

$$Q_{\mathrm{R}}=\frac{1}{R}\left[1+(\sqrt{R}-1)L_{\mathrm{R}}\right]^2 \tag{4-54}$$

其放大系数为

$$K=\frac{2}{R}(\sqrt{R}-1)\left[1+(\sqrt{R}-1)L_{\mathrm{R}}\right] \tag{4-55}$$

在图 4-26 中，c 为抛物线流量特性曲线。从图中可以看出，它介于直线流量特性和对数流量特性曲线之间。

④ 快开流量特性

具有快开流量特性的阀在开度很小时，就已经将流量放大，随着开度的增加，流量很快就达到最大（饱和）值，以后再增加开度，流量几乎没有变化。这种流量特性适用于迅速启闭的切断阀或双位控制系统。其特性曲线见图 4-26 中曲线 d。其数学表达式为

$$\frac{\mathrm{d}Q_{\mathrm{R}}}{\mathrm{d}L_{\mathrm{R}}}=f(L_{\mathrm{R}})=K(1-L_{\mathrm{R}}) \tag{4-56}$$

将式（4-56）积分，代入边界条件，整理可得

$$Q_{\mathrm{R}}=1-\left(1-\frac{1}{R}\right)(1-L_{\mathrm{R}})^2 \tag{4-57}$$

其放大系数为

$$K=2\left(1-\frac{1}{R}\right)(1-L_{\mathrm{R}}) \tag{4-58}$$

⑤ 蝶阀流量特性

图 4-27 为蝶阀的特性曲线。图中的曲线 1 是蝶阀的理想流量特性，它是一条近似对数（等百分比）的特性曲线。在开启角很小时，由于阀的流通截面不大，虽然阀上压差很大，但流量增加却很小；开启角继续增大，流量逐渐成比例地增加；当开启角增大到 60°～70°时，可以获得 70%以上的流量；再继续增大开启角到 70°以上，阀的流通截面几乎与开启角成比例地增加，但因为阀上压差显著减小，流量的增加也显著减少。该曲线表明，在整个角行程内蝶阀都起着控制流量的作用。只要阀径选择合适，就可以得到此理想特性曲线。

如果蝶阀直径选得过小，其特性曲线下移，如图 4-27 中曲线 2 所示，阻力增大，以致阀门全开也不能通过所需的最大流量。

如果蝶阀直径选得过大，其特性就会变成快开特性，如图 4-27 中曲线 3 所示，将使阀只在一个很小的角行程（开度）内操作，稍有移动，流量就会发生过量的激烈变化，从而引起振荡，使控制不稳定。

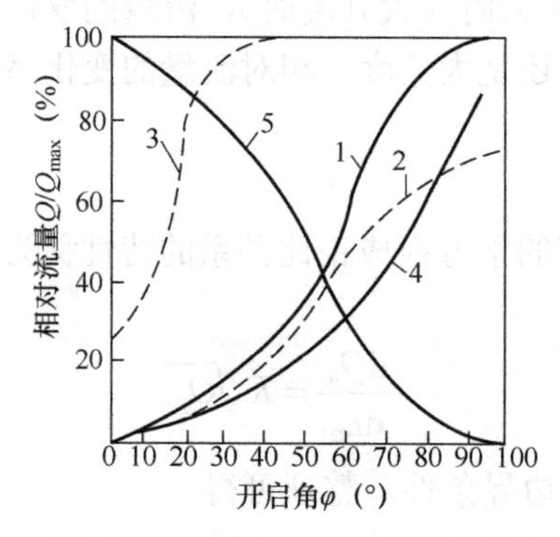

1—理想特性曲线；2—阀径过小的特性曲线；3—阀径过大的特性曲线；

4—流通截面特性曲线；5—阀上相对压降的曲线

图 4-27 蝶阀的特性曲线

由此可见，正确计算蝶阀直径，对于控制系统的品质起着重要作用。控制阀的流量特性直接影响到系统的控制质量和稳定性，需要正确选择。

制造厂提供的调节阀流量特性是理想流量特性，而在实际使用时，控制阀总是安装在工艺管路系统中，控制阀前后的压差是随着管路系统的阻力而变化的。因此，选择控制阀的流量特性时，不但要依据过程特性，还应结合系统的配管情况来考虑。

阀的工作特性应根据过程特性来选择，其目的是使广义过程特性为线性：变送器特性为线性、过程特性也是线性时，应选用工作特性为线性；如果变送器特性为线性，而过程特性的放大系数 K 随操纵变量的增加而减小，则应选用对数工作特性。

依据工艺配管情况确定配管系数 s 值后，可以从所选的工作特性出发，确定理想特性。当 $s=1$～0.6 时，理想特性与工作特性几乎相同；当 $s=0.6$～0.3 时，无论是线性或对数工作特性，都应选对数的理想特性；当 $s<0.3$ 时，一般不适宜控制，但也可以根据低 s 值来选择其理想特性。

（5）控制阀气开、气关形式的选择

一个具体的控制系统，究竟选气开阀还是气关阀，即在阀的气源信号发生故障或控制系统某环节失灵时，阀是处于全开的位置安全还是处于全关的位置安全，要由具体的生产工艺来决定，一般要根据以下几条原则进行选择。

① 首先要从生产安全出发，即当气源供气中断，或控制器出故障而无输出，或控制阀膜片破裂而漏气等使控制阀无法正常工作以致阀芯回复到无能源的初始状态时（气开阀回复到全关，气关阀回复到全开），应确保生产工艺设备的安全，不致发生事故。如生产蒸汽的锅炉水位控制系统中的给水控制阀，为了保证发生上述情况时不把锅炉烧坏，控制阀应选气关式。

② 从保证产品质量出发，当发生控制阀处于无能源状态而回复到初始位置时，不应降低产品的质量，如精馏塔回流量控制阀常采用气关式，一旦发生事故，控制阀全开，使生产处于全回流状态，防止不合格产品的蒸出，从而保证塔顶产品的质量。

③ 从降低原料、成品、动力损耗来考虑，如控制精馏塔进料的控制阀就常采用气开式，一旦控制阀失去能源即处于气关状态，不再给塔进料，以免造成浪费。

④ 从介质的特点考虑，精馏塔塔釜加热蒸汽控制阀一般选气开式，以保证在控制阀失去能源时能处于全关状态避免蒸汽的浪费，但是，釜液是易凝、易结晶、易聚合的物料时，控制阀则应选气关式以防调节阀失去能源时阀门关闭，停止蒸汽进入而导致釜内液体的结晶和凝聚。

（6）控制阀口径大小的选择

确定控制阀口径大小也是选用控制阀的一个重要内容，其主要依据阀的流通能力。正常工况下要求控制阀开度处于 15%～85%，因此，不宜将控制阀口径选得太小或过大，否则会使控制阀可能运行在全开时的非线性饱和工作状态，系统失控；或使阀门经常处于小开度的工作状态，造成流体对阀芯、阀座严重冲蚀，甚至引起控制阀失灵。

4.3 简单控制系统的参数整定

系统投运之前，还需进行控制器的参数整定。所谓参数整定，就是对于一个已经设计并安装就绪的控制系统，选择合适的控制器参数（$\delta(K_c),T_I,T_D$）来改善系统的静态和动态特性，使系统的过渡过程达到最为满意的质量指标要求。

控制器参数的整定方法很多，归纳起来可以分成两大类，即理论计算整定法和工程整定法。

理论计算整定法是在已知被控对象的数学模型的基础上，根据选取的质量指标，通过理论计算（微分方程、根轨迹、频率法等）来求得最佳的整定参数。这类方法计算较烦琐，工作量大，而且由于用解析法或实验测定法求得的对象数学模型都只能近似地反映过程的动态特性，整定结果的精度不高，因而未在工程上得到推广。但是，理论计算推导出的一些结果是工程整定法的理论基础。

对于工程整定法，工程技术人员不需要确切知道对象的数学模型，也不需要具备理论计算所必需的控制理论知识，就可以在控制系统中直接进行整定，因而简单、实用，在实际工程中被广泛使用。以下介绍几种常用的工程整定法。

4.3.1 经验整定法

经验整定法实质上是一种经验凑试法，是工程技术人员在长期生产实践中总结出来的。它不需要进行事先的计算和实验，而是根据运行经验，先确定一组控制器参数（如表 4-1 中所示），将系统投入运行，通过观察人为加入干扰（改变设定值）后的过渡过程曲线，根据各种控制作用对过渡过程的不同影响来改变相应的控制参数值，进行反复凑试，直到获得满意的控制质量为止。

由于比例作用是最基本的控制作用，经验整定法主要通过调整比例度δ的大小来满足质量指标。整定分为两步：先用单纯的比例（P）作用，即寻找合适的比例度δ，将人为加入干扰后的过渡过程调整为 4∶1 的衰减振荡过程；然后再加入积分（I）作用，一般先取积分时间T_I为衰减振荡周期的一半左右。由于积分作用将使振荡加剧，在加入积分作用之前，要先减弱比例作用，通常把比例度增大10%～20%。调整积分时间的大小，直到出现 4∶1 的衰减振荡。

需要时，加入微分（D）作用，即从零开始，逐渐加大微分时间T_D。由于微分作用能抑制振荡，在加入微分作用之前，可把比例度调整到比纯比例作用时更小些，还可把积分时间也缩短一些。通过微分时间的凑试，使过渡时间最短，超调量最小。

表 4-1 控制器参数经验数据

被控变量	规律的选择	比例度 δ/%	积分时间 T_I /min	微分时间 T_D /min
流量	对象时间常数小，参数有波动，δ要大；T_I要短；不用微分	40～100	0.3～1	
温度	对象容量滞后较大，即参数受干扰后变化迟缓，δ应小，T_I要长；一般需加微分	20～60	3～10	0.5～3
压力	对象的容量滞后不算大，一般不加微分	30～70	0.4～3	
液位	对象时间常数范围较大，要求不高时，δ可在一定范围内选取，一般不用微分	20～80		

经验整定法适用于各种控制系统，特别适用于对象干扰频繁、过渡过程曲线不规则的控制系统。但是，使用此法主要靠经验，对于缺乏经验的操作人员来说，整定所花费的时间较多。

4.3.2 临界比例度法

所谓临界比例度法，是在系统闭环的情况下，用纯比例控制的方法获得临界振荡数据，即临界比例度δ_K和临界振荡周期T_K，然后利用一些经验公式，求取满足 4∶1 衰减振荡过渡过程的控制器参数。其整定计算公式如表 4-2 所示。具体整定步骤如下。

表 4-2 临界比例度法控制器参数计算表（4∶1 衰减比）

控制规律	比例度 δ/%	积分时间 T_I/min	微分时间 T_D /min
P	$2\delta_K$		
PI	$2.2\delta_K$	$0.85T_K$	
PD	$1.8\delta_K$		$0.1T_K$
PID	$1.7\delta_K$	$0.5T_K$	$0.125T_K$

① 将控制器的积分时间放在最大值$T_I=\infty$，微分时间放在最小值$T_D=0$，比例度δ放在较大值后，让系统投入运行。

② 逐渐减小比例度，且每改变一次δ值，都通过改变设定值给系统施加一个阶跃干扰，

同时观察系统的输出，直到过渡过程出现等幅振荡，如图 4-28 所示。此时的过渡过程称为临界振荡过程，δ_K 为临界比例度，T_K 为临界振荡周期。

③ 利用 δ_K 和 T_K 这两个试验数据，按表 4-2 中的相应公式，求出控制器的各整定参数。

④ 将控制器的比例度换成整定后的值，然后依次放上积分时间和微分时间的整定值。如果加入干扰后，过渡过程与 4∶1 衰减还有一定差距，可适当调整 δ 值，直到过渡过程满足要求。

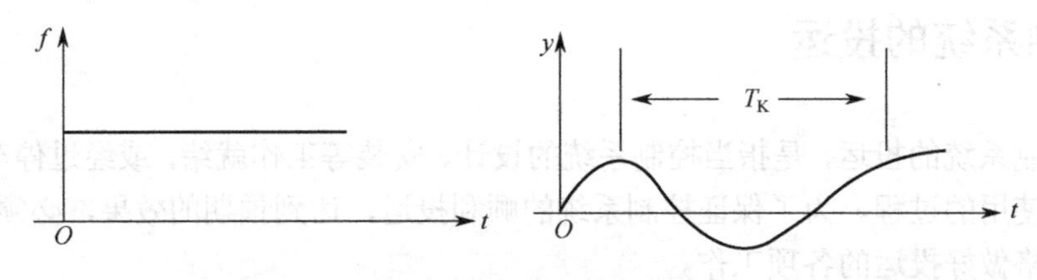

图 4-28　临界比例度法

临界比例度法应用时简单方便，但必须注意如下两条。

① 此方法在整定过程中必定出现等幅振荡，从而限制了此法的使用场合。对于工艺上不允许出现等幅振荡的系统，如锅炉水位控制系统，无法使用该方法；对于某些时间常数较大的单容量对象，如液位对象或压力对象，在纯比例作用下是不会出现等幅振荡的，因此不能获得临界振荡的数据，也无法使用该方法。

② 使用该方法时，控制系统必须工作在线性区，否则得到的持续振荡曲线可能是极限环，不能依据此时的数据来计算整定参数。

4.3.3 衰减曲线法

衰减曲线法与临界比例度法的整定过程有些相似，也是闭环系统中，先将积分时间置于最大值，微分时间置于最小值，比例时间置于较大值，然后让设定值的变化作为干扰输入，逐渐减小比例度 δ 值，观察系统的输出响应曲线。按照过渡过程的衰减情况改变 δ 值，直到系统出现 4∶1 的衰减振荡，如图 4-29 所示。记下此时的比例度 δ_S 和衰减振荡周期 T_S，然后根据表 4-3 中相应的经验公式，求出控制器的整定参数。

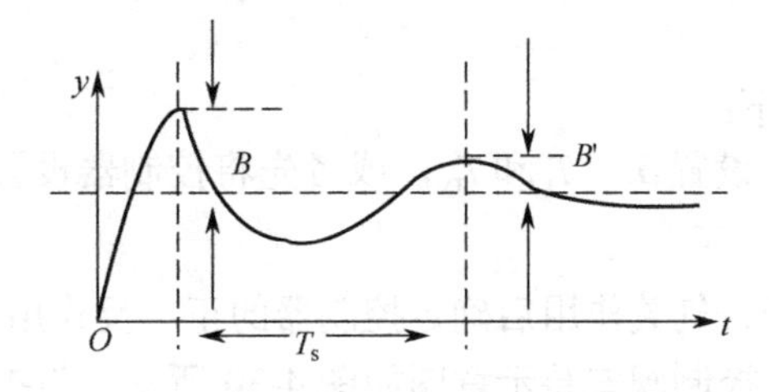

图 4-29　（4∶1）衰减曲线法

衰减曲线法对大多数系统均可适用，且由于试验过渡过程振荡的时间较短，又都是衰减振荡，易为工艺人员所接受。故这种整定方法应用较为广泛。

表 4-3 衰减曲线法控制器参数计算表（4∶1 衰减比）

控制规律	比例度 δ/%	积分时间 T_I /min	微分时间 T_D /min
P	δ_S		
PI	$1.2\delta_S$	$0.5T_S$	
PID	$0.8\delta_S$	$0.3T_S$	$0.1T_S$

4.4 控制系统的投运

所谓控制系统的投运，是指当控制系统的设计、安装等工作就绪，或经过停车检修之后，将系统投入使用的过程。为了保证控制系统的顺利投运，达到预期的效果，必须正确掌握投运方法，严格做好投运的各项工作。

（1）投运前的准备工作

① 熟悉工艺生产过程，即了解主要的工艺流程、设备的功能、各工艺参数间的关系、控制要求、工艺介质的性质等。

② 熟悉控制系统的控制方案，即掌握设计意图、明确控制指标、了解整个控制系统的布局和具体内容、熟悉测量元件、变送器、执行器的规格及安装位置、熟悉有关管线的布局及走向等。

③ 熟悉各种控制装置，即熟悉所使用的测量元件、测量仪表、控制仪表、显示仪表及执行器的结构、原理，以及安装、使用和校验方法。

④ 综合检查，即检查电源电路有无短路、断路、漏电等现象，供电及供气是否安全可靠；检查各种管路和线路等的连接是否正确，如孔板的上下游接压导管与差压变送器的正负压输入端的连接、热电偶的正负端与相应的补偿导线的连接等；检查引压和气动导管是否畅通，有无中间堵塞；检查控制阀气开、气关形式是否正确，阀杆运动是否灵活、能否全行程工作，旁路阀及上下游截止阀是否按要求关闭或打开；检查控制器的正反作用、内外设定开关是否设置在正确位置。

⑤ 现场校验，即现场校验测量元件、测量仪表、显示仪表和控制仪表的精度、灵敏度及量程，以保证各种仪表能正确工作。

（2）投运过程

控制系统投运次序如下：

① 根据经验或估算，设置δ、T_I和T_D，或者先将控制器设置为纯比例作用，比例度放在较大的位置。

② 确认控制阀的气开、气关作用后确定控制器的正、反作用。

③ 现场的人工操作：控制阀安装示意图如图 4-30 所示，将控制阀前后的阀门 1 和 2 关闭，打开阀门 3，观察测量仪表能否正常工作，等待工况稳定。

④ 手动遥控：用手操器调整作用于控制阀上的信号 p 至一个适当数值，然后，打开上游阀门 1，再逐步打开下游阀门 2，过渡到遥控，等待工况稳定。

⑤ 投入自动：手动遥控使被控变量接近或等于设定值，观察仪表测量值，待工况稳定后，控制器切换到“自动”状态。

至此，初步投运过程结束。但控制系统的过渡过程不一定满足要求，这是需要进一步调整δ、T_I和T_D三个参数。

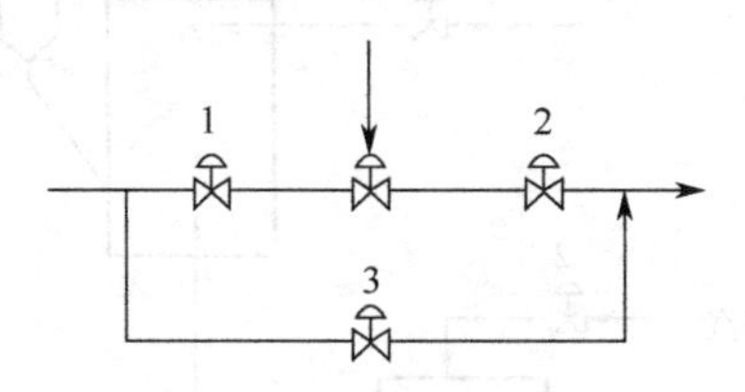

图 4-30　控制阀安装示意图

4.5　简单控制系统设计案例

以喷雾式干燥设备控制系统设计作为案例介绍，图 4-31 是喷雾式干燥设备，工艺要求将浓缩的乳液用热空气干燥成奶粉。乳液从高位槽流下，经过滤器进入干燥器从喷嘴喷出。空气由鼓风机送到热交换器，通过蒸汽加热。热空气与鼓风机直接送来的空气混合以后，经风管进入干燥器，乳液中的水分被蒸发，成为奶粉，并随湿空气一起送出。干燥后的奶粉含水量不能波动太大，否则将影响奶粉质量。

（1）控制方案设计

① 确定被控变量：从工艺概况可知，需要控制的是奶粉含水量。由于测水分的仪表精度不太高，因此不能直接选奶粉含水量作为被控变量。实际上，奶粉含水量与干燥温度密切相关，只要控制住干燥温度就能控制住奶粉含水量。所以选干燥温度作为被控变量。

② 确定操纵变量：影响干燥器温度的因素有乳液流量、旁路空气流量和加热蒸汽量。粗略一看，选其中任一变量作为操纵变量都能构成温度控制系统。

方案一：如果将乳液流量作为操纵变量，则滞后最小，对干燥温度控制作用明显。但是乳液流量是生产负荷，如果选它作为操纵变量，就不可能保证其在最大值上工作，限制了该装置的生产能力。这种方案是保证质量而牺牲产量，工艺上是不合理的。因此，不能选乳液流量作为操纵变量。

方案二：如果选择加热蒸汽量作为操纵变量，由于换热过程本身是一个多容过程，因此从改变蒸汽量到改变热空气温度，再来控制干燥温度，这一过程时滞太大，控制效果差。

方案三：如果选择旁路空气流量作为操纵变量，旁路空气量与热风量混合后经风管进入干燥器，其控制通道的时滞虽比方案一大，但比方案二小。

综合比较之后，确定将旁路空气流量作为操纵变量较为理想。其控制流程见图 4-31。

（2）过程检测控制仪表的选用

根据生产工艺和用户要求，选用电动单元组合仪表。

① 由于被控温度在 600℃以下，选用热电阻作为测温元件，配用温度变送器。

② 根据过程特性和控制要求，选用对数流量特性的控制阀。根据生产工艺安全原则和被控介质特点，控制阀应为气关型。

③ 为减小滞后，控制器选用 PID 控制。控制器正反作用选择时，可假设干燥温度偏高（即乳液中水分减少），则要求减少空气流量，由于控制阀是气关型，因此要求控制器输出增加。这样控制器应选择正作用。

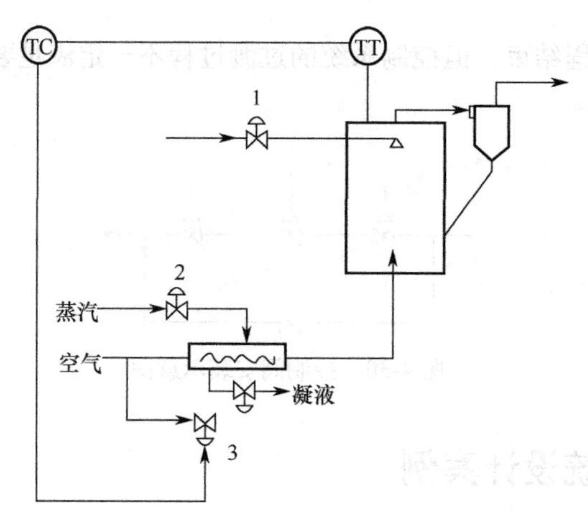

图 4-31 干燥器温度控制流程

思考与练习

1. 简单控制系统的定义是什么？画出简单控制系统的典型框图。

2. 在控制系统的设计中，被控变量的选择应遵循哪些原则？

3. 在控制系统的设计中，操纵变量的选择应遵循哪些原则？

4. 常用的控制器的控制规律有哪些？各有什么特点？适用于什么场合？

5. 有一套蒸汽加热设备利用蒸汽将物料加热，并用搅拌器不停地搅拌物料，待物料达到所需温度后排出。试问

（1）影响物料出口温度的主要因素有哪些？

（2）要设计一个温度控制系统，你认为被控量与操纵变量应选哪一个？为什么？

（3）如果物料在温度过低时会凝结，据此情况应如何选择控制阀的开闭形式及控制器的正、反作用？

6. 什么是气开阀？什么是气关阀？控制阀气开、气关形式的选择应从什么角度出发？

7. 图 4-32 所示为一锅炉汽包液位控制系统的示意图，要求锅炉不能烧干。试画出该系统的框图，判断控制阀的气开、气关形式，确定控制器的正、反作用，并简述加热室温度升高导致蒸汽蒸发量增加时，该控制系统是如何克服干扰的？

8. 图 4-33 所示为精馏塔温度控制系统的示意图，它通过调节进入再沸器的蒸汽量实现被控变量的稳定。试画出该控制系统的框图，确定控制阀的气开、气关形式和控制器的正、反作用，并简述由于外界干扰使精馏塔温度升高时该系统的控制过程（此处假定精馏塔的温度不能太高）。

9. 什么是控制器参数的工程整定？常用的控制器参数整定的方法有哪几种？

10. 某控制系统用临界比例度法整定参数，已知 $\delta_K = 25\%$，$T_K = 4.5\text{min}$。请分别确定 PI、PID 作用时的控制器参数。

11. 某控制系统用 4∶1 衰减曲线法分别整定控制器参数。将积分时间调至最大，微分时间调至最小，对系统施加阶跃信号，经过调节后系统的衰减比为 4∶1，此时记录下来的比例度 $\delta_S = 56\%$、时间参数 $T_S = 5.1\text{min}$。试分别确定用 PI 和 PID 作用时的控制器参数。

12. 简单控制系统的投运步骤。

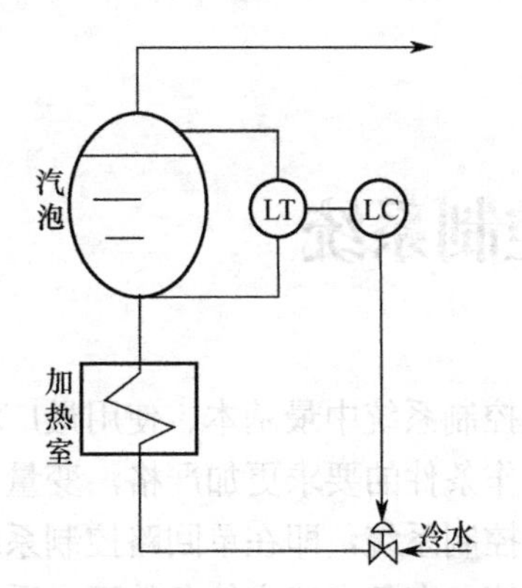

图 4-32　锅炉汽包液位控制系统

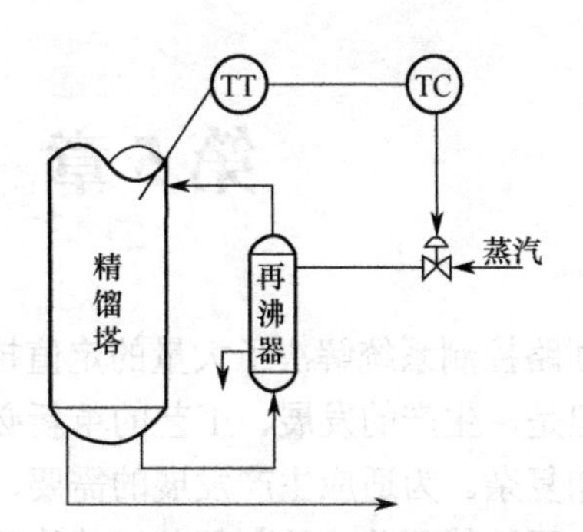

图 4-33　精馏塔温度控制系统

第5章　复杂控制系统

单回路控制系统解决了大量的定值控制问题，是控制系统中最基本、使用最广泛的一种形式。但是，生产的发展、工艺的革新必然导致对操作条件的要求更加严格，变量间的相互关系更加复杂。为适应生产发展的需要，产生了复杂控制系统，即在单回路控制系统的基础上，增加了计算环节、控制环节或其他环节的控制系统。在各自特定的条件下，采用复杂控制系统对提高控制品质、扩大自动化应用范围起着关键作用。粗略估计，复杂控制系统约占全部控制系统数的10%，但是，对生产过程的贡献则占到80%。

5.1　串级控制系统

5.1.1　基本原理和结构

采用两个或两个以上控制器串联连接，一个控制器的输出作为另一个控制器的设定值，这样的系统称为串级控制系统。串级控制系统是按其结构命名的。

下面用图5-1所示的加热炉温度出口温度控制系统来说明。

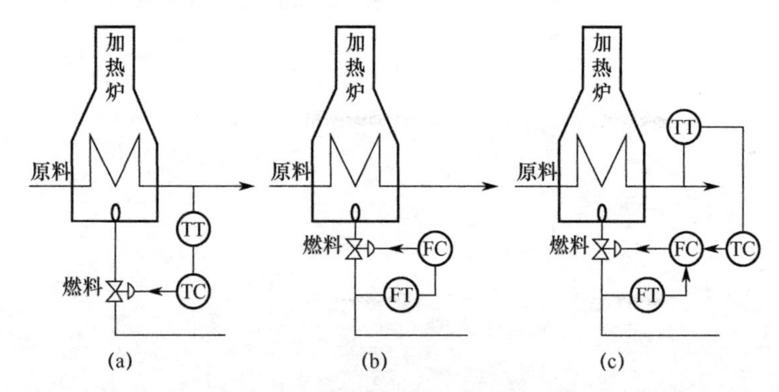

图5-1　加热炉出口温度控制系统

将系统的出料温度作为被控变量，燃料气流量作为操纵变量，可以组成图5-1(a)所示的简单控制系统。在有些场合，燃料气上游压力会有波动，即使阀门开度不变，仍会影响流量，从而逐渐影响出料温度。因为加热炉炉管等热容较大，自操纵变量至被控变量的时间常数较大，等温度控制器发现偏差再进行控制，显然不够及时，出料温度的最大动态偏差必然很大。这时若改用图5-1(b)所示的流量控制系统，则对温度来说是开环的，此时对于阀前压力等扰动，可以迅速克服，但对进料负荷、燃料气热值变化等扰动，却完全无能为力。依据操作经验，当温度偏高时，把燃料气流量控制器的设定值减少一些；当温度偏低时，燃料气流量控制器的设定值增加一些，于是把两个控制器串接起来，流量控制器的设定值由温度控制器输出决定，即流量控制器的设定值不是固定的，系统结构如图5-1(c)所示。这样控制系统既能迅速克服影响流量的扰动作用，又能使温度在其他扰动作用下满足设定要求。

串级控制系统的框图如图 5-2 所示。

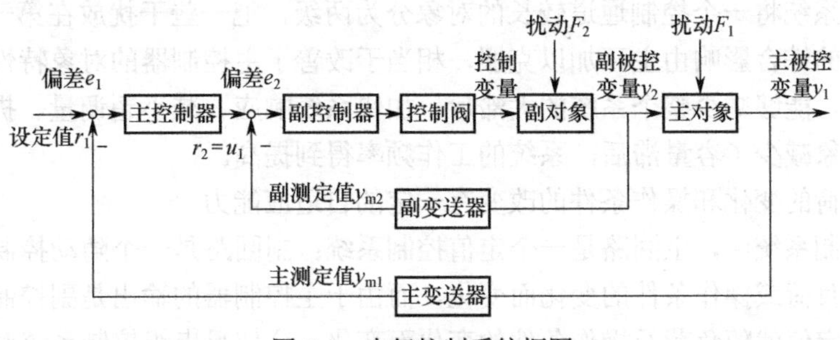

图 5-2　串级控制系统框图

串级控制系统的术语如下。

① 主被控变量 y_1：大多为工业过程中的重要操作参数，是在串级控制系统中起主导作用的被控变量，如示例中的出口温度。

② 副被控变量 y_2：大多为影响主被控变量的重要参数。通常是为稳定主被控变量而引入的中间辅助变量，如示例中的燃料流量。

③ 主控制器：在系统中起主导作用，按主被控变量和其设定值之差进行控制运算并将其输出作为副控制器的设定值的控制器，简称为“主控”。

④ 副控制器：在系统中起辅助作用，按所测得的副被控变量和主控输出之差来进行控制运算，其输出直接作用于控制阀的控制器，简称为“副控”。

⑤ 主对象：大多为工业过程中所要控制的、由主被控变量表征其主要特性的生产设备或过程。

⑥ 副对象：大多为工业过程中影响主被控变量的、由副被控变量表征其特性的辅助生产设备或辅助过程。

⑦ 主变送器：测量并转换主被控变量的变送器。

⑧ 副变送器：测量并转换副被控变量的变送器。

⑨ 主回路：即整个串级控制系统，包括由主变送器、主控制器、副回路等效环节、主对象所构成的闭环回路，又称为“主环”或“外环”。

⑩ 副回路：处于串级控制系统内部的，由副变送器、副控制器、控制阀和副对象所构成的闭环回路，又称为“副环”或“内环”。

在串级控制系统中，主控制回路是定值控制系统，对主控制器的输出而言，副控制回路是随动控制系统，对进入副回路的扰动而言，副控制回路是定值控制系统。

5.1.2　串级控制系统的特点

串级控制系统增加了副控制回路，使控制系统性能得到改善，表现在下列方面。

（1）能迅速克服进入副回路扰动的影响

当扰动进入副回路后，首先，副被控变量检测到扰动的影响，并通过副回路的定值控制作用及时调节操纵变量，使副被控变量恢复到副设定值，从而使扰动对主被控变量的影响减少。即副环回路对扰动进行粗调，主环回路对扰动进行细调。因此，串级控制系统能迅速克服进入副回路扰动的影响。

（2）副回路的存在改善了对象特性，提高了工作频率

串级控制系统将一个控制通道较长的对象分为两级，把一些干扰放在第一级副环克服，其他主要干扰的综合影响由主环加以克服，相当于改善了主控制器的对象特性，即减少了容量滞后。因此，能够减少整个系统的大滞后、加快系统响应、减小超调量、提高控制品质。同时，由于对象减少了容量滞后，系统的工作频率得到提高。

（3）对负荷的变化和操作条件的改变有一定的自适应能力

在串级控制系统中，主回路是一个定值控制系统；副回路是一个随动控制系统。主控制器的输出按照负荷或操作条件的变化而变化，而由于主控制器的输出是副控制器的设定值，副控制器的设定值就随负荷及操作条件的变化而变化，这使得串级控制系统对负荷的变化和操作条件的改变具有一定的自适应能力。

（4）能够更精确控制操纵变量的流量

当副被控变量是流量，且没有引入流量副回路时，控制阀的回差、阀前压力的波动都会影响到操纵变量的流量，使它不能与主控制器输出信号保持严格的对应关系。采用串级控制系统后，引入流量副回路，使流量测量值与主控制器的输出一一对应，能够更精确地控制操纵变量的流量。

（5）可实现更灵活的操作方式

串级控制系统可以实现串级控制、主控和副控等多种控制方式。其中，主控方式是切除副回路，以主被控变量作为被控变量的单回路控制；副控方式是切除主回路，以副被控变量为被控变量的单回路控制。因此，在串级控制系统运行过程中，如果某些部件发生故障，可灵活切换，减少对生产过程的影响。

5.1.3 串级控制系统的设计

（1）主、副回路的设计

由于串级控制系统的主回路是一个定值控制系统，其主被控变量的选择和主回路的设计，就可按单回路控制系统的设计原则进行。

由前面分析可知，串级控制系统副回路具有调节速度快、抑制扰动能力强等特点。所以在设计副回路时，副回路应尽量包含生产过程中主要的、变化剧烈、频繁和幅度大的扰动，并力求包含尽可能多的扰动。这样可以充分发挥副回路的长处，将影响主被控变量最严重、最频繁、最激烈的干扰因素抑制在副回路中，确保主被控变量的控制品质。例如，图 5-1 加热炉出口温度与燃料流量串级控制系统对克服燃料流量上游压力是非常有效的，但对于燃料热值变化就无能为力了，这时转换采用图 5-3 所示加热炉出口温度与炉膛温度串级控制系统就可解决。该串级控制系统包含了生产过程中变化剧烈、频繁和幅度大的主要扰动，并包含了尽可能多的扰动，是一个较好的控制方案，但有的加热炉炉膛温度不好获得。

设计副回路时应注意工艺上的合理性。过程控制系统是为工业生产服务的，设计串级控制系统时，应考虑并满足生产工艺的要求。由串级控制系统的框图可以看到，系统的操纵变量是先影响副被控变量，再去影响主被控变量的。所以，应选择工艺上切实可行，容易实现，对主被控变量有直接影响且影响显著的变量为副被控变量来构成副回路。同时，统筹兼顾实施的经济性和控制质量的要求。

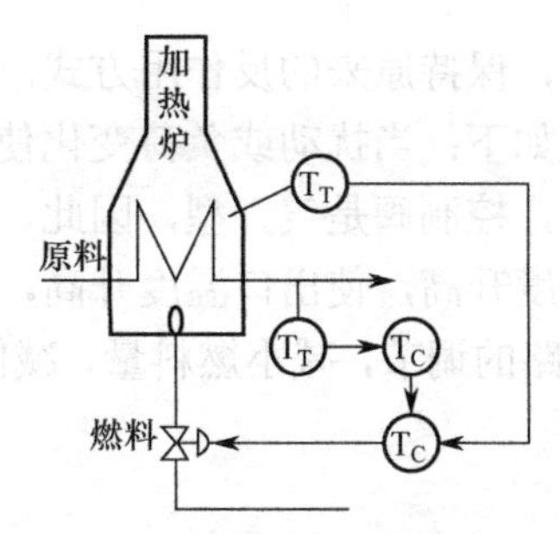

图 5-3　加热炉出口温度与炉膛温度串级控制系统

主、副对象的时间常数要匹配。在选择副被控变量进行副回路设计时，必须注意主、副对象时间常数的匹配。因为它是串级控制系统正常运行的首要条件，是保证安全生产、防止系统“共振”的基础。设计时，为避免系统“共振”现象发生，应使主、副对象的时间常数和时滞时间错开，副对象的时间常数和时滞应比主对象小一些，一般选择 $T_{01}/T_{02}=3\sim10$ 为好。在投运时若发生“共振”现象，应使主、副回路工作频率错开，如可以增加主控制器的比例度，这样虽然降低了控制系统的品质，但可以消除“共振”。

（2）主、副控制器控制规律的选择

串级控制系统中，主、副控制器所起的作用是不同的。主控制器起定值控制作用，副控制器对主控制器输出起随动控制作用，对扰动作用起定值控制作用，因此主被控变量要求无余差，副被控变量却允许在一定范围内变动。这是选择控制规律的基本出发点。一般主控制器可采用比例、积分两作用或比例、积分、微分三作用控制规律，副控制器选比例作用或比例积分作用控制规律即可。

（3）主、副控制器正、反作用的选择

为保证所设计的串级控制系统的正常运行，必须正确选择主、副控制器的正、反作用。在具体选择时，先依据控制阀的气开、气关形式，副对象的放大倍数，决定副控制器正、反作用方式，此时须满足 $K_{c2}K_vK_{o2}K_{m2}$ 的乘积为正值，其中 K_{m2} 通常总是正值。主控制器的正、反作用主要取决于主对象的放大倍数，对于控制阀的气开、气关形式不影响主控制器正、反作用的选择，因为控制阀已包含在副回路内，此时应使 $K_{c1}K_{o1}K_{m1}$ 的乘积为正值，通常 K_{m1} 总是正值，所以主控制器的正、反作用选择应使 $K_{c1}K_{o1}$ 为正值。

图 5-3 所示加热炉出口温度与炉膛温度串级控制系统中控制器正、反作用的选择步骤如下。

① 主被控变量：加热炉出口温度。

② 副被控变量：炉膛温度。

③ 控制阀：从安全角度考虑，选择气开型控制阀，$K_V>0$。

④ 主被控对象：当炉膛温度升高时，出口温度升高，因此，$K_{o1}>0$。

⑤ 副被控对象：控制阀打开，燃料油流量增加，炉膛温度升高，因此，$K_{o2}>0$。

⑥ 主控制器：为保证负反馈，应满足：$K_{c1}K_{o1}K_{m1}>0$。因 $K_{m1}>0$，应选 $K_{c1}>0$。即选用反作用控制器。

⑦ 副控制器：为保证负反馈，应满足：$K_{c2}K_VK_{o2}K_{m2}>0$。因 $K_{m2}>0$，应选 $K_{c2}>0$。即选用反作用控制器。

⑧ 主控方式更换：由于副控制器是反作用控制器，因此，主控制器从串级切换到主控

时，主控制器的作用方式不更换，保持原来的反作用方式。

该串级控制系统的调节过程如下：当扰动或负荷变化使炉膛温度升高时，因副控制器是反作用，因此，控制器输出减小，控制阀是气开型，因此，控制阀开度减小，燃料量减小，使炉膛温度下降；同时，炉膛温度升高，使出口温度升高，通过反作用的主控制器，使副控制器的设定降低，通过副控制回路的调节，减小燃料量，减低炉膛温度，进而降低出口温度，以保持出口温度恒定。

5.1.4 控制器参数整定

参数整定，就是通过调整控制器的参数，改善控制系统的动态、静态特性，找到最佳的调节过程，使控制品质最佳。串级控制系统常用的控制器参数整定方法有三种：逐步逼近法、两步法和一步法。对智能控制仪表和 DCS 控制装置构成的串级控制系统，可以将主控制器选为具备自整定功能。下面介绍逐步逼近的整定方法。

所谓逐步逼近法，是在主回路断开的情况下，求取副控制器的整定参数，然后将副控制器的参数设置在所求的数值上，使串级控制系统主回路闭合，求取主控制器的整定参数。然后，将主控制器参数设置在所求的数值上，再进行整定，求出第二次副控制器的整定参数值。比较上述两次的整定参数和控制质量，如果达到了控制品质指标，整定工作结束；否则，再按此法求取第二次主控制器的整定参数值，依次循环，直至求得合适的整定参数值。这样，每循环一次，其整定参数与最佳参数值就更接近一步，故名逐步逼近法。

具体整定步骤如下：

① 首先断开主回路，闭合副回路，按单回路控制系统的整定方法整定副控制器参数。

② 闭合主、副回路，保持上一步取得的副控制器参数，按单回路控制系统的整定方法，整定主控制器参数。

③ 在闭合主、副回路及保持主控制器参数的情况下，再次调整副控制器参数。

④ 至此完成一个循环，如控制品质未达到规定指标，返回②继续。

5.1.5 应用案例

前面我们对串级控制系统已经有较全面的了解，它的优点是单回路控制系统不可比拟的，因而串级控制系统得到了广泛应用。但是，事物总是一分为二的，串级系统与单回路系统相比，所用的仪表较多、费用较高；另一方面，它由两个控制器串联工作，参数都需要整定，因而串级系统的参数整定比单回路要复杂、费时。所以并不能因为串级控制系统比单回路控制系统优点多而处处取代单回路控制系统，应该坚持一个原则：凡是用单回路控制系统能够满足要求的，就不必采用串级控制系统。下面根据串级控制系统的应用场合，列举一些应用案例。

（1）克服变化剧烈和幅度大的干扰

串级控制系统对进入副回路的二次干扰有很强的克服能力。利用这一特点，只要在设计时把变化剧烈、幅度大的干扰包含在副回路中，并把副控制器的比例系数 K_{c2} 整定得比较大，就会使干扰在影响到主变量之前经副回路的超前、快速、有力的抑制，把这类对主变量的影响干扰降低到最小。

【例 5.1】精馏塔釜温度与蒸汽流量串级控制系统。

如图 5-4 所示的精馏塔是石油化工生产过程中的主要设备，对于由多组分组成的混合物，利用其各组分不同的挥发度，通过精馏操作可以将其分离成较纯组分的产品。由于塔釜温度是保证产品分离纯度的重要指标，工艺上要求温度偏差≤±1.5℃。所以将塔釜温度作为被控参数，将为再沸器提供热量的蒸汽流量作为操作变量，组成单回路温度控制系统，控制器的参数整定到最佳时，塔釜温度仍有 10℃的最大偏差，不能满足工艺要求。分析原因发现，主要是蒸汽的压力变化激烈，幅度很大，有时从 500kPa 突然下降到 300kPa，幅度波动达到 40%。为此，设计改为图 5-4 所示的串级控制系统，将蒸汽流量作为副变量，把蒸汽压力的干扰包括在副回路中。副控制器选择 P 作用，主控制器选择 PID 控制。副控制器的比例度设置为 20%，主控制器的参数经过最佳整定后，对于同样是 40%的蒸汽压力波动，塔釜温度的最大偏差没有超过±1.5℃，满足了工艺要求。

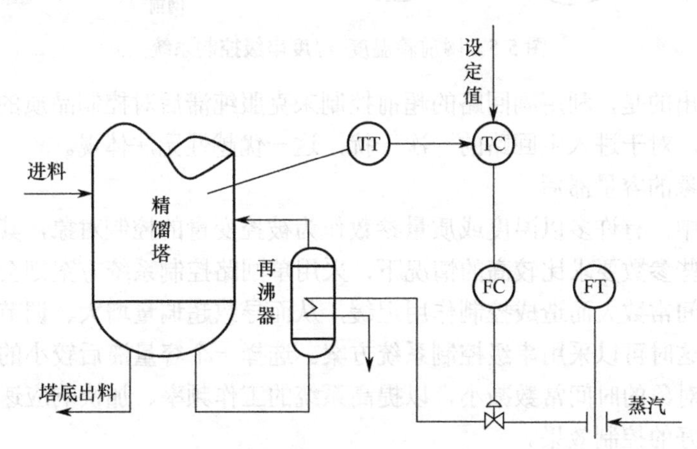

图 5-4　精馏塔釜温度与蒸汽流量串级控制系统

（2）克服对象的纯滞后

一般工业对象都具有一定的纯滞后，微分控制对它无能为力。当被控制对象的纯滞后时间较长，用单回路控制系统满足不了控制质量要求时，可以采用串级控制系统，一定程度上可以改善纯滞后对控制品质造成的影响。此时可以在离控制阀较近、纯滞后较小的地方选择一个副参数，把干扰纳入副回路中。这样就可以在这些干扰影响到主变量之前，及时地由副变量反映出来，由副控制器采取措施加以克服。副回路通道短、滞后小、控制及时，使主参数的超调量减少、过渡过程时间缩短、控制品质得到了提高。

【例 5.2】网前箱温度-温度串级控制系统。

图 5-5 为造纸厂纸浆由混合箱送往网前箱的工艺过程流程图。调配好中浓度的纸浆由泵从贮槽送至混合箱，在混合箱中与网部滤下的白水混合，配置成低浓度纸浆悬浮液，并被蒸汽加热至 72℃左右。经过立筛、圆筛除去杂质后送至网前箱，再以一定速度喷向造纸网脱水。为了保证纸张质量，工艺要求网前箱纸浆温度为 61℃，最大偏差不允许超过±1℃。因此，将网前箱纸浆温度作为被控变量，蒸汽的流量作为操纵变量。经过对象的特性测试，从混合箱到网前箱的纯滞后时间为 90s。采用单回路控制系统，如果纸浆流量波动 35kg/min，网前箱纸浆温度的最大偏差将高达 8.5℃，过渡过程时间长达 450s，根本无法满足生产工艺的要求。经分析，混合箱到网前箱，尽管纯滞后较大，但进入回路的干扰因素较少。干扰因素大多集

中在混合箱。因此，选择混合箱纸浆出口温度为副参数，组成串级控制系统，将大多干扰包括在副回路之中，而将90s的纯滞后时间置于主对象。主、副控制器都选择PI控制，经过最佳参数整定后，纸浆流量同样波动35kg/min，网前箱纸浆温度最大偏差没有超过1℃，过渡过程时间为200s，完全满足工艺要求。

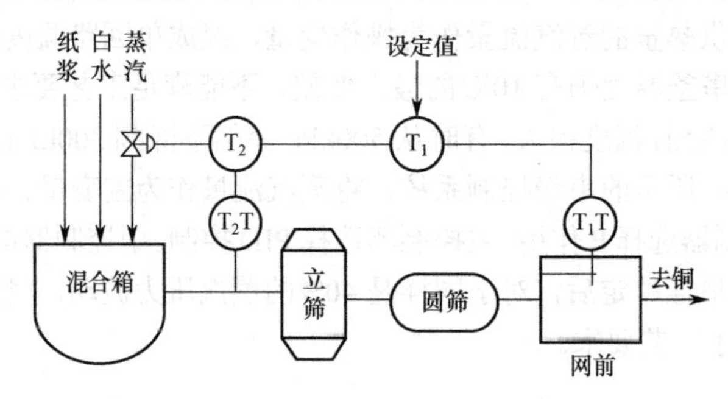

图5-5 网前箱温度-温度串级控制系统

这里需要指出的是，利用副回路的超前控制来克服纯滞后对控制品质的影响，仅仅是对二次干扰而言的。对于进入主回路的一次干扰，这一优越性无法体现。

（3）克服对象的容量滞后

在工业生产中，有许多以温度或质量参数作为被控变量的控制对象，其容量滞后往往较大。在工艺对这些参数要求比较高的情况下，采用单回路控制系统方案则会因为其容量滞后大、控制通道时间常数大而造成控制作用迟缓，从而导致超调量增大、调节时间过长，不能满足工艺要求。这时可以采用串级控制系统方案。选择一个容量滞后较小的辅助参数组成副回路，使等效副对象的时间常数减小，以提高系统的工作频率、加快响应速度、缩短调节时间，从而获得较好的控制效果。

【例5.3】管式加热炉出口温度与炉膛温度串级控制系统。

炼油厂的管式加热炉经特性测试，当燃料油热值发生改变时，原料油出口温度的响应特性可以用一个带有纯滞后的一阶非周期环节来近似，其纯滞后时间为0.3min，时间常数为15min。对于这样的对象，即使采用PID作用的单回路控制系统，原料油出口温度的波动也比较大，影响到后面分馏塔的分离效果。而燃料热值变化对炉膛温度的滞后时间较小，时间常数约为3min，反应较灵敏。如果取炉膛温度为副变量构成如图5-6所示的原料油出口温度与炉膛温度的串级控制系统，情况就大为好转。因为当干扰发生作用后，由于副回路的超前控制作用，它不需要经过时间常数为15min的主对象，而只要通过时间常数为3min的副对象就立刻被副回路的测温元件所感受，副控制器马上采取控制措施，使这一干扰被大大削弱或者完全克服，因而对出口温度的影响大大减小。另一方面，从控制阀到炉膛组成的副对象，在整个对象中也占有一定分量，串级控制系统的副回路将减小副对象的时间常数，相当于减小了整个系统的时间常数，提高了整个系统的工作频率，即使是对于一次干扰，系统的超调量和过渡过程时间都大为减小。实践证明，采用串级控制系统可以满足生产工艺要求。

（4）克服对象的非线性

一般工业对象的静态特性都具有一定非线性，负荷发生变化会引起工作点的移动，使被控对象的特性发生改变。对于单回路控制系统，运行过程中如果因负荷变化引起被控制对象的特性发生改变，已整定好的控制器参数将不再是“最佳”的，系统的控制品质必然下降。

尽管可以用控制阀的流量特性加以补偿，但这种补偿很有限。有效的办法之一就是利用串级控制系统对操作条件和负荷变化具有一定自适应能力的特点，将具有较大非线性的部分对象包括在副回路中。系统运行时，在负荷的变化引起副对象的特性发生改变时，只要主对象是线性的，整个系统的控制品质就可保持基本不变。

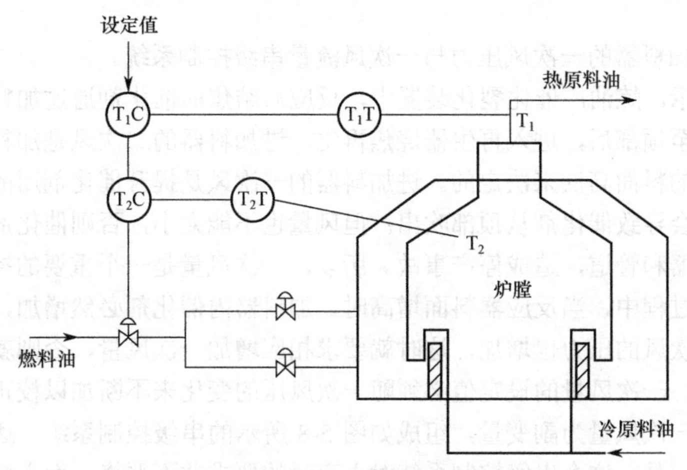

图 5-6　管式加热炉出口温度与炉膛温度串级控制系统

【例 5.4】合成反应炉中部温度与进气口温度的串级控制系统。

如图 5-7 所示为醋酸乙炔合成反应炉。要确定合成气体的质量，反应炉中部的温度是主要的控制指标，因而作为被控变量。醋酸和乙炔混合气体经过两个换热器后进入反应炉，因此控制通道中包括两个热交换器和一个合成反应炉。我们知道热交换器是典型的非线性设备，当醋酸和乙炔混合气流量发生变化时，进气口温度将随负荷的减小而显著升高。如果将进气口温度作为副变量组成图 5-7 所示的串级控制系统，把两个换热器包括在副回路中，当负荷变化引起工作点移动时，由主控制器的输出自动地重新设置副控制器的设定值，由副控制器进一步调整控制阀的开度。虽然这样会影响副回路的控制质量，但对整个系统的稳定性影响较小。

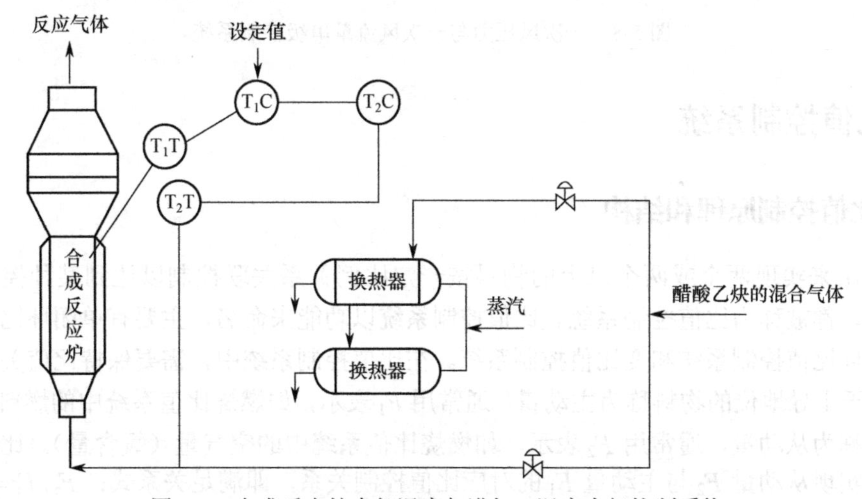

图 5-7　合成反应炉中部温度与进气口温度串级控制系统

（5）自校正设定值

在串联控制系统中，副控制器的设定值是由主控制器的输出提供的，而主控制器的输出又是随着主变量的变化而变化的。因此，凡是被控量的设定值需要随另一被控量的变动而变动时，都可用串级控制系统来实现。此时，工艺操作条件作为主变量，要跟踪校正的那个变量作为副变量。

【例 5.5】进加料器的一次风压力与一次风流量串级控制系统。

如图 5-8 所示，炼油厂催化裂化装置中，反应后结焦的催化剂通过加料器，由热风将其从提升管下面送至顶部后，进入再生器烧焦再生。进加料器的二次风是加料用的热风，它的风量是由反应器的料面高低来决定的。进加料器的一次风是提升催化剂用的热风，它的风量不能太大，否则会导致催化剂从顶部吹出；但风量也不能太小，否则催化剂会落到加料器底部，导致堵塞容器和管道，造成停产事故。所以，一次风量是一个重要的控制参数。同时，必须注意到在该过程中，当反应器料面增高时，加料器内催化剂必然增加，它对一次风的阻力加大，因此一次风的压力也增加，这时就要求相应增加一次风量，否则就有催化剂降落的危险。也就是说，一次风量的设定值必须随一次风压的变化来不断加以校正。所以，以一次风压为主变量，一次风量为副变量，组成如图 5-8 所示的串级控制系统，达到了良好的控制效果。值得指出的是，这个串级控制系统对主变量的要求并不严格，而主要是要求副变量能迅速地随主变量的变化而变化，在参数整定时应加以注意。

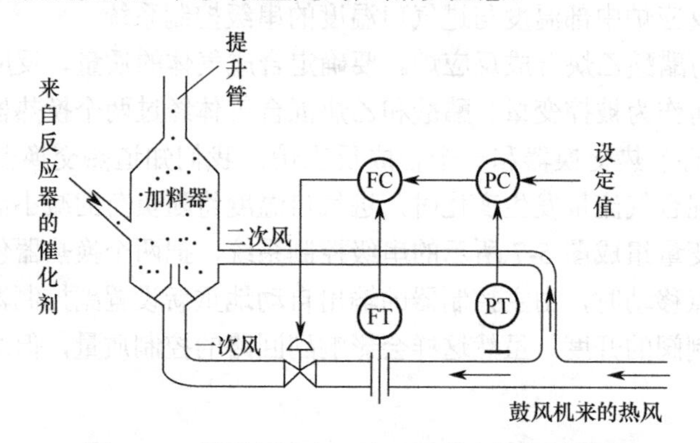

图 5-8 一次风压力与一次风流量串级控制系统

5.2 比值控制系统

5.2.1 比值控制原理和结构

凡是用来实现两个或两个以上的物料按一定比例关系关联控制以达到某种控制目的的控制系统，都被称为比值控制系统。比值控制系统以功能来命名，主要有单闭环比值控制系统、双闭环比值控制系统和变比值控制系统。在比值控制系统中，需要保持比值关系的两种物料，处于主导地位的物料称为主动量，通常用 F_1 表示，如燃烧比值系统中的燃料量；另一种物料则称为从动量，通常用 F_2 表示，如燃烧比值系统中的空气量（氧含量）。比值控制系统就是要实现从动量 F_2 与主动量 F_1 的对应比值控制关系，即满足关系式：$F_2/F_1=k$，k 为从动量与主动量的比值。

（1）单闭环比值控制系统

单闭环比值控制系统在结构上与单回路控制系统一样，只是对从动量增加了一个控制回路。常用的控制方案有两种形式：一种是把主动量的测量值乘以某一系数后作为从动量控制器的设定值，这种方案称为相乘的方案，是一种典型的随动控制系统，如图 5-9(a)所示；另一种是把流量的比值作为从动量控制器的被控变量，这种方案称为相除的方案，是典型的定值控制系统，如图 5-9(b)所示。

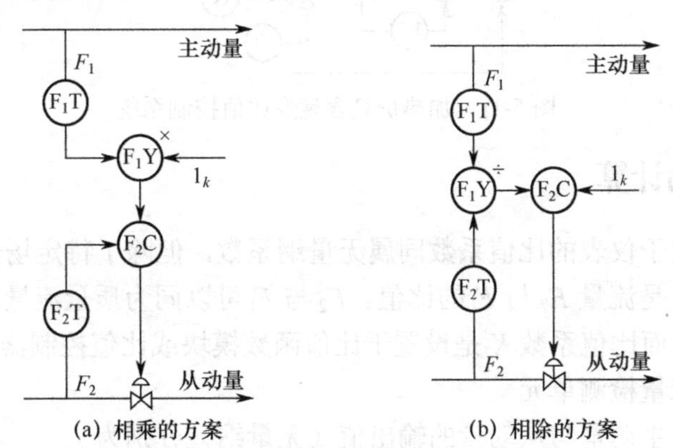

图 5-9 单闭环比值控制系统

（2）双闭环比值控制系统

双闭环比值控制系统对主动量和从动量都设置了控制回路，如图 5-10 所示，图 5-10(a)为相乘的方案，图 5-10(b)为相除的方案。这种控制方案在正常工况（指主动量和从动量都能充分供应时），能起到与采用两个独立的流量控制系统相同的作用。然而，由于供应的限制而使主动量达不到设定值，或因特大扰动而使主动量偏离设定值甚远时，采用双闭环比值控制系统能使两者的流量比例保持一致。

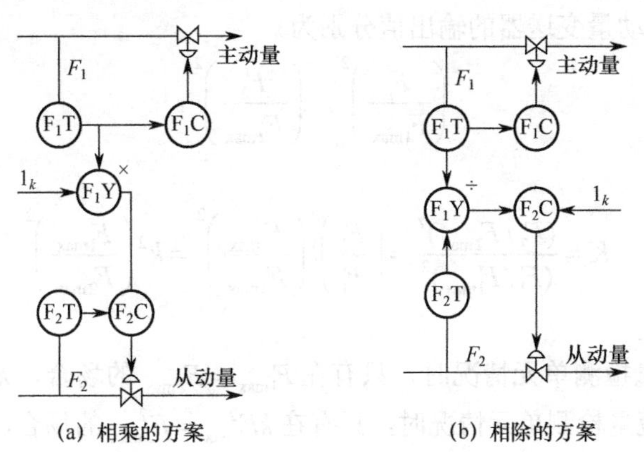

图 5-10 双闭环比值控制系统

（3）变比值控制系统

变比值控制系统的比值是变化的，比值由另一个控制器设定。例如，在燃烧控制中，最终的控制目标是烟道气中的氧含量，而燃料与空气的比值实质上是控制手段，因此，比值的设定值由氧含量控制器给出。图 5-11 所示是相乘的方案，从结构上看，这种方案是以比值控制系统为副回路的串级控制系统。

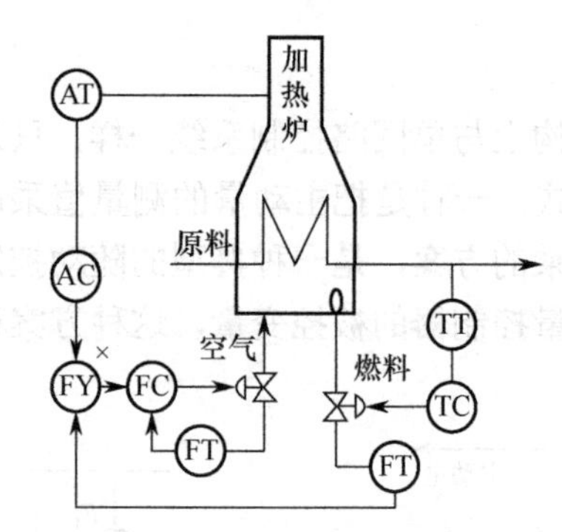

图 5-11 加热炉氧含量变比值控制系统

5.2.2 比值系数的计算

流量比值和设置于仪表的比值系数同属无量纲系数，但除了特定场合，两者的数值是不相等的。流量比值 k 是流量 F_2 与 F_1 的比值。F_2 与 F_1 可以同为质量流量、体积流量或折算成标准情况下的流量，而比值系数 K 是设置于比值函数模块或比值控制器（RC）的参数。

（1）采用线性流量检测单元

在正常工况下，主动量与从动量的输出值（无量纲）分别为

$$F_1/F_{1\max}，\ F_2/F_{2\max}$$

所以单元组合仪表的比值系数

$$K=\frac{F_2/F_{2\max}}{F_1/F_{1\max}}=\frac{F_2}{F_1}\left(\frac{F_{1\max}}{F_{2\max}}\right)=k\left(\frac{F_{1\max}}{F_{2\max}}\right) \tag{5-1}$$

由式（5-1）可知，比值系数只与变送器的量程和所要求从动量与主动量的对应比例关系有关，它与变送器的电气零点无关。

（2）采用差压法未经开方的流量检测单元

此时主动量与从动量变送器的输出值分别为

$$\left(\frac{F_1}{F_{1\max}}\right)^2，\ \left(\frac{F_2}{F_{2\max}}\right)^2$$

所以比值系数

$$K=\frac{(F_2/F_{2\max})^2}{(F_1/F_{1\max})^2}=\left(\frac{F_2}{F_1}\right)^2\left(\frac{F_{1\max}}{F_{2\max}}\right)^2=k^2\left(\frac{F_{1\max}}{F_{2\max}}\right)^2 \tag{5-2}$$

有几点值得指出：

- 采用线性流量检测单元情况时，只有在 $F_{1\max}=F_{2\max}$ 的场合，$k=K$。在采用差压法未经开方的流量检测单元情况时，只有在 $kF_{1\max}^2=F_{2\max}^2$ 的场合，$k=K$。
- 在采用相乘的方案中，比值函数部件也可以改接在 F_2 一侧，即实现 $K'=F_2/F_{2\max}=F_1/F_{1\max}$ 的控制，此时的 $K'=1/K$。在采用相除的方案中，也可以进行类似的运算，同样是 $K'=1/K$。有时这样可以使比值系数成为更合适的数值。
- 在同样的比值 k 下，调整 $F_{1\max}$ 也可以改变 $F_{2\max}$。

下面列举一个比值控制系统应用案例。

在合成氨一段转化反应中，为保证甲烷的转化率，需保持甲烷、蒸汽和空气三者的比值

为 1∶3∶1.4。流量测量都采用节流装置和差压变送器，未装开方器，其中，蒸汽最大流量 $F_{s\max}=31100\text{m}^3/\text{h}$；天然气最大流量 $F_{h\max}=11000\text{m}^3/\text{h}$；空气最大流量 $F_{a\max}=14000\text{m}^3/\text{h}$；采用相乘方案，确定各差压变送器的量程，仪表比值系数 K_1 和 K_2，乘法器输入电流 I_{k1} 和 I_{k2}。

从仪表精确度考虑，流量仪表测量范围分为 10 挡：1×10^n，1.25×10^n，1.6×10^n，2×10^n，2.5×10^n，3.2×10^n，4×10^n，5×10^n，6.3×10^n，8×10^n（n 为整数）。根据题意，各差压变送器的量程应选择为

$$F_{s\max}=32000\text{m}^3/\text{h}，\quad F_{h\max}=12500\text{m}^3/\text{h}，\quad F_{a\max}=16000\text{m}^3/\text{h}$$

采用蒸汽作为主动量，天然气和空气为从动量。防止水碳比过低造成析碳。

工艺比值系数为

$$k_1=F_h/F_s=1/3；\quad k_2=F_a/F_s=1.4/3$$

因采用非线性检测变送环节，仪表比值系数的计算公式为

$$K=k^2\frac{F^2_{主\max}}{F^2_{从\max}}$$

即，

$$K_1=k_1^2\frac{F^2_{s\max}}{F^2_{h\max}}\frac{1\times32000^2}{3^2\times12500^2}=0.7282，\quad K_2=k_2^2\frac{F^2_{s\max}}{F^2_{a\max}}\frac{1.4^2\times32000^2}{3^2\times16000^2}=0.8711$$

计算所得仪表比值系数都小于 1，因此，应将比值函数环节设置在从动量设定回路，直接采用相应仪表比值系数。

假设采用电动Ⅲ型仪表，则乘法器输入电流（即恒流给定器输出）应为

$$I_{k1}=16K_1+4=15.64\text{mA}，\quad I_{k2}=16K_2+4=17.94\text{mA}$$

图 5-12 是甲烷转化过程比值控制系统的结构图（图中未画出恒流给定器）。

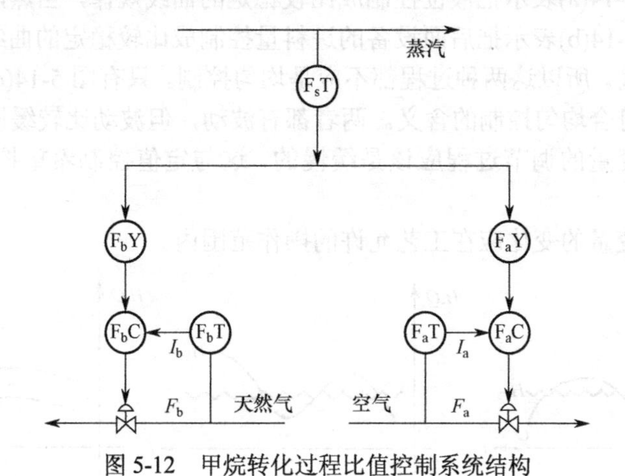

图 5-12 甲烷转化过程比值控制系统结构

5.3 均匀控制系统

5.3.1 均匀控制的提出

在连续生产过程中，为了节约设备投资、紧凑生产装置，往往设法减少中间储罐。这样，

前一设备的出料往往就是后一设备的进料，大多情况下，前一设备要求料位稳定，而后一设备要求进料平稳。此时，若采用液位定值控制，液位稳定性可以得到保证，但流量扰动较大；若采用流量定值控制，流量稳定性可以得到保证，但液位会有大幅度的波动，如图 5-13 所示，这就产生了矛盾。为协调此类矛盾，设计了均匀控制系统。

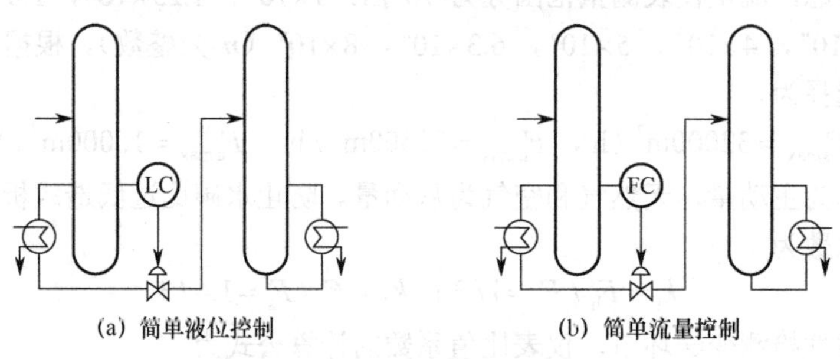

图 5-13 前后精馏塔的控制

均匀控制系统是就控制方案所起的作用而言的，从控制方案的结构看，它像液位或压力的简单定值控制系统，也像液位与流量或压力与流量的串级控制系统。它不同于前面研究的控制系统，均匀控制系统具有既允许表征前后供求矛盾的两个变量都有一定范围的变化，又要保证它们的变化不过于剧烈的特点。所以均匀控制系统可定义成：使两个有关联的被控变量在规定范围内缓慢、均匀地变化，使前后设备在物料供求上相互兼顾、均匀协调的系统。

根据以上讨论可知，均匀控制系统有以下特点。

（1）两被控变量都是变化的。均匀控制指的是前后设备物料供求上的均匀，因此，表征前后设备物料的被控变量都不应该稳定在某一固定数值上。图 5-14 为均匀控制中可能出现的控制过程曲线。图 5-14(a)表示把液位控制成比较稳定的曲线规律，当然，下一设备的进料量必然波动很大。图 5-14(b)表示把后面设备的进料量控制成比较稳定的曲线规律，则前一设备的液位必然波动很大。所以这两种过程都不应是均匀控制。只有图 5-14(c)所示的液位和流量的控制过程曲线才符合均匀控制的含义。两者都有波动，但波动比较缓慢。

（2）两个被控变量的调节过程应该是缓慢的，这与定值控制希望控制过程要短的要求不同。

（3）两个被控变量的变化应在工艺允许的操作范围内。

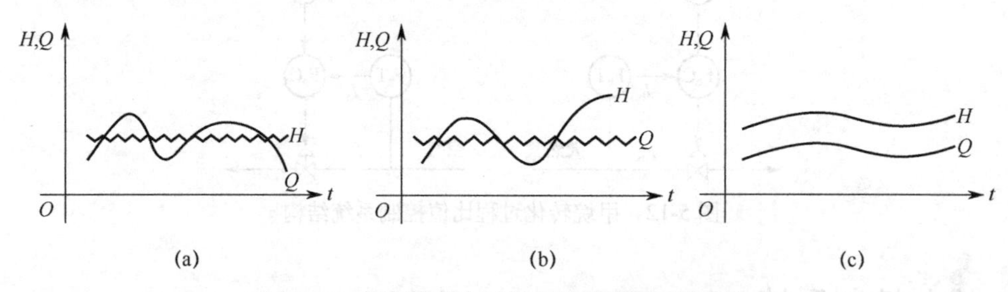

图 5-14 均匀控制中可能出现的控制过程曲线

5.3.2 均匀控制系统的分类

（1）简单均匀控制系统

图 5-15 所示为精馏塔底的简单均匀控制系统。从方案表面看，它像一个简单液位定值控

制系统，并且常被误解为简单液位定值控制系统，使设计思想得不到体现。该系统与定值控制系统的不同主要体现在控制器的控制规律选择和参数整定问题上。在均匀控制系统中不应该选择微分作用，有时还可能需要选择反微分作用。在参数整定上，一般比例度要大于 100%，并且积分时间要长一些，这样才能满足均匀控制要求。

（2）串级均匀控制系统

图 5-16 所示为一精馏塔底液位与塔底流量的串级均匀控制系统。从表面看，它与典型的串级控制系统没有区别，但是它的目的是实现均匀控制。系统中副回路流量控制的目的是消除控制阀前后压力干扰及自衡作用对流量的影响。因此，副回路与串级控制中的副回路相同，副控制器参数整定的要求与前面所讨论的串级控制对副回路的要求相同。而主控制器即液位控制器，则与简单均匀控制系统控制器的参数整定相同，要满足均匀控制的要求，使液位与流量均保证在较小的幅度内缓慢变化。

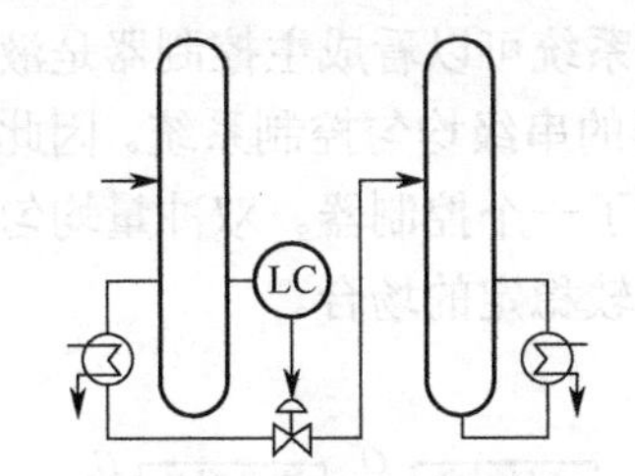

图 5-15　简单均匀控制系统

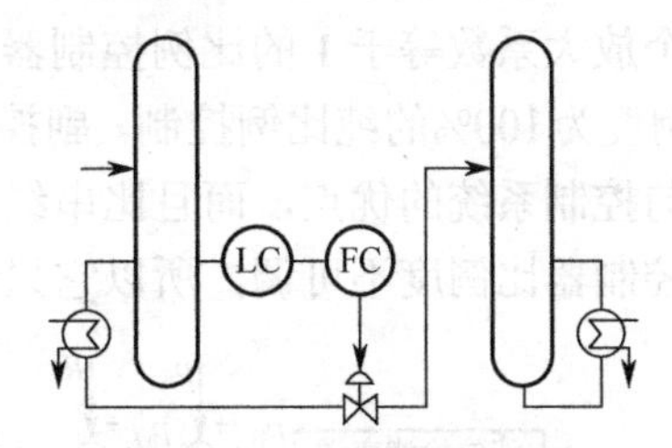

图 5-16　串级均匀控制系统

在有些容器中，液位是通过进料阀来控制的，用液位控制器对进料的流量控制，同样可以实现均匀控制的要求。当物料为气体时，前后设备的均匀控制是前面的气体压力与后面设备的进气流量之间的均匀。它既保证了前设备压力的稳定又保证了后设备进料的平稳。

（3）双冲量均匀控制系统

所谓双冲量均匀控制系统，就是将两个变量的测量信号，经过加法器后作为被控变量的系统。图 5-17 即为精馏塔液位与出料量的双冲量均匀控制系统工艺流程图。假定该系统用气动单元组合式仪表来实施，其加法器∑的运算规律为

$$p_O = p_H - p_Q + p_S + C \tag{5-3}$$

式中，p_H、p_Q 分别为液位和流量测量信号，p_S 是液位的给定值，C 是可调偏置。

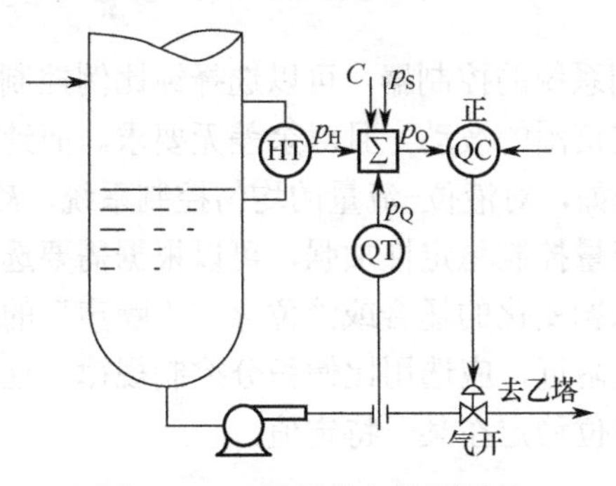

图 5-17　双冲量均匀控制系统

在稳定工况时，调整偏置 C 使 p_O 等于控制器的设定值，一般将它设置为 0.06MPa，使控制阀门开度处于 50%位置。当流量正常时，若液位因受到干扰而上升，则 p_H 增大，加法

器输出p_O增大，流量控制器因为是正作用方式，其输出也增大。对于气开式的控制阀，阀门开度缓慢开大，使出料量逐渐加大，p_Q随之增大，到某一时刻，液位开始缓慢下降，当p_H与p_O之差逐渐减小到稳态值时，加法器的输出恢复到控制器的设定值，系统渐趋稳定，控制阀停留在新的开度上，液位新的稳态值比原来有所升高，流量新的稳态值也比原来有所增加，但都在允许的范围内，从而达到均匀控制的目的。同样道理，当液位正常而出料量受到干扰使p_Q增大时，加法器的输出信号减小，流量控制器的输出逐渐减小，控制阀门慢慢关小，使p_Q慢慢减小，同时引起液位上升，p_H逐渐增大，在某一时刻p_H与p_Q之差恢复到稳态值时，系统又达到了一个新的平衡。

流量控制器接收的是由加法器送来的两个变量之差，且要使两变量之差保持在固定值，所以控制器应该选择PI控制规律。

双冲量比值控制系统的原理框图可以画成如图5-18所示的形式，如果将液位检测变送器看作一个放大系数等于1的比例控制器，双冲量均匀控制系统可以看成主控制器是液位控制器、比例度为100%的纯比例控制，副控制器为流量控制器的串级均匀控制系统。因此它具有串级均匀控制系统的优点，而且比串级均匀控制系统少用了一个控制器。双冲量均匀控制系统的主控制器比例度不可调，所以它只适用于生产负荷比较稳定的场合。

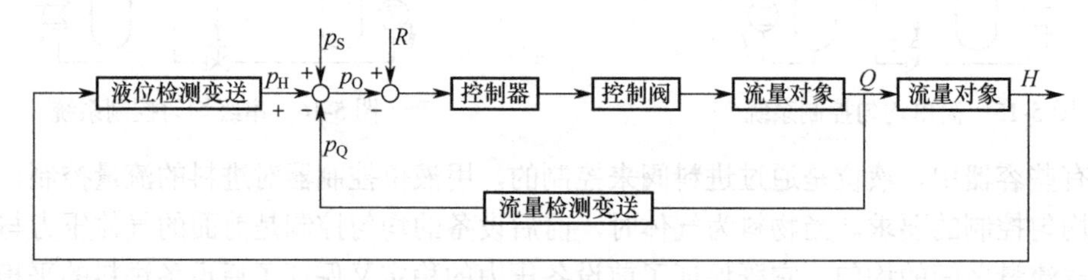

图5-18 双冲量比值控制系统的原理框图

既然双冲量控制系统中的流量控制器属于串级均匀控制系统中的副控制器，那么流量控制器应按副控制器的要求进行参数整定，即大的比例度和小的积分时间，比例度δ取值范围为100%～200%，积分时间在0.1～1min之间。

5.3.3 控制规律的选择及参数整定

（1）控制规律的选择

对一般的简单均匀控制系统的控制器，可以选择纯比例控制规律。这是因为均匀控制系统所控制的变量允许有一定范围的波动，且对余差无要求。而纯比例控制规律简单明了，整定简单便捷，响应迅速。例如，对液位-流量的均匀控制系统，K_c增加，液位控制作用加强，反之液位控制作用减弱而流量控制稳定性加强，可以根据需要选择适当的比例度。

对一些输入流量存在急剧变化的场合或液位存在“噪声”的场合，特别若希望液位在正常稳定工况时保持在特定值附近，应选用比例积分控制规律。这样，在不同的工作负荷情况下都可以消除余差，保证液位稳定在某一特定值。

（2）参数的整定

均匀控制系统控制器参数的整定具体做法在下面介绍。

纯比例控制规律的做法：

- 将比例度放置在不会引起液位超值但相对较大的数值，如δ在200%左右。

- 观察趋势，若液位的最大波动小于允许的范围，则增加比例度。
- 若发现液位的最大波动大于允许范围，则减小比例度。
- 反复调整比例度，直至液位的波动小于且接近于允许范围，一般情况下 δ 在100%～200%之间。

比例积分控制规律的做法：

- 按纯比例控制方式进行整定，得到适用的比例度 δ 值。
- 适当加大比例度值，然后投入积分作用。由大至小逐渐调整积分时间，直到记录趋势出现缓慢的周期性衰减振荡为止。大多数情况 T_I 在几分钟到十几分钟之间。

5.4 前馈控制系统

5.4.1 基本原理

在前面讨论的控制系统中，控制器按照被控变量与设定值的偏差来进行控制，这就是所谓的反馈控制，是闭环控制系统。在反馈控制中，被控变量偏离设定值、产生偏差时才进行控制，这使得控制作用总是落后于干扰对控制系统的影响。

前馈控制系统是一种开环控制系统，是在苏联学者倡导的不变性原理的基础上发展而成的。20世纪50年代以后，在工程上，前馈控制系统逐渐得到广泛应用。前馈控制系统是根据扰动或设定值的变化按补偿原理而工作的控制系统，其特点是，当扰动产生后、被控变量还未变化以前，根据扰动作用的大小进行控制，以补偿扰动作用对被控变量的影响。前馈控制系统若运用得当，可以使被控变量的扰动消灭于萌芽之中，使被控变量不因扰动作用或设定值变化而产生偏差，或者降低扰动引起的控制偏差和产品质量的变化，它比反馈控制能更加及时地进行控制，不受系统滞后的影响。

图5-19所示是换热器的前馈控制系统及其框图。

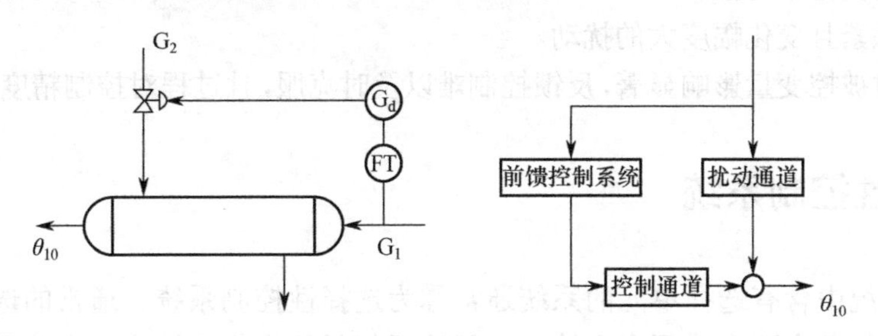

图5-19 换热器的前馈控制系统及其框图

5.4.2 前馈控制系统的主要结构形式

（1）静态前馈

静态前馈是在扰动作用下，前馈补偿作用只能使被控变量回到要求的设定值，而不考虑补偿过程中的偏差大小。在有条件的情况下，可以通过物料平衡和能量平衡关系求得采用多大的校正作用。静态前馈控制不包含时间因子，实施简便。事实证明，在不少场合，特别是控制通道和扰动通道的时间常数相差不大时，应用静态前馈控制可以获得很好的控制精度。

（2）前馈反馈控制系统

单纯的前馈控制是开环的，未对补偿作用加以检验。在实际工业过程中，单独使用前馈控制很难满足工艺上的要求，因此前馈与反馈相结合构成前馈反馈控制系统。前馈反馈控制系统有两种结构：一种是前馈控制作用与反馈控制作用相乘，如图 5-20 所示的系统；另一种是前馈控制作用与反馈控制作用相加，是前馈反馈控制系统中最典型的结构，如图 5-21 所示的系统。

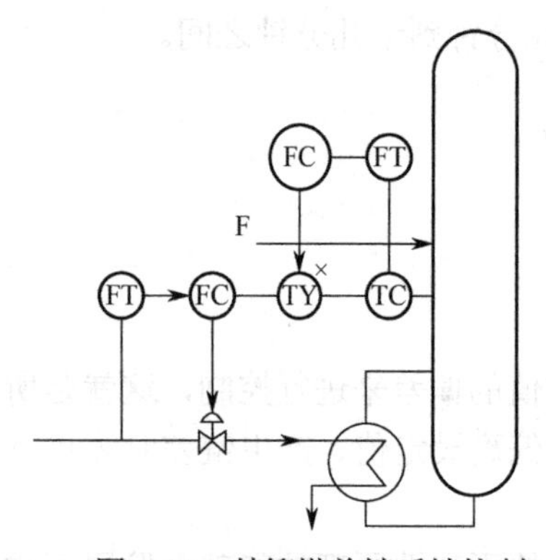

图 5-20 精馏塔前馈反馈控制系统（相乘型）

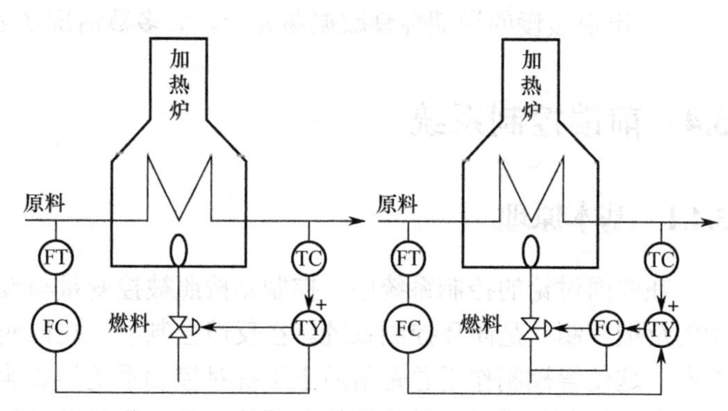

图 5-21 加热炉前馈反馈控制系统（相加型）

5.4.3 采用前馈控制系统的条件

前馈控制是根据扰动作用的大小进行控制的。前馈控制系统主要用于克服控制系统中对象滞后大、由扰动造成的被控变量偏差消除时间长、系统不易稳定、控制品质差等弱点。因此，采用前馈控制系统的条件是：

- 扰动可测但不可控。
- 变化频繁且变化幅度大的扰动。
- 扰动对被控变量影响显著，反馈控制难以及时克服，且过程对控制精度要求十分严格。

5.5 选择性控制系统

在控制系统中含有选择单元的系统通常称为选择性控制系统。通常的选择器是低选器和高选器，它们各有两个或更多个输入，低选器把低信号作为输出，高选器把高信号作为输出，即

$$u_o = \min(u_{i1}, u_{i2}, \cdots)$$
$$u_o = \max(u_{i1}, u_{i2}, \cdots) \tag{5-4}$$

式中，u_i 是第 j 个输入；u_o 是输出。选择性控制系统将逻辑控制与常规控制结合起来，增强了系统的控制能力，可以完成非线性控制、安全控制和自动开停车等控制功能。选择性控制又称取代控制、超驰控制和保护控制等。

选择性控制系统是为使控制系统既能在正常工况下工作，又能在一些特定的工况下工作

而设计的，因此，选择性控制系统应具备：

- 生产操作上有一定的选择性规律。
- 组成控制系统的各环节中，必须包含具有选择性功能的选择单元。

在控制器与控制阀之间引入选择单元的控制称为被控变量选择性控制。图 5-22 为液氨蒸发器的选择性控制系统，液氨蒸发器是一个换热设备，在工业生产上用得很多。液氨的汽化需要吸收大量的汽化热，常用来冷却流经管内的被冷却物料。

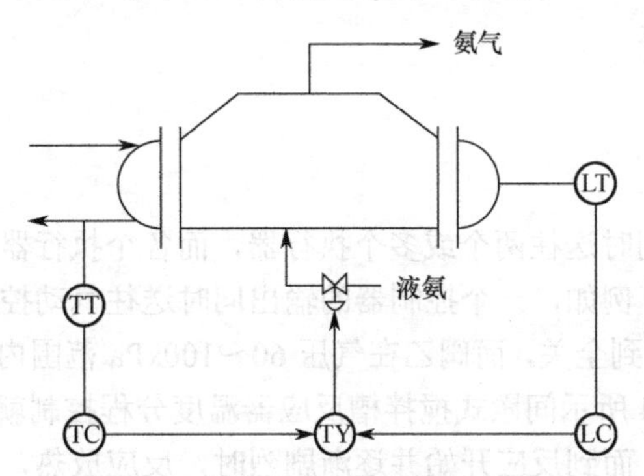

图 5-22　液氨蒸发器选择性控制系统

在正常工况下，控制阀由温度控制器 TC 的输出来控制，这样可以保证被冷却物料的温度为设定值。但是，蒸发器需要足够的汽化空间，保证良好的汽化条件并避免出口氨气带液，为此设计了液面选择性控制系统。在液面达到高限的工况时，即使被冷却物料的温度高于设定值也不再增加氨液量，而由液位控制器 LC 取代温度控制器 TC 进行控制。这样，既保证了必要的汽化空间又保证了设备安全，实现了选择控制。

该系统中控制阀选用气开阀，温度控制器 TC 选用正作用特性，液位控制器 LC 选用反作用特性，LS 为低选控制规律。

在选择性控制系统中，正常工况下，取代控制器的偏差一直存在，如果取代控制器有积分控制作用，就会存在积分饱和现象。同样，取代工况下，正常控制器的偏差一直存在，如果正常控制器有积分控制作用，也会存在积分饱和现象。当存在积分饱和现象时，控制器的切换就不能及时进行。这里，偏差为零时，两个控制器的输出不能及时切换的现象称为选择性控制系统的积分饱和。

保持控制器切换时跟踪的方法是采用积分外反馈，即将选择器输出作为积分外反馈信号，分别送两个控制器。图 5-23 显示选择性控制系统防积分饱和的连接方法。

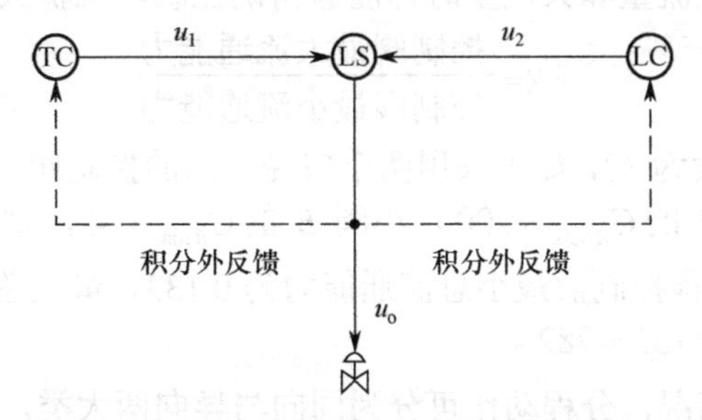

图 5-23　选择性控制系统的防积分饱和连接方法

当控制器 TC 切换时，有

$$u_1 = K_{c1}e_1 + u_o \tag{5-5}$$

当控制器 LC 切换时，有

$$u_2 = K_{c2}e_2 + u_o \tag{5-6}$$

在控制器切换瞬间，偏差e_1或e_2为零，有$u_1 = u_2$，实现了输出信号的跟踪和同步。

5.6 分程控制系统

5.6.1 基本概念

一个控制器的输出同时送往两个或多个执行器，而各个执行器的工作范围不同，这样的系统称为分程控制系统。例如，一个控制器的输出同时送往气动控制阀甲和乙，阀甲在气压20～60kPa 范围内由全开到全关，而阀乙在气压 60～100kPa 范围内由全开到全关，这就属于控制阀分程工作。图 5-24 所示间歇式搅拌槽反应器温度分程控制就是其中一个应用。反应器在开始时需要加热升温，而到反应开始并逐渐剧烈时，反应放热，又需要冷却降温。热水阀和冷却水阀由同一个温度控制器操纵，需要分程完成工作。

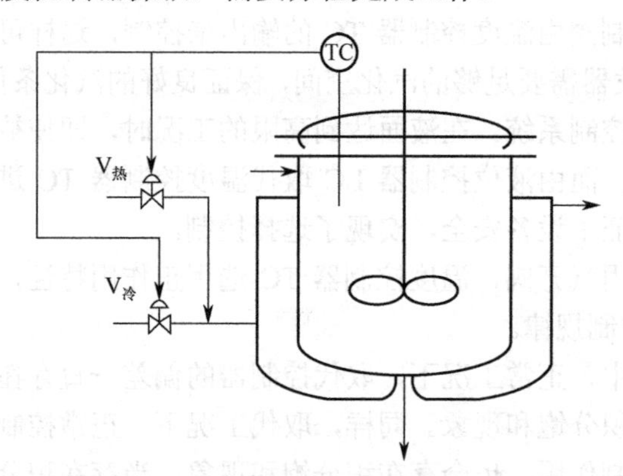

图 5-24 间歇式搅拌槽反应器温度分程控制

5.6.2 分程控制的应用

（1）扩大控制阀的可调范围

为了使控制系统在小流量和大流量时都能够精确控制，应扩大控制阀的可调范围 R，即

$$R=\frac{\text{控制阀最大流通能力}}{\text{控制阀最小流通能力}}$$

国产控制阀的 R 一般为 30，如果采用两个口径不同的控制阀，实现分程后，总的可调范围可扩大。例如，大阀 A 的 $C_{A\max}=100$，小阀 B 的 $C_{B\max}=4$，则 $C_{B\min}=4/30=0.133$；假设大阀泄漏量为 0，则分程控制后最小总流通能力为 0.133，最大总流通能力为 100+4；系统的可调范围为$(100+4)/0.133=782$。

采用两个控制阀的情况，分程动作可分为同向与异向两大类，各自又有气开与气关的组合。因此，共有 4 种组合，如图 5-25 所示。在采用三个或更多个控制阀时，组合方式更多。

不过，总的分程数不宜太多，否则每个控制阀在很小的输入区间内就要从全开到全关，要精确实现这样的控制相当困难。为了实现分程动作，一般要引入阀门定位器。

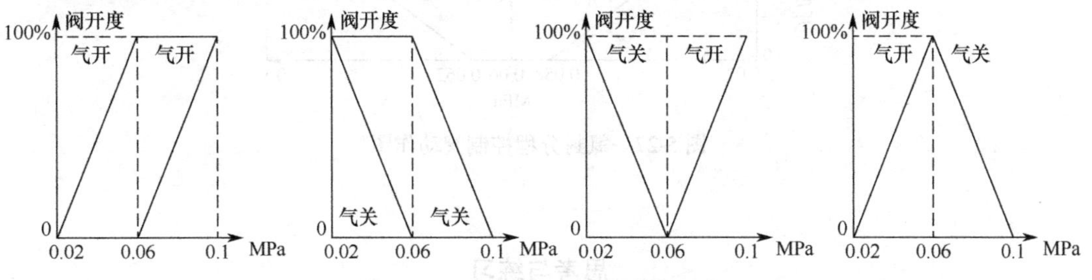

图 5-25　分程控制系统的分程组合

（2）满足工艺特殊要求

分程控制经常用来满足工艺操作上的需要，如图 5-26 所示的罐顶氮封分程控制系统。在炼油厂或石油化工厂中，有许多贮罐存放着各种油品或石油化工产品。这些贮罐建造在室外，为使油品或产品不与空气中的氧气接触而被氧化变质，或引起爆炸危险，常采用罐顶充氮气的办法，使其与外界空气隔绝。实行氮封的技术要求是要始终保持罐内的氮气压为微量正压。贮罐内贮存的物料量增减时，将引起罐顶压力的升降，应及时进行控制，否则将会造成贮罐变形。因此，当贮罐内液位上升时，应停止继续补充氮气，并将罐顶压缩的氮气适量排出。反之，当液位下降时，应停止排放氮气而继续补充氮气。只有这样才能做到既隔绝了空气，又保证贮罐不变形。

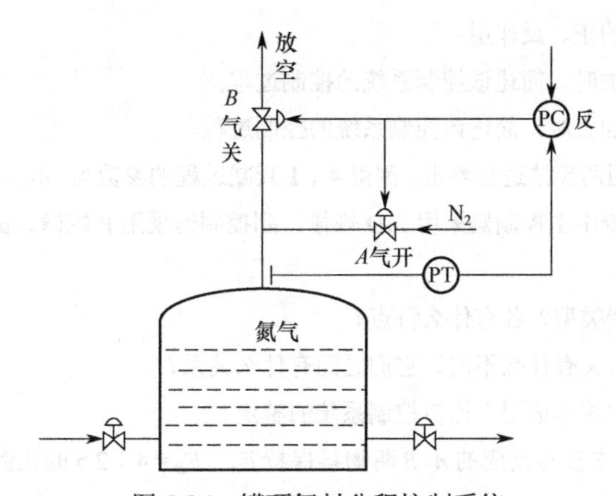

图 5-26　罐顶氮封分程控制系统

在罐顶氮封分程控制系统中，PT 为压力检测变送器；PC 为压力控制器，选择 PI 控制规律，具有反作用，充气阀 A 选择气开式，排气阀 B 选择气关式。当罐顶压力减小时，控制器输出增大，将打开充气阀而关闭排气阀。反之，当罐顶压力增大时，控制器输出减小，关闭充气阀，打开排气阀。

为了避免 *A*、*B* 两阀频繁开闭，针对一般贮罐顶部空隙较大、压力对象时间常数较大、同时对压力的控制精度要求又不高的情况，为节省氮气，*B* 阀的分程信号压力为 0.02～0.058MPa，*A* 阀的分程信号压力为 0.062～0.1MPa，中间存在一个间歇区或称为不灵敏区，如图 5-27 所示。

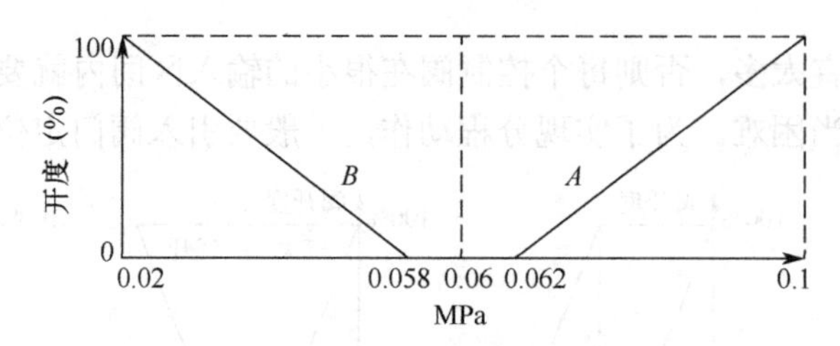

图 5-27 氮封分程控制阀动作图

思考与练习

1. 什么是串级控制系统？画出串级控制系统的典型框图。

2. 与简单控制系统相比，串级控制系统有什么特点？

3. 串级控制系统最主要的优点体现在什么地方？试通过一个例子与简单控制系统进行比较。

4. 串级控制系统中的副被控变量如何选择？

5. 在串级控制系统中，如何选择主、副控制器的控制规律？

6. 对于如图 5-28 所示的加热器串级控制系统。要求：

① 画出该控制系统的框图，并说明主变量、副变量分别是什么，主控制器、副控制器分别是哪个控制器；

② 若工艺要求加热器温度不能过高，以免易发生事故，试确定控制阀的气开、气关形式；

③ 确定主、副控制器的正、反作用；

④ 当蒸汽压力突然增加时，简述该控制系统的控制过程；

⑤ 当冷物料流量突然加大时，简述该控制系统的控制过程。

7. 某串级控制系统采用两步法进行整定，测得 4∶1 衰减过程的参数为：$\delta_{1s}=8\%$，$\delta_{2s}=42\%$，$T_{1s}=120s$，$T_{2s}=8s$。若该串级控制系统中主控制器采用 PID 规律，副控制器采用 P 规律。试求主、副控制器的参数值应是多少？

8. 比值控制系统有哪些类型？各有什么特点？

9. 比值与比值系数的含义有什么不同？它们之间有什么关系？

10. 为什么 4∶1 整定方法不适用于比值控制系统的整定？

11. 某化学反应过程要求参与反应的 A、B 两物料保持 $F_A∶F_B=4∶2.5$ 的比例，两物料的最大流量 $F_{A\max}=625m^3/h$，$F_{B\max}=290m^3/h$。通过观察发现 A、B 两物料流量因管线压力波动而经常变化。根据上述情况，设计一个比较合适的比值控制系统。

12. 设置均匀控制系统的目的是什么？其特点是什么？

13. 为什么说均匀控制系统的核心问题是控制器参数的整定问题？

14. 均匀控制系统能运用 4∶1 衰减曲线法整定控制器参数吗？为什么？

15. 简单均匀控制系统与单回路反馈控制系统有些什么相同点与不同点？

16. 图 5-29 为一水槽，其液位为 L，进水流量为 F，试设计一入口流量与液位双冲量均匀控制系统。画出该系统的结构图，确定该系统中控制阀的开闭形式，控制器的正、反作用以及引入加法器时各信号所取的符号。

17. 什么是分程控制系统？它区别于一般的简单控制系统最大的特点是什么？

18. 分程控制系统应用于哪些场合？请分别举例说明其控制过程。

19. 选择性控制系统有什么类型？各有什么特点？

20. 与反馈控制系统相比，前馈控制系统有什么特点？为什么控制系统中不单纯采用前馈控制，而是采用前馈-反馈控制？

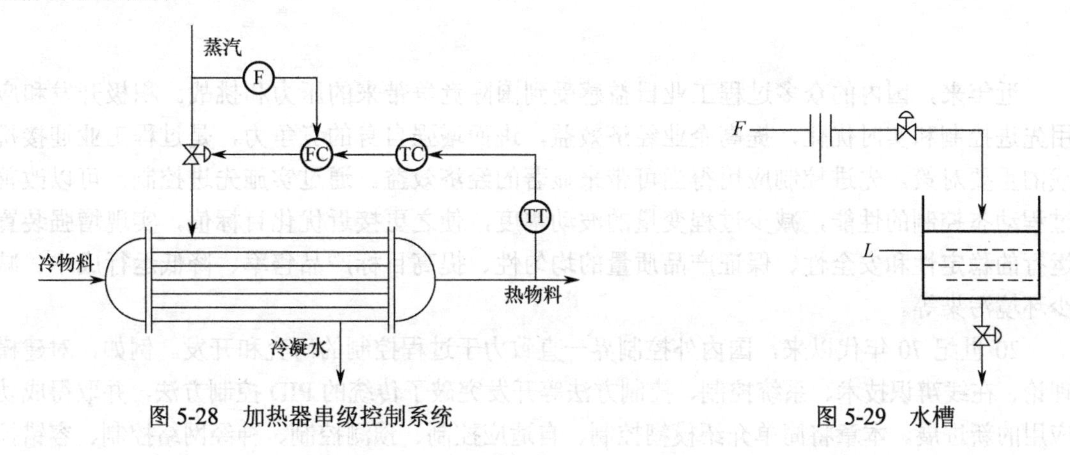

图 5-28　加热器串级控制系统

图 5-29　水槽

第6章　先进过程控制系统

近年来，国内的众多过程工业日益感受到国际竞争带来的压力和挑战。积极开发和应用先进控制和实时优化，提高企业经济效益，进而增强自身的竞争力，是过程工业迎接挑战的重要对策。先进控制应用得当可带来显著的经济效益。通过实施先进控制，可以改善过程动态控制的性能，减少过程变量的波动幅度，使之更接近优化目标值，实现增强装置运行的稳定性和安全性、保证产品质量的均匀性、提高目标产品售率、降低运行成本、减少环境污染等。

20世纪70年代以来，国内外控制界一直致力于过程控制的研究和开发。例如，对建模理论、在线辨识技术、系统控制、控制方法等开发突破了传统的PID控制方法，并取得成功应用的新进展。本章将简单介绍模糊控制、自适应控制、预测控制、神经网络控制、容错控制、解耦控制等几种先进控制系统，重点介绍模糊控制。

6.1　模糊控制

所谓“模糊”，是指客观事物彼此间的差异在中间过渡时界限不分明。比如，我们说“天气热”，那么气温到底多少度才算“热”？显然，没有明确的界限，这种概念称为模糊概念。日常生活中和生产实践中存在着大量的模糊现象，以精确性为主要特点的经典数学对这类问题是无能为力的，对于这类问题正是模糊数学的用武之地。

在工业过程中，对于那些无法获得数学模型或模型粗糙复杂、非线性、时变的或耦合十分严重的系统，无论用经典的PID控制还是现代控制理论的各种算法，都很难实现控制。但是，一个熟练的操作工人或技术人员，凭借自己的经验，靠眼、耳等传感器官，经过大脑的思维判断，给出控制量，手动操作即能够达到较好的控制效果。例如，对于一个温度控制系统，人的控制规则是，若温度高于设定值，就减小给定量，使之降温；反之，若温度低于设定值，则加大给定量，使之升温。操作者在观察温度的偏差时，偏差越大给定的变化也越大，即温度超出设定值越高，则给定减小得也越多，设法使之降温越快；温度低于设定值越多，则给定增加得越大，以设法使之迅速升温。以上过程包含了大量的模糊概念，例如“越高”“越快”“越多”“越大”等。因此，操作者的观察与思维判断过程，实际上是一个模糊化及模糊计算的过程。我们把人的操作经验归纳成一系列的规则存放在计算机中，利用模糊集合理论将它定量化，使控制器模仿人的操作策略，这就是模糊控制器。用模糊控制器组成的系统为模糊控制系统。

6.1.1　模糊集合

模糊数学是用精确的数学方法来描述模糊现象的数学。

（1）模糊集合的隶属函数

在模糊数学中，用模糊集合来表征模糊现象。本书用带下画波浪线的大写、斜体英文字母表示模糊集合，以区别于普通集合，如模糊集合 $\underset{\sim}{A}$ 和普通集合 A。

普通集合的特征函数只有 2 个值：1 或 0，分别表示元素属于某集合或不属于某集合。而模糊集合的特征函数可以在[0, 1]区间内连续取值。如 0.3，0.5 等。模糊集合的特征函数称为隶属函数，记作 $\underset{\sim}{A}(x)$。它表示模糊集合中元素 x 属于模糊集合 $\underset{\sim}{A}$ 的程度，或称 x 对于 $\underset{\sim}{A}$ 的隶属度。$\underset{\sim}{A}(x)$ 越接近于 1，x 属于 $\underset{\sim}{A}$ 的程度越高；$\underset{\sim}{A}(x)$ 越接近于 0，x 属于 $\underset{\sim}{A}$ 的程度越低。

【例 6.1】$\underset{\sim}{A}$ 表示年轻人的集合，在年龄区间[15, 35]内，可以写出以下隶属函数

$$\underset{\sim}{A}(x)=\begin{cases}1 & (15\leqslant x<25)\\ \dfrac{1}{1+\left(\dfrac{x-25}{5}\right)^2} & (25\leqslant x)\end{cases}$$

我们研究年龄为 30 岁和 28 岁的人（$x=30$ 和 $x=28$）对于年轻人的隶属度。

【解】

$$\underset{\sim}{A}(30)=0.5$$

$$\underset{\sim}{A}(28)=0.74$$

（2）模糊集合的表示

当模糊集合中的元素为有限个数 n 时，模糊集合可表示为

令论域 $$U=\{u_1,u_2,\cdots,u_n\}$$

① Zadeh 表示法

$$\underset{\sim}{A}=\frac{A(u_1)}{u_1}+\frac{A(u_2)}{u_2}+\cdots+\frac{A(u_n)}{u_n} \tag{6-1}$$

上式中，$\underset{\sim}{A}$ 为论域 $\{u_1,u_2,u_3,\cdots,u_n\}$ 上的模糊集合。

② 向量表示法

式（6-1）还可以简单地表示为

$$\underset{\sim}{A}=\left(A(u_1),A(u_2),\cdots,A(u_n)\right)$$

③ 序偶表示法

式（6-1）的序偶表示形式为

$$\underset{\sim}{A}=\left((u_1,A(u_1)),(u_2,A(u_2)),\cdots,(u_n,A(u_n))\right)$$

【例 6.2】某 5 个人的身高分别为 170cm，168cm，175cm，180cm，178cm。他们的身高对于“高个子”的模糊概念的隶属度分别为 0.8，0.78，0.85，0.90，0.88。这样 5 个人身高的模糊集合可表示为

$$\underset{\sim}{A}=\frac{0.8}{170}+\frac{0.78}{168}+\frac{0.85}{175}+\frac{0.9}{180}+\frac{0.88}{178}$$

或

$$\underset{\sim}{A}=(0.80, 0.78, 0.85, 0.90, 0.88)$$

或

$$\underset{\sim}{A}=\left((170,0.80),(168,0.78),(175,0.85),(180,1.90),(178,0.88)\right)$$

当模糊集合中的元素为无穷多个时，模糊集合可用 Zadeh 法表示为

$$\underset{\sim}{A}=\int\frac{A(u)}{u} \tag{6-2}$$

【例 6.3】远大于 0 的实数集合 A 的隶属函数可表示为

$$\underset{\sim}{A}(x)=\begin{cases}0 & (x\leqslant 0)\\ \dfrac{1}{1+\dfrac{100}{x^2}} & (x>0)\end{cases}$$

则模糊集合 $\underset{\sim}{A}$ 可写为

$$\underset{\sim}{A}=\frac{\int_{A}\left[1+\dfrac{100}{x^2}\right]^{-1}}{x}$$

注意，式（6-1）中的“+”号和式（6-2）中的“$\int$”号，并不是表示加法运算和积分运算，而是模糊集合的一种记号，表示论域中所有元素的集合；“-”号或“/”号不是表示减法运算和除法运算，而是表示论域元素与隶属度的对应关系。

（3）模糊集合的基本运算

① 交运算

设 $\underset{\sim}{A}$ 和 $\underset{\sim}{B}$ 为两个模糊集，其交集 $\underset{\sim}{C}$ 的隶属度为

$$\underset{\sim}{C}(x)=\min[\underset{\sim}{A}(x),\underset{\sim}{B}(x)] \tag{6-3}$$

即两个模糊集交集的隶属度取两个隶属度中较小的数，亦表示为

$$\underset{\sim}{C}(x)=\underset{\sim}{A}(x)\wedge\underset{\sim}{B}(x) \tag{6-4}$$

或用集合表示

$$\underset{\sim}{C}=\underset{\sim}{A}\cap\underset{\sim}{B}$$

② 并运算

设 $\underset{\sim}{A}$ 和 $\underset{\sim}{B}$ 为两个模糊集，其并集 $\underset{\sim}{C}$ 的隶属度为

$$\underset{\sim}{C}(x)=\max[\underset{\sim}{A}(x),\underset{\sim}{B}(x)] \tag{6-5}$$

即两个模糊集并集的隶属度取两个隶属度中较大的数，可表示为

$$\underset{\sim}{C}(x)=\underset{\sim}{A}(x)\vee\underset{\sim}{B}(x) \tag{6-6}$$

或用集合表示为

$$\underset{\sim}{C}=\underset{\sim}{A}\cup\underset{\sim}{B}$$

③ 补运算

设 $\underset{\sim}{A}$ 是论域 X 中的模糊集，它的补集为 $\overline{\underset{\sim}{A}}$。

$$\overline{\underset{\sim}{A}}(x)=1-\underset{\sim}{A}(x) \tag{6-7}$$

④ 包含和相等

设 $\underset{\sim}{A}$ 和 $\underset{\sim}{B}$ 为论域 U 上的两个模糊子集，对于 U 中的每一个元素 u，都有 $\underset{\sim}{A}(u)\geqslant\underset{\sim}{B}(u)$，则称 $\underset{\sim}{A}$ 包含 $\underset{\sim}{B}$，记作 $\underset{\sim}{A}\supseteq\underset{\sim}{B}$。

如果 $\underset{\sim}{A}\supseteq\underset{\sim}{B}$，且 $\underset{\sim}{A}\subseteq\underset{\sim}{B}$，则 $\underset{\sim}{A}$ 与 $\underset{\sim}{B}$ 相等，记作 $\underset{\sim}{A}=\underset{\sim}{B}$。两个模糊子集 $\underset{\sim}{A}$ 与 $\underset{\sim}{B}$ 相等，则对于论域上的任何元素 u 都有 $A(\underset{\sim}{u})=B(\underset{\sim}{u})$。

【例 6.4】设 $\underset{\sim}{A}$ 和 $\underset{\sim}{B}$ 为论域 $X=\{x_1,x_2,x_3,x_4,x_5\}$ 上的两个模糊集

$$\underset{\sim}{A}=\frac{0.5}{x_1}+\frac{0.3}{x_2}+\frac{0.4}{x_3}+\frac{0.2}{x_4}+\frac{0.1}{x_5}$$

$$\underset{\sim}{B}=\frac{0.2}{x_1}+\frac{0.8}{x_2}+\frac{0.1}{x_3}+\frac{0.7}{x_4}+\frac{0.4}{x_5}$$

试求 $\underset{\sim}{A}\cap\underset{\sim}{B}$，$\underset{\sim}{A}\cup\underset{\sim}{B}$，$\overline{\underset{\sim}{A}}$ 和 $\overline{\underset{\sim}{B}}$。

【解】令 $\underset{\sim}{C}=\underset{\sim}{A}\cap\underset{\sim}{B}$，$\underset{\sim}{D}=\underset{\sim}{A}\cup\underset{\sim}{B}$

则
$$\underset{\sim}{C}=\frac{0.5\wedge0.2}{x_1}+\frac{0.3\wedge0.8}{x_2}+\frac{0.4\wedge0.1}{x_3}+\frac{0.2\wedge0.7}{x_4}+\frac{0.1\wedge0.4}{x_5}$$

所以
$$\underset{\sim}{C}=\underset{\sim}{A}\cap\underset{\sim}{B}=\frac{0.2}{x_1}+\frac{0.3}{x_2}+\frac{0.1}{x_3}+\frac{0.2}{x_4}+\frac{0.1}{x_5}$$

$$\underset{\sim}{D}=\underset{\sim}{A}\cup\underset{\sim}{B}=\frac{0.5\vee0.2}{x_1}+\frac{0.3\vee0.8}{x_2}+\frac{0.4\vee0.1}{x_3}+\frac{0.2\vee0.7}{x_4}+\frac{0.1\vee0.4}{x_5}$$

$$=\frac{0.5}{x_1}+\frac{0.8}{x_2}+\frac{0.4}{x_3}+\frac{0.7}{x_4}+\frac{0.4}{x_5}$$

$$\overline{\underset{\sim}{A}}=1-\underset{\sim}{A}=\frac{0.5}{x_1}+\frac{0.7}{x_2}+\frac{0.6}{x_3}+\frac{0.8}{x_4}+\frac{0.9}{x_5}$$

$$\overline{\underset{\sim}{B}}=1-\underset{\sim}{B}=\frac{0.8}{x_1}+\frac{0.2}{x_2}+\frac{0.9}{x_3}+\frac{0.3}{x_4}+\frac{0.6}{x_5}$$

⑤ 模糊运算性质

I.交换律

$$\underset{\sim}{A}\cup\underset{\sim}{B}=\underset{\sim}{B}\cup\underset{\sim}{A}$$
$$\underset{\sim}{A}\cap\underset{\sim}{B}=\underset{\sim}{B}\cap\underset{\sim}{A}$$

II.结合律

$$\underset{\sim}{A}\cup(\underset{\sim}{B}\cup\underset{\sim}{C})=(\underset{\sim}{A}\cup\underset{\sim}{B})\cup\underset{\sim}{C}$$
$$\underset{\sim}{A}\cap(\underset{\sim}{B}\cap\underset{\sim}{C})=(\underset{\sim}{A}\cap\underset{\sim}{B})\cap\underset{\sim}{C}$$

III.分配律

$$\underset{\sim}{A}\cup(\underset{\sim}{B}\cap\underset{\sim}{C})=(\underset{\sim}{A}\cup\underset{\sim}{B})\cap(\underset{\sim}{A}\cup\underset{\sim}{C})$$
$$\underset{\sim}{A}\cap(\underset{\sim}{B}\cup\underset{\sim}{C})=(\underset{\sim}{A}\cap\underset{\sim}{B})\cup(\underset{\sim}{A}\cap\underset{\sim}{C})$$

IV.传递律

若 $\underset{\sim}{A}\subseteq\underset{\sim}{B}$，$\underset{\sim}{B}\subseteq\underset{\sim}{C}$，则 $\underset{\sim}{A}\subseteq\underset{\sim}{C}$

V.幂等律

$$\underset{\sim}{A}\cup\underset{\sim}{A}=\underset{\sim}{A}$$
$$\underset{\sim}{A}\cap\underset{\sim}{A}=\underset{\sim}{A}$$

VI.摩根律

$$\overline{\underset{\sim}{A}\cup\underset{\sim}{B}}=\overline{\underset{\sim}{A}}\cap\overline{\underset{\sim}{B}}$$
$$\overline{\underset{\sim}{A}\cap\underset{\sim}{B}}=\overline{\underset{\sim}{A}}\cup\overline{\underset{\sim}{B}}$$

VII.复原律

$$\overline{\overline{\underset{\sim}{A}}} = \underset{\sim}{A}$$

注：模糊运算不满足补余率，即 $\overline{\underset{\sim}{A}} \cap \underset{\sim}{A} \neq 0$，$\overline{\underset{\sim}{A}} \cup \underset{\sim}{A} \neq 1$。

⑥λ 水平截集

设 $\underset{\sim}{A}$ 为 $X=\{x\}$ 中的模糊集，其中隶属度大于 λ 的元素组成的集合，称模糊集 $\underset{\sim}{A}$ 的 λ 水平截集，即

$$A_\lambda = \left\{x \middle| \underset{\sim}{A}(x) \geqslant \lambda\right\} \tag{6-8}$$

显然 λ 水平截集 A_λ 为普通集合，它的特征函数为

$$A_\lambda(x) = \begin{cases} 1 & A_\lambda(x) \geqslant \lambda \\ 0 & A_\lambda(x) < \lambda \end{cases}$$

【例 6.5】已知 $X=\{3,4,5,6,7,8\}$ 中有一模糊子集 $\underset{\sim}{A}$，$\underset{\sim}{A} = \frac{0.3}{3} + \frac{0.7}{4} + \frac{1}{5} + \frac{1}{6} + \frac{0.7}{7} + \frac{0.3}{8}$，求 $\lambda = 0.5$ 和 $\lambda = 0.8$ 的 λ 水平截集。

【解】

$$A_{0.5} = \{4,5,6,7\}$$

$$A_{0.8} = \{5,6\}$$

6.1.2 模糊关系

"关系"是集合论中的一个重要概念，指元素之间的关联。模糊关系在模糊控制中具有十分重要的地位。这里首先介绍一个概念：普通集合的直积。

设有集合 A 和 B，我们定义 A 和 B 的直积为

$$A \times B = \{(a,b) \mid a \in A, b \in B\}$$

具体算法是，先在集合 A 中取一个元素 a，再在 B 中取一个元素 b，把它们搭配起来构成序偶(a, b)。所有的序偶(a, b)组成的集合就是集合 A 与 B 的直积 $A\times B$。

【例 6.6】设集合 $A=\{a,b\}$，$B=\{1,2,3\}$，求直积 $A\times B$ 和 $B\times A$。

$$A\times B = \{(a,1),(a,2),(a,3),(b,1),(b,2),(b,3)\}$$

$$B\times A = \{(1,a),(1,b),(2,a),(2,b),(3,a),(3,b)\}$$

可见，$A\times B \neq B\times A$

（1）普通关系

普通关系是用数学方法来描述普通集合中的元素之间有无关联。例如，甲乙双方进行象棋比赛，各有 3 名棋手参赛，分别用 a_1、a_2、a_3 和 b_1、b_2、b_3 表示；甲方用 A 表示，乙方用 B 表示。若 A 中之 a_1 与 B 中之 b_1、b_3 对弈；a_2 与 b_2、b_3 对弈；a_3 与 b_1 对弈。若用符号 R 表示双方棋手之间的对弈关系，则该场比赛中的对弈关系为 a_1Rb_1、a_1Rb_3、a_2Rb_2、a_2Rb_3、a_3Rb_1。

以上对弈关系可以用序偶的形式表示，即

$$R = \{(a_1,b_1),(a_1,b_3),(a_2,b_2),(a_2,b_3),(a_3,b_1)\} \tag{6-9}$$

与普通集合的直积运算相比较，可见上式中的关系 R 是直积 $A\times B$ 的子集。

因此，可以给出普通关系的定义：集合 A 和 B 的直积 $A\times B$ 的一个子集 R，称 A 与 B 有二元关系。

以上比赛的例子中，由于关系 R 也是一个集合。因此，可以用元素（序偶）的特征函数值为 1 表示该元素属于 R 集合，即具有对弈关系。用特征函数值为 0 表示不属于 R 集合，即不具有对弈关系。于是，可以写出一个关系矩阵。双方各有 3 名棋手，则关系矩阵为 3 行 3 列，行表示 A 方棋手 a_1、a_2 和 a_3，列表示 B 方棋手 b_1、b_2 和 b_3。关系矩阵为

$$R=\begin{bmatrix}1 & 0 & 1\\ 0 & 1 & 1\\ 1 & 0 & 0\end{bmatrix}$$

（2）模糊关系

将普通关系的概念扩展到模糊集合中，可定义出模糊关系。

定义 1：模糊集 $\underset{\sim}{A}$ 和 $\underset{\sim}{B}$ 的直积 $\underset{\sim}{A}\times\underset{\sim}{B}$ 的一个模糊子集 $\underset{\sim}{R}$ 称为 $\underset{\sim}{A}$ 到 $\underset{\sim}{B}$ 的二元模糊关系，其序偶 (a,b) 的隶属度为 $\underset{\sim}{R}(a,b)$。

模糊集的直积运算法则与普通集合的直积运算法则相同。

若论域为 n 个集合的直积 $\underset{\sim}{A}_1\times\underset{\sim}{A}_2\times\cdots\underset{\sim}{A}_n$，则其模糊子集对应为 n 元模糊关系，其隶属函数是 n 个变量的函数。

显然，模糊关系也是模糊集合，其论域元素为序偶。

① 模糊矩阵

定义 2：设矩阵

$$R=(r_{ij})_{m\times n}\quad r_{ij}\in[0,1]$$

则称 R 为模糊矩阵，用于描述模糊关系，故又称模糊关系矩阵。r_{ij} 为模糊矩阵的元素，表示模糊关系的隶属函数。

【例 6.7】学生甲、乙、丙参加艺术五项全能比赛，各项均以 20 分为满分。比赛结果如表 6-1 所示。

表 6-1　学生甲、乙、丙艺术五项全能比赛得分

学生	唱歌	跳舞	乐器	小品	绘画
甲	18	14	19	13	15
乙	16	18	12	19	11
丙	19	10	15	12	18

若定 18 分以上为优，则可用普通关系表示出成绩“优”。

令 $A=\{$甲, 乙, 丙$\}=\{x_1,x_2,x_3\}$

$B=\{$唱歌, 跳舞, 乐器, 小品, 绘画$\}=\{y_1,y_2,y_3,y_4,y_5\}$

用成绩“优”衡量，可写出 A 和 B 的普通关系矩阵为

$$R=\begin{bmatrix}1 & 0 & 1 & 0 & 0\\ 0 & 1 & 0 & 1 & 0\\ 1 & 0 & 0 & 0 & 1\end{bmatrix}$$

现在，用 20 分除各分数，得到的数值作为隶属函数值（“优”的隶属度为 1），可求得甲、乙、丙与“成绩优”的模糊关系。

首先，将算得的隶属函数值列入表 6-2。

表 6-2 学生甲、乙、丙与艺术五项“成绩优”的模糊关系

学生 \ 项目	y_1	y_2	y_3	y_4	y_5
x_1	0.9	0.7	0.95	0.65	0.75
x_2	0.8	0.9	0.6	0.95	0.55
x_3	0.95	0.5	0.75	0.6	0.9

于是，可立即写出模糊关系为

$$R=\frac{0.9}{(x_1,y_1)}+\frac{0.7}{(x_1,y_2)}+\frac{0.95}{(x_1,y_3)}+\frac{0.65}{(x_1,y_4)}+\frac{0.75}{(x_1,y_5)}+\frac{0.8}{(x_2,y_1)}+\frac{0.9}{(x_2\cdot y_2)}+\frac{0.6}{(x_2,y_3)}+\frac{0.95}{(x_2,y_4)}+\frac{0.55}{(x_2,y_5)}+\frac{0.95}{(x_3,y_1)}+\frac{0.5}{(x_3,y_2)}+\frac{0.75}{(x_3,y_3)}+\frac{0.6}{(x_3,y_4)}+\frac{0.9}{(x_3,y_5)}$$

写成模糊矩阵形式为

$$\underset{\sim}{R}=\begin{bmatrix}0.9 & 0.7 & 0.95 & 0.65 & 0.75\\ 0.8 & 0.9 & 0.6 & 0.95 & 0.55\\ 0.95 & 0.5 & 0.75 & 0.6 & 0.9\end{bmatrix}$$

矩阵形式十分直观地表达了普通关系与模糊关系的区别，即普通关系表示元素之间有无关联，而模糊关系表示元素之间关联的程度。

② 模糊矩阵运算

I.模糊矩阵的并运算

设有模糊矩阵 $\underset{\sim}{A}=[a_{ij}]$，$\underset{\sim}{B}=[b_{ij}]$，$\underset{\sim}{A}$ 和 $\underset{\sim}{B}$ 的并为 $\underset{\sim}{C}=[c_{ij}]$，且 $c_{ij}=a_{ij}\vee b_j$，记作 $\underset{\sim}{C}=\underset{\sim}{A}\cup\underset{\sim}{B}$。

【例 6.8】若模糊关系矩阵 $\underset{\sim}{A}=\begin{bmatrix}0.1 & 0.3\\ 0.8 & 0.2\end{bmatrix}$，$\underset{\sim}{B}=\begin{bmatrix}0.8 & 0.5\\ 0.3 & 0.2\end{bmatrix}$，求 $\underset{\sim}{A}\cup\underset{\sim}{B}$。

【解】由定义可求得

$$\underset{\sim}{C}=\underset{\sim}{A}\cup\underset{\sim}{B}=\begin{bmatrix}0.1 & 0.3\\ 0.8 & 0.2\end{bmatrix}\begin{bmatrix}0.8 & 0.5\\ 0.3 & 0.2\end{bmatrix}=\begin{bmatrix}0.1\vee 0.8 & 0.3\vee 0.5\\ 0.8\vee 0.3 & 0.2\vee 0.2\end{bmatrix}=\begin{bmatrix}0.8 & 0.5\\ 0.8 & 0.2\end{bmatrix}$$

II.模糊矩阵的交运算

设有模糊矩阵 $\underset{\sim}{A}=[a_{ij}]_{n\times m}$，$\underset{\sim}{B}=[b_{ij}]$，$\underset{\sim}{A}$ 和 $\underset{\sim}{B}$ 的交为 $\underset{\sim}{C}=[c_{ij}]$，且 $c_{ij}=a_{ij}\wedge b_{ij}$，记作 $\underset{\sim}{C}=\underset{\sim}{A}\cap\underset{\sim}{B}$。

【例 6.9】求例 6.8 中的 $\underset{\sim}{A}\cap\underset{\sim}{B}$。

【解】由定义可求得

$$\underset{\sim}{C}=\underset{\sim}{A}\cap\underset{\sim}{B}=\begin{bmatrix}0.1 & 0.3\\ 0.8 & 0.2\end{bmatrix}\cap\begin{bmatrix}0.8 & 0.5\\ 0.3 & 0.2\end{bmatrix}=\begin{bmatrix}0.1\wedge 0.8 & 0.3\wedge 0.5\\ 0.8\wedge 0.3 & 0.2\wedge 0.2\end{bmatrix}=\begin{bmatrix}0.1 & 0.3\\ 0.3 & 0.2\end{bmatrix}$$

$$=\begin{bmatrix}0.1 & 0.3\\ 0.3 & 0.2\end{bmatrix}$$

III.模糊矩阵的积（模糊矩阵合成运算）

设有模糊关系矩阵 $\underset{\sim}{A}=[a_{ij}]_{n\times m}$，$\underset{\sim}{B}=[b_{ij}]_{m\times l}$，$\underset{\sim}{A}$ 和 $\underset{\sim}{B}$ 的积为 $\underset{\sim}{C}=[c_{ij}]_{n\times l}$，且 $c_{ik}=\bigvee_{j=1}^{m}(a_{ij}\wedge b_{jk})$，记作

$$\underset{\sim}{C}=\underset{\sim}{A}\circ\underset{\sim}{B} \tag{6-10}$$

设 R 是 $U\times V$ 上的模糊关系，S 是 $V\times W$ 上的模糊关系，则 $T=R\circ S$ 称为 R 对 S 的合成。当论域 U、V、W 为有限时，模糊关系的合成可用模糊矩阵的合成表示。

【例 6.10】求例 6.8 中两个模糊关系矩阵的积。

【解】

$$\underset{\sim}{A}\circ\underset{\sim}{B}=\begin{bmatrix}0.1 & 0.3\\ 0.8 & 0.2\end{bmatrix}\circ\begin{bmatrix}0.8 & 0.5\\ 0.3 & 0.2\end{bmatrix}=\begin{bmatrix}(0.1\wedge0.8)\vee(0.3\wedge0.3) & (0.1\wedge0.5)\vee(0.3\wedge0.2)\\ (0.8\wedge0.8)\vee(0.2\wedge0.3) & (0.8\wedge0.5)\vee(0.2\wedge0.2)\end{bmatrix}=\begin{bmatrix}0.3 & 0.2\\ 0.8 & 0.5\end{bmatrix}$$

可见，模糊关系矩阵的积的运算法则与普通矩阵的乘积求法是一致的，只是这里的“∧”号和“∨”号，分别对应普通矩阵计算中的“°”和“+”。

（3）模糊变换

设有两个有限集 $X=\{x_1,x_2,\cdots,x_n\}$，$Y=\{y_1,y_2,\cdots,y_m\}$，$\underset{\sim}{R}$ 是 X 到 Y 的模糊关系。

$$\underset{\sim}{R}=\begin{bmatrix}r_{11} & r_{12} & \cdots & r_{1m}\\ r_{21} & r_{22} & \cdots & r_{2m}\\ r_{n1} & r_{n2} & \cdots & r_{nm}\end{bmatrix}$$

设 $\underset{\sim}{A}$ 和 $\underset{\sim}{B}$ 分别为 X 和 Y 上的模糊集，$\underset{\sim}{A}=(a_1,a_2,\cdots,a_n),\underset{\sim}{B}=(b_1,b_2,\cdots,b_m)$，且

$$\underset{\sim}{B}=\underset{\sim}{A}\circ\underset{\sim}{R} \tag{6-11}$$

则称 $\underset{\sim}{B}$ 是 $\underset{\sim}{A}$ 的象，$\underset{\sim}{A}$ 是 $\underset{\sim}{B}$ 的原象，称 $\underset{\sim}{R}$ 是 X 到 Y 的一个模糊变换。

【例 6.11】已知模糊集 $\underset{\sim}{A}$ 为论域 $X=\{x_1,x_2,x_3\}$ 上的模糊子集，$\underset{\sim}{R}$ 是论域 X 到论域 Y 的模糊变换。且

$$Y=\{y_1,y_2\}\ \underset{\sim}{A}=(0.1,0.3,0.5)$$

$$\underset{\sim}{R}=\begin{bmatrix}0.5 & 0.2\\ 0.3 & 0.1\\ 0.4 & 0.6\end{bmatrix}$$

求 $\underset{\sim}{A}$ 的象 $\underset{\sim}{B}$。

【解】

$$\begin{aligned}\underset{\sim}{B}=\underset{\sim}{A}\circ\underset{\sim}{R}&=(0.1,0.3,0.5)\circ\begin{bmatrix}0.5 & 0.2\\ 0.3 & 0.1\\ 0.4 & 0.6\end{bmatrix}\\ &=[(0.1\wedge0.5)\vee(0.3\wedge0.3)\vee(0.5\wedge0.4)\\ &\quad(0.1\wedge0.2)\vee(0.3\wedge0.1)\vee(0.5\wedge0.6)]\\ &=(0.4,0.5)\end{aligned}$$

（4）模糊决策

众所周知，对任何事物的决策均是在对该事物评价的基础上进行的。我们这里仅讨论模糊综合评判方法。

设 $X=\{x_1,x_2,\cdots,x_n\}$ 为所研究事物的因素集，$\underset{\sim}{A}$ 为 X 的加权模糊数集，$Y=\{y_1,y_2,\cdots,y_m\}$ 是

评语集，$\underset{\sim}{B}$ 是 Y 上的决策集，$\underset{\sim}{R}$ 是 X 到 Y 上的模糊关系。对 $\underset{\sim}{R}$ 作模糊变换，可得决策集 $\underset{\sim}{B}$

$$\underset{\sim}{B} = \underset{\sim}{A} \circ \underset{\sim}{R} = (b_1, b_2, \cdots, b_m) \tag{6-12}$$

若要做出最后决策，可按最大值原理，选最大的 b_i 所对应的 y_i 作为最终的评判结果。

【例 6.12】用户厂家对某控制系统的性能进行评价。因素集为 X={超调量，调节时间，稳态精度}，评语集为 Y={很好，较好，一般，差}。

【解】若对于“超调量”一项的评价是：用户厂家中有 30%的认为很好，30%的认为较好，20%的认为一般，20%的认为差，则可用模糊关系表示为

$$\underset{\sim}{R}_1 = (0.3, 0.3, 0.2, 0.2)$$

同样可以写出对“调节时间”的评价的模糊关系为

$$\underset{\sim}{R}_2 = (0.1, 0.2, 0.5, 0.2)$$

对“稳态精度”的评价的模糊关系为

$$\underset{\sim}{R}_3 = (0.4, 0.4, 0.1, 0.1)$$

于是，可以写出这次性能评价的模糊关系矩阵为

$$\underset{\sim}{R} = \begin{bmatrix} 0.3 & 0.3 & 0.2 & 0.2 \\ 0.1 & 0.2 & 0.5 & 0.2 \\ 0.4 & 0.4 & 0.1 & 0.1 \end{bmatrix}$$

由于用户厂家对于因素集中各性能指标的要求不同，最终结论也会不同。我们用加权模糊集 A 来表示这种不同的要求。

若厂家甲要求调节时间快，其他性能的要求不高，用加权模糊集表示为

$$\underset{\sim}{A}_1 = (0.25, 0.5, 0.25)$$

而厂家乙对稳态精度的要求较高，超调量的要求次之，对调节时间的要求不高，于是，也可以写出加权模糊集为

$$\underset{\sim}{A}_2 = (0.3, 0.2, 0.5)$$

注意：$\underset{\sim}{A}_i$ 中的加权系数之和应为 1。

按照式（6-12），可算得甲、乙两厂家的决策集分别为

$$\underset{\sim}{B}_1 = \underset{\sim}{A}_1 \circ \underset{\sim}{R} = (0.25, 0.5, 0.25) \circ \begin{bmatrix} 0.3 & 0.3 & 0.2 & 0.2 \\ 0.1 & 0.2 & 0.5 & 0.2 \\ 0.4 & 0.4 & 0.1 & 0.1 \end{bmatrix} = (0.25, 0.25, 0.5, 0.2)$$

$$\underset{\sim}{B}_2 = \underset{\sim}{A}_2 \circ \underset{\sim}{R} = (0.3, 0.2, 0.5) \circ \begin{bmatrix} 0.3 & 0.3 & 0.2 & 0.2 \\ 0.1 & 0.2 & 0.5 & 0.2 \\ 0.4 & 0.4 & 0.1 & 0.1 \end{bmatrix} = (0.4, 0.4, 0.2, 0.2)$$

按照最大值原理，选择最大的隶属度所对应的评语。对厂家甲，从 $\underset{\sim}{B}_1$ 可看出第 3 个元素（0.5）最大，故甲对该系统性能的评价是“一般”。从 $\underset{\sim}{B}_2$ 可以看出第 1 和第 2 个元素大，均为 0.4，故乙对该系统的评价是“好”。

6.1.3 模糊推理

（1）模糊逻辑

数字电路和自动控制系统广泛应用二值逻辑。一个命题，不是“真”就是“假”，两者

必居其一，用数字表示则为“1”或“0”；在数字电路中则为“高电平”和“低电平”。

上面的二值逻辑在模糊集中是不能应用的。例如，“今天热”是一个模糊概念，不能简单地用“是”与“否”来精确地界定。

由于模糊命题 $\underset{\sim}{A}$ 的隶属函数是在[0, 1]区间内连续取值，所以称为连续值逻辑，或称模糊逻辑。设模糊命题 $\underset{\sim}{A}$ 的真值为 $x(x\in[0,1])$，当 x=1 时，$\underset{\sim}{A}$ 为完全真；x=0 时，$\underset{\sim}{A}$ 为完全假，x 的大小表示 $\underset{\sim}{A}$ 的真假程度。

在实际应用时，往往把连续值模糊逻辑分成若干离散等分作为多值逻辑来处理。

（2）模糊语言算子

模糊语言是用来表达一定论域上的模糊集合，其任务是对人类语言进行定量化。这里我们仅讨论模糊语言算子。

模糊语言算子是指一类加强或削弱模糊语言表达程度的词。如“特别”“很”“相当”，等等，可加在其他模糊词的前面进行修饰。如对于“天气特别热”“天气比较热”等模糊词，加在“热”前面的词就是模糊语言算子。在模糊数学方法中，可将这些词定量化。

① 语气算子

语气算子的数学描述是 $\underset{\sim}{A}^n(x)$，加强语气的词称为集中算子 $(n>1)$，减弱语气的词称为散漫化算子 $(n\leqslant 1)$。

【例 6.13】例 6.1 中描述过“年轻人”的集合为

$$\underset{\sim}{A}(x)=\begin{cases}1 & (15\leqslant x<25)\\ \dfrac{1}{1+\left(\dfrac{x-25}{5}\right)^2} & (x\geqslant 25)\end{cases}$$

已算得 28 岁和 30 岁的人对于“年轻人”的隶属度为 $\underset{\sim}{A}(30)=0.5$，$\underset{\sim}{A}(28)=0.74$。现在我们加上集中算子“很”，取 $n=2$，设 $\underset{\sim}{B}$ 为“很年轻”的模糊集合，则

$$\underset{\sim}{B}(x)=\underset{\sim}{A}^2(x)=\begin{cases}1 & (15\leqslant x<25)\\ \dfrac{1}{\left[1+\left(\dfrac{x-25}{5}\right)^2\right]^2} & (x\geqslant 25)\end{cases}$$

分别算出 28 岁和 30 岁对“很年轻”的隶属度为

$$\underset{\sim}{B}(28)=0.54,\ \underset{\sim}{B}(30)=0.25$$

我们再加上散漫化算子“较”，取 $n=0.5$，设 $\underset{\sim}{C}$ 为“较年轻”的模糊集合，则

$$\underset{\sim}{C}(x)=\sqrt{\underset{\sim}{A}(x)}=\begin{cases}1 & (15\leqslant x<25)\\ \dfrac{1}{\sqrt{1+\left(\dfrac{x-25}{5}\right)^2}} & (x>25)\end{cases}$$

分别求出 28 岁和 30 岁对“较年轻”的隶属度为

$$\underset{\sim}{C}(28)=0.88,\ \underset{\sim}{C}(30)=0.71$$

由以上例子可见，隶属函数乘方值越小，这便是集中算子的作用；隶属函数开方值越大，这是散漫化算子的作用。

② 模糊化算子

使肯定转化为模糊的词，称为模糊化算子。如“今天气温30℃”是一个肯定语句，在30℃前面加上“大约”，便成了“今天气温大约30℃”，这是模糊词，其中“大约”是模糊化算子。这类算子还有“可能”“大概”“近似”等。

③ 判定化算子

判定化算子把模糊量变成精确量，“属于”“接近于”等，就是这类算子。

【例 6.14】已知模糊矩阵 $\underset{\sim}{R}=\begin{bmatrix}0.2 & 0.9\\0.7 & 0.5\end{bmatrix}$，若选取矩阵元素“属于” λ 以上者有效，就将模糊矩阵变为普通矩阵。

【解】取 $\lambda=0.5$，则 $R=\begin{bmatrix}0 & 1\\1 & 0\end{bmatrix}$。

显然，此处 λ 的意义与 λ 水平截集的意义相似。上例说明判定化算子“属于”将模糊量变成了精确量。

（3）模糊推理

推理是由已知判断获得另一个新判断的思维过程。其中的已知判断称为前提，新判断称为结论。

① 判断句与推理句

I.判断句型为“u 是 a”。

II.推理句型为“若 u 是 a，则 u 是 b”。

以上 u 为研究对象（论域中的元素），a 和 b 为概念词或概念词组。当 a 和 b 的概念为模糊集时，则为模糊推理语句。

② 模糊条件推理

模糊条件推理语句可用模糊关系表示。

设 $\underset{\sim}{A}$ 是论域 X 上的模糊子集，$\underset{\sim}{B}$ 和 $\underset{\sim}{C}$ 是 Y 上的模糊子集，若条件推理语句为“若 $\underset{\sim}{A}$ 则 $\underset{\sim}{B}$，否则 $\underset{\sim}{C}$”，则该条件推理语句可用模糊关系表示为

$$\underset{\sim}{R}=(\underset{\sim}{A}\times\underset{\sim}{B})\cup(\overline{\underset{\sim}{A}}\times\underset{\sim}{C}) \tag{6-13}$$

上式所表示的 $\underset{\sim}{R}$ 中的元素可按下式求得：

$$\underset{\sim}{R}(x,y)=[\underset{\sim}{A}(x)\wedge\underset{\sim}{B}(y)]\vee[(1-\underset{\sim}{A}(x))\wedge C(y)] \tag{6-14}$$

其他形式的条件判断语句可依此类推。如“若 $\underset{\sim}{A}$ 则 $\underset{\sim}{B}$”“$\underset{\sim}{A}$ 且 $\underset{\sim}{B}$ 则 $\underset{\sim}{C}$”，等等。

③ 推理合成规则

以上条件推理语句的基本形式为“若……（又称前件），则……（又称后件）”，用于表示一般原则。推理的准确性是基于一般原理正确。

推理合成规则步骤如下：

I.根据模糊条件推理语句计算相应的模糊关系 $\underset{\sim}{R}$，称为大前提。

II.确定当前具体条件，即计算具体前件量，称为小前提。采用模糊变换的方法，经过合成计算得到结论。

设 $\underset{\sim}{B}$ 为 $X\times Y$ 的模糊关系，$\underset{\sim}{A}_i$ 是 X 上的模糊子集，则可求得相应的 $\underset{\sim}{B}_i$ 为

$$\underset{\sim}{B}_i=\underset{\sim}{A}_i\circ\underset{\sim}{R} \tag{6-15}$$

其中，$\underset{\sim}{R}$ 为大前提，$\underset{\sim}{A}_i$ 为小前提，$\underset{\sim}{B}_i$ 为推理合成得到的结论。

以上模糊推理方法可用于模糊控制，根据输入给出相应的输出。当某控制器的模糊关系 $\underset{\sim}{R}$ 确定以后，若输入为 $\underset{\sim}{A}_i$，可根据推理合成，求得控制器的输出 $\underset{\sim}{B}_1$。

【例 6.15】已知模糊推理语句为“若压力小，则转角大，否则转角不很大”。若现在“压力大”，转角如何？又若“压力很小”，转角又如何？

【解】设压力论域为 $X=\{x_1,x_2,x_3,x_4,x_5\}$，转角的论域为 $Y=\{y_1,y_2,y_3,y_4,y_5\}$，“压力小”的模糊集为

$$\underset{\sim}{A}_i(\text{小})=\frac{1}{x_1}+\frac{0.8}{x_2}+\frac{0.6}{x_3}+\frac{0.4}{x_4}+\frac{0.2}{x_5}$$

用模糊语气算子，可写出“压力很小”的集合为

$$\underset{\sim}{A}_2(\text{很小})=\frac{1}{x_1}+\frac{0.64}{x_2}+\frac{0.36}{x_3}+\frac{0.16}{x_4}+\frac{0.04}{x_5}$$

“压力大”的模糊集为

$$\underset{\sim}{A}_3(\text{大})=\frac{0.2}{x_1}+\frac{0.4}{x_2}+\frac{0.6}{x_3}+\frac{0.8}{x_4}+\frac{1}{x_5}$$

同样，可写出“转角大”的模糊集为

$$\underset{\sim}{B}(\text{大})=\frac{0.2}{y_1}+\frac{0.4}{y_2}+\frac{0.6}{y_3}+\frac{0.8}{y_4}+\frac{1}{y_5}$$

用模糊集合 $\underset{\sim}{C}$ 表示“转角不很大”

$$\underset{\sim}{C}(\text{很大})=\frac{0.04}{y_1}+\frac{0.16}{y_2}+\frac{0.36}{y_3}+\frac{0.64}{y_4}+\frac{1}{y_5}$$

$$\underset{\sim}{C}(\text{不很大})=\frac{0.96}{y_1}+\frac{0.84}{y_2}+\frac{0.64}{y_3}+\frac{0.36}{y_4}+\frac{0}{y_5}$$

首先，写出模糊关系矩阵，根据式（6-13）和式（6-14）可得

$$\underset{\sim}{R}=\left[\underset{\sim}{A}_1(\text{小})\times\underset{\sim}{B}(\text{大})\right]\cup\left[\overline{\underset{\sim}{A}_1}(\text{小})\times\underset{\sim}{C}(\text{不很大})\right]$$

$$=\begin{bmatrix}0.2&0.4&0.6&0.8&1\\0.2&0.4&0.6&0.8&0.8\\0.2&0.4&0.6&0.6&0.6\\0.2&0.4&0.4&0.4&0.4\\0.2&0.2&0.2&0.2&0.2\end{bmatrix}\cup\begin{bmatrix}0.0&0.0&0.0&0.0&0.0\\0.2&0.2&0.2&0.2&0.0\\0.4&0.4&0.4&0.36&0.0\\0.6&0.6&0.6&0.36&0.0\\0.8&0.8&0.64&0.36&0.0\end{bmatrix}$$

所以，$$\underset{\sim}{R}=\begin{bmatrix}0.2&0.4&0.6&0.8&1.0\\0.2&0.4&0.6&0.8&0.8\\0.4&0.4&0.6&0.6&0.6\\0.6&0.6&0.6&0.4&0.4\\0.8&0.8&0.64&0.36&0.2\end{bmatrix}$$

当“压力大”时，求转角的情况 $\underset{\sim}{B}_3$

$$\underset{\sim}{B}_3=\underset{\sim}{A}_3\circ R=(0.2,0.4,0.6,0.8,1.0)\circ\begin{bmatrix}0.2&0.4&0.6&0.8&1.0\\0.2&0.4&0.6&0.8&0.8\\0.4&0.4&0.6&0.6&0.6\\0.6&0.6&0.6&0.4&0.4\\0.8&0.8&0.64&0.36&0.2\end{bmatrix}=(0.8,0.8,0.64,0.6,0.6)$$

可见，此时的转角不很大。

当“压力很小”时，求转角的情况 $\underset{\sim}{B}_2$

$$\underset{\sim}{B}_2=\underset{\sim}{A}_2\circ\underset{\sim}{R}=(1.0,0.64,0.36,0.16,0.04)\circ\begin{bmatrix}0.2&0.4&0.6&0.8&1.0\\0.2&0.4&0.6&0.8&0.8\\0.4&0.4&0.6&0.6&0.6\\0.6&0.6&0.6&0.4&0.4\\0.8&0.8&0.64&0.36&0.2\end{bmatrix}=(0.36,0.4,0.6,0.8,1)$$

可见，此时的转角近似大。

在工业控制中，根据控制规律可写出不同的条件推理语句。用以上分析方法进行模糊推理，便可得到所需的控制信号。关于具体的实现方法，我们在下一节讨论。

6.1.4 模糊控制器原理及设计

模糊控制首先根据人的思维方式总结人的操作经验，然后用模糊语言和一系列模糊条件语句描述控制策略（控制规则），最后通过计算机或专用模块实现这些规则，完成控制作用。模糊控制器的设计不依赖被控对象的精确数学模型。

（1）模糊控制系统的组成

模糊控制系统的组成如图 6-1 所示。

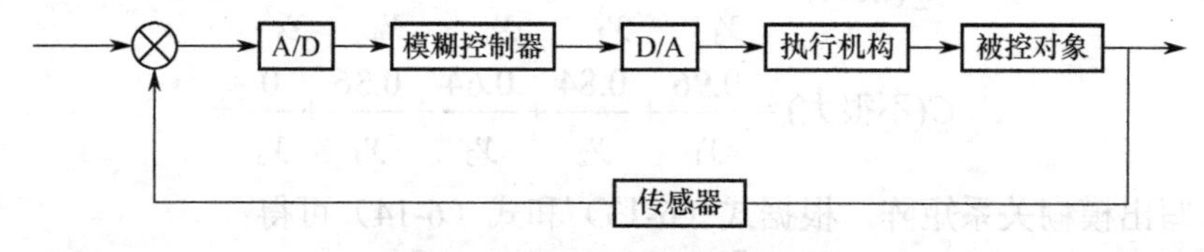

图 6-1 模糊控制系统的组成

模糊控制系统一般可分为 4 个部分。

- 模糊控制器：用微机编程实现模糊控制算法，或由硬件电路实现。
- 输入/输出接口装置：包括 A/D、D/A 及电平转换电路。模糊控制器通过输入/输出接口装置从被控对象获取数字量，并向执行机构输出模拟量。
- 广义被控对象：包括执行机构及被控对象，被控对象可以是线性或非线性的、定常或时变的，也可以是单变量或多变量的、有时滞或无时滞的，以及有强干扰的多种情况。
- 传感器：它将被控对象或各种过程的受控量转换为电信号。

（2）模糊控制原理

按照模糊控制器的输入变量的个数，可分为一维、二维和三维模糊控制器。如图 6-2 所示。图中，一维模糊控制器的输入为被控量的偏差 E，即设定值与实际值之差；二维模糊控制器的输入为被控量的偏差 E 和偏差的变化率 $\dot{E}$；三维模糊控制器的输入为 E、$\dot{E}$ 和偏差变化率的导数 $\ddot{E}$。从理论上讲，还可以有更高维数的模糊控制器，维数越高，控制精度越高。但是，维数越高，控制器越复杂。因此，一般取三维以下，应用最为广泛的是二维模糊控制器。

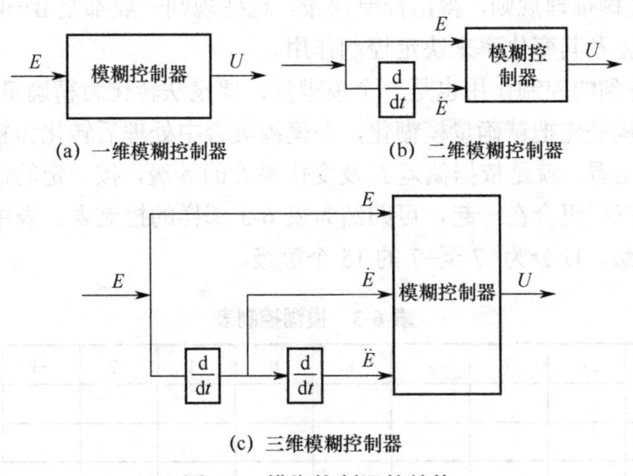

(a) 一维模糊控制器　(b) 二维模糊控制器

(c) 三维模糊控制器

图 6-2　模糊控制器的结构

在图 6-3 中所示系统中，偏差 $e=y-r$，偏差变化率 $\dot{e}=\dfrac{\mathrm{d}e}{\mathrm{d}t}$。$e$ 和 $\dot{e}$ 分别为模糊控制器的两个输入信号，它们均为精确量，而控制算法（模糊控制规则和模糊推理）处理的是模糊量，因此首先要对 e 和 $\dot{e}$ 进行模糊化处理，变成模糊集 $\underset{\sim}{A}$ 和 $\underset{\sim}{B}$，$\underset{\sim}{A}$ 对应偏差量 e，$\underset{\sim}{B}$ 是偏差变化率 $\dot{e}$ 的模糊集。模糊控制规则和模糊推理两部分组成模糊算法器，为模糊控制器的核心。其中模糊控制规则部分是将人的操作经验和思维过程总结成控制规则，从而得到模糊关系。然后用模糊推理法则，计算出相应的控制模糊集 $\underset{\sim}{C}$，再经过非模糊化处理，得到精确的控制量 u 去控制被控对象。

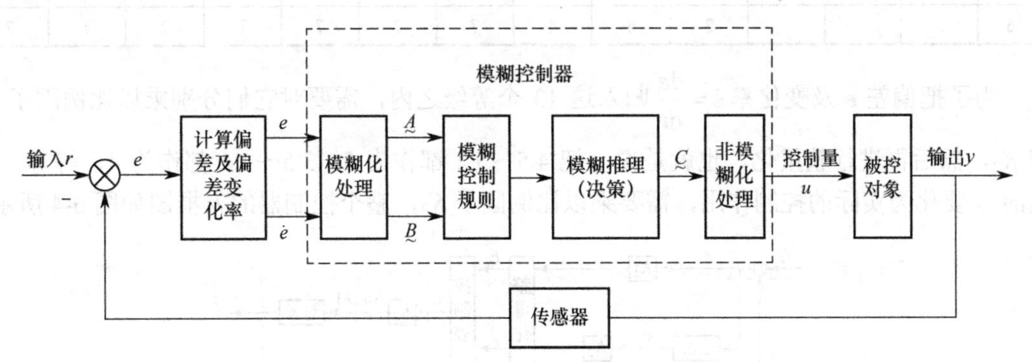

图 6-3　二维模糊控制系统的示意图

（3）模糊控制系统设计

英国的马丹尼（E. H. Mamdani）首先于 1974 年建立了模糊控制器，并用于锅炉和蒸汽机的控制，取得了良好效果。后来的许多研究大多基于他的基本框架。依据绝大多数文献报道，模糊控制可获得满意的调节品质，而且不需要过程的精确知识。模糊控制器的构思可以说是吸收了人工控制时的经验。人们搜集各变量的信息形成概念，如温度过高、稍高、正好、稍低、过低等，然后依据一些推理规则，决定控制决策。模糊控制器的设计在原则上包括以下三个步骤：

① 把测量信息（通常是精确量）化为模糊量，其间应用了模糊子集和隶属度的概念。

② 运用一些模糊推理规则，得出控制决策，这些规则一般都是 if…then…形式的条件语句，通常是依据偏差及其变化率来决定控制作用。

③ 这样推理得到的控制作用也是一个模糊量，要设法转化为精确量。

因此，整个过程是先把精确量模糊化，在模糊集合中处理后转化为精确量的历程。如果概括地从输入和输出看，就是依据偏差 E 及变化率 $\dot{E}$ 的等级，按一定的规则决定控制作用 U 的等级。把上面的三步组合在一起，可归结为表 6-3 那样的控制表。表中，E 和 $\dot{E}$ 分别分为−6 至+6 的 13 个等级，U 分为−7 至+7 的 15 个等级。

表 6-3 模糊控制表

	6	5	4	3	2	1	0	−1	−2	−3	−4	−5	−6
6													
5													
4													
3											1	2	2
2										1	1	2	2
1									1	2	2	3	3
0								1	2	3	3	4	4
−1							1	3	3	4	4	4	4
−2						1	2	4	4	6	6	6	6
−3					1	3	4	4	6	7	7	7	7
−4				1	3	4	4	6	7	7	7	7	7
−5				2	4	4	6	7	7	7	7	7	7
−6				2	4	4	7	7	7	7	7	7	7

为了把偏差 e 及变化率 $\dot{e}=\dfrac{\mathrm{d}e}{\mathrm{d}t}$ 归入这 13 个等级之内，需要对它们分别乘以比例因子 K_1 和 K_2，然后再进行整量化，也就是说，把 4.5～5.4 都作为 5，3.5～4.4 都作为 4，等等。得到的 U 要化为实际的控制作用，需要乘以比例因子 K_3，整个控制器的方框图如图 6-4 所示。

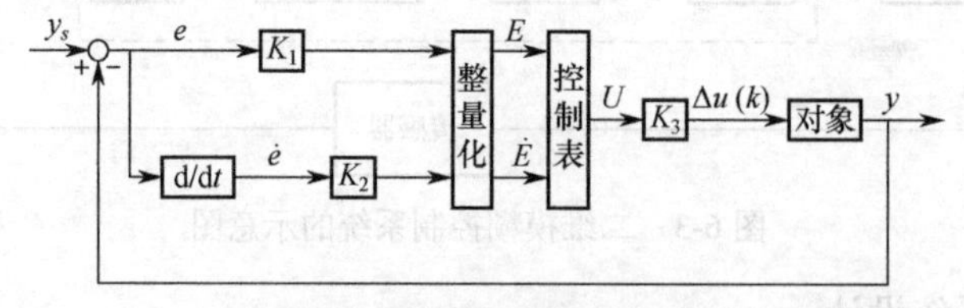

图 6-4 模糊控制器方框图

需要说明以下三点：

- 输出往往是增量形式的 $\Delta u(k)$，因此，$\Delta u(k)$是由 $u(k)$的累积值和瞬时值两者决定的，尽管不是线性运算，却类似于积分与比例控制作用。

- 当偏差及其变化率进入零点附近区域后，$\Delta u(k)$将成为零，这样不能很好地实现无差的要求，需引入一些补充的规则或措施。
- 比例因子 K_1、K_2 和 K_3 的调整，其效果相当于常规控制器的参数整定，一般由手工进行，但也可设法进行自整定。另外，控制表也可进行适当的调整，以改进控制品质，从而成为专家模糊控制器。

为什么模糊控制器的效果有时优于一般的 PID 调节呢？在这里，控制表是问题的关键。与通常的 PID 控制相比，控制表不仅是整量化的，而且是非线性的。非线性控制规律运用得当，会使控制品质得到明显的改善。分析表 6-3 中的 U 和 E 及 $\dot{E}$ 的关系，可以看出，当 $\left|E+\dot{E}\right|$ 超过某一界限后，$|U|$ 的值就会保持不变，达到饱和。$|U|$ 值不过量可避免被控变量的剧烈振荡。

6.2 预测控制

预测控制是 20 世纪 70 年代发展起来的一种计算机优化控制算法。预测控制的基本出发点与传统的 PID 控制不同。PID 控制是根据过程当前的输出测量值和设定值的偏差来确定当前的控制输入；而预测控制不但利用当前的和过去的偏差值，还利用预测模型来预估过程未来的偏差值，以滚动优化确定当前的最优控制策略。从基本思想看，预测控制优于 PID 控制。

6.2.1 预测控制的基本原理

预测控制算法的种类很多，各类预测控制算法都有一些共同特点，归结起来有 4 个基本特征，如图 6-5 所示。

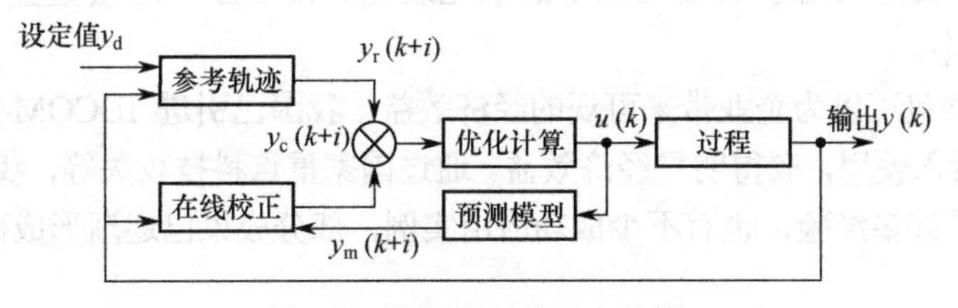

图 6-5　预测控制的基本结构

（1）预测模型

预测控制需要一个描述系统动态行为的模型，称为预测模型。它应具有预测功能，即能够根据系统现时刻的控制输入以及过程的历史信息，预测过程输出的未来值。在预测控制中有各种不同算法，可采用不同类型的预测模型。通常采用在实际工业过程中较易获得的脉冲响应模型和阶跃响应模型等非参数模型或传递函数。

（2）反馈校正

在预测控制中，采用预测模型进行过程输出值的预估只是一种理想的方式。对于实际过程，由于存在非线性、时变、模型失配和扰动等不确定因素，基于模型的预测很难与实际相符。因此，在预测控制中，通过输出的测量值与模型的预估值进行比较，得出模型的预测误差，再利用模型预测误差来校正模型的预测值，从而得到较为准确的输出预测值。这种由模型加反馈校正的过程，使预测控制具有很强的抗扰动和克服系统不确定性的能力。

（3）滚动优化

预测控制是一种优化控制算法，通过某一性能指标的最优化来确定未来的控制作用。这一性能指标还涉及过程未来的行为，它是根据预测模型由未来的控制策略决定的。

预测控制中的优化与通常的离线最优控制算法不同，不是采用一个不变的全局最优目标，而是采用滚动式的有限时域优化策略。也就是说，优化过程不是一次离线完成的，而是反复在线进行的，即在每一采样时刻，优化性能指标只涉及从该时刻起到未来有限的时间，而到下一个采样时刻，这一优化时段会同时向前推移。因此，预测控制不是使用一个对全局相同的优化性能指标，而是在每一个时刻有一个相对于该时刻的局部优化性能指标。

（4）参考轨线

在预测控制中，考虑到过程的动态特性，为了使过程避免出现输入和输出的急剧变化，往往要求过程输出沿着一条期望的、平缓的曲线达到设定值 y_d。这条曲线通常称为参考轨线，它是设定值经过在线“柔化”的产物。

预测控制的这些基本特征使其具有许多优良性质。例如，对数学模型要求不高，能直接处理具有纯滞后的过程，具有良好的跟踪性能和较强的抗扰动能力，对模型误差具有较强的鲁棒性等。这些优点使预测控制更加符合工业过程的实际要求，这是 PID 控制或现代控制理论无法相比的。

6.2.2 预测控制工业应用

目前国外已经形成许多以预测控制为核心思想的先进控制商品化软件包，主要包括美国 DMC 公司的 DMC，Setpoint 公司的 IDCOM-M、SMCA，Honeywell Profimatics 公司的 RMPCT，Aspen 公司的 DMCPLUS，法国 Adersa 公司的 PFC，加拿大 Treiber Controls 公司的 OPC 等，它们成功应用于石油化工中的催化裂化、常减压、连续重整、延迟焦化、加氢裂化等重要装置中。

先进控制软件包可以为企业带来可观的经济效益，我国已引进 IDCOM-M、SMCA 等先进控制软件，并已投入使用，取得明显经济效益。通过国家重点科技攻关等，我国在先进控制与优化控制方面积累了许多经验，也有不少成功应用实例，部分成果已逐渐形成商品化软件。

6.3 自适应控制

在实际生产过程中，有些对象的特性是随时间变化的，这些变化可能使工艺参数发生较大幅度的变化。对于这类生产过程，采用常规 PID 控制不能很好地适应过程特性参数的变化，导致控制品质下降、产品产量和质量不稳定。自适应控制系统能够通过测取系统的有关信息，了解对象特性的变化情况，再经过某种算法自动改变控制器的可调参数，使系统始终运行在最佳状态，从而保证控制质量不随工艺参数的变化而下降。

自适应控制系统具有以下基本功能：

- 辨识被控对象的结构、特性参数的变化，建立被控过程的数学模型，或确定当前的实际性能指标。
- 根据条件变化，选择合适的控制策略或控制规律，并能自动修正控制器参数，保证系统的控制品质，使生产过程始终在最佳状态下进行。

根据设计原理和结构的不同，自适应控制系统主要可分为两大类，即自校正控制系统和模型参考自适应控制系统。

6.3.1　自校正控制系统

自校正控制系统的原理如图 6-6 所示。

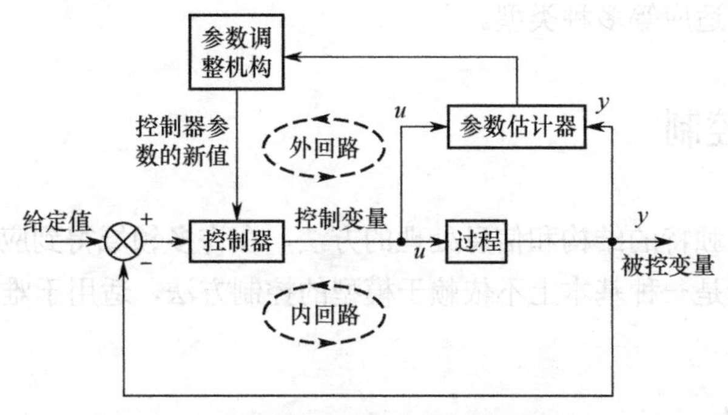

图 6-6　自校正控制系统的原理图

自校正控制器由两个回路组成。内回路包括过程和普通线性反馈控制器，外回路用来调整控制器参数，由递推参数估计器和控制器参数调整机构组成。被控过程的输入（控制）信号 u 和输出信号 y 送入对象参数估计器，在线辨识出被控过程的数学模型，控制器参数调整机构根据辨识得到的数学模型设计控制规律、计算和修改控制器参数，使对象特性发生变化时，控制系统性能仍保持或接近最优状态。根据具体生产过程的特点，采用不同的辨识方法、控制规律（策略）以及参数计算方法，可设计出各种类型的自整定控制器和自校正控制系统。

6.3.2　模型参考自适应控制系统

模型参考自适应控制系统的基本结构如图 6-7 所示。

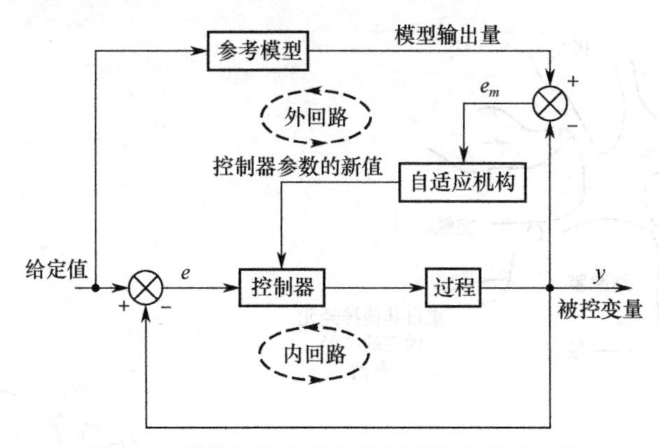

图 6-7　模型参考自适应控制系统的基本结构

参考模型表示控制系统的性能要求，与控制系统并联运行，接收相同的设定信号。

设定信号一方面送到控制器，产生控制作用，对过程进行控制；另一方面送往参考模型，其输出体现了预期品质的要求。二者输出信号的差值送往自适应机构，进而改变控制器参数，使控制系统性能接近或等于参考模型规定的性能。

这种系统不需要专门的在线辨识装置，调整控制系统控制规律和参数的依据是被控过程输出与参考模型输出的广义偏差。通过调整控制规律和参数，使系统的实际输出尽可能与参考模型一致。

模型参考自适应控制系统除了如图 6-7 所示的并联结构之外，还有串联结构、串-并联结构等其他形式。按照自适应原理不同，模型参考自适应控制系统还可分为参数自适应、信号综合自适应或混合自适应等多种类型。

6.4 神经网络控制

人工神经网络以独特的结构和信息处理的方法，在许多领域得到应用并取得显著成效。基于神经网络的控制是一种基本上不依赖于模型的控制方法，适用于难以建模或高度非线性的被控过程。

6.4.1 神经元模型

（1）生物神经元模型

人的大脑是由大量的神经细胞组合而成的，它们之间互相连接，每个脑神经细胞（也称为神经元）具有如图 6-8 所示的结构。脑神经元由细胞体、树突和轴突构成。细胞体是神经元的中心，由细胞核、细胞膜等组成。树突是神经元的主要接收器，用来接收信息。轴突的作用是传导信息，从轴突起点传到轴突末梢，轴突末梢与另一个神经元的树突或细胞体构成一种突触的机构，通过突触实现神经元之间的信息传递。

（2）人工神经元模型

人工神经元网络是利用物理器件来模拟生物神经网络的某些结构和功能。人工神经元模型如图 6-9 所示。

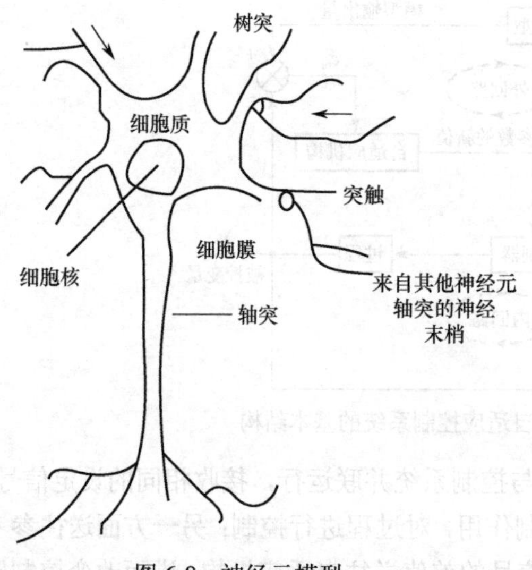

图 6-8 神经元模型

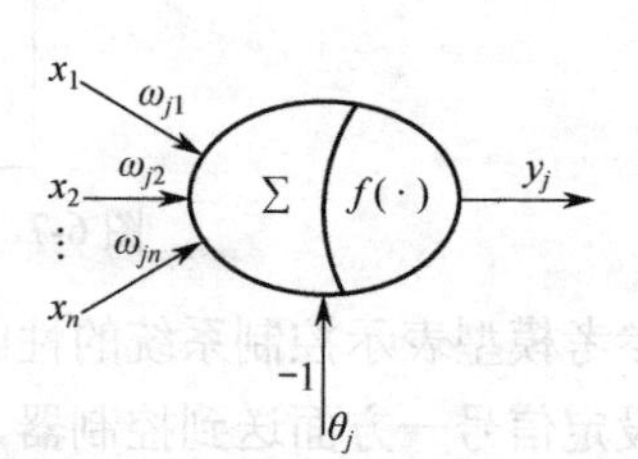

图 6-9 人工神经元模型

图 6-9 所示的神经元模型的输入输出关系为

$$I_j = \sum_{i=1}^{n} \omega_{ji} x_i - \theta_j$$

$$y_j = f(I_j)$$

式中，θ_j 是阈值，ω_{ji} 是连接权值，$f(\cdot)$ 是激发函数或变换函数。

常见的变换函数通常为取值 1 和 0 的双值函数，或取 S 型函数、高斯函数等。

6.4.2　人工神经网络

将多个人工神经元模型按一定方式连接而成的网络结构，称为人工神经网络。人工神经网络是以技术手段来模拟人脑神经元网络特征的系统，如学习、识别和控制功能等，是对生物神经网络的模拟和近似。人工神经网络有多种结构模型，如图 6-10(a)所示为前向神经网络结构，图 6-10(b)所示为反馈型神经网络结构。

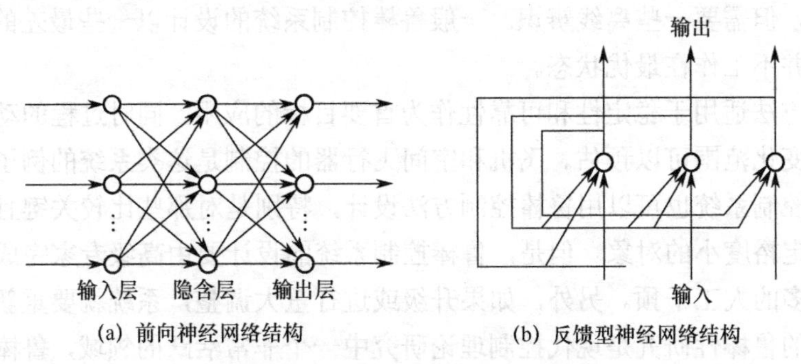

(a) 前向神经网络结构　　(b) 反馈型神经网络结构

图 6-10　典型人工神经网络结构

神经网络中每个节点（一个人工神经元模型）都有一个输出状态变量 x_j；节点 i 到节点 j 之间有一个连接权系数 ω_{ji}；每个节点都有一个阈值 θ_j 和一个非线性激发函数 $f(\cdot)$。

神经网络具有并行性、冗余性、容错性、本质非线性及自组织、自学习、自适应能力等特点，已经成功应用到许多领域。

最常用的一种人工神经网络称为 BP（Back Propagation）网络，是一种单向传播的多层前向网络。BP 网络由输入层、隐含层（可以有多个隐含层）和输出层构成，可以实现从输入到输出的任意非线性映射。BP 算法属于全局逼近方法，有较好的泛化能力，当参数适当时，能收敛到较小的均方误差，是应用非常广泛的一种网络；其缺点是训练时间长，易陷入局部极小，隐含层数和隐含节点数难以确定。

6.4.3　神经网络在控制中的应用

神经网络控制是指在控制系统中采用神经网络，对难以精确描述的复杂非线性对象进行建模和特征识别，或作为优化计算、推理的有效工具。神经网络与其他控制方法结合，构成神经网络控制器或神经网络控制系统等。其在控制领域的应用可简单归纳为以下几个方面：

- 在基于精确模型的各种控制结构中作为对象的模型。
- 在反馈控制系统中直接承担控制器的作用。

- 在传统控制系统中实现优化计算。
- 与其他智能控制方法，如模糊控制、专家控制等相融合，为其提供非参数化对象模型、优化参数、推理模型和故障诊断等。

基于传统控制理论的神经网络控制有很多种，如神经逆动态控制、神经自适应控制、神经自校正控制、神经内模控制、神经预测控制、神经最优决策控制和神经自适应线性控制等；基于神经网络的智能控制有神经网络直接反馈控制、神经网络专家系统控制、神经网络模糊逻辑控制和神经网络滑模控制等。

6.5 鲁棒控制

鲁棒性一般定义为在实际环境中为保证安全要求控制系统必须满足的最小要求。一旦设计好这个控制器，它的参数不能改变而且控制性能得到保证。鲁棒控制的一些算法不需要精确的过程模型，但需要一些离线辨识。一般鲁棒控制系统的设计以一些最差的情况为基础，因此一般系统并不工作在最优状态。

鲁棒控制方法适用于稳定性和可靠性作为首要目标的应用，同时过程的动态特性已知且不确定因素的变化范围可以预估。飞机和空间飞行器的控制是这类系统的例子。在过程控制应用中，某些控制系统也可以用鲁棒控制方法设计，特别是对那些比较关键且不确定因素变化范围大、稳定裕度小的对象。但是，鲁棒控制系统的设计要由高级专家完成。一旦设计成功，就不需太多的人工干预。另外，如果升级或进行重大调整，系统就要重新设计。

控制系统的鲁棒性研究是现代控制理论研究中一个非常活跃的领域，鲁棒控制问题最早出现在 20 世纪人们对微分方程的研究中。1927 年 Black 首先在他的一项专利上应用了鲁棒控制。但是什么叫做鲁棒性呢？其实这个名字是一个音译，其英文拼写为 Robust，也就是健壮和强壮的意思。控制专家用这个名字表示一个控制系统中的参数发生摄动时系统能否保持正常工作的一种特性或属性。就像人在受到外界病菌的感染后，是否能够通过自身的免疫系统恢复健康一样。

20 世纪六七十年代，状态空间的结构理论的形成是现代控制理论的一个重要突破。状态空间的结构理论包括能控性、能观性、反馈整定和输入输出模型的状态空间实现理论，它连同最优控制理论和卡尔曼滤波理论一起，使现代控制理论形成了严谨完整的理论体系，并且在宇航和机器人控制等应用领域取得了惊人的成就。但是这些理论要求系统的模型必须是已知的，而大多实际的工程系统都运行在变化的环境中，要获得精确的数学模型是不可能的。因此，很多理论在实际应用中并没有得到很好的效果。到了 1972 年，鲁棒控制这个术语在文献中首先被提出，但是对于它的精确定义至今还没有一致的说法。其主要分歧就在于对摄动的定义，摄动分很多种，是否每种摄动都要包括在鲁棒性研究中呢？尽管存在分歧，但是鲁棒性的研究没有受到阻碍，其发展的势头有增无减。

鲁棒控制理论的应用不仅仅用在工业控制中，还广泛运用在经济控制、社会管理等很多领域。随着人们对控制效果要求的不断提高，系统的鲁棒性越来越多地被人们所重视，使这一理论得到更快的发展。

6.6　故障检测诊断和容错控制

随着现代自动化水平的日益提高，系统的规模日益扩大，系统的复杂性迅速增加，同时，系统的投资也越来越大。因此，人们迫切希望提高控制系统的可靠性和可维修性，故障检测诊断与容错控制技术为提高系统的可靠性提供了一条途径。

6.6.1　故障检测诊断

故障检测诊断技术是指对系统的异常状态的检测、异常状态原因的识别以及包括异常状态预测在内的各种技术的总称，是一项建立在机械工程、测试技术、信号处理、计算机应用技术、人工智能等基础上的新兴综合性科学技术。

故障的类型一般分为三类：被控过程（对象）的故障、仪表器件的故障和软件故障。故障产生的原因一般包括系统设计错误（包括测量和控制软件不完善导致的故障）、设备性能退化（包括对象和仪表的性能退化）、操作人员的误操作等。

故障检测与诊断的任务主要分为 4 个方面。

（1）故障建模

按照先验信息和输入输出关系，建立系统故障的数学模型，作为故障检测与诊断的依据。

（2）故障检测

从可测或不可测的估计变量中，判断运行的系统在某一时刻是否发生故障，一旦系统发生意外变化，应发生警报。

（3）故障的分离与估计

如果系统发生故障，要给出故障源位置，辨别故障原因是执行器、传感器和被控对象还是特大扰动。故障估计是在弄清故障性质的同时，计算故障的程度、大小及故障发生的时间等参数。

（4）故障的分类、评价与决策判断

诊断故障的严重程度以及故障对系统的影响和发展趋势，针对不同的工况提出相应的措施和方法，包括软件补偿和硬件替换来抑制和消除故障的影响，使系统恢复到正常工况。

故障检测与诊断的主要方法包括下面两种。

（1）基于控制系统动态模型的方法

控制系统的变送器、执行器和被控系统可以由动态模型来描述。基于动态模型就有可能对其故障进行检测和诊断。诊断的思路是利用观测器或滤波器对控制系统的状态或参数进行重构，并构成残差序列，然后采用一些措施来增强残差序列中所含的故障信息，抑制模型误差等非故障信息，通过对残差序列的统计分析，就可以检测出故障并进行故障诊断。

（2）不依赖于控制系统动态模型的方法

控制系统的复杂性使得很多控制系统的建模非常困难或很不准确。因此，上述基于动态模型的方法就不太适用。不依赖于控制系统动态模型的方法也就应运而生。这种方法是与人工智能紧密相连的，类型很多。

6.6.2 容错控制

容错控制系统是在元部件（或分系统）出现故障时仍可完成基本功能的系统，其意义就是要尽量保证动态系统在发生故障时仍然可以稳定运行，并具有可以接受的性能指标。容错控制是提高系统安全性和可靠性的一种新的途径。任何系统都不可避免地会发生故障，因此，容错控制可以看成是保证系统安全运行的最后一道防线。

控制系统的故障诊断和容错控制有着密切的关系。故障诊断是容错控制的基础和准备，容错控制则为故障诊断研究注入了新的活力。容错控制的研究目前从理论到应用都尚处在发展过程中。

容错控制器的设计方法有硬件冗余方法和解析冗余方法两大类。硬件冗余方法是，为重要部件和易发生故障部件提供备份，提高系统的容错性能。解析冗余方法主要通过设计控制器来提高整个控制系统的冗余度，从而改善系统的容错性能。

（1）基于硬件结构上的考虑，对于某些子系统，可以采用双重或更高重备份的办法来提高系统的可靠性，这也是一种有效的容错控制方法，在控制系统中得到广泛应用。只要能建立起冗余信号通道，这种方法就可用于对任何硬件环节失效的容错控制。

（2）基于解析冗余上的考虑，与“硬件冗余”相对的是“软件冗余”。软件冗余又可分为解析冗余、功能冗余和参数冗余，它是利用系统中不同部件在功能上的冗余性，通过估计实现故障容错。从最近的发展看，出现了两种新的软件冗余——时间冗余和信息冗余。

通过估计技术或其他软件算法来实现系统容错控制，具有性能好、功能强、成本低和易实现等特点，因而近年来得到研究者的广泛关注。基于“解析冗余”的容错控制器设计方法通常有控制器重构方法、完整性设计、基于自适应控制的容错控制器设计方法、基于专家系统和神经元网络的容错控制器设计方法等。

6.7 解耦控制

6.7.1 耦合现象的影响与分析

在一个生产装置中，往往需要设置若干控制回路来稳定各被控变量。在这种情况下，多个控制回路之间有可能存在某种程度的相互耦合，这样的耦合可能妨碍各被控变量之间的独立控制，甚至会破坏各系统的正常工作。

如图 6-11 所示的精馏塔温度控制系统就是一个典型的耦合实例。

图中被控变量分别为塔顶温度 T_1 和塔底温度 T_2，控制变量分别为回流量和蒸汽流量。塔顶温度控制器 T_1C 的输出 u_1 控制回流调节阀，调节塔顶回流量 Q_L，实现塔顶温度 T_1 的控制。塔底温度控制器 T_2C 的输出 u_2 控制再沸器蒸汽调节阀，调节蒸汽流量 Q_S，实现对塔底温度 T_2 的控制。显然，u_1 的变化不仅影响 T_1，同时还会影响 T_2；同样，u_2 的变化在影响 T_2

的同时还会影响 T_1，这两个控制回路之间存在着耦合关系。

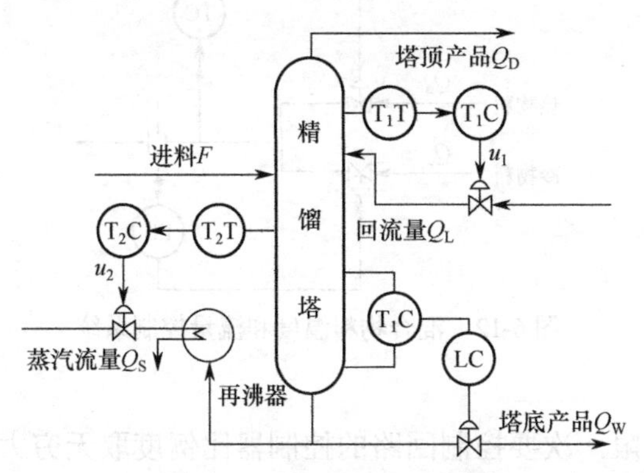

图 6-11　精馏塔温度控制系统

如果两个被控过程之间严重耦合，常规控制系统的控制效果会很差，甚至根本无法正常工作。为此，必须采用解耦措施，消除被控过程变量、参数间的耦合，使每一个控制变量的变化只对与其匹配的被控变量产生影响，而对其他控制回路的被控变量没有影响或影响很小。这样就把存在耦合的多变量控制系统分解为若干个相互独立的单变量控制系统。

6.7.2　解耦控制方法

为了消除或减小控制回路之间的上述影响，常用的解除或减少系统间相互耦合的解耦控制方法主要有以下几种。

（1）正确匹配被控变量与控制变量

有些系统可通过被控变量与控制变量间的正确匹配来减少或解除耦合，这是最简单的有效手段。在图 6-12 所示的冷热物料混合系统中，混合物料流量 F 及温度 T 都要求控制在设定值。经实验及分析计算得到，以温度 T 为被控变量，热物料流量 Q_h 为控制变量所组成的温度控制系统，及以混合物料流量 F 为被控变量，冷物料流量 Q_c 为控制变量所组成的流量控制系统的匹配关系为

	Q_h	Q_c
T	**0.8**	**0.2**
F	**0.2**	**0.8**

根据上述理论分析，由相对增益阵列可知，图 6-12 所示的控制系统的被控变量与控制变量的匹配是不合理的，应重新匹配，组成以温度 T 被控变量、冷物料流量 Q_c 为控制变量的温度控制系统，以及以混合物料流量 F 为被控变量、热物料流量 Q_h 为控制变量的流量控制系统。

（2）整定控制器参数减小系统关联

具体实现方法为：通过整定控制器的参数，把两个回路其中一个次要系统的比例度积分时间放大，使它在受到干扰作用后反应适当缓慢一些，调节过程长一些，这样就能达到减少关联的目的。当然，在采用这种方法时，次要被控变量的控制品质往往较差，这一牺牲在工艺允许的情况下是值得的，在另外一些情况下却可能是个严重的缺点。

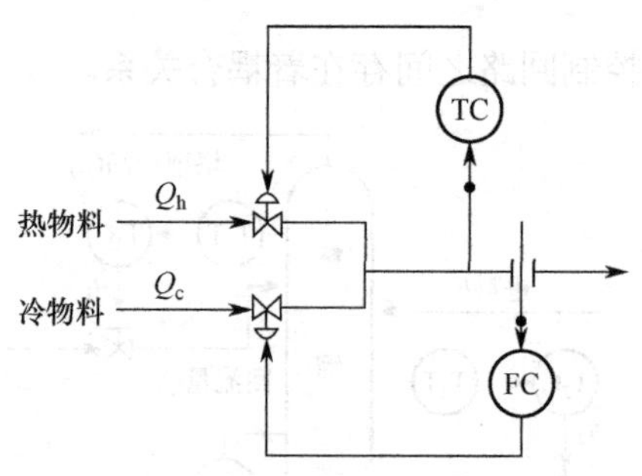

图 6-12 混合物料温度和流量控制系统

（3）减少控制回路

把上述方法推到极限，次要控制回路的控制器比例度取无穷大，此时这个控制回路不再存在，它对主要控制回路的关联作用也就消失。例如，在精馏塔的控制系统设计中，工艺对塔顶和塔底的组分均有一定要求时，若塔顶和塔底的组分均设有控制系统，这两个控制系统是相关的，在扰动较大时无法投运。为此，目前一般采用减少控制回路的方法来解决。若塔顶重要，则塔顶设置控制回路，塔底不设置控制回路，而考虑设置加热蒸汽流量控制回路。

（4）串接解耦控制

在控制器输出端与执行器输入端之间，可以串接解耦装置 $D(s)$，双输入双输出串接解耦框图如图 6-13 所示。由图可得

$$Y(s) = G(s)D(s)P(s)$$

由上式可知，只要找到合适的 $D(s)$ 使 $G(s)D(s)$ 相乘成为对角矩阵，就解除了系统之间的耦合，两个控制系统不再关联。

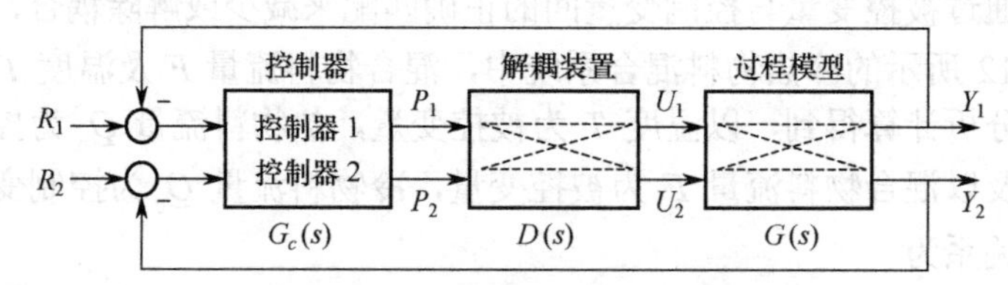

图 6-13 双输入双输出串接解耦框图

思考与练习

1. 模糊控制器输入的是精确量，为什么还要把它变为模糊量？为什么模糊控制输出的模糊变量还要经过清晰化（非模糊化、解模糊）处理变为精确量？

2. 设论域 $U=\{u_1,u_2,u_3,u_4,u_5\}$，计算以下模糊集的 $\underset{\sim}{A}\cup\underset{\sim}{B}$、$\underset{\sim}{A}\cap\underset{\sim}{B}$ 和 $\overline{\underset{\sim}{A}}$、$\overline{\underset{\sim}{B}}$、$A_{0.5}$。

$$\underset{\sim}{A}=\frac{1}{x_1}+\frac{0.9}{x_2}+\frac{0.4}{x_3}+\frac{0.2}{x_4}+\frac{0}{x_5},\quad \underset{\sim}{B}=\frac{0.9}{x_1}+\frac{0.8}{x_2}+\frac{1}{x_3}+\frac{0}{x_4}+\frac{0.1}{x_5}$$

3. 求以下模糊矩阵的 $\underset{\sim}{A}\cup\underset{\sim}{B}$，$\underset{\sim}{A}\cap\underset{\sim}{B}$ 和 $\underset{\sim}{A}\circ\underset{\sim}{B}$

$$\underset{\sim}{A}=\begin{bmatrix}0.5 & 0.3\\0.4 & 0.8\end{bmatrix};\quad \underset{\sim}{B}=\begin{bmatrix}0.8 & 0.5\\0.3 & 0.7\end{bmatrix}$$

4. 已知输入模糊量分别为 $A=\frac{1.0}{a_1}+\frac{0.4}{a_2}$，$B=\frac{0.1}{b_1}+\frac{0.4}{b_2}+\frac{1.0}{b_3}$，输出模糊量为 $C=\frac{0.2}{c_1}+\frac{0.6}{c_2}+\frac{1.0}{c_3}$，求模糊语句“若 A 且 B，则 C”所蕴含的关系 R。

5. 预测控制与PID控制有什么不同？

6. 简述自适应控制系统的基本功能。

第 7 章　过程计算机控制系统

过程计算机控制系统以计算机或微处理器作为核心单元，把网络作为传输桥梁，综合运用检测仪表、控制单元和执行装置，全面对流程工业生产过程进行技术升级与改造，对控制数据和生产信息进行调度和协调，实现网络过程管理与控制一体化、操作模式自动化，极大提高过程控制的现代化水平。

7.1　过程计算机控制系统基本概念

过程计算机控制系统是利用计算机来实现生产过程自动控制的系统。自动控制是指在没有人直接参与的情况下，通过控制器自动地、有目的地控制或操纵控制对象，使生产过程自动按照预定的规律运行。随着计算机技术的迅速发展，计算机已成为自动控制技术不可分割的重要组成部分。图 7-1 所示为计算机控制系统基本结构框图。

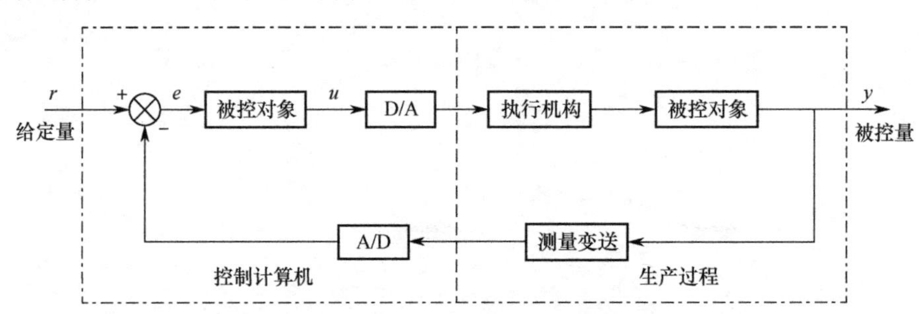

图 7-1　计算机控制系统基本结构框图

工业生产中的自动控制系统随控制对象、控制算法和采用的控制器结构的不同而有所差别。控制系统是控制被控量 y 与给定量 r 的偏差 $e = r - y$，目标是使系统的偏差减小，直到消除偏差，实现被控量 y 等于给定量 r。

从图 7-1 可以看出，自动控制系统的基本功能是信号的传递、处理和比较。这些功能是由传感器检测系统、变送装置、控制器和执行装置来完成的，其中控制器是控制系统中最重要的部分，它决定了控制系统的性能和应用范围。

计算机控制系统由控制计算机和生产过程两大部分组成。控制计算机是指按生产过程控制的特点和要求而设计的计算机系统，它可以根据系统的规模和要求选择或设计不同种类的计算机。生产过程包括被控对象、测量变送、执行机构、电气开关等装置。通常生产过程中的物理量大都是连续模拟信号，而计算机采用的是离散数字信号。为此，两者之间必须通过模/数（A/D）转换器和数/模（D/A）转换器，实现两种信号之间的相互转换。当然，对于有些系统直接利用数字信号作为输入和输出信号，就不必通过 A/D 或 D/A 转换设备。

具体过程计算机控制系统的控制过程可归纳为如下三个步骤。

（1）数据采集：由测量变送装置实现对被测量瞬时值的采集和输入。

（2）控制决策：对采集的被控量进行分析、比较和处理，并依据控制规律，采取控制行为。

（3）控制输出：根据控制决策，实时地对执行机构发出控制信号，完成控制任务。

实时是指信号的输入、计算和输出都在一定的时间范围内完成，超出这个时间就失去控制时机，控制也就失去意义。实时不能脱离具体过程，在线的系统不一定是一个实时系统，但是一个实时控制系统必定是在线系统。

重复上述过程，整个系统按照一定的品质指标进行工作，并对被控对象和设备本身的异常现象及时做出处理，通过执行机构控制被控对象，以达到预期的控制目标。

7.2　过程计算机控制系统组成

计算机控制系统由硬件和软件两部分组成。

7.2.1　硬件组成

图 7-2 给出了计算机控制系统的硬件组成框图。计算机控制系统的硬件主要由计算机系统（包括主机和外部设备）、过程输入/输出通道、控制对象、执行器和测量变送环节等组成。

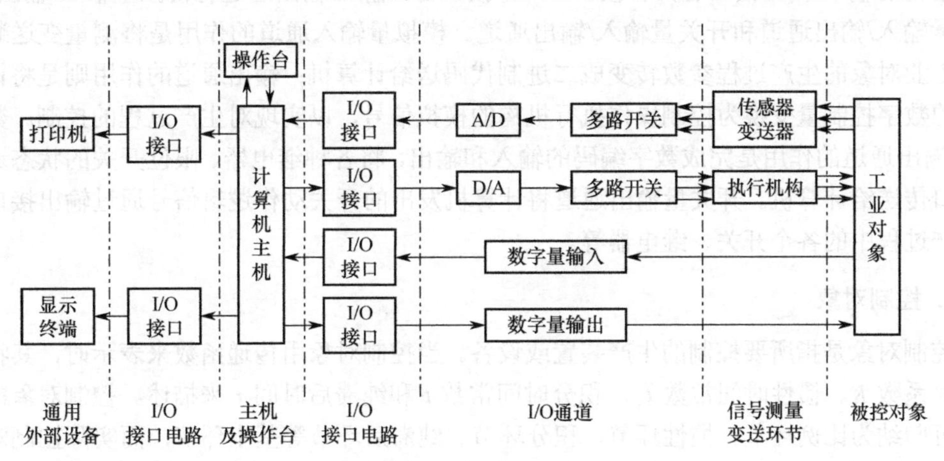

图 7-2　计算机控制系统的硬件组成框图

1. 计算机系统

计算机系统包括主机和外部设备。

计算机主机是整个控制系统的指挥部和神经中枢，相当于人的大脑，它接收过程输入通道发送的各种数据，实现被测参数的巡回检测，通过控制程序对数据进行处理、判断、比较、计算后输出控制量，及时发出控制指令。主机是系统中重要的组成部分，设计人员根据控制对象的特点选择控制算法，计算出控制算式，用软件实现控制功能。主机的性能直接影响系统的功能、性能指标以及接口电路的设计等，选择时必须综合考虑成本、体积、速度、精度、可靠性等各个因素。常用的有 Intel 80x86 和 8051、8096 系列单片机，以及可编程序控制器（PLC）、数字信号处理器（DSP）等。

外部设备可按功能分为输入设备、输出设备、通信设备和存储设备。

常用的输入设备有键盘、鼠标、数字化仪表及专用操作台等，用来输入程序、数据和操作命令。

常用的输出设备有显示器（CRT）、打印机、绘图机和各种专用的显示台，它们以字符、曲线、表格、图形、指示灯等形式反映生产过程工况和控制信息。

通信设备的任务是实现计算机与计算机或计算机与设备之间的数据交换。在大规模工业生产中，为了实现对生产过程的全面控制和管理，往往需要几台或几十台计算机才能完成控制和管理任务。不同的计算机及设备之间需要交换信息时，把多台计算机或设备连接起来，构成计算机通信网络。

常用的存储设备有磁盘、磁带、光盘等，它们兼具输入和输出两种功能——存放程序和数据。

2. 过程输入/输出通道

系统计算机与工业对象之间的消息传递是通过过程输入/输出通道进行的，它在两者之间起到纽带和桥梁作用。过程输入/输出系统由输入/输出通道（也称检测/控制通道）及接口、信号测量及变送装置、执行机构等组成。从信号传递的方向来看，可分为过程输入通道和过程输出通道两部分。

常用的输入/输出接口有并行接口、串行接口等，输入/输出通道有模拟量输入/输出通道、数字量输入/输出通道和开关量输入/输出通道。模拟量输入通道的作用是将测量变送装置得到的工业对象的生产过程参数转变成二进制代码送给计算机；输出通道的作用则是将计算机输出的数字控制量变换为控制操作执行机构的模拟信号，以实现对生产过程的控制。数字量输入/输出通道的作用是完成数字编码的输入和输出，将各种继电器、限位开关的状态通过输入接口传送给计算机。开关量输出通道将计算机发出的开关动作逻辑信号通过输出接口传送给生产过程中的各个开关、继电器等。

3. 控制对象

控制对象是指所要控制的生产装置或设备。当控制对象用传递函数来表示时，其特性可用放大系数 K、惯性时间常数 t_m、积分时间常数 t_i 和纯滞后时间 τ 来描述。控制对象的传递函数可归纳为比例环节、惯性环节、积分环节、纯滞后环节等基本环节，而实际控制对象可能是这些基本环节的串联组合。

4. 执行器

在控制系统中，有时控制器的输出可以直接驱动受控对象。但在大多数情况下，受控对象是大功率级的，且常与受控对象功率级别不相等，因此控制器的输出不能直接驱动受控对象，从而存在功率放大级问题。解决该问题的装置称为执行元件，又常称为执行机构或执行器。执行器有适合大功率输出、快速运动、精确运动等不同用途的各种装置，按动力源一般可分为电动式、液压式和气动式三种。在电动执行机构中，有步进电动机、直流伺服电动机、交流伺服电动机和直接驱动电动机等实现旋转运动的电动机，以及实现直线运动的直线电动机。电动执行机构由于动力源容易获得、使用方便，得到了广泛的应用。液压执行机构有液压油缸、液压马达等，这些装置具有体积小、输出功率大等特点。气动执行机构有气缸、气动马达等，这些装置具有质量轻、价格便宜等特点。

5. 测量变送环节

测量变送环节通常由传感器和测量电路组成，其主要功能是将被检测的各种物理量转变成适用于计算机输入的标准电信号。传感器作为获取被控对象信息的手段，是实现测量和自动控制的首要环节，其作用相当于人的“五官”，直接感受外界信息，具有重要的地位和作用。传感器获取和转换信息的正确与否，关系到整个控制系统的准确度。如果传感器的误差很大，后面的处理设备再好，也难以实现准确的测试和控制。自动化程度越高，系统对传感器的依赖性越大。传感器通常有温度传感器、压力传感器、流量传感器、液位传感器、力传感器等。

7.2.2 软件组成

计算机的硬件为计算机控制系统提供物质基础，软件则是计算机系统履行控制任务的关键，关系到计算机运行和控制效果的好坏以及硬件性能的发挥。计算机控制系统的软件从功能上可以分为两类：系统软件和应用软件。

1. 系统软件

系统软件是指为提高计算机使用效率，扩大功能，为用户使用、维护、管理计算机提供方便的程序的总称。系统软件一般由计算机厂家提供，不需要用户自己设计。计算机控制系统是一个实时控制系统，用于控制的计算机应配备实时监控系统或操作系统，以便管理计算机资源、输入/输出接口和有关外部设备，还要实现模块的调度，具有中断处理能力，对于实时时钟、实时文件、计算机通信等进行管理。根据实际计算机控制系统要求，为便于用户在计算机系统上运行自己所编写的应用程序，系统软件还应具有编辑程序、编译程序、连接程序、调试程序及通用的子程序库。

2. 应用软件

应用软件是面向生产过程的程序，一般由计算机控制系统的设计人员编写，设计人员针对不同生产过程的任务特点而编制的控制和管理程序，如输入程序、输出程序、控制程序、人机接口程序、打印显示程序等。应用软件的优劣将给控制系统的功能、精度和效率带来很大的影响。在进行应用程序的设计时，应注意保持一定的灵活性，便于软件算法的改进或控制功能的增减。在计算机控制系统中，硬件和软件不是独立存在的，设计时必须注意两者的有机配合和协调，只有这样才能研制出满足生产要求的高质量控制系统。

7.3 过程计算机控制系统分类

计算机控制系统采用的形式与它所控制的生产过程的复杂程度密切相关，不同被控对象和控制任务，应有不同的控制方案，这样也就构成了不同的控制系统。按照计算机参与控制的方式，从应用特点和控制目的出发，计算机控制系统大致可分为以下几种类型。

7.3.1 数据采集和监视系统

数据采集和监视系统的结构如图 7-3 所示。在这种应用方式下，计算机不直接参与过程控制，即计算机的输出不直接用来控制被控对象。主要利用计算机速度快，具有运算、逻辑判断能力等特点，对整个生产过程进行集中监视，对大量的输入数据进行必要的集中、加工和处理，并以有利于指导生产过程控制的方式表示出来，为操作人员提供操作指导信息，供操作人员参考。另外，利用计算机数据存储量大的能力，预先存入各种工艺参数，在数据处理过程中进行参数的越限报警等工作。

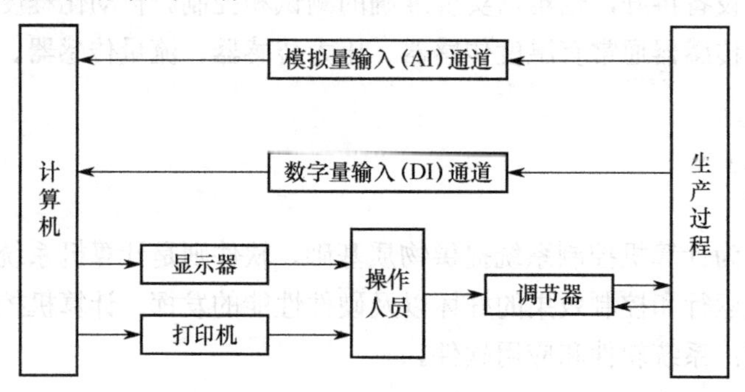

图 7-3 数据采集和监视系统结构

数据采集和监视系统的优点是结构简单、控制灵活安全，特别适用于未摸清控制规律的系统，常用于计算机控制系统的初级阶段，或用于试验新的数学模型、调试新的控制程序等。缺点是要由人工操作，速度受到限制，不能控制多个对象。

7.3.2 直接数字控制系统

直接数字控制（Direct Digital Control，DDC）系统是计算机在过程控制领域中应用最广泛的一种方式，由控制计算机取代常规模拟式控制器而直接对生产过程或被控对象进行控制，其结构如图 7-4 所示。计算机首先通过模拟量输入（AI）通道和数字量（开关量）输入（DI）通道实时采集数据，然后按照一定的控制规律进行计算，最后发出控制信息，并通过模拟量输出（AO）通道和数字量（开关量）输出（DO）通道直接控制生产过程。DDC 系统属于计算机闭环控制系统，不仅可完全取代模拟调节器、实现多回路的 PID 控制，而且只要改变程序就可以实现复杂的控制规律，如非线性控制、纯滞后控制、串级控制、前馈控制、最优控制、自适应控制等。DDC 系统中的计算机直接承担控制任务，所以要求实时性好、可靠性高和适应性强。

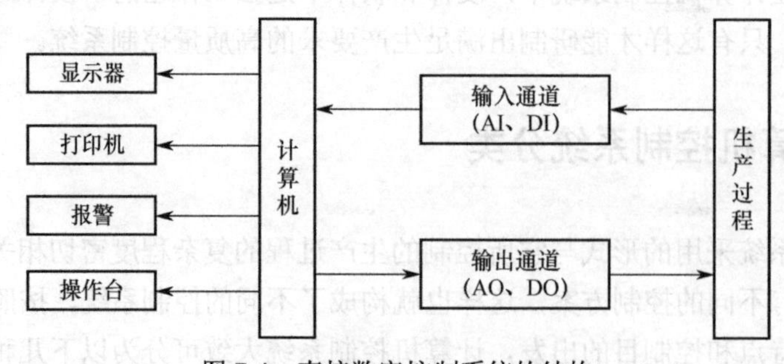

图 7-4 直接数字控制系统的结构

7.3.3　监督控制系统

监督控制（Supervisory Computer Control，SCC）系统是计算机根据工艺参数和过程参量检测值，按照所设计的控制算法进行计算，得出最佳设定值，直接传给常规模拟调节器或DDC 计算机，最后由模拟调节器或 DDC 计算机控制生产过程。从这个角度说，它的作用是改变给定值，所以又称设定值控制（Set Point Control，SPC）。它的任务着重在控制规律的修正与实现，如最优控制、自适应控制等。监督控制系统有两种结构形式，如图 7-5 所示。

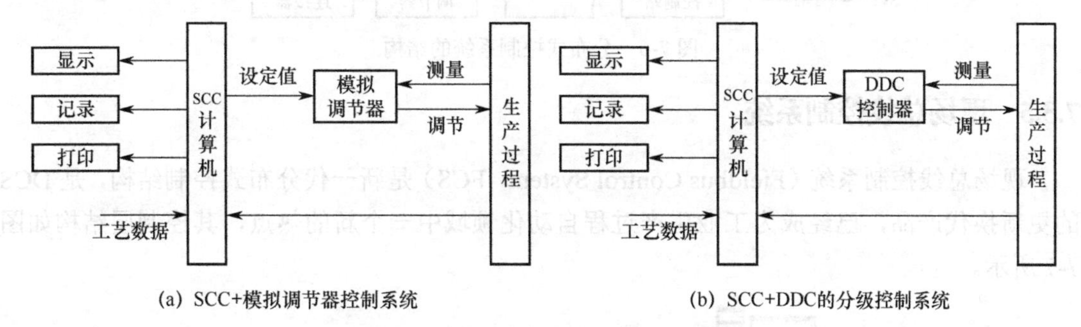

(a) SCC+模拟调节器控制系统　　(b) SCC+DDC的分级控制系统

图 7-5　监督控制系统的两种结构形式

1. SCC+模拟调节器控制系统

该系统是由计算机对各过程参数进行巡回检测，并按一定的数学模型对生产工况进行分析，计算后得出控制对象各参数最优设定值送给调节器，使工况保持在最优状态。当 SCC 计算机出现故障时，可由模拟调节器独立完成操作。

2. SCC+DDC 的分级控制系统

这是一个二级控制系统，SCC 可采用高档微型机，它与 DDC 之间通过接口进行信息联系。SCC 微型机可完成工段、车间等高一级的最优化分析和计算，并给出最优给定值，送给DDC 级执行过程控制。当 DDC 级计算机出现故障时，可由 SCC 计算机完成 DDC 的控制功能，这种系统提高了可靠性。

7.3.4　分布式控制系统

分布式控制系统（Distributed Control System，DCS）也称集散控制系统，是相对于集中式控制系统而言的一种新型计算机控制系统。它将控制系统分成若干独立的局部子系统来完成被控过程的自动控制任务。系统采用分散控制、集中操作、分级管理和综合协调的设计原则与网络化的控制结构，把系统从下到上分为三级进行管理：分散过程控制级、集中操作监督级、综合信息管理级。其结构如图 7-6 所示。

分布式控制系统是利用计算机为核心的基本控制器，实现功能上、物理上和地理上的分散控制，又通过高速数据通道把各个分散点的信息集中起来送到监控计算机和操作站，以进行集中监视和操作，并实现高级复杂控制。这种控制系统将企业自动化水平发展到一个新的阶段。

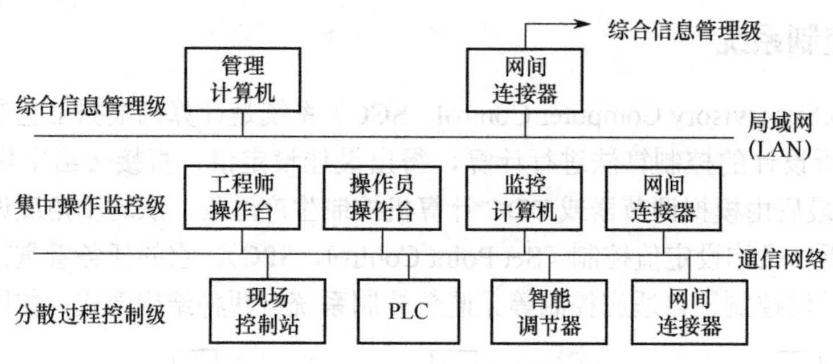

图 7-6　分布式控制系统的结构

7.3.5　现场总线控制系统

现场总线控制系统（Fieldbus Control System，FCS）是新一代分布式控制结构，是 DCS 的更新换代产品，已经成为工业生产过程自动化领域中一个新的热点，其控制层结构如图 7-7 所示。

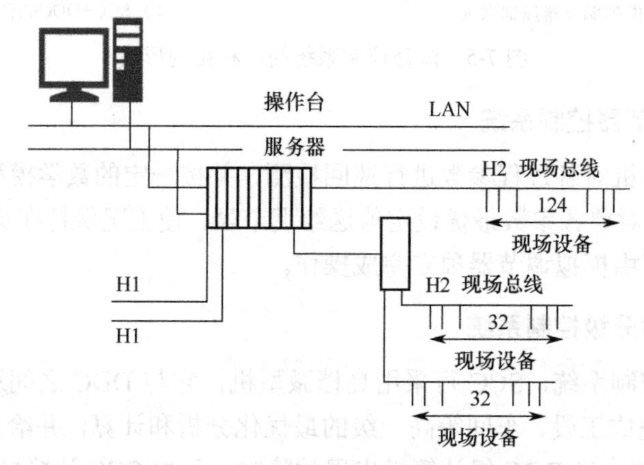

图 7-7　现场总线控制系统控制层结构

现场总线控制系统与传统的分布式系统相比，有以下一些特点。

1. 数字化的信息传输

无论是现场底层传感器、执行器、控制器之间的信号传输，还是与上层工作站及高速网之间的信息交换，系统全部使用数字信号。在网络通信中，采用了许多防止碰撞、检查纠错的技术措施，实现了高速、双向、多变量、多地点之间的可靠通信。

2. 分散的系统结构

这种结构废除了传统 DCS 中采用的“操作站—控制站现场仪表”三层主从结构的模式，把输入/输出单元、控制站的功能分散到智能型现场仪表中。每个现场仪表作为一个智能节点都带 CPU 单元，可分别独立完成测量、校正、调节、诊断等功能，靠网络协议把它们连接在一起统筹工作。任何一个节点出现故障都只影响本身而不会危及全局，这种彻底的分散型控制体系使系统更加可靠。

3. 方便的互操作性

FCS 特别强调“互联”和“互操作性”。也就是说，不同厂商的 FCS 产品可以异构，但组成统一的系统后，便可以相互操作、统一组态，克服传统 DCS 产品互不兼容的缺点，方便用户。

4. 开放的互联网络

FCS 技术及标准是全开放式的。从总线标准、产品检验到信息发布，面向所有的产品制造商和用户全部公开。通信网络可以和其他系统网络或高速网络相连接，用户可共享网络资源。

7.4　过程计算机控制系统设计方法

典型的计算机控制系统既不是纯粹的连续控制系统，也不是完全的离散控制系统，而是一种混合信号控制系统，所以计算机控制系统的分析和设计方法不同于模拟控制系统。其中，计算机控制系统的核心环节，即数字控制器，是由计算机通过软件编程的方法得到控制算法。在计算机控制系统中，控制算法设计是系统分析与设计的关键。

目前，设计计算机控制系统通常可以采用两种方法：连续域设计-离散化和直接数字域设计方法。

7.4.1　连续域设计-离散化方法

连续域设计-离散化方法又称计算机控制系统的间接设计方法。其基本设计思路是将计算机控制系统中数字控制部分（包括 A/D、计算机和 D/A）看成是一个整体，等效为一个连续传递函数，如图 7-8 所示。

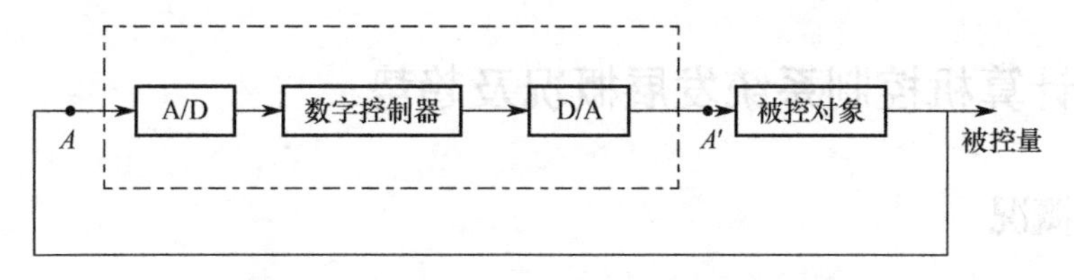

图 7-8　计算机控制系统连续域等效结构

从 AA' 来看，系统中非连续信号被隐含在点画线框内。计算机控制系统可视为连续控制系统，进而可以用连续系统的设计方法在连续域上设计得到连续控制器。然后将连续控制算法进行数字化（离散化）处理。把连续域中的控制算法转换到离散域的方法有很多，如一阶后向差分法、一阶前向差分法、双线性变换法、零极点匹配法、Z 变换法与带零阶保持器的 Z 变换法等。通过离散化后得到离散域的控制算法满足计算机控制的要求。

连续系统的设计方法技术成熟，而且现有许多连续系统都有改造为计算机控制系统的客观要求，因此，连续域设计-离散化方法在工程上得到广泛应用。但是，由于离散化过程会产生误差，转换的精度与被转换的模型及采样周期的大小有关，在实际应用中有一定的局限性。只有采样周期“足够小”，其设计的系统控制效果才可以逼近连续系统，当采样周期较大时，实际系统的性能往往比设计时预期的差。

按照一定的采样周期对连续控制算法进行离散化处理后，还应该监测系统的性能，如果不满足要求，则应该重新选择采样周期，或修改连续域的算法，直到满足预定的性能要求为止。

使用连续域设计-离散化方法时，要注意采样周期和离散化方法的选择。

7.4.2 直接数字域（离散域）设计

直接数字域（离散域）设计又称为数字控制器的直接设计方法。其基本设计思想是把计算机控制系统看成纯离散信号系统，如图 7-9 所示。

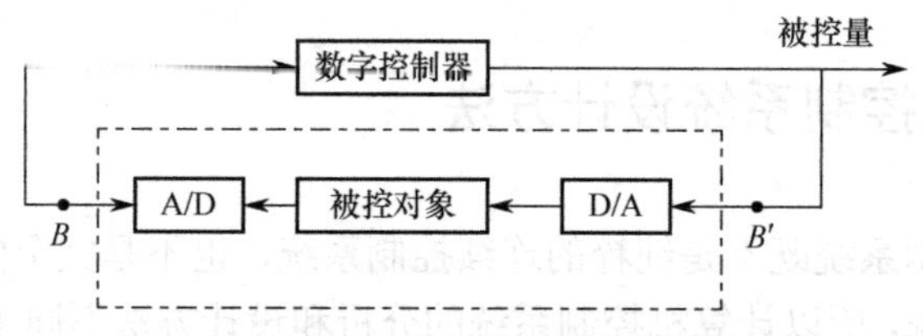

图 7-9 计算机控制系统离散域等效结构

从 *BB′*来看，系统中连续信号被隐含在点画线框内。把整个点画线框内部看成一个离散环节，直接在离散域进行设计，得到数字控制器，并在计算机中实现。

与间接设计方法相比，直接数字域（离散域）设计无须将控制器近似离散化，是一种准确的设计方法。从被控对象的特性出发，直接根据离散系统理论来设计控制器，利用计算机软件的灵活性，就可以实现从简单到复杂的各种控制规律。当采用直接数字域（离散域）设计方法时，计算机控制系统甚至可以比相应的连续系统达到更好的控制性能。

从原理上讲，在离散域中进行算法设计时，采样周期可以任意选择。但是实际上，采样周期的选择受到很多因素的制约，选择不当同样会影响系统性能。

7.5 过程计算机控制系统发展概况及趋势

7.5.1 发展概况

计算机控制系统的发展是与计算机技术、控制技术的发展密切相关的。计算机控制系统的发展大致经历了以下 4 个阶段。

1. 计算机控制系统的开创期（20 世纪 50 年代）

1946 年，世界上第一台电子计算机 ENICA 问世。1952 年，计算机首先被用来自动检测化工生产过程的过程参量并进行数据处理。1954 年，人们开始研究计算机的开环控制。1956 年 3 月，美国研制的 TRW3000 计算机控制系统在得克萨斯州阿塞港的炼油厂聚合装置上投运成功，开辟了计算机控制的新纪元。在建立过程通道、进行数据采集、配置实时操作系统、编写控制算法等方面，TRW3000 计算机控制系统都进行了开创性的研究。当时计算机的体积大、速度慢、价格昂贵，性能也不可靠，而且计算机控制系统工作于操作指导控制方式，仍然采用常规设备完成控制任务，因此计算机控制并没有得到广泛的应用。随着计算机性能的提高，计算机控制技术也逐步发展，进入了计算机控制系统发展的第 2 阶段。

2. 直接数字控制阶段（20 世纪 60 年代）

1962 年，英国帝国化学工业集团（ICD）研究了一台（用于过程控制的）计算机，实现了直接数字控制。可直接测量 224 个变量，控制 129 个阀门。1960—1965 年，DDC 的应用非常广泛，许多石油化工部门采用 DDC 系统获得了成功。因为当时计算机的过程通道庞大复杂、价格昂贵，系统的抗干扰性比较差，可靠性不太好，因此许多计算机控制系统发生故障。在 20 世纪 60 年代后期，出现了集中式的计算机控制系统。

3. 集中式计算机控制系统发展时期（1967—1975 年）

20 世纪 60 年代后期是计算机控制系统进入实用和开始普及的阶段。因为小型计算机的出现，计算机控制系统的可靠性不断提高，成本逐年下降。随着生产规模的不断扩大，被控对象的受控参数越来越多，控制回路也越来越复杂。受设备、控制技术等方面的约束，人们提出了集中式计算机控制系统，用一台计算机对几十个甚至上百、上千个回路以及过程变量进行检测、控制、显示、操作等。这又带来了新的问题，采用高度集中的控制结构，计算机的负荷过重，功能过于集中，计算机出现的任何故障都会导致严重的后果，使得集中式的计算机控制系统非常脆弱。随着控制理论的发展，控制技术逐步提高，新的控制要求不断出现，系统结构越来越庞大，集中式控制系统的开发周期越来越长，现场调试、布线施工等耗费了大量的人力、物力，根本满足不了工业生产的控制要求。

4. 以微处理器为核心的分层分布式控制系统（1975 年至今）

20 世纪 70 年代后期，微型计算机的问世，使计算机的发展和应用进入新的阶段，计算机的性能明显提高，为实现分散控制创造了条件。同时，网络技术、控制理论、实时控制的安全性和可靠性以及控制结构、控制技术等都在迅猛发展，分层分布式的控制方法得到重视和应用。分布式计算机控制系统的控制策略是分散控制、集中管理，同时配备友好、方便的人机监视界面和数据共享。功能分散后，技术上更加容易实现，某一部分出现故障不会影响全局，从而使危险分散，同时也给建立系统的数学模型带来方便。

7.5.2　发展趋势

计算机控制技术的发展与信息化、数字化、智能化和网络化的技术潮流相关，与微电子技术、控制技术、计算机技术、网络与通信技术和显示技术的发展密切相关，互为因果，互相补充和促进。各种自动化手段互相借鉴，工控机系统、自动化系统、信息技术改造传统产业、机电一体化、数控系统、先进制造系统、CIMS 各有背景，都很活跃，相互借鉴，相互渗透和融合，使彼此之间的界限越来越模糊。各种控制系统互相融合，在相当长的时间内，FCS、IPC、NC/CNC、DCS、PLC，甚至嵌入式控制系统，将相互学习、相互补充、相互促进、彼此共存。各种控制系统虽然设计的初衷不一，各有特色，各有适宜的应用领域，自然也各有不适应的地方，但融合与集成是大势所趋，势不可挡。计算机控制发展的趋势主要集中在如下几个方面：综合自动化、网络化、智能化、虚拟化、绿色化。

1. 综合自动化

综合自动化包括计算机集成制造系统（Computer Integrated Manufacturing System，CIMS）和计算机集成过程系统（Computer Integrated Processing System，CIPS），是过程工业中的CIMS。

CIMS是基于制造技术（使用数控机床、机器人等加工）、信息技术、管理技术、自动化技术、系统工程技术的一门发展中的综合性技术。它的最大特点是多种技术的“综合”与全企业信息的“集成”，它是信息时代企业自动化发展的总方向。CIPS的关键技术包括计算机网络技术、数据库管理系统、各种接口技术、过程操作优化技术、先进控制技术、软测量技术、生产过程的安全保护技术等。因而，综合自动化有非常广阔的发展前景。

2. 网络化

现场总线构成的FCS和嵌入式控制系统是工控系统的两大发展热点。发展以位总线（Bit Bus）、现场总线（Field Bus）等先进网络通信技术为基础的DCS和FCS控制结构，并采用先进的控制策略，向低成本综合自动化系统的方向发展，实现计算机集成制造系统。特别是现场总线系统越来越受到人们的青睐，将成为今后微型机控制系统发展的主要方向。虽然以现场总线为基础的FCS发展很快，最终将取代传统的DCS，但其发展仍有很多工作要做，如统一标准、仪表智能化等。而传统控制系统的维护和改造还需要DCS，因此FCS完全取代传统的DCS有个较长的过程。

3. 智能化

经典的反馈控制、现代控制和大系统理论在应用中遇到不少难题。首先，这些控制系统的设计和分析都是建立在精确的系统模型的基础上的，而实际系统一般难以获得精确的数学模型。其次，为了提高控制性能，整个控制系统变得极其复杂，增加了设备的投资，降低了系统的可靠性。人工智能的出现和发展，促进自动控制向更高的层次发展，即智能控制。智能控制自主驱动智能机器实现目标过程，是机器模拟人类智能的一种展现。

4. 虚拟化

在数字化基础上，虚拟化技术的研究正在迅速发展，主要包括虚拟现实（VR）、虚拟产品开发（VPD）、虚拟制造（VM）和虚拟企业（VE）等。

5. 绿色化

绿色自动化技术的概念，主要是从信息、电气技术与设备方面出发，减少、消除自动化设备对人类、对环境的污染与损害。主要内容包括保证信息安全与减少信息污染、电磁谐波抑制、洁净生产、人机和谐及绿色制造等。这是全球可持续发展战略在自动化领域中的体现，是自动化学科的一个崭新课题。

思考与练习

1. 什么是计算机控制？什么是计算机控制系统？
2. 简述计算机控制系统各部分的作用。
3. 计算机控制系统的典型形式有哪些？各有什么优缺点？
4. 为什么计算机控制系统要用采样理论进行分析与设计？
5. 举例说明你熟悉的计算机控制系统，并说明其与常规连续模拟控制系统相比的优点。
6. 利用计算机及接口技术的知识，提出一个用同一台计算机控制多个被控参量的分时巡回控制方案。

第 8 章　典型过程单元控制方案

本章介绍几种典型的过程单元控制应用方案。

8.1　流体输送设备的控制

在生产过程中，用于输送流体和提高流体压头的机械设备，统称为流体输送设备。其中，输送液体并提高压力的机械称为泵，输送气体并提高压力的机械称为风机或压缩机。工艺生产过程要求平稳生产，往往希望流体的输送量保持为定值，这时，如果系统中有显著的扰动，或对流量的平稳有严格要求，就需要采用流量定值控制系统。在另一些过程中，要求各种物料保持合适的比例，保证物料平衡，就需要采用比值控制系统。此外，有时要求物料的流量与其他变量保持一定的函数关系，就要采用以流量控制系统为副环的串级控制系统。

流量控制系统的主要扰动是压力和阻力的变化，特别是同一台泵分送几个并联管道的场合，控制阀上游压力的变动更为显著，有时必须采用适当的稳压措施。至于阻力的变化，例如管道积垢的效应等，往往是比较迟缓的。

8.1.1　泵的控制

1. 离心泵的控制

离心泵是使用最广泛的液体输送机械。泵的压头 H 和流量 Q 及转速 n 间的关系称为泵的特性，如图 8-1 所示，亦可由下列经验公式来近似

$$H = k_1 n^2 - k_2 Q^2 \tag{8-1}$$

式中，k_1 和 k_2 是比例系数。

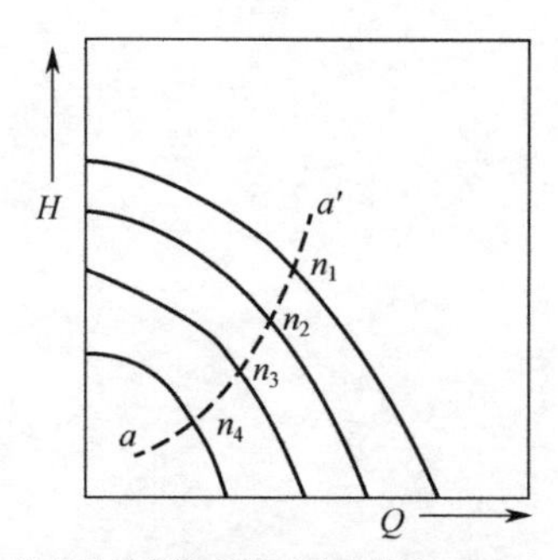

aa'—相应于最高效率的工作点轨迹，$n_1 > n_2 > n_3 > n_4$

图 8-1　离心泵的特性曲线

当离心泵装在管路系统时，实际的排出量与压头是多少呢？这需要与管路特性结合起来

考虑。管路特性就是管路系统中流体的流量和管路系统阻力的相互关系，如图 8-2(a)所示。图中 h_L 表示液体提升一定高度所需的压头，即升扬高度，这项是恒定的；h_P 表示克服管路两端静压差的压头，即$(p_2-p_1)/\gamma$，这项也是比较平稳的；h_f 表示克服管路摩擦损耗的压头，这项与流量的平方近乎成比例；h_V 是控制阀两端的压头，在阀门的开启度一定时，与流量的平方值成比例。同时，h_V 还取决于阀门的开启度。设

$$H_L = h_L + h_P + h_f + h_V \tag{8-2}$$

则 H_L 和流量 Q 的关系称为管路特性，如图 8-2(b)所示。

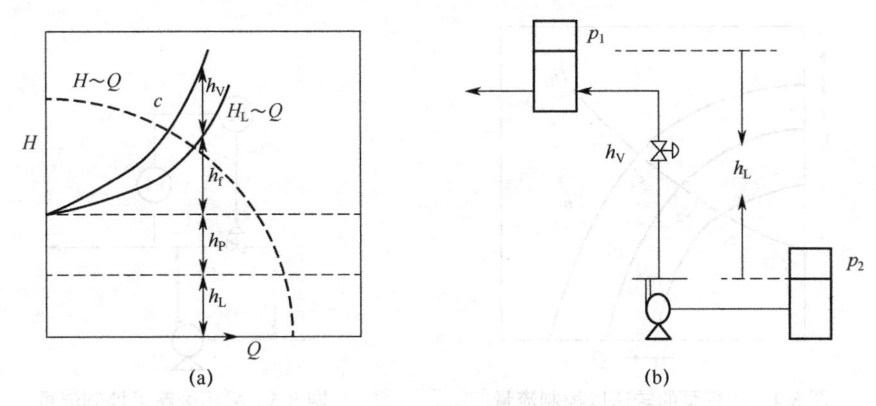

图 8-2　管路特性

当系统达到平稳状态时，泵的压头 H 必然等于 H_L，这是建立平衡的条件。从特性曲线上看，工作点 c 必然是泵的特性曲线与管路特性曲线的交点。

工作点 c 的流量应符合预定要求，它可以通过以下方案来控制。

（1）改变控制阀开启度，直接节流改变控制阀的开启度，即改变管路阻力特性，图 8-3(a)表明了工作点变动情况。图 8-3(b)所示直接节流的控制方案使用广泛。

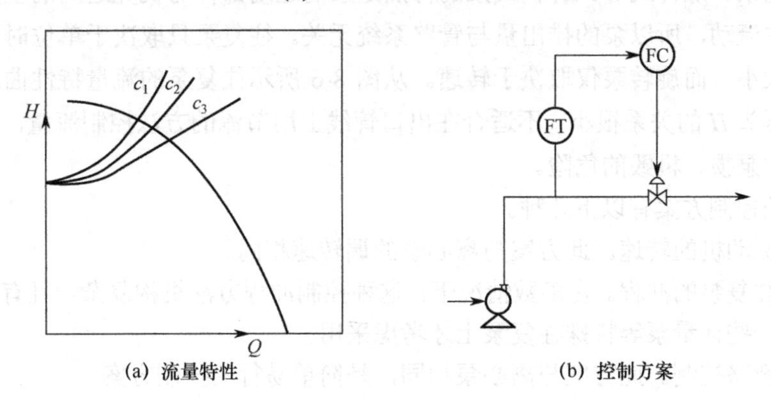

图 8-3　直接节流以控制流量

这种方案的优点是简单易行，缺点是在流量小的情况下，总的机械效率较低。所以这种方案不宜使用在排出量低于正常值 30%的场合。

（2）改变泵的转速。泵的转速有了变化，就可改变特性曲线形状，图 8-4 表明了工作点的变动情况，泵的排出量随转速的增加而增加。

改变泵的转速以控制流量的方法有：用电动机作为原动机时，采用电动调速装置；用汽

轮机作为原动机时，可控制导向叶片的角度或蒸汽流量；采用变频调速器；利用原动机与泵之间的联轴变速器，设法改变转速比。

采用这种控制方案时，在液体输送管线上不需装设控制阀，因此不存在 h_V 项的阻力损耗，相对来说机械效率较高，所以在大功率的重要泵装置中，有逐渐扩大采用的趋势。但这种方案的具体实现比较复杂，所需设备费用较高。

通过旁路控制、旁路阀的控制方案如图 8-5 所示，可用改变旁路阀开启度的方法来控制实际排出量。

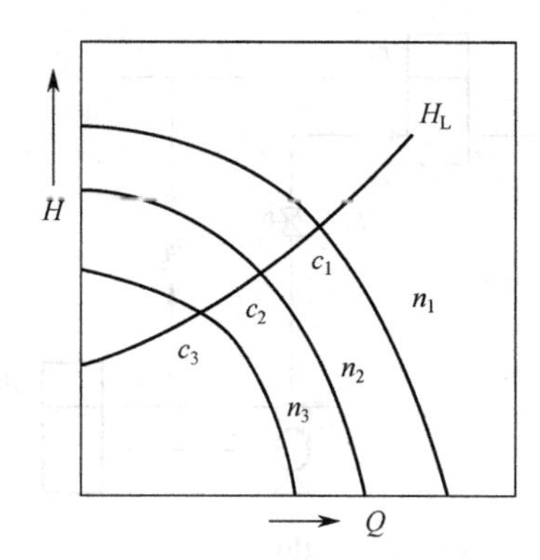

图 8-4 改变泵的转速以控制流量

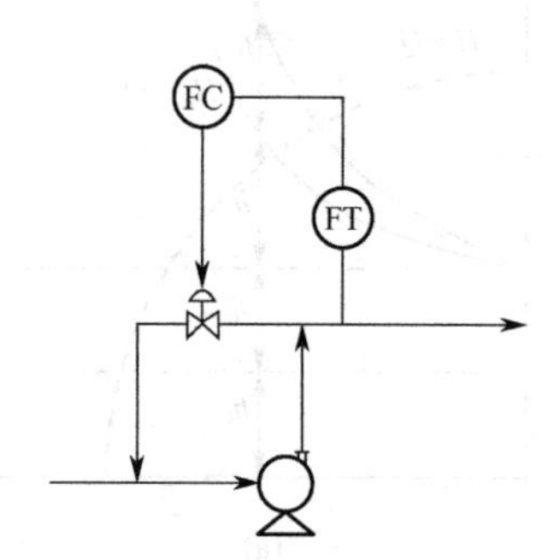

图 8-5 采用旁路以控制流量

这种方案颇简单，控制阀口径较小。但对旁路的那部分液体来说，由泵供给的量完全消耗于控制阀，因此总的机械效率较差。

2. 容积式泵的控制

容积式泵有两类，一类是往复泵，包括活塞式、柱塞式等；另一类是直接位移旋转式，包括椭圆齿轮泵、螺杆式等。容积式泵的特点是泵的运动部件与机壳之间的空隙很小，液体不能在缝隙中流动，所以泵的排出量与管路系统无关。往复泵只取决于单位时间内的往复次数及冲程的大小，而旋转泵仅取决于转速。从图 8-6 所示往复泵的流量特性曲线可以看出，其排出量与压头 H 的关系很小，不适合在出口管线上用节流的方法控制流量，一旦将出口阀关死，将产生泵损、机毁的危险。

往复泵的控制方案有以下几种。

- 改变原动机的转速。此方案与离心泵的调转速相同。
- 改变往复泵的冲程。在多数情况下，这种控制冲程方法机构复杂，且有一定难度，只有在一些计量泵等特殊往复泵上才考虑采用。
- 通过旁路控制。此方案与离心泵相同，是简单易行的控制方案。
- 利用旁路阀控制压力，再利用节流阀控制流量（如图 8-7 所示），压力控制器可选用自立式压力控制器。这种方案由于压力和流量两个控制系统之间相互关联，动态上有交互影响，为此有必要把它们的振荡周期错开，压力控制系统慢一些，最好整定成非周期的调节过程。

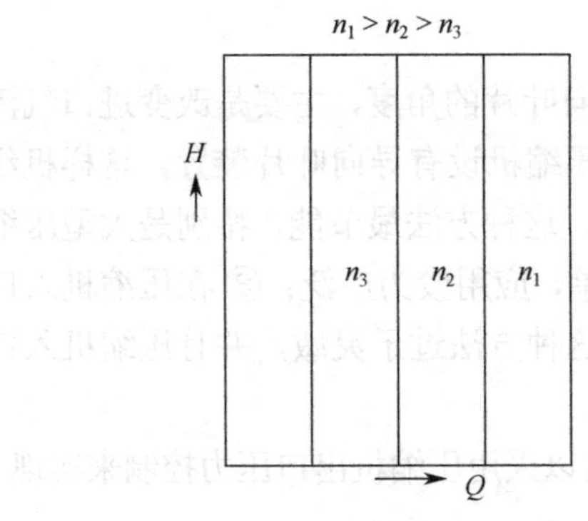

图 8-6　往复泵的特性曲线

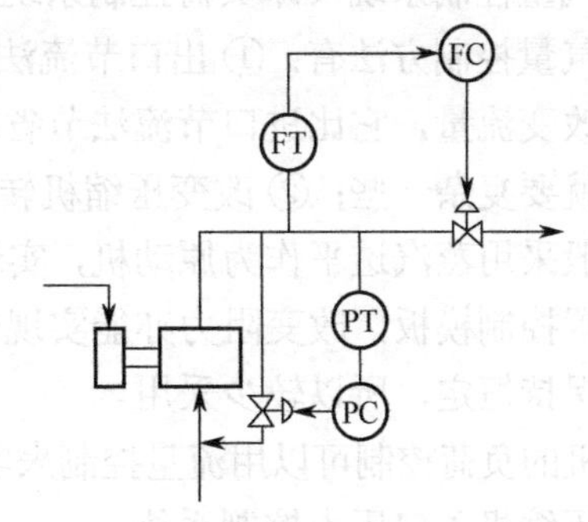

图 8-7　往复泵出口压力和流量控制

8.1.2　压缩机的控制

压缩机是指输送压力较高的气体机械，一般产生高于 300kPa 的压强。压缩机分为往复式压缩机和离心式压缩机两类。

往复式压缩机适用于流量小、压缩比高的场合，其常用控制方案包括汽缸余隙控制、顶开阀控制（吸入管线上的控制）、旁路回流量控制、转速控制等。这些控制方案有时是同时使用的。例如，图 8-8 所示是氮压缩机汽缸余隙及旁路阀控制的流程图，这套控制系统允许负荷波动的范围为 60%～100%，是分程控制系统，即，当控制器输出信号在 20～60kPa 时，余隙阀动作。当余隙阀全部打开，压强还下不来时，旁路阀动作，即输出信号在 60%～100%时，“三回一”旁路阀动作，以保持压强恒定。

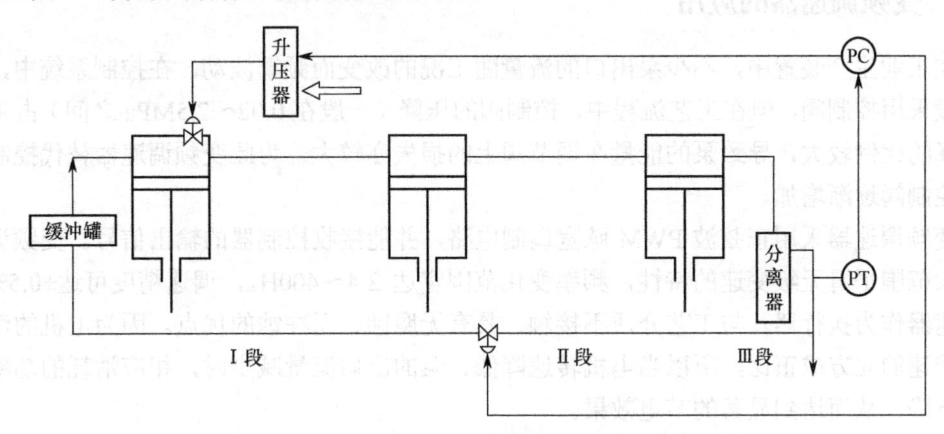

图 8-8　氮压缩机汽缸余隙及旁路阀控制的流程

近年来，石油及化学工业向大型化发展，离心式压缩机急剧地向高压、高速、大容量、自动化方向发展。离心式压缩机与往复式压缩机比较有下述优点：体积小、流量大、重量轻、运行效率高、易损件少、维护方便、汽缸内无油气污染、供气均匀、运转平稳、经济性较好等，因此，离心式压缩机得到广泛应用。

离心式压缩机虽然有很多优点，但在大容量机组中，有许多技术问题必须很好地解决。例如，喘振、轴向推力等，微小的偏差很可能造成严重事故，而且事故的出现往往迅速、猛烈，单靠操作人员处理，常常措手不及。因此，为保证压缩机能够在工艺要求的工况下安全运行，必须配备一系列的自控系统和安全联锁系统。一台大型离心式压缩机通常有下列控制系统。

（1）气量控制系统（即负荷控制系统）。

常用气量控制方法有：① 出口节流法，改变进口导向叶片的角度，主要是改变进口气流的角度来改变流量，它比进口节流法节省能量，但要求压缩机设有导向叶片装置，这样机组在结构上就要复杂一些；② 改变压缩机转速的控制方法，这种方法最节能，特别是大型压缩机现在一般采用蒸汽透平作为原动机，实现调速较为简单，应用较为广泛；③ 在压缩机入口管线上设置控制模板，改变阻力亦能实现气量控制，但这种方法过于灵敏，并且压缩机入口压力不能保持恒定，所以较少采用。

压缩机的负荷控制可以用流量控制来实现，有时也可以采用压缩机出口压力控制来实现。

（2）压缩机入口压力控制系统。

入口压力控制方法有：① 采用吸入管压力控制转速来稳定入口压力；② 设有缓冲罐的压缩机，缓冲罐压力可以采用旁路控制；③ 采用入口压力与出口流量的选择控制。

（3）防喘振控制系统。

离心式压缩机有这样的特性：当负荷降低到一定程度时，气体的排送会出现强烈的振荡，因而机身亦剧烈振动，这种现象称为喘振。喘振会严重损坏机体，产生严重后果，压缩机在喘振状态下运行是不允许的，在操作中一定要防止喘振的产生。

（4）压缩机各段吸入温度以及分离器的液位控制。

（5）压缩机密封油、润滑油、调速油的控制系统。

（6）压缩机振动和轴位移检测、报警、联锁。

8.1.3 变频调速器的应用

在工业生产装置中，不少泵出口的流量随工况的改变而频繁波动。在控制系统中，执行器一般采用控制阀，但在工艺流程中，控制阀的压降（一般在0.02～2.5MPa之间）占工艺系统压降的比例较大，导致泵的能量在调节阀上的损失亦较大，为此变频调速器替代控制系统中的控制阀逐渐增加。

变频调速器采用正弦波PWM脉宽调制电路，并能接收控制器的输出信号。变频调速器具有大范围平滑无级变速的特性，频率变化范围宽达2.4～400Hz，调速精度可达±0.5%，变频调速器作为执行器，与工艺介质不接触，具有无腐蚀、无冲蚀的优点。因为电机的消耗功率与转速的立方成正比，所以当电机转速降低、泵的出口流量减少时，相应消耗的功率便大幅度下降，从而达到显著的节电效果。

目前，在生产装置中有时采用变频调速器与控制阀并存的控制方式，一般情况下采用变频调速，异常情况下采用控制阀控制。其原因有：

- 在变频调速控制效果不佳或出现意外时，可及时切换至控制阀控制，保证安全生产。
- 能够利用控制阀进行流量微调。
- 当管线要求压力一定时，可以通过控制阀来实现。

虽然使用变频调速器的一次性投资较大，但高效节能。例如，某蒸馏装置共有15台机泵、总额定功率为1061kW，调节阀平均开度按最大值70%计算，若指标内电价每千瓦时0.37元，全年可节约电费130万元，节能效果显著。一般投资回收期为0.5～1年，因此值得推广应用。

8.1.4　防喘振控制系统

离心式压缩机的特性曲线如图 8-9 所示。由图 8-9 可知，只要保证压缩机吸入流量大于临界吸入流量 Q_p，系统就会工作在稳定区而不发生喘振。

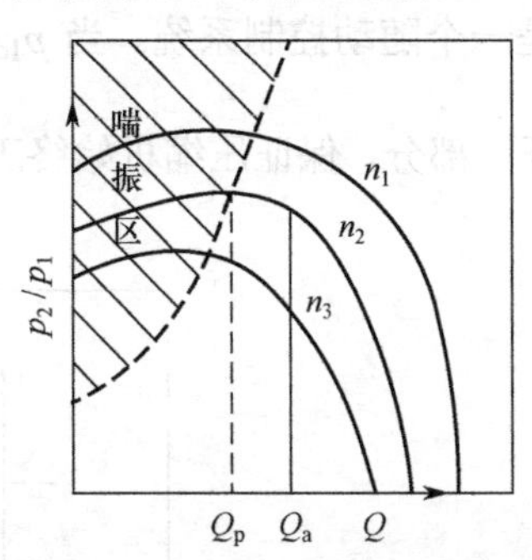

图 8-9　离心式压缩机的特性曲线

为了使进入压缩机的气体流量保持在 Q_p 以上，在生产负荷下降时，须将部分出口气从出口旁路返回到入口，或将部分出口气放空，以保证系统工作在稳定区。

目前工业生产上采用两种不同的防喘振控制方案：固定极限流量（或称最小流量）法与可变极限流量法。

（1）固定极限流量防喘振控制

这种防喘振控制方案是使压缩机的流量始终大于某一固定值，即正常可以达到最高转速下的临界流量 Q_p，从而避免进入喘振区运行。显然，压缩机不论运行在哪一种转速下，只要满足压缩机流量大于 Q_p 的条件，压缩机就不会产生喘振，其控制方案如图 8-10 所示。压缩机正常运行时，测量值大于设定值 Q_p，则旁路阀完全关闭。如果测量值小于 Q_p，则旁路阀打开，使一部分气体返回，直到压缩机的流量达到 Q_p 为止，这样，压缩机向外供气量减少了，但可以防止发生喘振。

固定极限防喘振控制系统应与一般控制中采用的旁路控制法区别开。主要区别在于检测点位置不一样，防喘振控制回路测量的是进入压缩机的流量，而一般流量控制回路测量的是从管网送来的或通往管网的流量。

固定极限流量防喘振控制方案简单，系统可靠性高，投资少，适用于固定转速场合。在变转速时，如果转速低到 n_2，n_3 时，流量的裕量过大，能量浪费很大。

（2）可变极限流量防喘振控制

为了减少压缩机的能量消耗，在压缩机负荷可能经常波动的场合，采用可变极限流量防喘振控制方案。

假设在压缩机吸入口测量流量，只要满足下式即可防止喘振产生

$$\frac{p_2}{p_1} \leqslant a + \frac{bK_1^2 p_{1d}}{\gamma p_1} \text{或} p_{1d} \geqslant \frac{\gamma}{bK_1^2}(p_2 - ap_1) \tag{8-3}$$

式中，p_1 是压缩机吸入口压力，为绝对压力；p_2 是压缩机出口压力，为绝对压力；p_{1d} 是入口

流量 Q_1 的压差；$\gamma=\dfrac{M}{ZR}$ 为常数（M 为气体分子量，Z 为压缩系数，R 为气体常数）；K_1 是孔板的流量系数；a，b 为常数。

按上式可构成如图 8-11 所示可变极限流量防喘振控制系统。该方案取 p_{1d} 作为测量值，而取 $\dfrac{\gamma}{bK_1^2}(p_2-ap_1)$ 为设定值，是一个随动控制系统。当 p_{1d} 大于设定值时，旁路阀关闭；当 p_{1d} 小于设定值时，将旁路阀打开一部分，保证压缩机始终工作在稳定区，这样就防止了喘振的发生。

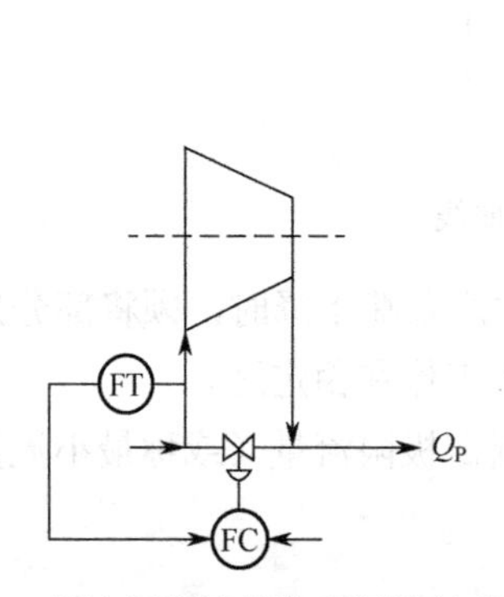

图 8-10 固定极限流量防喘振控制系统

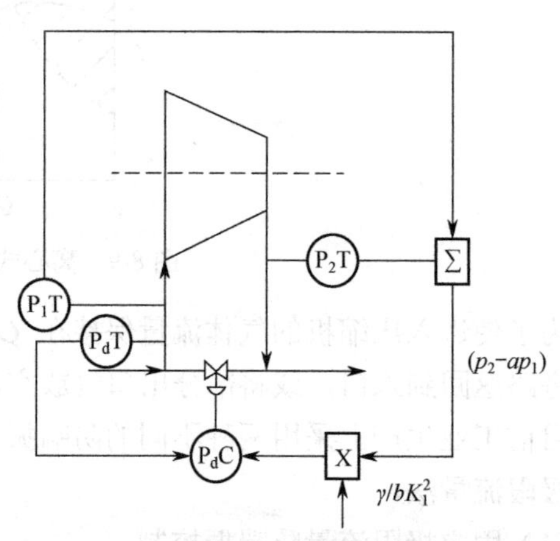

图 8-11 可变极限流量防喘振控制系统

8.2 传热设备的控制

许多工业过程，如蒸馏、蒸发、干燥结晶和化学反应等，均需根据具体的工艺要求对物料进行加热或冷却，即冷热流体进行热量交换。冷热流体进行热量交换的形式有两类：无相变情况下的加热或冷却，相变情况下的加热或冷却（即蒸汽冷凝放热或液体汽化吸热）。热量传递的方式有热传导、对流和热辐射三种，而实际的传热过程很少是单纯以一种方式进行的，往往由两种或三种方式综合而成。

8.2.1 传热设备的静态数学模型

对已有的设备，研究静态特性的意义是搞好生产控制，具体来说，有以下三个作用。

- 作为扰动分析、操纵变量选择及控制方案确定的基础。
- 求取放大倍数，作为系统分析及调节器参数整定的参考。
- 分析在各种条件下的放大系数 K_0 与操纵变量（调节介质）流量的关系，作为调节阀选型的依据。

传热过程工艺计算的两个基本方程是热量衡算方程与传热速率方程，它们是构成传热设备静态特性的两个基本方程。

热量的传递方向总是由高温物体传向低温物体，两物体之间的温差是传热的推动力，温差越大，传热速率越大。传热速率方程式是

$$q = UA_m\Delta\theta_m \tag{8-4}$$

式中，q 为传热速率，单位是 J/h；U 为传热总系数，单位是 J/（m^2·℃·h）；A_m 为平均传热面积，单位是 m^2；$\Delta\theta_m$ 为平均温度差，单位是℃（换热器各截面冷、热两流体温度差的平均值）。U 是衡量热交换设备传热性能好坏的一个重要指标，U 值越大，设备传热性能越好。U 的数值取决于三个串联热阻（即管壁两侧对流给热的热阻以及管壁自身的热传导热阻）。这三个串联热阻中以管壁两侧对流给热系数 h 为影响 U 的最主要因素，因此，凡能影响 h 的因素均能影响 U 值。不同情况下 $\Delta\theta_m$ 的计算方法不同，具体可参考有关资料。

8.2.2 一般传热设备的控制

一般传热设备在这里是指以对流传热为主的传热设备，常见的有换热器、蒸汽加热器、氨冷器、再沸器等间壁式传热设备，在此就它们在控制中的一些共性作相关介绍。一般传热设备的被控变量在多数情况下是工艺介质的出口温度，操纵变量通常选择的是载热体流量。在控制手段上有多种形式，从传热过程的基本方程知道，为保证出口温度平稳、满足工艺要求，必须对传热量进行控制。控制传热量有以下几条途径。

（1）控制载热体流量

改变载热体流量的大小将引起传热系统 U 和平均温差 $\Delta\theta_m$ 的变化。对于载热体在传热过程中不起相变化的情况，如不考虑 U 的变化，从前述热量平衡关系和传热速率关系来看，当传热面积足够大时，热量平衡关系可以反映静态特性的主要方面。改变载热体流量，能有效改变传热平均温差 $\Delta\theta_m$，亦即改变传热量，因此，控制作用可满足要求。而当传热面积受到限制时，要将热量平衡关系和传热速率关系结合起来考虑。

在载热体有相变时，情况要复杂得多，例如，对于氨冷器，液氨汽化吸热。传热面积有裕量时，液氨进入多少被汽化多少，即进氨量越多，带走热量越多。否则，液氨的液位会升高，如果仍然不能平衡，液氨液位越来越高，会淹没蒸发空间，甚至使液氨进入出口管道而损坏压缩机。所以，采用这种方案时应设有液位指示、报警或联锁装置，以确保安全生产。还可以采用图 8-12 所示的出口温度与液位的串级控制系统，其实该系统是改变传热面积的方案，应用这种方案时，可以限制液位的上限，保证有足够的蒸发空间。

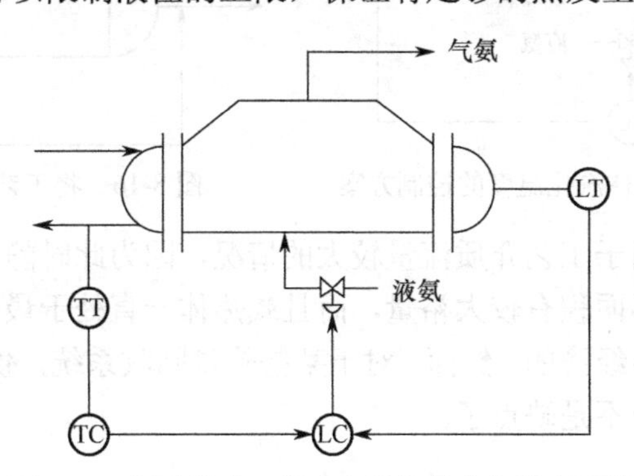

图 8-12 氨冷器出口温度与液位的串级控制系统

图 8-13 是载热体流量单回路控制方案之一，这种方案最简单，适用于载热体上游压力比较平稳及生产负荷变化不大的场合。如果载热体上游压力不平稳，则采取稳压措施使其稳定，或采用温度与流量（或压力）的串级控制系统，如图 8-14 所示。

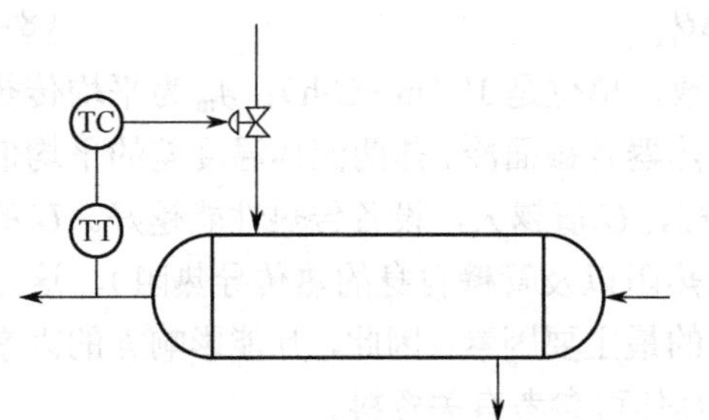

图 8-13 载热体流量单回路控制方案

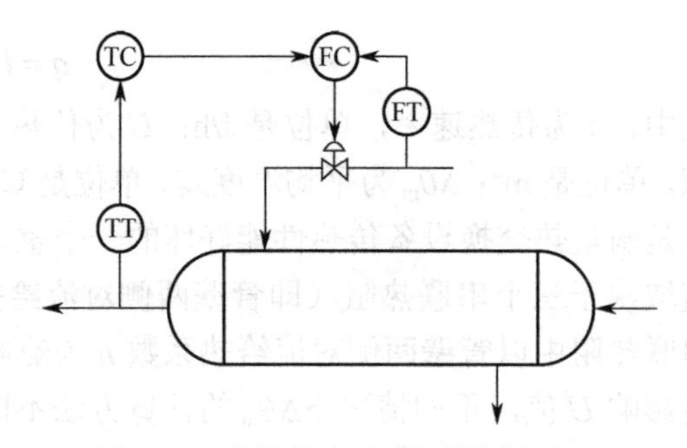

图 8-14 载热体流量串级控制方案

（2）控制载热体的汽化温度

控制载热体的汽化温度就改变了传热平均温差$\Delta\theta_m$，同样可以达到控制传热量的目的。图 8-15 所示氨冷热出口温度控制就是这类方案的一例。控制阀安装于气氨出口管道上，当阀门开度变化时，气氨的压力将发生变化，相应的汽化温度发生变化，这样就改变了传热平均温差，从而控制了传热量。但仅这样做还不行，还要设置一个液位控制系统来维持液位，保证有足够的蒸发空间。这类方案的动态特点是滞后小，反应迅速、有效，应用较广泛。但必须用两套控制系统，所需仪表较多；在控制阀两端气氨有压力损失，要求增大压缩机的功率；另外，要行之有效，液氨需有较高压力，设备必须耐压。

（3）将工艺介质分路

可以想到，要将工艺介质加热到一定温度，也可以采用同一介质冷热直接混合的方法。将工艺介质一部分进入换热器，另一部分旁路通过，然后两者混合起来，是很有效的控制手段。图 8-16 所示是采用三通控制阀的流程。

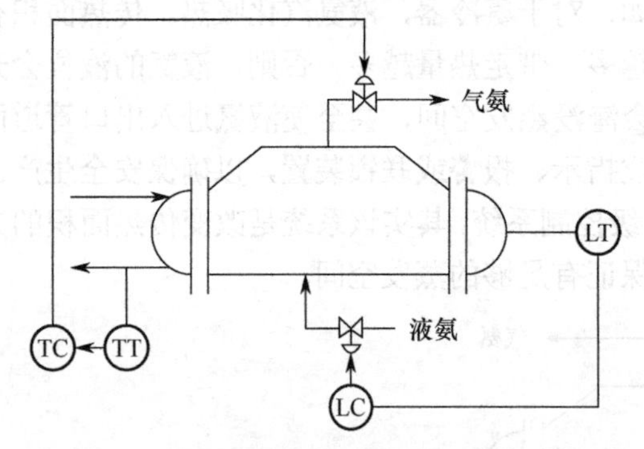

图 8-15 氨冷器控制载热体汽化温度的控制方案

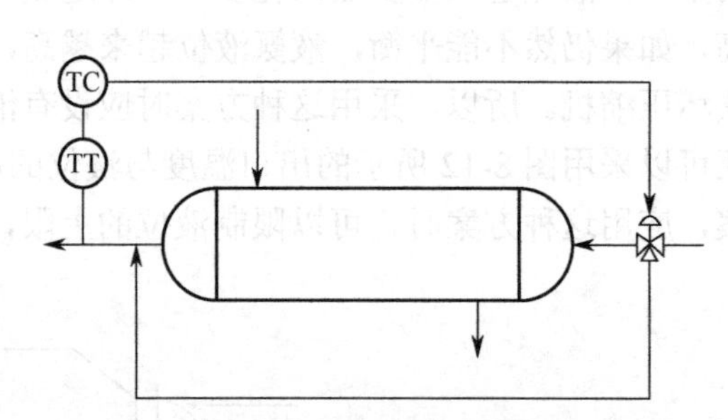

图 8-16 将工艺介质分路的控制方案

然而，本方案不适用于工艺介质流量较大的情况，因为此时静态放大系数较小。该方案还有一个缺点是要求传热面积有较大裕量，而且载热体一直处于最大流量状态工作，这在专门采用冷剂或热剂时是不经济的。然而，对于某些热量回收系统，载热体也是某种工艺介质，总流量不好控制，这时便不是缺点了。

（4）控制传热面积

从传热速率方程 $q = UA_m\Delta\theta_m$ 来看，使传热系数和传热平均温差基本保持不变，控制传热面积 A_m 可以改变传热量，可以达到控制出口温度的目的。图 8-17 所示是这种控制方案的一例，其控制阀装在冷凝液的排出管线上。控制阀开度的变化使冷凝液的排出量发生变化，而在冷凝液液位以下是冷凝液，它在传热过程中不发生相变化，其给热系数远小于液位上部气相冷凝给热，所以冷凝液位的变化实质上等于传热面积的变化。

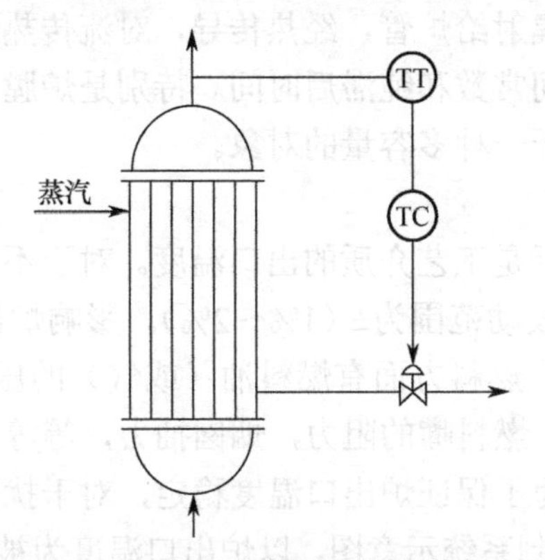

图 8-17　控制传热面积的控制方案

这种控制方案主要用于传热量较小，被控温度较低的场合；在这种场合若采用控制载热体量-蒸汽的方法，可能会使冷凝液的排出发生困难，从而影响控制质量。

将控制阀装在冷凝液排出管线上，蒸汽压力有了保证，不会形成负压，这样可以控制工艺介质温度达到稳定。

传热面积改变过程的滞后影响，将降低控制质量，有时需设法克服。较有效的办法是采用串级控制方案，将这一环节包括于副回路内，以改善广义对象的特性。例如，温度与冷凝液液位串级，见图 8-18(a)；或者温度对蒸汽流量串级，而将控制阀仍装在冷凝液管路上，见图 8-18(b)。

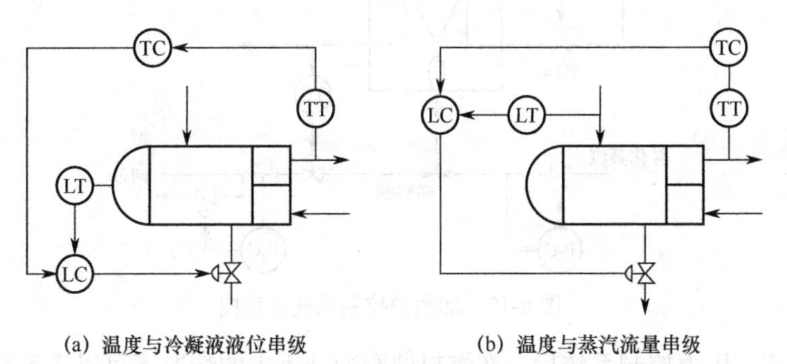

(a) 温度与冷凝液液位串级　　(b) 温度与蒸汽流量串级

图 8-18　控制阀装在冷凝液管线上的两种串级控制方案

因为传热设备是分布参数系统，近似具有时滞的多容过程，所以在检测元件的安装上需加注意，应使测量滞后减到最小。正因为过程具有这样的特性，在控制器选型上适当引入微分作用是有益的，在有些时候是必要的。

8.2.3　管式加热炉的控制

在生产过程中有各式各样的加热炉，炼油化工生产中常见的加热炉是管式加热炉。对于加热炉，工艺介质受热升温或同时进行汽化，其温度的高低直接影响后一工序的操作工况和产品质量，同时，炉子温度过高会使物料在加热炉内分解，甚至造成结焦而烧坏炉管。加热炉的平稳操作可以延长炉管使用寿命，因此，加热炉出口温度必须严加控制。

加热炉的对象特性一般从定性分析和实验测试获得。从定性角度出发，可看出其热量的传递过程是：炉膛炽热火焰辐射给炉管，经热传导，对流传热给工艺介质。所以，与一般传热对象一样，具有较大的时间常数和纯滞后时间。特别是炉膛，它具有较大的热容量，故滞后更为显著，因此加热炉属于一种多容量的对象。

（1）加热炉的简单控制

加热炉的最主要控制指标是工艺介质的出口温度。对于不少加热炉来说，温度控制指标要求相当严格，例如，允许波动范围为±（1%～2%）。影响炉出口温度的干扰因素有工艺介质进料的流量、温度、组分，燃料方面有燃料油（或气）的压力、成分（或热值），燃料油的雾化情况，空气过量情况，燃料嘴的阻力，烟囱抽力，等等。在这些干扰因素中，有的是可控的，有的是不可控的。为了保证炉出口温度稳定，对干扰因素应采取必要的措施。

图 8-19 所示是加热炉控制系统示意图，以炉出口温度为被控变量、燃料油（或气）流量为操纵变量组成的简单控制系统，还包括其他辅助控制系统：

- 进入加热炉工艺介质的流量控制系统，即图中 FC 控制系统。
- 燃料油（或气）总压调节，总压一般调回油量，即图中 P_1C 控制系统。
- 采用燃料油时，还需加入雾化蒸汽（或空气），为此设有雾化蒸汽压力系统，即图中 P_2C 控制系统，以保证燃料油的良好雾化。

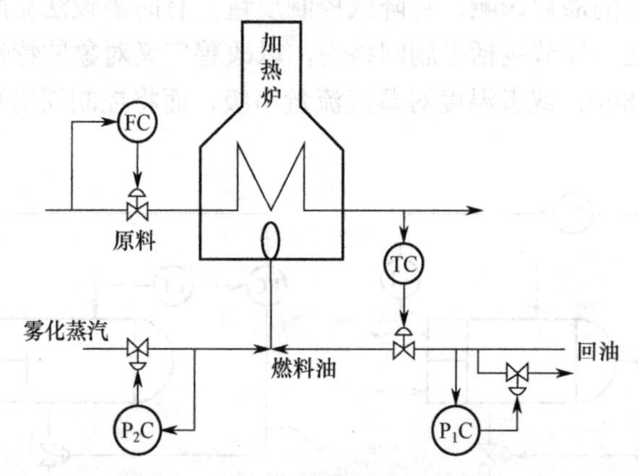

图 8-19 加热炉控制系统示意图

采用雾化蒸汽压力控制系统后，在燃料油阀变动不大的情况下可以满足雾化要求。目前炼厂中大多数采用这种方案。

采用简单控制系统往往很难满足工艺要求，因为加热炉需要将工艺介质（物料）的温度从几十度升温到数百度，其热负荷较大。当燃料油（或气）的压力或热值（组分）有波动时，会引起炉口温度的显著变化。采用简单控制时，热变量改变后，由于传递滞后和测量滞后较大，作用不及时，而使炉出口温度波动较大，满足不了工艺生产的要求。为了改善品质，满足生产的需要，石油化工、炼厂中加热炉大多采用串级控制系统。

（2）加热炉的串级控制系统

对于加热炉的串级控制方案，因干扰作用及炉子形式不同，可以选用不同被控变量组成不同的串级控制系统，主要有以下方案：

- 炉出口温度对燃料油（或气）流量的串级控制。
- 炉出口温度对燃料油（或气）阀后压力的串级控制。
- 炉出口温度对炉膛温度的串级控制。
- 采用压力平衡式调节阀（浮动阀）的控制方案。

如果主要干扰在燃料的流动状态方面，例如，阀前压力的变化，那么炉出口温度对燃料油流量的串级控制似乎是一种很理想的方案。但是燃料流量的测量比较困难，而压力测量比较方便，所以炉出口温度对燃料油（或气）阀后压力的串级控制系统应用广泛。值得指出的是，燃烧嘴部分阻塞也会使阀后压力升高，此时副控制器的动作将使控制阀关小，这种情况是不合适的，运行中必须防止这种现象的发生。

当主要干扰是燃料油热值变化时，上述两种串级控制的副回路无法感受，此时采用炉出口温度对炉膛温度串级控制的方案更好些。但是，选择具有代表性、反应较快的炉膛温度检测点较困难，测温元件及其保护套管必须耐高温。

8.3　锅炉设备的控制

由于锅炉设备使用的燃料种类、燃烧设备、炉体形式、锅炉功能和运行要求的不同，锅炉有各种各样的流程。常见的锅炉设备主要工艺流程如图 8-20 所示。

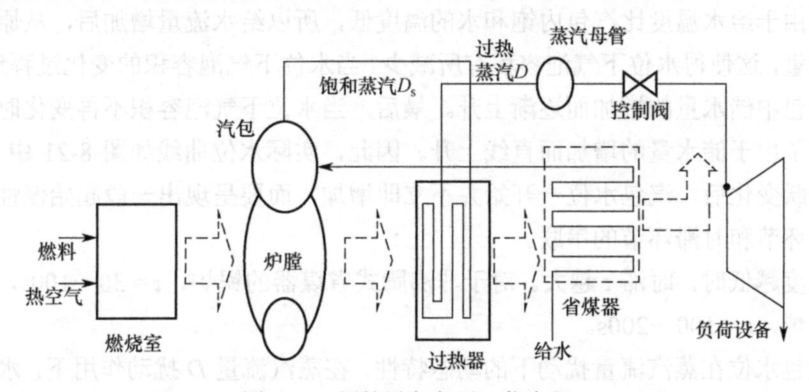

图 8-20　锅炉设备主要工艺流程

由图可知，燃料和热空气按一定比例进入燃烧室燃烧，产生的热量传给蒸汽发生系统，产生饱和蒸汽 D_s，然后经过热器形成一定气温的过热蒸汽 D，汇集至蒸汽母管。压力为 p_M 的过热蒸汽经负荷设备控制阀供给生产负荷设备使用。与此同时，燃烧过程中产生的烟气将饱和蒸汽变成过热蒸汽后，经省煤器预热锅炉给水后，经引风机送往烟囱排入大气。

锅炉设备的控制任务主要是根据生产负荷的需要供应一定规格（压力、温度等）的蒸汽，同时使锅炉在安全、经济的条件下运行。

锅炉设备控制主要控制系统有：

- 给水自动控制系统（即锅炉汽包水位的控制）。
- 锅炉燃烧的自动控制。
- 过热蒸汽系统的自动控制。

8.3.1 锅炉汽包水位的控制

汽包水位是锅炉运行的主要指标，是一个非常重要的被控变量，维持水位在一定的范围内是保证锅炉安全运行的首要条件。这是因为：① 水位过高会影响汽包内的汽水分离，饱和水蒸气带水过多，会使过热器管壁结垢导致损坏，同时过热蒸汽温度急剧下降。该过热蒸汽作为汽轮机动力的话，将会损坏汽轮机叶片，影响运行的安全与经济性。② 水位过低，则由于汽包内的水量较少，而负荷很大时水的汽化速度加快，因而汽包内的水量变化速度很快，如不及时控制就会使汽包内的水全部汽化，导致水冷壁烧坏，甚至引起爆炸。因此，锅炉汽包水位必须严加控制。

（1）汽包水位的动态特性

汽包水位不仅受汽包（包括循环水管）中储水量的影响，亦受水位下气泡容积的影响。而水位下气泡容积与锅炉的负荷、蒸汽压力、炉膛热负荷等有关。因此，影响水位变化的因素很多，其中主要是锅炉蒸发量（蒸汽流量 D）和给水流量 W。下面着重讨论在给水流量作用下和蒸汽流量扰动下的水位过程的动态特性。

汽包水位在给水流量作用下的动态特性如图 8-21 所示，即给水流量作用下水位的阶跃响应曲线。把汽包和给水看作单容量无自衡过程，水位阶跃响应曲线如图 8-21 中的 H_1 线。

但是，由于给水温度比汽包内饱和水的温度低，所以给水流量增加后，从原有饱和水中吸取部分热量，这使得水位下气泡容积有所减少。当水位下气泡容积的变化过程逐渐平衡时，水位由于汽包中储水量的增加而逐渐上升。最后，当水位下气泡容积不再变化时，水位变化就完全反映了由于储水量的增加而直线上升。因此，实际水位曲线如图 8-21 中 H 线，即当给水量作阶跃变化后，汽包水位一开始并不立即增加，而要呈现出一段起始惯性段，它近似于一个积分环节和时滞环节的串联。

给水温度越低时，时滞 τ 越大。对于非沸腾式省煤器的锅炉，$\tau = 30\sim100$s，对于沸腾式省煤器的锅炉，$\tau = 100\sim200$s。

关于汽包水位在蒸汽流量扰动下的动态特性，在蒸汽流量 D 扰动作用下，水位的阶跃响应曲线如图 8-22 所示。当蒸汽流量 D 突然增加时，从锅炉的物料平衡关系来看，蒸汽流量 D 大于给水量 W，水位应下降，如图 8-22 中曲线 H_1。但实际情况并非这样，由于蒸汽用量的增加，瞬时间必然导致汽包压力的下降。汽包内的水沸腾突然加剧。水中气泡迅速增加，由于气泡容积增加而使水位变化的曲线如图 8-22 中 H_2 所示。而实际显示的水位响应曲线 H 为 H_1+H_2。从图上可以看出，当蒸汽负荷增加时，虽然锅炉的给水量小于蒸发量，但在一开始，水位不仅不下降反而迅速上升，然后再下降（反之，蒸汽流量突然减少时，则水位先下降，然后上升），这种现象称为“虚假水位”。应该指出，当负荷变化时，水位下气泡容积变化而引起水位的变化速度是很快的，图中 H_2 的时间只有 10～20s。

“虚假水位”变化的幅度与锅炉的工作压力和蒸发量有关。例如，一般 100～200t/h 的中高压锅炉，当负荷变化 10%时，“虚假水位”可达 30～40mm。“虚假水位”现象属于反向特性，这给控制带来一定困难，在设计控制方案时必须加以注意。

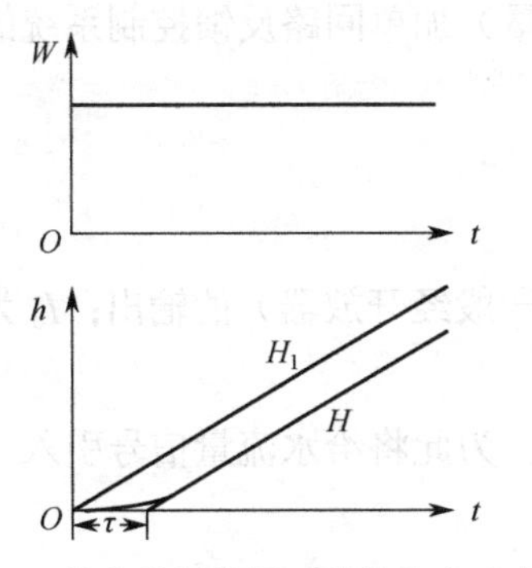

图 8-21　给水流量作用下锅炉汽包水位的阶跃响应曲线

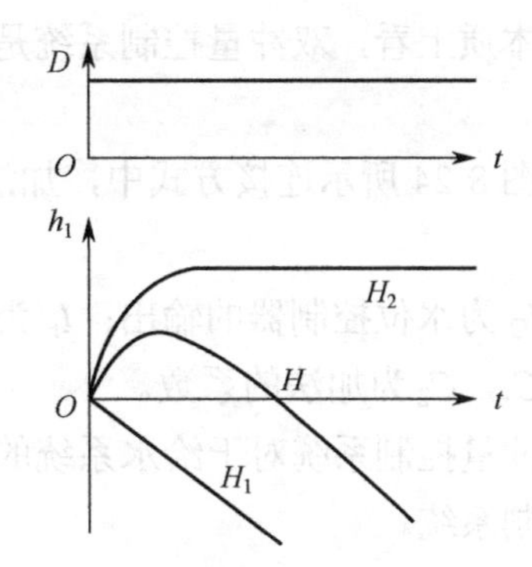

图 8-22　蒸汽流量扰动下锅炉汽包水位的阶跃响应曲线

（2）单冲量水位控制系统

图 8-23 所示是一个单冲量水位控制系统。这里的冲量指的是变量，单冲量即汽包水位。这种控制系统结构简单，是典型的单回路定值控制系统。在汽包内水的停留时间较长、负荷比较稳定的场合，这样的控制系统配上一些联锁报警装置，也可以保证安全操作。

然而，在停留时间较短、负荷变化较大时，采用单冲量水位控制系统就不适用。原因如下：

- 负荷变化时产生的“虚假水位”将使控制器反向错误动作，负荷增大时反而关小给水控制阀，闪急汽化平息下来，将使水位严重下降，波动严重，动态品质很差。
- 从负荷变化到水位下降有一个过程，再由水位变化到阀动作已滞后一段时间。如果水位过程时间常数很小，偏差必然相当显著。
- 给水系统出现扰动时，动作作用缓慢。假定给水泵的压力发生变化，进水流量立即变化，然而到水位发生偏差而使控制阀动作，同样不够及时。

为了克服上述这些矛盾，可以不仅依据水位同时参考蒸汽流量和给水流量的变化来控制给水控制阀，这样能收到很好的效果，也就构成了双冲量或三冲量控制系统。

（3）双冲量水位控制系统

在汽包的水位控制中，最主要的扰动是负荷的变化。那么引入蒸汽流量进行校正，不仅可以补偿“虚假水位”引起的误动作，而且使给水控制阀的动作及时，这样就构成了双冲量水位控制系统，如图 8-24 所示。

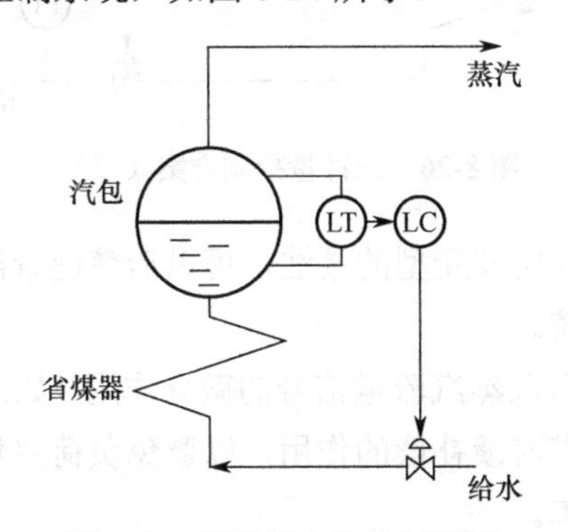

图 8-23　单冲量水位控制系统

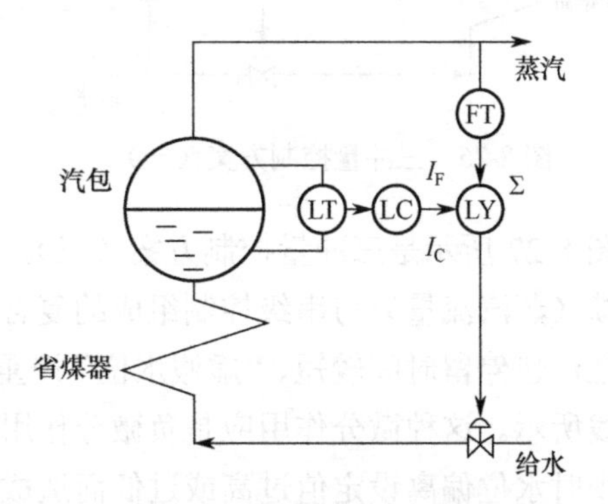

图 8-24　双冲量水位控制系统

从本质上看，双冲量控制系统是一个前馈（蒸汽流量）加单回路反馈控制系统的复合控制系统。

在图 8-24 所示连接方式中，加法器的输出 I 是

$$I = C_1 I_C \pm C_2 I_F \pm I_0 \tag{8-5}$$

式中，I_C 为水位控制器的输出；I_F 为蒸汽流量变送器（一般经开放器）的输出；I_0 为初始偏置值；C_1，C_2 为加法的系数。

双冲量控制系统对于给水系统的扰动不能直接补偿。为此将给水流量信号引入，构成三冲量控制系统。

（4）三冲量控制系统

图 8-25 所示是三冲量控制方案（一）。该方案实质上是前馈（蒸汽流量）加反馈控制系统。这种三冲量控制方案结构简单，只需要一台多通道控制器，整个系统也可看成三冲量的综合信号为被控变量的单回路控制系统，所以投运和整定与单回路一样；但是，如果系统设置不能确保物料平衡，当负荷变化时，水位将有余差。

系数 α_D 和 α_W 起什么作用呢？

第一是用来保证物料平衡，即在 $\Delta W = \alpha \Delta D$ 的条件下，多道控制器蒸汽流量信号 $\alpha_D \Delta I_F$ 与给水流量信号 $\alpha_W \Delta I_C$ 应相等。第二是用来确定前馈作用的强弱，因为上式仅知道 α_D 和 α_W 的比值，其大小依据过程特性确定，反映了前馈作用的强弱。α_D 越大其前馈作用越强，则扰动出现时，控制阀开度的变化越大。

三冲量控制方案（二）如图 8-26 所示，该方案与方案（一）相类似，仅加法器位置从控制器前移至控制器后。该方案相当于前馈一个串联控制系统，而副回路的控制器比例度为 100%。该方案不管系数 α_D 和 α_W 如何设置，当负荷变化时，液位可以保持无差。

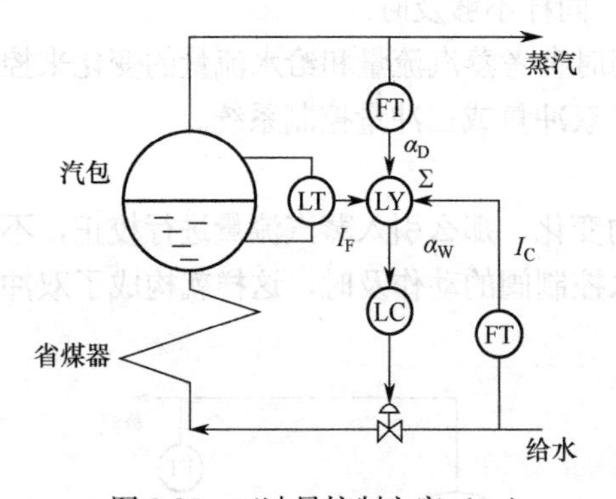

图 8-25　三冲量控制方案（一）

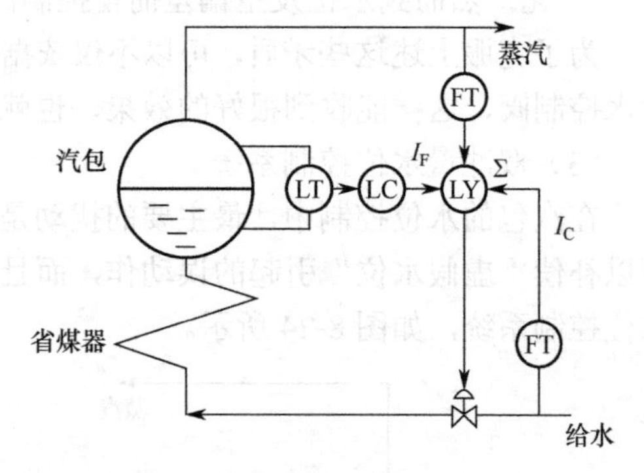

图 8-26　三冲量控制方案（二）

图 8-27 所示是三冲量控制方案（三）。这是一种比较新型的接法，可以清楚地看出，这是前馈（蒸汽流量）与串级控制组成的复合控制系统。

在汽包停留时间较短、“虚假水位”严重时，需引入蒸汽流量信号的微分作用，如图 8-27 中虚线所示。这种微分作用应是负微分作用，起动态前馈补偿的作用，以避免负荷突然增加或减少时水位偏离设定值过高或过低而造成锅炉停车。

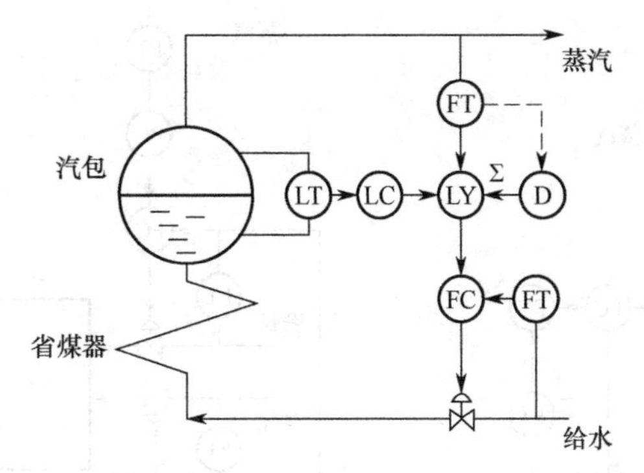

图 8-27　三冲量控制方案（三）

8.3.2　锅炉燃烧系统的控制

锅炉燃烧系统的自动控制与燃料种类、燃烧设备以及锅炉形式等有密切关系。本节重点讨论燃油锅炉的燃烧系统控制方案。

（1）燃烧过程自动控制任务

燃烧过程自动控制的任务相当多。第一是要使锅炉出口蒸汽压力稳定。因此，当负荷扰动而使蒸汽压力变化时，通过控制燃料量（或送风量）使之稳定。第二是保证燃烧过程的经济性。在蒸汽压力恒定的条件下，要使燃料量消耗最少且燃烧尽量完全，使热效率最高，燃料量与空气量（送风量）应保持在一个合适的比例。第三保持炉膛负压恒定。通常用控制引风量使炉膛负压保持在微负压（20～80Pa），如果炉膛负压太小甚至为正，则炉膛内热烟气甚至火焰将向外冒出，影响设备和操作人员的安全。反之，炉膛负压太大，会使大量冷空气漏进炉内，使热量损失增加，降低燃烧效率。

与此同时，还须加强安全措施。例如，烧嘴背压太高时，可能燃料流速过高而脱火；烧嘴背压过低时，可能回火，这些都应设法防止。

（2）蒸汽压力控制和燃料与空气比值控制系统

蒸汽压力的主要扰动是蒸汽负荷的变化与燃料流量的波动。当蒸汽负荷及燃料波动较小时，可以采用蒸汽压力来控制燃烧量的单回路控制系统。而当燃料量波动较大时，可以采用蒸汽压力对燃料流量的串级控制系统。

燃料流量是随蒸汽负荷而变化的，所以作为主流量与空气流量组成单闭环比值控制系统，以使燃料与空气保持一定比例，获得良好燃烧。

图 8-28 所示是燃烧过程的基本控制方案。方案（一）是蒸汽压力控制器的输出同时作为燃料和空气流量控制器的设定值。这个方案可以保持蒸汽压力恒定，同时燃料量和空气量的比例是通过燃料控制器和送风控制器的正确动作而得到间接保证的。方案（二）是蒸汽压力对燃料流量的串级控制，送风量随燃料量变化而变化的比值控制，这样可以确保燃料量与送风量的比例。但是，这个方案在负荷发生变化时，送风量的变化必然落后于燃料的变化。为此可设计为图 8-29 所示的燃烧过程改进控制方案。

该方案在负荷减少时，先减燃料量后减空气量；而负荷增加时，在增加燃料量之前加大空气量，以使燃烧完全。

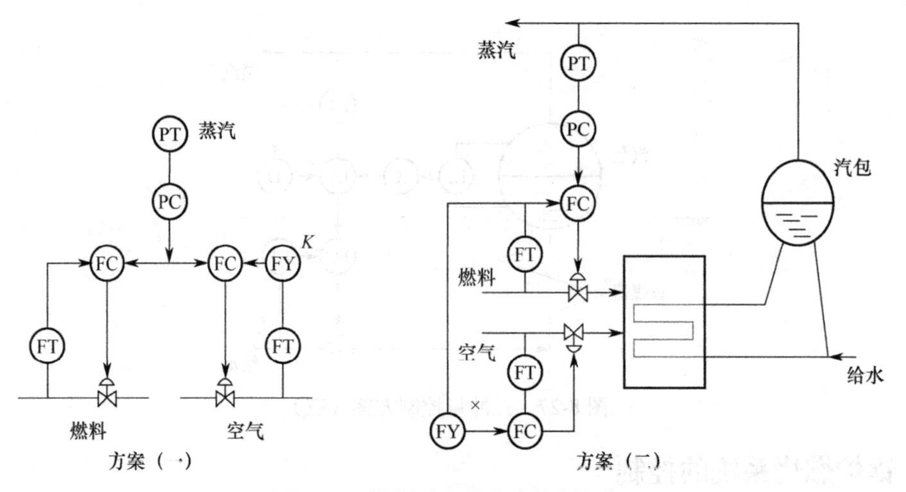

图 8-28 燃烧过程的基本控制方案

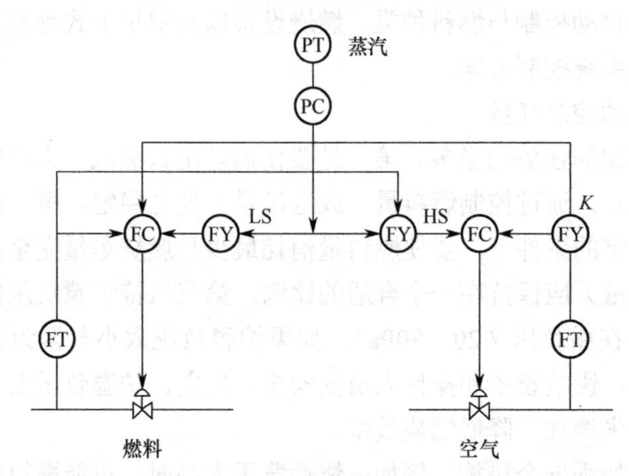

图 8-29 燃烧过程的改进控制方案

（3）炉膛负压控制与有关安全保护系统

炉膛负压一般通过控制引风量来保持在一定范围内。但在锅炉负荷变化较大时，采用单回路控制系统就比较难以保持。因为负荷变化后，燃料及送风控制器控制燃料量和送风量与负荷变化相适应。由于送风量变化，引风量只有在炉膛负压产生偏差时才由引风控制器去控制，这样引风量的变化落后于送风量，必然造成炉膛负压的较大波动。为此，可设计成图 8-30 所示的炉膛负压前馈-反馈控制系统。图 8-30(a)中送风控制器输出作为前馈信号，而图 8-30(b)中用蒸汽压力变送器输出作为前馈信号。这样可使引风量控制器随着送风量而协调动作，使炉膛负压保持恒定。

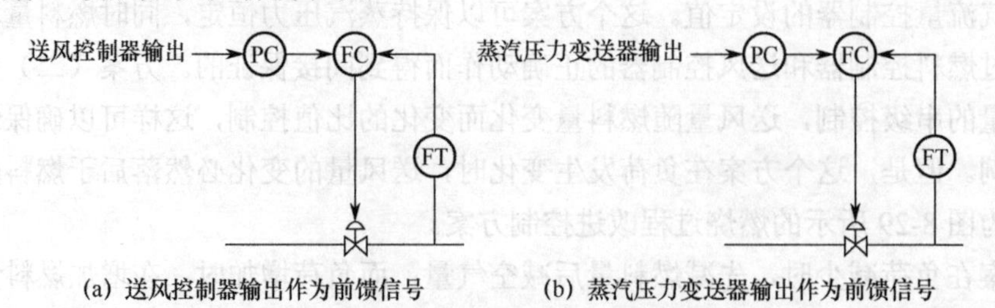

(a) 送风控制器输出作为前馈信号 (b) 蒸汽压力变送器输出作为前馈信号

图 8-30 炉膛负压前馈-反馈控制系统

在此以图 8-31 所示的锅炉燃烧控制系统为例，说明燃烧过程中的有关安全保护系统。燃料控制阀阀后压力过高，可能会使燃料流速过高而造成脱火危险，此时由过压控制器 P_2C 接通低选器 LS 来控制燃料控制阀，防止脱火的产生；如果燃料控制阀阀后压力过低，可能有回火的危险，由 PSA 系统带动联锁装置，将燃料控制阀上游阀切断，防止回火。图中 P_1C 是蒸汽压力控制系统，依据蒸汽压力来控制燃料量。图中还有一炉膛负压的前馈-反馈控制系统。

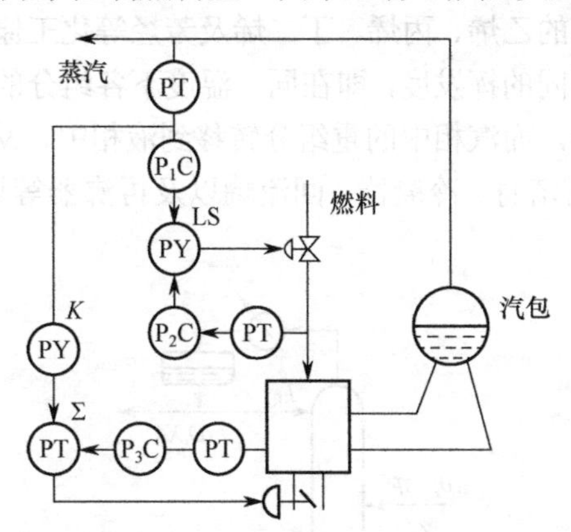

图 8-31　锅炉燃烧控制系统

8.3.3　蒸汽过热系统的控制

蒸汽过热系统包括一级过热器、减温器、二级过热器。蒸汽过热系统自动控制的任务是使过热器出口温度维持在允许范围内，并且保护过热器使管壁温度不超过允许的工作温度。

影响过热气温（过热器温度）的扰动因素很多。例如，蒸汽流量、燃烧工况、引入过热器蒸汽的热焓（即减温水量）、流经过热器的烟气温度和流速等的变化都会影响过热汽温（过热器温度）。在各种扰动下，汽温（蒸汽温度）控制过程动态特性都有时滞和惯性，且较大，给控制带来一定困难，所以要选择好操纵变量和合理控制方案，以满足工艺要求。

目前广泛选用减温水流量作为控制汽温（蒸汽温度）的手段，但是该通道的时滞和时间常数太大。如果以汽温（蒸汽温度）作为被控变量，控制减温水流量组成单回路控制系统往往不能满足生产上的要求。因此，设计成图 8-32 所示的串级控制系统。这是以减温器出口温度为副被控变量的串级控制系统，对于提前克服扰动因素是有利的，可以减少过热汽温（过热器温度）的动态偏差，满足工艺要求。

过热汽温（过热器温度）的另一种控制方案是双冲量控制系统，如图 8-33 所示，这种控制方案实际上是串级控制的变形。

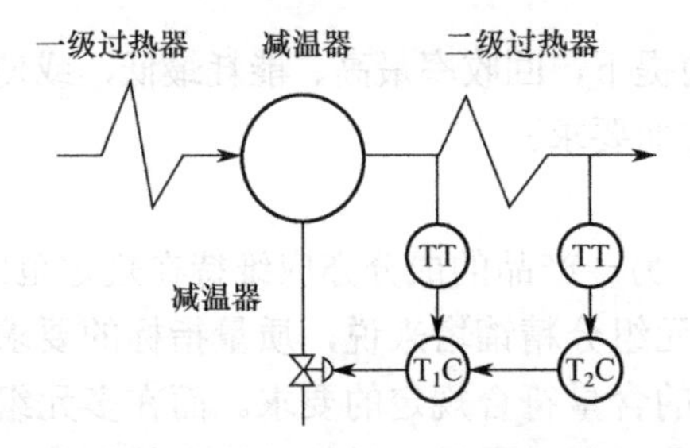

图 8-32　过热汽（过热器）温度串级控制系统

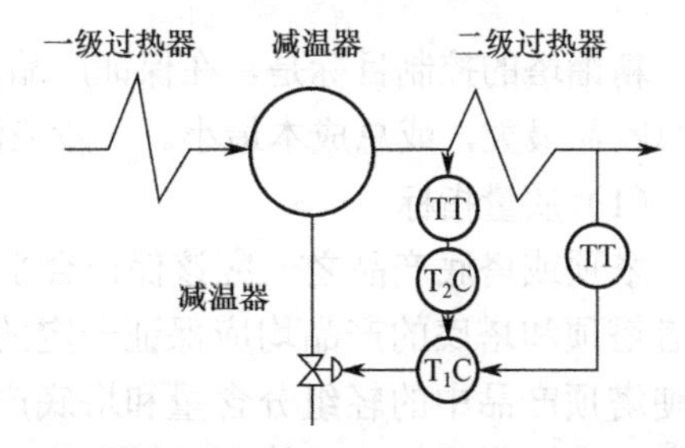

图 8-33　过热汽（过热器）温度双冲量控制系统

8.4 精馏塔的控制

精馏是化工、石油化工、炼油生产中应用极为广泛的传质传热过程，其目的是将混合物中各组分分离，达到规定的纯度。例如，石油化工生产中的中间产品裂解气，需要通过精馏操作进一步分离成纯度要求很高的乙烯、丙烯、丁二烯及芳烃等化工原料。精馏过程的实质，就是利用混合物中各组分具有不同的挥发度，即在同一温度下各组分的蒸汽压不同这一性质，使液相中的轻组分转移到汽相中，而汽相中的重组分转移到液相中，从而实现分离的目的。

一般精馏装置由精馏塔塔身、冷凝器、回流罐以及再沸器等设备组成，如图 8-34 精馏塔的物料流程所示。

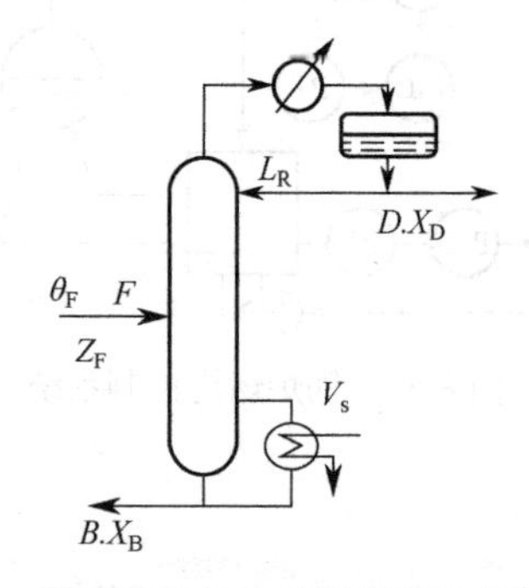

图 8-34　精馏塔的物料流程

精馏塔从结构上分，有板式塔和填料塔两类。而板式塔根据结构不同，又有泡罩塔、浮阀塔、筛板塔、穿流板塔、浮喷塔、浮舌塔等，各种塔板的改造趋势是提高设备的生产能力，简化结构，降低造价，同时提高分离效率。填料塔是另一类传质设备，它的主要特点是结构简单，易用耐蚀材料制作，阻力小等，一般适用于直径小的塔。

在实际生产过程中，精馏操作可分为间歇精馏和连续精馏两种，对石油化工等大型生产过程，主要采用连续精馏。

随着石油化工的迅速发展，精馏操作应用越来越广泛。所分离的物料组分不断增多，对分离产品的纯度要求亦不断提高，这就对精馏的控制提出了更高的要求。此外，对于精密精馏，由于所分离产品的纯度要求很高，若没有相应的自动控制与其配合，就难以达到预期效果。因此，精馏塔的自动控制极为重要，很受人们的注意。

8.4.1 精馏塔的控制要求

精馏塔的控制目标是，在保证产品质量合格的前提下，回收率最高、能耗最低，或使塔的总收益最大，或总成本最小。一般应满足如下三方面要求。

（1）质量指标

塔顶或塔底产品之一应该保证合乎规定的纯度，另一产品的成分亦应维持在规定范围；或者塔顶和塔底的产品均应保证一定的纯度。就二元组分精馏塔来说，质量指标的要求就是使塔顶产品中的轻组分含量和塔底产品中重组分的含量符合规定的要求。而在多元组分精馏塔中，通常仅可以控制关键组分。所谓关键组分，是对产品质量影响较大的组分。把挥发度较大而由塔顶馏出的关键组分称轻关键组分，挥发度较小而由塔底流出的关键组分称为重关键组分。所以，对多元组分精馏塔，可以控制塔顶产品中轻关键组分和塔底中重关键组分的含量。

（2）物料平衡和能量平衡

塔顶馏出液和塔底釜液的平均采出量之和应等于平均进料量，而且这两个采出量的变动应该比较和缓，以利于上下工序的平稳操作，塔内及顶、底容器的蓄液量应介于规定的上、下限之间。

精馏塔的输入、输出能量应平衡，使塔内操作压力维持恒定。

（3）约束条件

为保证精馏塔的正常、安全操作，必须使某些操作参数限制在约束条件之内，常用的精馏塔限制条件为液泛限、漏液限、压力限及临界温差限等。液泛限又称气相速度限，即塔内气相速度过高时，雾沫夹带现象十分严重，实际上液相将从下面塔板倒流到上面塔板，产生液泛破坏正常操作。漏液限亦称最小气相速度限，当气相速度小于某一值时，将产生塔板漏液，板效率下降。最好在稍低于液泛的流速下操作。流速的控制，还要考虑塔的工作弹性。对于浮阀塔来说，由于工作范围较宽，通常很易满足条件。但对于某些工作范围较窄的筛板塔和乳化填料塔就必须很好地注意。防止液泛和漏液，可用塔压降或压差来监视气相速度。压力限是塔的操作压力的限制，一般最大操作压力限即塔操作压力不能过大，否则会影响塔内的汽液平衡，严重越限甚至会影响安全生产。临界温差限主要是指再沸器两侧间的温差，当这一温差低于临界温差时，给热系数急剧下降，传热量随之下降，不能保证塔正常传热的需要。

8.4.2　精馏塔的扰动分析

影响精馏塔的操作因素很多。和其他化工过程一样，精馏塔是在物料平衡和热量平衡的基础上操作的，一切因素均通过物料平衡和热量平衡影响塔的正常操作。影响物料平衡的因素主要是进料流量、进料组分和采出量的变化等。影响热量平衡的因素主要是进料温度（或热焓）的变化，再沸器的加热量和冷凝器的冷却量变化，此外还有环境温度的变化等。同时，物料平衡和热量平衡之间又是相互影响的。

在各种扰动因素中，有些是可控的，有些则是不可控的。现作如下分析：

（1）进料流量 F 在很多情况下是不可控制的，它的变化通常难以完全避免。如一个精馏塔位于整个工艺生产过程的起点，要使进料流量 F 恒定，并无困难，可采用定值控制。然而，在多数情况下，精馏塔的处理量是由上一工序规定的。要使进料流量 F 恒定，势必需要很大的中间容器或储槽。工艺上新的趋势是尽量减小或取消中间储槽，而上一工序采用液位均匀控制系统来控制出料，以使进料流量 F 的变动不至于剧烈。

（2）进料成分 Z_F 一般是不可控的，它的变化也是难以避免的，它由上一工序或原料情况所确定。

（3）进料温度（或热焓）θ_F 一般是可控的。进料温度在有些情况下本来就较恒定，例如在将上一塔的釜液送往下一塔继续精馏时。在其他情况下，可先将进料预热，并对进料温度 θ_F 进行定值控制。进料通常是液态，亦可以是气态，有时亦会遇到气液混合物的情况，此时汽液两相的比例宜恒定，也就是说，进料的热焓要恒定。

（4）对蒸汽压力的变动，可以通过总管压力控制的方法消除扰动，也可以在串级控制系统的副回路中（如采用对蒸汽流量的串级控制系统）予以克服。

（5）冷却水的压力波动，也可以用类似方式解决。

（6）冷却水温度的变化，通常比较和缓，主要受季节的影响。

（7）环境温度的变化，一般影响较小。但也有特殊情况，近年来，直接用大气冷却的冷凝器使用已较多，天气突变，特别是暴风骤雨，对回流液温度有很大影响，为此可采用内回流控制。

总之，在多数情况下，进料流量 F 和进料成分 Z_F 是精馏操作的主要扰动，但还需结合具体情况加以分析。

克服扰动的影响需进行参数控制，常用改变馏出液采出量 D、釜液采出量 B、回流量 L_R、蒸汽量 V_s 及冷剂量 Q_c 某些项的方法。

从上述分析可以看到，精馏操作中被控变量多，可以选用的操纵变量也多，又有各种不同的组合，所以精馏塔的控制方案颇多。精馏塔是一个多输入多输出过程，它的通道多，动态响应缓慢，变量间互相关联，而控制要求较高，这些都给精馏塔的控制带来一定的困难。同时，各个精馏塔的工艺和结构特点千差万别，因此在设计精馏塔的控制方案时，需深入分析工艺特点，了解精馏塔特性，以设计出比较完善、合理的控制方案。

8.4.3 精馏塔被控变量的选择

精馏塔被控变量的选择，指的是实现产品质量控制、表征产品质量指标的选择。精馏塔产品质量指标选择有两类：直接产品质量指标和间接产品质量指标。在此重点讨论间接质量指标的选择。

精馏塔最直接的质量指标是产品成分。近年来成分检测仪表的发展很快，特别是工业色谱的在线应用，出现了直接按产品成分来控制的方案，此时检测点就可放在塔顶或塔底。然而，由于成分分析仪表价格昂贵，维护保养复杂，采样周期较长（即反应缓慢），滞后较大，加上可靠性不够，应用受到一定限制。

（1）采用温度作为间接质量指标

最常用的间接质量指标是温度。温度之所以可选作间接质量指标，是因为对于一个二元组分精馏塔来说，在一定压力下，沸点和产品成分之间有单独的函数关系。因此，如果压力恒定，塔板温度就反映了成分。对于多元精馏塔来说，情况比较复杂，然而炼油和石油化工生产中，许多产品由一系列碳氢化合物的同系物组成，在一定压力下，保持一定的温度，成分的误差就可忽略不计。在其余情况下，压力的恒定总是使温度参数能够反映成分变化的前提条件。由上述分析可见，在温度作为反映质量指标的控制方案中，压力不能有剧烈波动，除常压塔外，温度控制系统总是与压力控制系统联系在一起的。

采用温度作为被控变量时，选择塔内哪一点温度作为被控变量，应根据实际情况加以选择，主要有以下几种。

① 塔顶（或塔底）的温度控制。一般来说，如果希望保持塔顶产品符合质量要求，即主要产品在顶部馏出时，则以塔顶温度作为控制指标可以得到较好的效果。同样，为了保证塔底产品符合质量要求，以塔底温度作为控制指标较好。为了保证另一产品质量在一定的规

格范围内，塔的操作要有一定裕量。例如，如果主要产品在顶部馏出，操纵变量为回流量，那么再沸器的加热量要有一定富余，以使在任何可能的扰动条件下，塔底产品的规格都在一定限度以内。

采用塔顶（或塔底）的温度作为间接质量指标，似乎最能反映产品的情况，实际上并不尽然。当要分离出较纯的产品时，在邻近塔顶的各板之间温差很小，所以要求温度检测装置有极高的精确度和灵敏度，这在实际中有一定困难。不仅如此，微量杂质（如某种更轻的组分）的存在会使沸点起相当大的变化；塔内压力的波动也会使沸点起相当大的变化，这些扰动很难避免。因此，目前除像石油产品的分馏按沸点范围来切割馏分的情况之外，凡是要得到较纯成分的精馏塔，往往不将检测点置于塔顶（或塔底）。

② 灵敏板的温度控制。在进料板与塔顶（或塔底）之间，选择灵敏板作为温度检测点。灵敏板实质上是一个静态的概念。所谓灵敏板，是指当塔的操作经受扰动作用（或承受控制作用）时，塔内各板的组分都将发生变化，各板温度亦将同时变化，一直到达到新的稳态时，温度变化最大的那块板即称为灵敏板。同时，灵敏板也是一个动态的概念，前已说明灵敏板与上、下塔板之间浓度差较大，在受到扰动（或控制作用）时，温度变化的初始速度较快，即反应快，它反映了动态行为。

灵敏板位置可以通过逐板计算或计算机静态仿真，依据不同情况下各板温度分布曲线比较得出。但是，因为塔板效率不易估计准确，所以还需结合实践予以确定。具体的办法是先算出大致位置，在它的附近设置若干检测点，然后在运行过程中选择其中最合适的一点。

③ 中温控制。取加料板稍上、稍下塔板处的温度，或者加料板自身的温度作为被控变量，常称为中温控制。从其设计意图来看，希望及时发现操作线左右移动的情况，并兼顾塔顶和塔底成分的效果。这种控制方案在某些精馏塔上取得成功，但在分离要求较高时，或进料浓度 Z_F 变动较大时，中温控制并不能正确反映塔顶或塔底的成分。

（2）采用压力补偿的温度作为间接质量指标

用温度作为间接质量指标有一个前提——塔内压力应恒定。虽然精馏塔的塔压一般设有控制系统，但对精密精馏等控制要求较高的场合，微小的压力变化将影响温度与组分间的关系，造成产品质量控制难以满足工艺要求。为此需对压力的波动加以补偿，常用的有温差控制和双温差控制。

① 温差控制。在精密精馏时，可考虑采用温差控制。在精馏中，任一塔板的温度是成分与压力的函数，影响温度变化的因素可以是成分，也可以是压力。在一般塔的操作中，无论是常压塔、减压塔还是加压塔，压力都维持在很小范围内波动，温度与成分有对应关系。但在精密精馏中，要求产品纯度很高，两个组分的相对挥发度差值很小，由于成分变化引起的温度变化较压力变化引起温度的变化要小得多，微小的压力波动也会造成明显的效应。例如，苯-甲苯-二甲苯分离时，大气压变化 6.67kPa，苯的沸点变化 2℃，超过质量指标的规定。这样的气压变化是完全可能发生的，由此破坏了温度与成分之间的对应关系。所以在精密精馏时，用温度作为被控变量往往得不到好的控制效果，应该考虑补偿或消除压力微小波动的影响。

在石油化工和炼油生产中，温差控制已成功应用于苯-甲苯-二甲苯、乙烯-乙烷、丙烯-丙烷等精密精馏系统。要应用得好，关键在于选点正确、温差设定值合理（不能过大）以及操作工况稳定。

② 温差差值（双温差）控制。采用温差控制还存在一个缺点，就是进料流量变化将引起塔内成分变化和塔内降压发生变化。这两者均会引起温差变化，前者使温差减小，后者使温差增大，这时温差和成分不再呈现单值对应关系，难以采用温差控制。

采用温差差值控制后，若进料流量波动引起塔压变化对温差的影响，在塔的上、下段温差同时出现，因而上段温差减去下段温差的差值就消除了压降变化的影响。从国内外应用温差差值控制的许多装置来看，在进料流量波动影响下仍能得到较好的控制效果。

8.4.4 精馏塔的控制方案

精馏塔是一个多变量被控过程，在许多被控变量和操纵变量中，选定一种变量配对就构成了一个精馏塔的控制方案。当选用塔顶部产品馏出液流量 D 或塔底采出液量 B 作为操纵变量控制产品质量时，称为物料平衡控制；而当选用塔顶部回流或再沸器加热量作为操纵变量时，则称为能量平衡控制。

精馏塔自动控制的主要目的是使塔顶和塔底的产品满足质量要求。当这方面的要求不高以及扰动不多的时候，由前面静态特性可知，只要固定 D/F（或 B/F）和 V/F（或回流比），完全按物料及能量平衡关系进行控制，就能达到目的。这样的控制方案最简单方便。但对于产品质量来说是开环的，所以适应性较差，使用并不很广泛。

（1）按精馏段指标的控制

当馏出液的纯度较塔底产品为高，或全部为气相进料（因为进料 F 变化先影响 X_D），或塔底、提馏段塔板上的温度不能很好反映产品成分变化时，往往按精馏段指标进行控制。

这时，取精馏段某点成分或温度为被控变量，而以 L_R、D 或 V_s 作为操纵变量，可以组成单回路控制方案或串级控制方案。串级控制方案虽然复杂一些，但可迅速有效地克服进入副环的扰动，并可降低对控制阀特性的要求，在需精密控制时可采用。

按精馏段指标控制，对塔顶产品的成分 X_D 有所保证。当扰动不大时，塔底产品成分 X_B 的变动也不大，可由静态特性分析来确定它的变化范围。采用这种控制方案时，在 L_R、D、V_s 和 B 四者中选择一种作为控制产品质量的手段，选择另一种保持流量恒定，其余两者则按回流罐和再沸器的物料平衡，由液位控制器加以控制。常用的控制方案有两类。

① 间接物料平衡控制。间接物料平衡控制方案之一如图 8-35 所示。该方案按精馏段指标来控制回流量，保持加热蒸汽流量为定值。该方案由于回流量 L_R 变化后再影响到馏出液流量 D，所以是间接物料平衡控制。这种控制方案的优点是控制作用滞后小、反应迅速，所以对克服进入精馏段的扰动和保证塔顶产品是有利的，这是精馏塔控制中最常用的方案。

在该方案中，L_R 受温度控制器调节，但在环境温度改变时，即使 L_R 未变动，内回流亦会变化，且物料与能量之间关联较大，这对于精馏塔平稳操作是不利的。所以在控制器参数整定上应加以注意。有人认为，当采用成分作为被控变量时，控制器采用 PI 即可，不必加微分，该方案主要应用场合是 $L/D<0.8$ 及某些需要减少滞后的塔。

② 直接物料平衡控制，图 8-36 是直接物料平衡控制方案之一。该方案是按精馏段指标来控制馏出液流量 D，并保持 V_s 不变。该方案的主要优点是物料与能量平衡之间关联最小；内回流在周围环境温度变化时基本保持不变，例如环境温度下降使回流的温度下降，暂时使内回流增加，因而使塔顶上升蒸汽减少，冷凝液减少，流体液位下降经调节使 L_R 减小，结果

使得内回流基本保持不变，这对精馏塔平稳操作有利。还有产品不合格时，温度调节器自动关闭出料阀，自动切断产品。

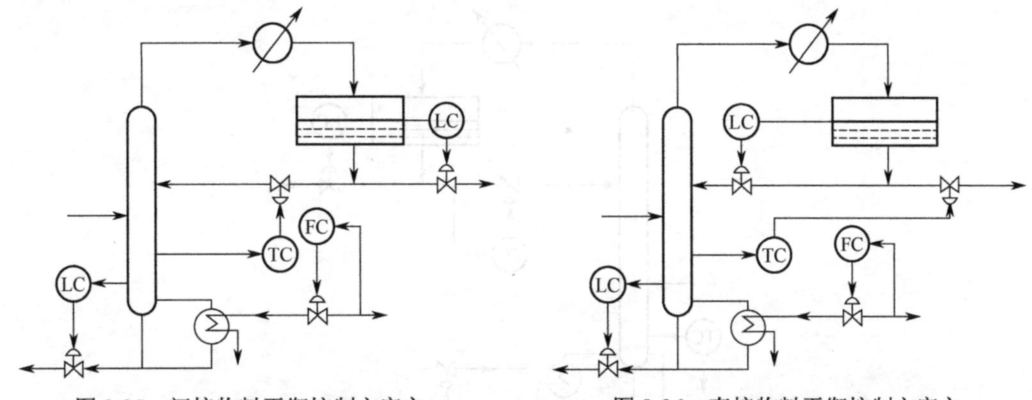

图 8-35　间接物料平衡控制方案之一　　图 8-36　直接物料平衡控制方案之一

然而该方案温度控制回路滞后较大，从馏出液流量 D 的改变到温度变化，要间接地通过液位控制回路来实现，特别是回流罐容积较大，反应更慢，给控制带来困难，所以该方案适用于馏出液流量 D 很小（或回流比较大）且回流罐容积适当的精馏塔。

（2）按提馏段指标的控制

当对塔底的成分要求比对馏出液的要求高时，进料全部为液相（因为进料 F 变化先影响到 X_B），塔顶或精馏段塔板上的温度不能很好反映成分的变化，或实际操作回流比最小回流大好多倍时，采用提馏段指标的控制方案。常用的控制方案有两类。

间接物料平衡控制按提馏段指标的间接物料平衡控制方案，如图 8-37 所示。该方案按提馏段的塔板温度来控制加热蒸汽量，从而控制了提馏段质量指标。其中，图 8-37(a)是对回流流量采用定值控制，而图 8-37(b)是对回流比采用定值控制。该方案滞后小，反应迅速，所以对克服进入提馏段的扰动和保证塔底产品质量有利。该方案是目前应用最广的精馏塔控制方案，仅在 $V/F\geqslant 2.0$ 时不采用。该方案的缺点是物料平衡与能量平衡关系之间有一定关联。

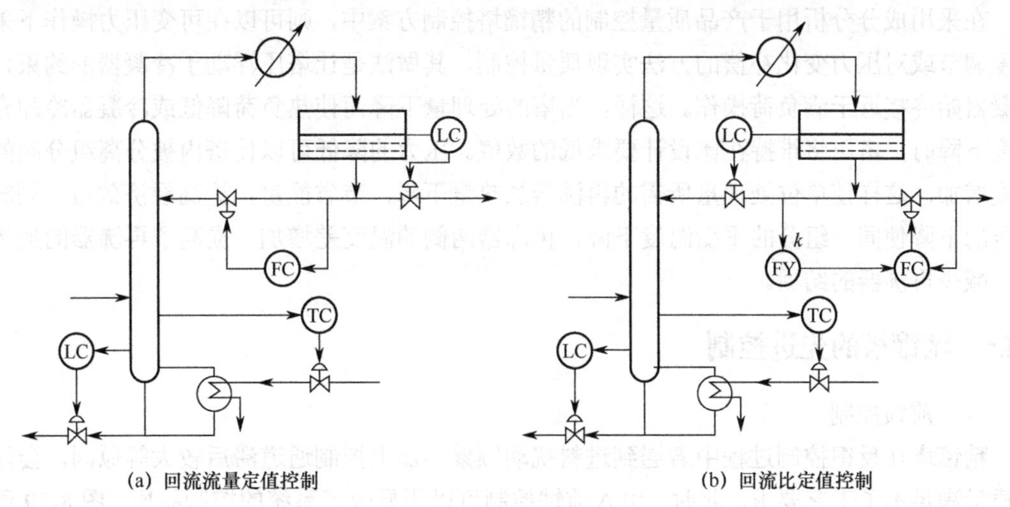

(a) 回流流量定值控制　　(b) 回流比定值控制

图 8-37　间接物料平衡控制方案

图 8-38 是直接物料平衡控制方案，按提馏段温度控制塔底产品采出 B，并保持回流量恒定。此时 D 按回流罐的液位来控制，蒸汽量按再沸器的液位来控制。

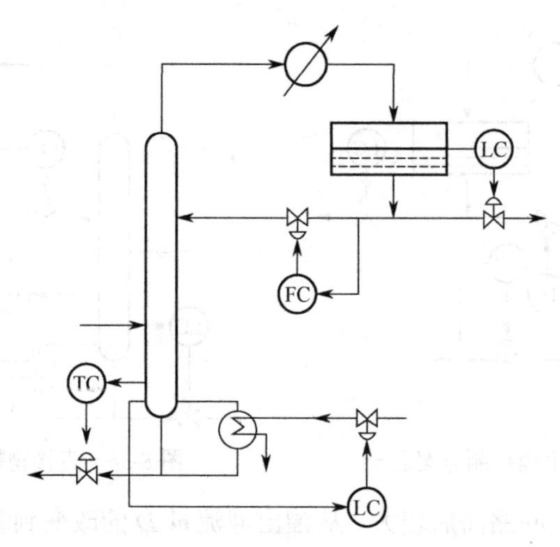

图 8-38 直接物料平衡控制方案

这类方案与直接物料平衡控制方案（即按精馏段温度来控制 D 的方案）一样，有其独特的优点和一定缺点。优点是物料平衡与能量平衡关系之间关联最小，当塔底采出量 B 少时，这样做比较平稳；当 B 不符合质量要求时，会自行暂停出料。缺点是滞后较大且液位控制回路存在反向特性。该方案仅适用于 B 很少且 $B/V<20\%$的塔。

在精馏塔的自动控制中，保持塔压恒定是稳定操作的条件。这主要是两方面的因素决定的，一是压力的变化将引起塔内气相流量和塔顶气液平衡条件的变化，导致塔内物料平衡的变化；二是由于混合组分的沸点和压力间存在一定的关系，而塔板的温度间接反映了物料的成分。因此，压力恒定是保证物料平衡和产品质量的先决条件。在精馏塔的控制中，往往设有压力调节系统来保持塔内压力的恒定。

在采用成分分析用于产品质量控制的精馏塔控制方案中，则可以在可变压力操作下采用温度调节或对压力变化补偿的方法实现质量控制。其做法是让塔压浮动于冷凝器的约束，使冷凝器始终接近于满负荷操作。这样，当塔的处理量下降而使热负荷降低或冷凝器冷却介质温度下降时，塔压将维持在比设计要求低的数值。压力的降低可以使塔内被分离组分间的挥发度增加，这样使单位处理量所需的再沸器加热量下降，节省能量，提高经济效益。同时，塔压的下降使同一组分的平衡温度下降，再沸器两侧的温度差增加，提高了再沸器的加热能力，减少再沸器的结垢。

8.4.5 精馏塔的先进控制

（1）前馈控制

精馏塔在反馈控制过程中若遇到进料扰动频繁，加上控制通道滞后较大等原因，会使控制质量满足不了工艺要求。此时，引入前馈控制可以明显改善系统的控制品质，图 8-39 所示是精馏塔前馈-反馈控制方案之一。

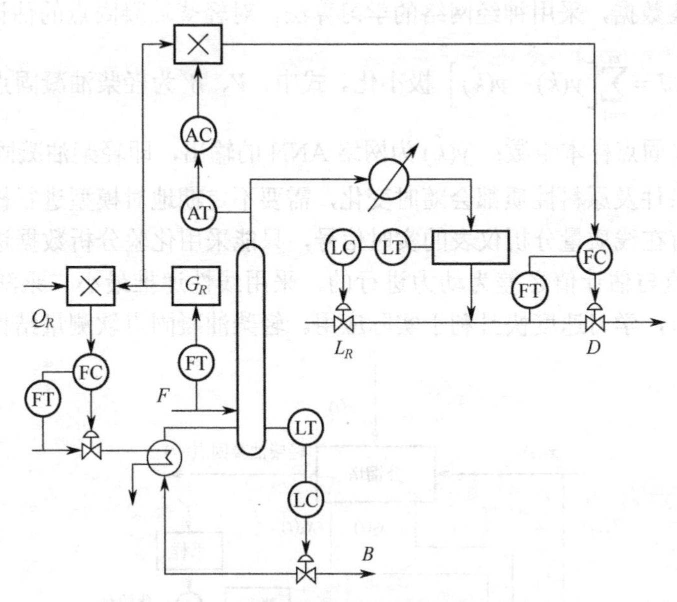

图 8-39　精馏塔的前馈-反馈控制方案之一

当进料流量增加时，只要成比例增加再沸器的加热蒸汽（即增加 V）和塔顶馏出液流量 D，就可基本保持塔顶或塔底的产品成分不变。实践证明，前馈控制可以克服进料流量扰动大部分的影响，余下小部分扰动影响由反馈控制作用予以克服。

（2）推断控制和软测量

精馏塔产品质量控制经常采用间接质量指标——温度作为被控变量，或采用在线工业色谱分析仪。前者是间接质量指标控制，操作条件等变化时难以保证产品质量；后者的在线工业色谱分析仪价格昂贵，维护保养复杂且引入较大的纯滞后，给控制带来困难。从 20 世纪 70 年代 Brosillow 提出推断控制策略以来，以软测量为基础的推断控制在工业精馏塔控制中逐渐得到广泛应用。

目前发展起来的软测量技术体现了估计器的特点。在以软测量的估计值作为反馈信号的控制系统中，控制器与软测量的设计是分离的，这给推断控制设计带来极大方便。估计器设计是根据某种最优准则，选择一组既与主要变量有密切联系又容易测量的二次变量，通过构造某种数学关系，实现对主要变量的在线估计。这种方法不仅适用于产品质量估计，亦可用于内回流与热焓的测量，而控制器的设计可以采用传统或先进控制方法。

① 分馏塔轻柴油凝固点软测量。分馏塔轻柴油凝固点是一个重要的产品质量指标。影响因素有原料性质、反应速度，处理量、分馏塔一中温度、塔顶压力一中回流量等。基于现场数据采集的分析并结合工艺机理分析，表明影响轻柴油凝固点 y 的最主要因素为塔顶压强 x_1（MPa）、轻柴油抽出板温度 x_2（℃）、一中回流量与分馏塔处理量比值 x_3。因此可用下式表示

$$y = f(x_1, x_2, x_3, n) \tag{8-6}$$

式中，n 为其他影响轻柴油凝固点的因素；$f(\cdot)$ 为待估的函数关系。

函数 $f(\cdot)$ 为复杂的多变量非线性函数，而人工神经元网络理论上适用于任意多变量非线性函数且不存在基函数的选择问题。因此，采用多层前向网络模型来估计 $f(\cdot)$ 的函数关系。

基于现场采集数据，采用神经网络的学习算法，对轻柴油凝固点的估计函数 $f(\cdot)$ 进行非线性拟合，使 $\min\limits_{V\cdot W} J=\sum\limits_{n=1}^{m}\left[y(k)-y(\hat{k})\right]^2$ 极小化。式中，V、W 为轻柴油凝固点估计模型的权系数；m 为轻柴油凝固点样本组数；$y(\hat{k})$ 为网络 ANN 的输出，即轻柴油凝固点的估计值。

分馏塔操作条件及原料性质都会随时变化，需要不定期地对模型进行校正，以适应工况的变化。由于没有在线质量分析仪表的实时信号，只能采用化验分析数据进行校正。学习过程是以采样化验值与估计值之差为动力进行的，采用线性递推最小二乘法更新输出层权函数。由于算法简单，学习速度快且利于实际应用。轻柴油凝固点软测量结构如图 8-40 所示。

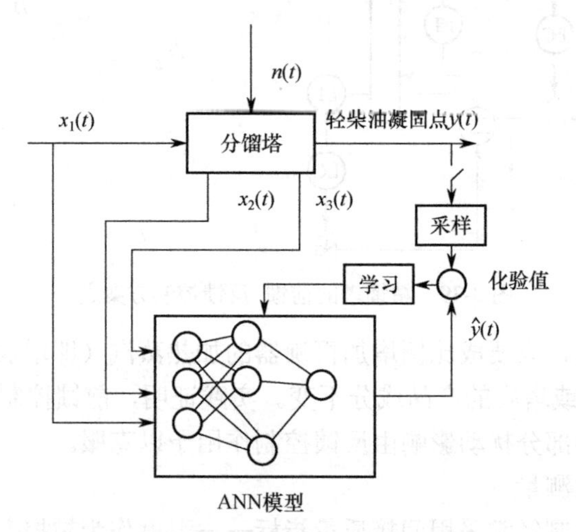

图 8-40 轻柴油凝固点软测量结构

该神经网络模型估计值与分析值最大误差为 1.65℃，平均误差为 0.94℃，满足工艺提出的估计误差不超过 2℃的精度要求。该软测量估计值亦用于闭环控制，可平稳生产：减少凝固点波动。产品合格率由 94%提高到 100%，从而提高了轻柴油产量，产生明显经济效益。

② 内回流控制。内回流通常是指精馏塔精馏段内上层塔向下层塔板流动的液体流量。内回流控制就是指在精馏过程中控制内回流为恒定量或按某一规律而变化的操作。

当塔顶蒸汽温度与外回流液温度之差变化不大时，采用控制外回流的办法一般可以满足精馏操作要求，因为此时外回流控制基本上反映了内回流控制。但是，当塔顶采用风冷式冷凝器冷凝蒸汽时，则受外界环境温度的影响很大。例如，随着昼夜之间的气温变化、暴风雨前后气温变化，外回流液温度往往变化很大，如果仍采用外回流恒定的控制方法，则实际的内回流并不恒定。所以，为了保证精馏塔的良好操作，应采用内回流控制。

内回流在塔内很难直接测量和控制，但内回流可以通过计算的方法即软测量获得，内回流控制可以通过外回流流量或改变外回流液的温度来进行控制。

内回流等于外回流与部分蒸汽的冷凝液之和，即

$$L_{\mathrm{i}}=L_{\mathrm{R}}+l \tag{8-7}$$

部分蒸汽冷凝所产生的气化潜热，等于外回流液温度加热到第一块塔板的温度所需的热量，即

$$l\lambda=L_{\mathrm{R}}C_{\mathrm{P}}(\theta_{\mathrm{i}}-\theta_{\mathrm{R}})$$

前面两式中，L_R是外回流流量，L_i是内回流流量，l是部分冷凝液流量，λ是冷凝液的气化潜热，C_P是外回流液的比热，θ_i是塔顶第一块塔板温度；θ_R是外回流液温度。

整理可得

$$L_i = L_R + L_R \frac{C_P\Delta\theta}{\lambda} = L_R\left(1+\frac{C_P\Delta\theta}{\lambda}\right) \tag{8-8}$$

式中，$\Delta\theta = \theta_i - \theta_R$。

这就是内回流的数学模型。因为外回流L_R和温度差$\Delta\theta$可以直接测量得到，液体比热C_P和气化潜热可查表得到，这样就可以计算得内回流L_i。

图 8-41 所示是内回流控制方案之一，由图可知，它由若干运算单元来完成运算，以实现内回流控制，国外已采用内回流计算专用仪表，这样使用更加方便。

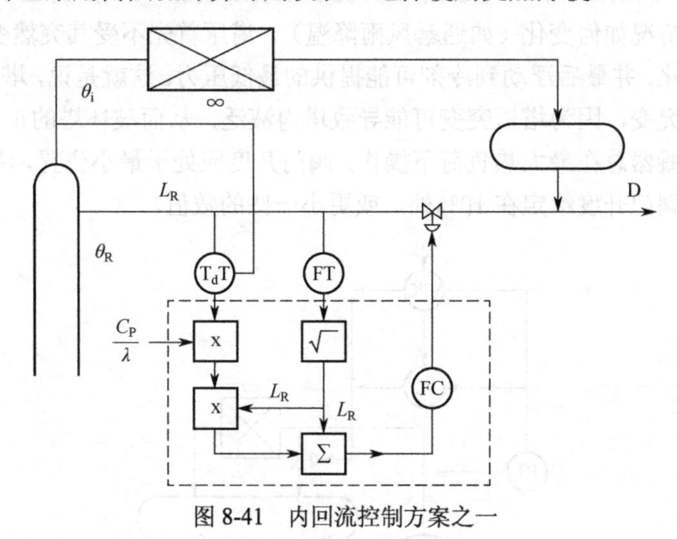

图 8-41　内回流控制方案之一

③ 热焓控制，热焓是指单位质量的物料所积存的热量。热焓控制是保持某物料的热焓为定值或按一定规律变化的操作。

影响精馏塔平稳操作的扰动因素之一是进料的温度（或热焓），为此可采用进料的温度控制方案。这种控制方案只适用于进入加热器前后料液都是液相或气相的情况。在这种情况下，热焓和温度之间具有单值的对应关系，即一定的温度对应一定的热焓。

但对于汽液混相进料时，热焓与温度之间往往没有单值的对应关系，或者对应关系不明显。例如，对于纯组分的液体介质，处于汽液平衡的情况下，液体的汽化率越大，其热焓越大，温度却恒定不变。此时，采用热焓控制使精馏塔平稳操作就显得很重要。

目前还缺乏直接测量热焓的仪表，但是热焓可以通过热量衡算关系间接得到，即载热体放出的热量等于进料取得的热量，从而间接计算出进料的热焓。

（3）精馏塔的节能控制

能源危机近年来一直为世界各国所关注，开源节流是解决危机的根本途径，所以在工业生产中，节能已成为重要研究方向。石油化工企业是工业生产耗能大户，而精馏过程往往占典型石油化工生产能耗的 40%，由于精馏过程是为了实现分离，塔底汽化需要能量，塔顶冷凝尽管是除热，但也要消耗能量，因此精馏塔的节能控制成为人们研究的重要课题。

长期以来，经过大量研究，人们提出了一系列新型控制系统，以期尽量节省和合理使用能量。另一方面，对工艺进行必要改进，配置相应的控制系统，充分利用精馏操作中的能量，降低能耗。节能控制方法主要有浮动塔压控制、能量综合利用控制、产品质量的"卡边"控制、双重控制、塔两端产品质量控制等。在此举例介绍几种节能控制方法。

① 浮动塔压控制。在一般精馏操作中，均设有塔压自动控制系统，原因有二。一是过去常用温度作为反映产品质量的间接指标，这只有在一定压力条件下才行。二是只有将塔操作在稳定压力下，才能保证塔的平衡和正常工作。然而，从节约能量或经济观点考虑，恒定塔压未必合理，尤其是冷凝器为风冷或水冷两种情况就更是如此。

图 8-42 所示是精馏塔浮动塔压控制方案。方案的特点是增加了一个纯积分（或大比例的 PI 控制器）的阀位控制器 VPC，在原来压力控制系统上增加 VPC 后将起以下两个作用。

- 不管冷剂情况如何变化（如遇暴风雨降温），塔压首先不受其突然变化的影响，而后再缓缓变化，并最后浮动到冷剂可能提供的最低压力。这就是说，塔压应当是浮动的，但不希望突变，因为塔压突变可能导致塔内液泛，从而破坏塔的正常操作。
- 为保证冷凝器总在最大热负荷下操作，阀门开度应处于最小位置，考虑到要有一定控制余量，阀门开度给定在 10%处，或更小一些的数值。

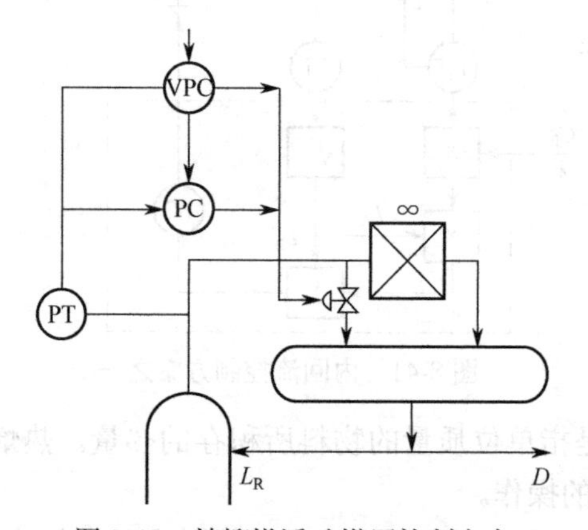

图 8-42 精馏塔浮动塔压控制方案

图 8-42 中 PC 为一般的 PI 控制器，PC 控制系统选定的操作周期短，过程反应快。而阀位控制器 VPC 的操作周期长，过程反应慢。因此，分析时可以假设，PC 系统和 VPC 系统间的动态联系可忽略，即分析 PC 动作时，可以认为 VPC 系统是不动作的，而分析 VPC 系统时，又可以认为 PC 系统是瞬时跟踪的。

对于空气式冷凝器，浮压操作的优点特别明显。据报道，环境温度每降低 1℃，分离丙烷和异丁烷所需的能量减少 1.26%。

采用浮动塔压控制方案后，一般应设置直接质量控制回路。若仍用温度作为间接质量指标控制时，需引入压力校正。

② 能量综合利用控制。在精馏塔的操作中，塔底再沸器要用蒸汽加热，塔顶冷凝器要除热，通常两者需要消耗能量，有没有可能从根本上改变这一情况呢？答案是肯定的，至少有两种方法。第一，把塔顶的蒸汽作为本塔塔底的热源。问题是塔顶蒸汽的冷凝温度低于塔底液体的沸腾温度，热量不能由低温处直接向高温处传递，办法是增加一个透平压缩机，把

塔顶蒸汽压缩以提高其冷凝温度，这称为热泵系统。第二，在几个塔串联成塔组的情况下，上一塔的蒸汽可作为下一塔的热源。首先要求上一塔塔顶温度远大于下一塔塔底温度，这样上一塔的塔顶蒸汽可为下一塔提供大部分能量，同时亦可自行压入下一塔再沸器。其次，这两塔之间存在关联，设计行之有效的控制方案才能使这种流程得以实现。

8.5　石油化工过程的控制

8.5.1　常减压过程的控制

常减压蒸馏过程分三段，即初馏、常压蒸馏和减压蒸馏，用于生产各种燃料油和润滑油馏分。

常压系统主要用于生产燃料油，控制要求是馏分组分。以提高分馏精确度为主要控制目标，提高常压塔拔出率，降低加热炉热负荷，提高处理能力，为减压塔操作打好基础。主要扰动来自进料量、进料温度（热焓）、回流量或回流比、加热蒸汽温度和流量、过热蒸汽温度和压力等。控制指标主要有常压塔塔顶温度、各侧线的分馏点温度等。

（1）常压塔的控制

常压系统生产燃料油，要求严格的馏分组成，因此，常压系统的控制以提高分馏精确度为主。常压塔常用控制回路见图 8-43。

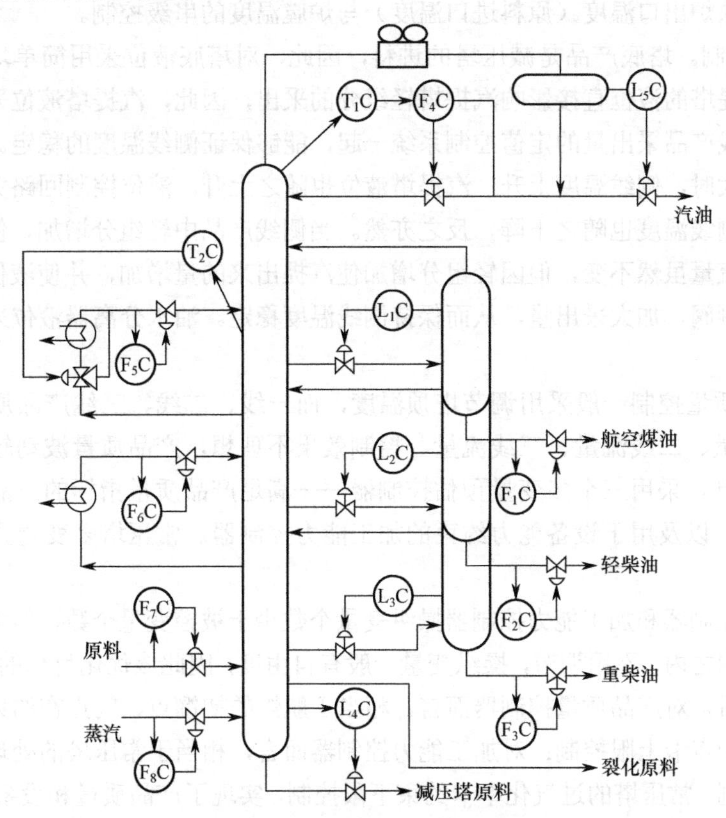

图 8-43　常压塔常用控制回路

主要控制回路如下。

① 塔顶温度控制。塔顶温度 T_1C 与回流量 F_4C 组成串级控制系统，保证塔顶馏出产品汽油的质量。

② 侧线控制。当塔顶温度恒定、各循环回流量固定时，侧线温度变化不大，因此，采用控制循环回流量恒定的方法间接保证侧线产品质量。控制方法是：加大循环回流量，使侧线馏出量减小，侧线温度随之下降，反之亦然。近年来采用软测量技术间接推断侧线产品的质量指标，例如，柴油干点、常三线 90%点等，因此，也可采用这些指标进行控制。侧线的采出量采用定值控制。

③ 塔压控制。常压塔的塔压可不进行控制，直接将冷凝器开口通大气。当采用风冷时，由于受到环境温度变化的影响较大，会造成冷凝量的改变。当塔顶温度达恒定状态后，常压塔的塔压基本可保持不变。

④ 过热蒸汽控制。进入塔底的过热蒸汽量应控制恒定，它主要用于将原油中的轻组分吹出。汽提塔的过热蒸汽通常控制其压力，以保证汽提塔稳定操作。此外，加热炉出口过热蒸汽温度应控制在 400℃。

⑤ 原料量控制控制。原料量主要是控制负荷的大小，根据常压塔设备的生产能力可调整其设定值。由于控制阀安装在加热炉前，因此，油温不高，不会出现气相进料。必要时可设置前馈控制，与过热蒸汽量按一定比例变化。进料温度通常由加热炉控制燃料量来调节。例如，组成加热炉出口温度（原料进口温度）与炉膛温度的串级控制。

⑥ 液位控制。塔底产品是减压塔的进料，因此，对塔底液位采用简单均匀控制或串级均匀控制。汽提塔的液位直接影响汽提塔轻组分的采出，因此，汽提塔液位采用单回路控制系统。它与侧线产品采出量的定值控制系统一起，能够保证侧线温度的稳定。例如，扰动使侧线采出量增大时，侧线温度上升，汽提塔液位也随之上升，液位控制回路关小控制阀，减小了采出量，侧线温度也随之下降，反之亦然。当侧线产品中轻组分增加，侧线温度下降，汽提塔的入塔流量虽然不变，但因轻组分增加使汽提出来的量增加，并使液位下降，通过液位控制打开控制阀，加大采出量，从而保持侧线温度稳定。油水分离器液位采用简单的单回路控制。

塔顶汽油质量控制一般采用调节塔顶温度，而一线、二线、三线产品质量控制分别采用调节一线流量、二线流量、三线流量，控制效果不理想，产品质量波动较大。为此采用多变量预估控制。采用三个多变量预估控制器——满足产品质量指标的产品质量控制器和切割点控制器，以及用于设备能力约束的加工能力控制器。常压塔多变量预估控制框图如图 8-44 所示。

产品质量控制器和加工能力控制器操纵变量个数少于被控变量个数，但多数时间被控变量都在约束范围之内，不用调节，操纵变量一般有自由度，因此该优化目标的实现是可能的。实现优化目标后，对产品质量控制器而言，相当于航煤的初馏点、闪点在约束范围内卡下限控制，航煤的干点卡上限控制；对加工能力控制器而言，相当于常压塔的处理量卡设备能力的约束上限控制，常压塔的过气化率卡约束下限控制，实现了产品质量和设备能力的“卡边”控制。

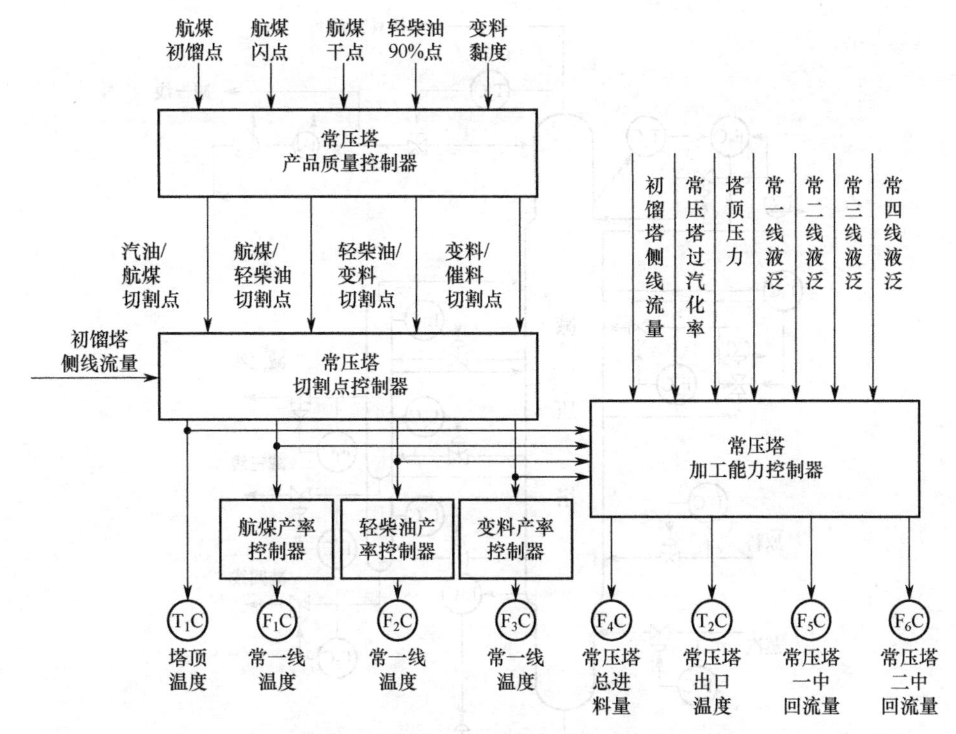

图 8-44　常压塔多变量预估控制框图

产品质量控制器的被控变量实测值来自在线质量分析仪表，过程本身的时延较大，其调节很缓慢（一般每次允许的最大调节量约是实现预估控制时的1/10），产品质量控制器向下一级送出的调节量小，使得切割点控制器被控变量的设定值相对比较稳定。切割点控制器的被控变量都是要求保持在设定点上的线性变量，测值由实时工艺计算得到，基本无时延。当生产方案不变、原油性质发生变化时，控制器能根据被控变量实测值的变化迅速做出反应，抑制这种扰动，保证平稳操作。

产品质量控制器和切割点控制器组成串级控制，对克服产品质量波动，平稳产品质量和提高航煤的收率等发挥了重要作用，它使常压蒸馏塔的总拔出率亦得到提高，获得明显经济效益。

（2）减压塔的控制

减压系统生产润滑油馏分或裂化原料，对馏分要求不高，主要要求在馏出油残炭合格的前提下提高拔出率，减少渣油量。因此，提高减压塔汽化段真空度，提高拔出率是主要控制目标。减压塔的控制与常压塔的控制相似。减压塔常用控制回路见图 8-45。

① 塔压控制。采用二级蒸汽喷射泵，控制蒸汽压力和真空度。

② 塔顶温度控制。塔顶不出产品，采用一线油打循环，回流控制塔顶温度，组成一线温度和回流量的串级控制。

③ 液位控制。与常压塔液位控制相似，汽提塔液位采用单回路控制系统。它与侧线产品采出量的定值控制系统一起能够保证侧线温度的稳定。

④ 原料和过热蒸汽的控制。与常压塔控制类似，不过多叙述。

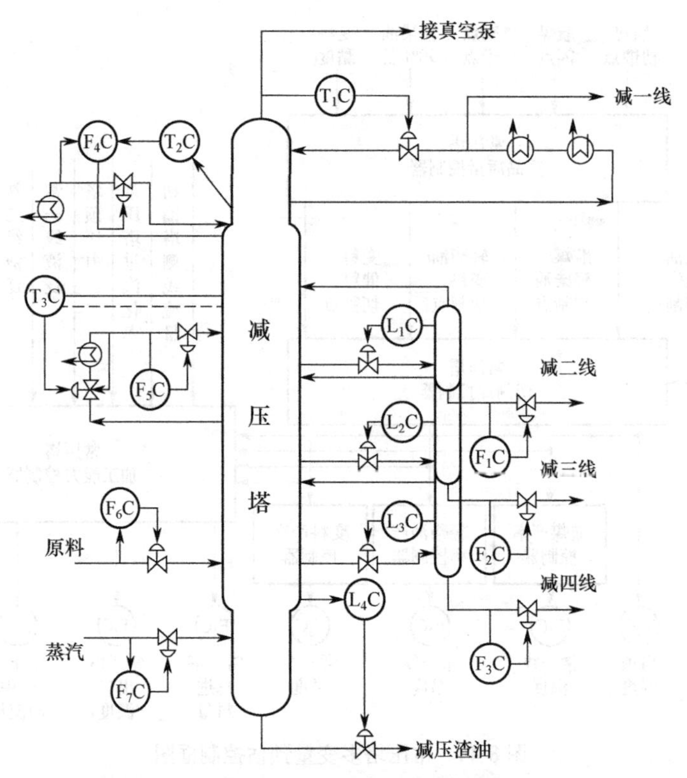

图 8-45 减压塔常用控制回路

8.5.2 催化裂化的过程控制

催化裂化过程是以重油馏分油为原料，在催化剂和 450～530℃、0.1～0.3MPa 条件下，经过裂化为主的一系列反应，生成气体、汽油、柴油、重质油及焦炭的工艺过程。其工艺主要特点是轻质油收率高，可达 70%～80%，气体产率，主要是 C_3、C_4，达 10%～20%，其中，烯烃含量达 50%，因此，是石油加工过程中重要的二次加工手段。

催化裂化过程通常由反应-再生系统、裂解气分馏塔系统和吸收-稳定系统三部分组成。

（1）反应-再生系统的控制

反应-再生系统是催化裂化过程中最重要的部分。其反应机理和工艺动态过程复杂，要使反应-再生系统参数中所有被控变量处于受控状态，同时某些重要操纵变量又能处于其理想的经济目标，是过程控制必须解决的问题。图 8-46 所示是分子筛提升管催化裂化装置的反应-再生系统控制流程简图。

原料经换热后与回炼油混合到 250～279℃，再与来自分馏塔底 350℃油浆混合进入筒式反应器的提升管下部，在提升管内，原料油与来自第二密相床的再生催化剂（700℃左右）接触、迅速气化并进行反应，生成的油气同催化剂一起向上流动。经提升管出口快速分离进入沉降器，经三组旋风分离器分离油气和催化剂。油气在分馏塔进行产品的分离，催化剂在汽提段经过蒸汽汽提，其中夹带的大部分油气被蒸汽汽提，经汽提后的待生催化剂进入烧焦罐下部。汽提段藏量由待生电动滑阀控制，第二密相床经外循环管进入烧焦罐下部的再生催化剂与待生催化剂一起，与主风机提供的主风混合并烧焦，使催化剂再生，再生后的催化剂与空气、烟气并流进入稀相管进一步烧焦，稀相管出口设置 4 组粗旋风分离器，分离烟气和催化剂。带催化剂的再生烟气经 6 组旋风分离器进一步分离，回收的催化剂进入第二密相床。第二密相床中再生催化剂分两路，一路经再生斜管去提升管反应器，其量由提升管出口温度控制再生滑阀调节。另一路经循环管返回烧焦罐，其量由二密藏量控制循环量滑阀调节。再生烟气经外集气室进入余热炉，燃烧后排空。再生器压力由双动滑阀控制，反应器本身不设置控制，而通过反应沉降器的压力反映，并由富气压缩机调速控制。为保持反应器与再生器之间的压差，通常，反应器压力略高于再生器压力，因再生器为烧去积炭而需送入空气，如果再生器压力低于反应器压力，就可能使空气进入反应器而发生爆炸，其压差通过再生器出口烟气量调节。

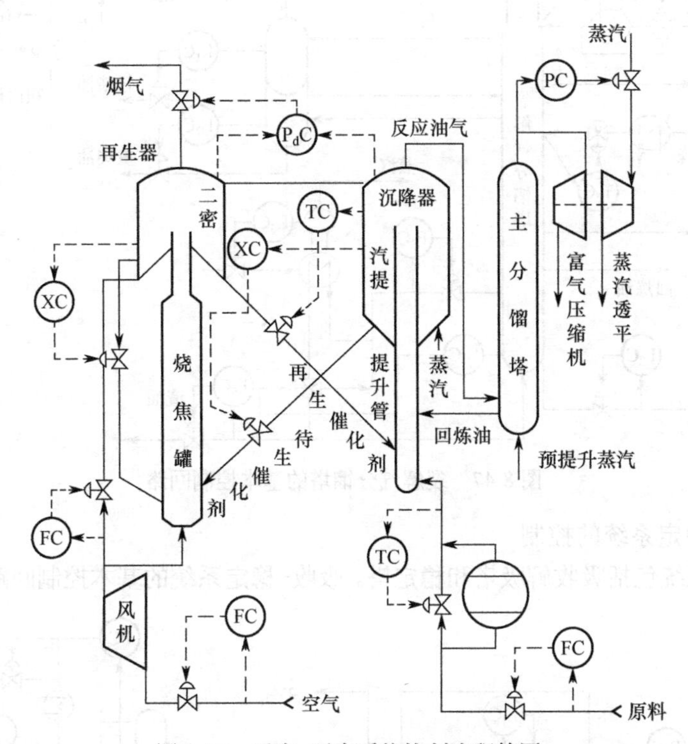

图 8-46　反应-再生系统控制流程简图

除了图 8-46 所示的控制系统，还设置了约束控制，使部分控制成为卡边控制，以保证设备安全。一些装置对重要的过程变量，例如，催化剂循环量、剂油比等采用软测量技术进行推断和估计，并应用于生产过程中，取得了很好的效果。

（2）裂解气分馏塔的控制

裂解气分馏塔的进料来自催化反应器的 460℃以上带有催化剂粉末的裂解气，经换热、降温和除尘，从分馏塔底部以气相进料，经分馏，塔顶得到富气和粗汽油，侧线在汽提塔中经汽提、换热、冷却后得到轻柴油和重柴油，侧线还产出回炼油，塔底得到渣油。与一般的分馏塔控制类似，采用循环回流控制侧线温度，保证侧线馏分的组分。汽提塔的蒸汽从汽提段底部送入，根据汽提液位控制产品的采出量。塔顶温度采用塔顶温度和回流量的串级控制。与一般分馏塔不同，由于全塔剩余的热量大，因此，塔顶采用循环回流、中段采用两个回流、塔底采用渣油回流的方法，为此，设置相应的温度控制系统，或温度和回流量的串级控制系统，塔底则采用液位和流量的单回路控制。塔压控制采用排放富气量控制，粗汽油量采用回流罐液位和馏出量的串级控制。再沸器加热量和塔底采出量采用定值控制。再沸器液位控制进入的载热体流量，保证一定的加热量。裂解气分馏塔的基本控制回路如图 8-47 所示。

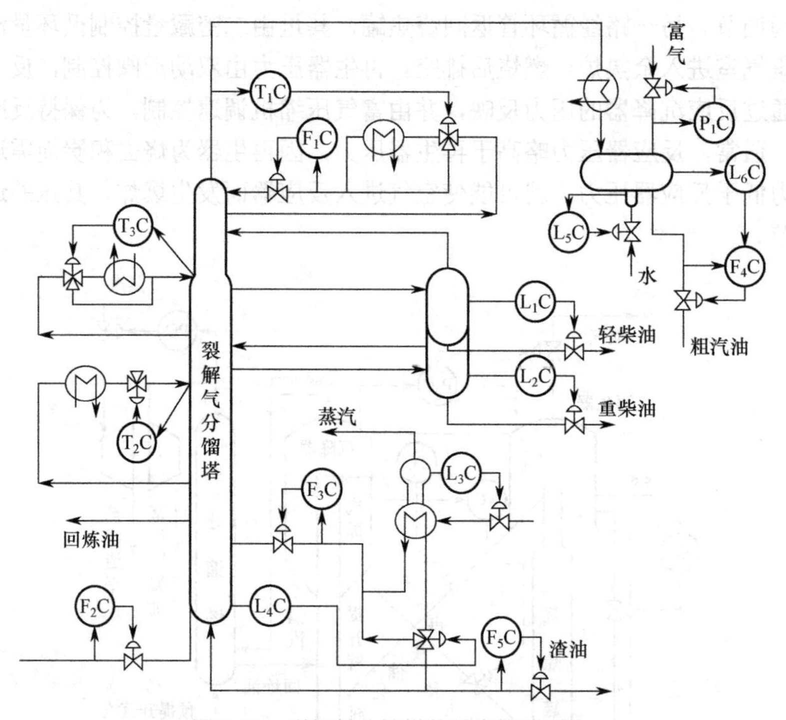

图 8-47　裂解气分馏塔的基本控制回路

（3）吸收-稳定系统的控制

吸收-稳定系统包括吸收解吸塔和稳定塔。吸收-稳定系统的基本控制回路如图 8-48 所示。

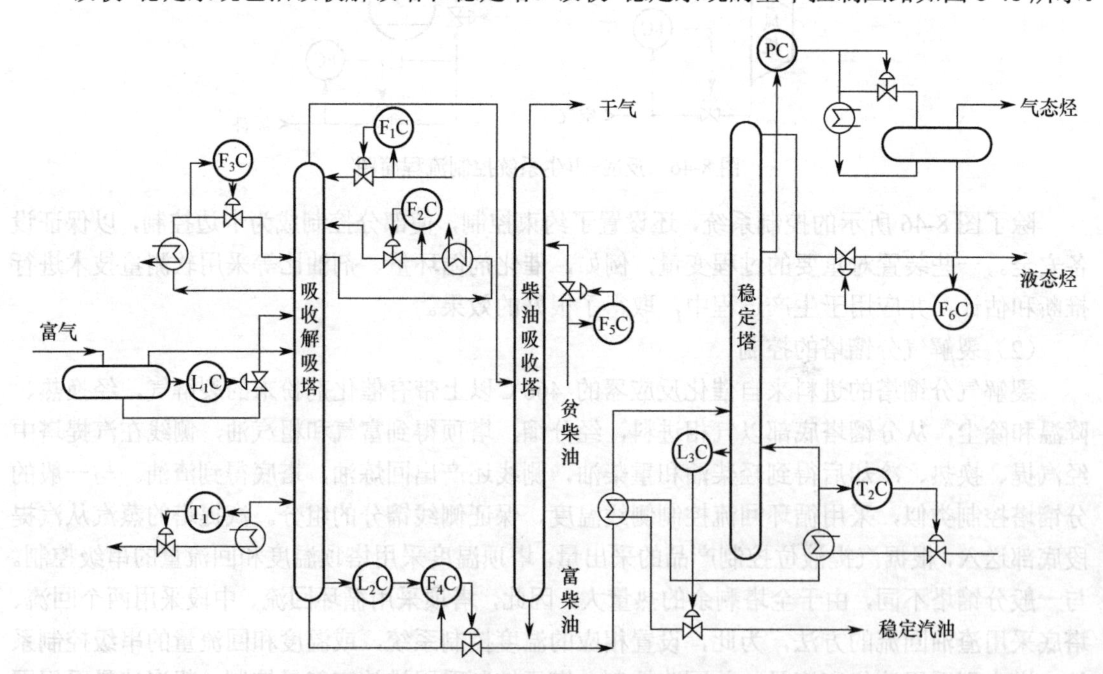

图 8-48　吸收-稳定系统的基本控制回路

吸收解吸塔用稳定汽油（C_3 以上组分）为吸收剂，把富气中的 C_3、C_4 馏分吸收，全塔分两段，上段是吸收段，下段是解吸段。富气从塔中部进入，稳定汽油由塔顶打入，在塔内逆向接触，稳定汽油吸收富气中的 C_3、C_4 馏分。下到解吸段的汽油除了含 C_3、C_4 馏分，还含 C_2 馏分，它与塔底来的高温蒸汽接触，使汽油中的 C_2 馏分解吸，从塔顶出来的馏出物是基本脱除 C_3 以上组分的贫气。

柴油吸收塔的进料是吸收稳定塔的贫气，它从塔底进入，与塔顶进入的、来自分馏塔的贫柴油逆向接触，贫柴油作为吸收剂吸收贫气中的汽油，经吸收汽油后的干气从塔顶引出，吸收汽油后的柴油从塔底采出，送回分馏塔。

稳定塔实质是一个精馏塔。来自吸收解吸塔吸收了 C_3、C_4 馏分的汽油从稳定塔的中部进入，塔底产品是蒸汽压合格的稳定汽油，塔顶产品经冷凝后分为液态烃（主要是 C_3、C_4 馏分）和气态烃（$\leqslant C_2$ 馏分）。液态烃再进行分离，脱除丙烷（脱丙烷塔）、丁烷（脱丁烷塔）、丙烯（脱丙烯塔）等，获得相应的产品。

吸收解吸塔的吸收段设置两个循环回流控制，采用定回流量控制。塔顶加入的稳定汽油量也采用定值控制。进塔的富气分气相和液相进入不同的塔板，液相进料量采用液位均匀控制，再沸器的控制采用恒定塔釜温度调节再沸器加热量的控制方式。塔底采出采用塔釜液位流出料的串级均匀控制。

8.5.3　乙烯生产过程的控制

乙烯装置是石油化工生产的龙头，生产工艺复杂，既有物理过程，又有化学反应过程；既有高温（1300℃），又有低温（−170℃），但均属于典型化工单元过程。这些单元之间衔接紧密，中间缓冲余地较小，因此，对过程操作的要求较高，操作参数允许变化的范围很小，对自动控制提出了很高的要求。

乙烯生产过程分为裂解、分离和制冷三部分。

（1）裂解过程的控制

不同乙烯裂解炉类型的控制方案有所不同。由于乙烯裂解过程的特点，其控制大多数已经采用 DCS 实施，一些生产过程已采用先进控制技术。乙烯收率是主要控制指标。采用甲烷与丙烯比表示裂解深度，可通过调节燃料量或原料量控制；停留时间应尽量短，以抑制二次反应进行。由于裂解炉类型已经确定，因此停留时间主要通过调节进料量和操作压力控制；由于裂解反应是体积增加的反应，因此降低反应压力有利于反应进行，通常加入稀释剂水蒸气，通过调节水蒸气流量来控制汽烃比。

负荷稳定是保证裂解炉处理量（原料和稀释蒸汽量）的稳定。进料量的波动不仅影响裂解炉的平稳运行，而且对分离过程造成影响，因此需要控制进料量恒定。稀释用水蒸气量恒定有利于烃分压的恒定，使裂解反应过程稳定，为此需控制水蒸气量。

在节能方面，裂解反应是吸热反应，温度高，因此节能是裂解过程的控制指标。此外，节省原料、水蒸气和生产成本等也是重要的控制指标。最佳燃烧控制是节能的有效方法，在裂解过程控制中可采用烟气含氧量控制燃料和空气、蒸汽比值等控制系统实现。

乙烯过程工艺复杂，流程长，操作要求高，对安全生产也有极高要求，为此设置大量报警点和联锁系统，其中，联锁系统可分为安全联锁和程序联锁等。

① 乙烯裂解炉的裂解深度控制如图 8-49 所示。它以裂解气中丙烯分析值与甲烷分析值之比作为裂解深度的指标，通过控制器 CCO101 输出作为炉管出口温度控制器的设定，其中，通过分配器与出口温度平均值 COT 的比较，其偏置模块的输出作为各出口温度控制器的设定，调节燃料量。

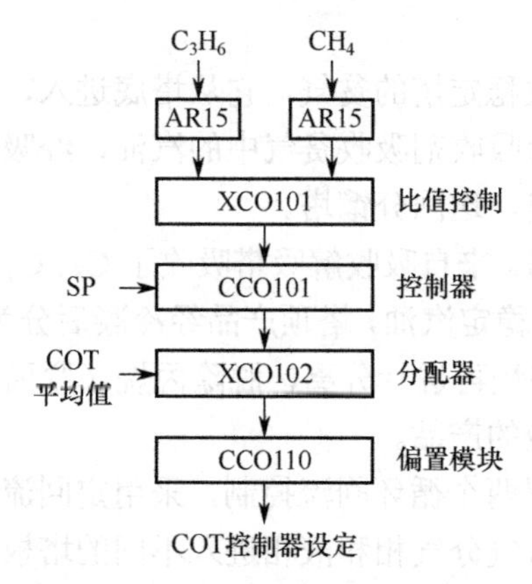

图 8-49 出口温度设定控制裂解深度

随着裂解炉规模的扩大，炉管数与烧嘴数可能不同，因此，解耦控制会较困难。近年也有采用改变裂解原料量控制出口温度的控制方法，但需注意总负荷的平衡。其控制策略是裂解原料量增加，出口温度下降，系统的响应快，且它的变化对其他炉管的扰动影响小；考虑到总负荷的平衡，某一炉管裂解原料量增加，其他炉管的裂解原料量就要减少才能保证总量的恒定，因此，总通量不变，且出口温度不变。

② 裂解炉生产能力控制。当裂解炉各炉管总进料量波动超过±2%时，用调节炉膛压力来控制，即用燃料气压力的变化调节来消除总进料量的变化。它用总量控制器输出作为燃料气压力控制器的设定，通过改变燃料气总管控制阀开度，使炉管出口温度变化，并经调节进料量使出口温度稳定，并使总量能够平稳而缓慢变化。为防止炉管出口温度控制系统与燃料气压力控制系统之间的相互关联，总量控制器采用“间隙作用”的 PI 控制算法。

在实际应用中，需对烃密度进行校正。密度的校正可直接用 VGO 密度计数据，也可根据 AGO 密度和 EA112、EA113 出口温度数据进行密度和温升的补偿计算获得。图 8-50 是总通量控制系统的框图。

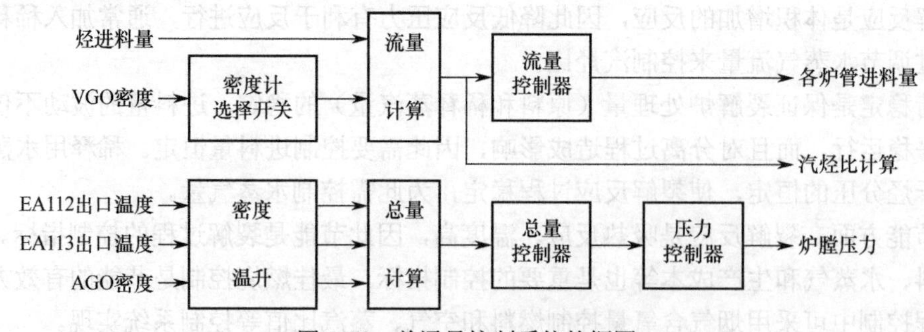

图 8-50 总通量控制系统的框图

③ 裂解炉汽烃比控制。为有利于反应进行，希望有较低的烃分压，除可在较低的压力下操作外，还可采用加入适量稀释剂的方法。汽烃比控制有两种控制方案。

根据进料量与蒸汽量组成简单比值控制系统。烃进料量是主动量，蒸汽流量是从动量，烃流量进行密度补偿，蒸汽流量进行温度压力补偿计算，比值控制系统控如图 8-51 所示。

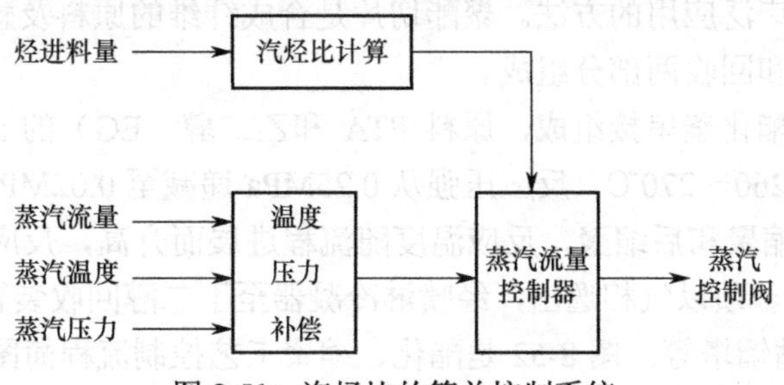

图 8-51　汽烃比的简单控制系统

对于要求较高的场合，可采用双交叉限幅比值控制方案，即逻辑提量和逻辑减量比值控制系统。用出口温度表示负荷，出口温度高表示提量，应先提蒸汽，然后提烃进料量；出口温度低表示减量，应先减烃进料量，再减蒸汽量。

（2）分离过程的控制

分离过程的控制主要是对各精馏塔和转化反应器的控制。各精馏塔以产品质量指标为控制指标，通常，采用相应的温度或产品浓度作为被控变量，主要控制系统如下：

① 汽油分馏塔以塔顶温度为被控变量，控制回流量，并使该塔的侧线出料量最大。

② 脱甲烷塔的主要控制是以塔底甲烷浓度作为主被控变量，以再沸器载热体流量为副被控变量组成的串级控制系统。

③ 脱乙烷塔的主要控制是以提馏段温度为主被控变量，以进料流量和再沸器进出口温度组成的热量为副被控变量，组成提馏段温度和热量的串级控制。

④ 乙炔转化器的主要控制是以乙炔浓度为被控变量，以乙炔流量为主动量，以氢气流量为从动量，组成变比值控制系统。

⑤ 脱丙烷塔的主要控制是以提馏段温度为主被控变量，加热量为副被控变量，组成串级控制系统，并实施塔顶回流量与塔顶气相流量的定比值控制，使塔顶馏出液中的 C_4 含量最小。

⑥ 丙烯精馏塔的主要控制是以进料流量为前馈信号，塔顶丙烷浓度作为反馈信号，组成前馈-反馈控制系统，操纵变量是回流量。塔釜采用塔底丙烯浓度控制加热量。

⑦ 乙烯精馏塔的主要控制是以进料流量为前馈信号，以乙烯浓度为被控变量，侧线出料量为副被控变量，组成前馈-串级控制系统，操纵变量是侧线出料量。

⑧ 脱丁烷塔的主要控制是以提馏段温度为主被控变量，加热量为副被控变量的串级控制。并实施塔顶回流量与塔顶气相流量的定比值控制，使塔顶馏出液中的 C_5 含量最小。

⑨ 丙二烯转化器的控制与乙炔转化器的控制类似，以丙二烯和丙炔浓度为主被控变量，以丙炔和丙二烯流量作为主动量，以氢气流量作为从动量组成变比值控制系统。

制冷过程的控制主要是丙烯、乙烯和甲烷制冷系统中压缩机的防喘振控制，但并非在每段都设置防喘振控制系统，例如，丙烯压缩机仅在第一段和第四段设置防喘振控制。

8.5.4　聚合过程的控制

聚合过程是在聚合反应釜内，在分散剂、缓冲剂、链转移剂、防黏剂、热稳定剂、引发剂和终止剂等助剂作用下，单体在一定温度和压力下聚合成为高分子聚合物的过程。

(1) 聚对苯二甲酸乙二酯(聚酯)过程的控制

聚酯生产方法很多，但原料仍以对二甲苯为主。对二甲苯(PX)制成对苯二甲酸(PTA)的直接酯化缩聚法是广泛应用的方法。聚酯切片是合成纤维的原料及感光胶片片基的材料。生产过程主要由缩聚和回收两部分组成。

酯化反应由三个酯化釜串接组成，原料 PTA 和乙二醇(EG)的混合浆料从第一酯化釜底部进入，酯化温度 260～270℃，反应压强从 0.25MPa 递减至 0.02MPa，总酯化率达 96%～97%。缩聚反应分预缩聚和后缩聚，反应温度随流程进展而升高，反应压力逐步下降。缩聚反应中游离的 EG 从釜顶以气相逸出，经喷淋冷凝器至丁二醇回收装置。EG 的回收包括废 EG 蒸发、蒸馏塔和精馏塔等。图 8-52 是酯化、缩聚工艺控制流程简图。

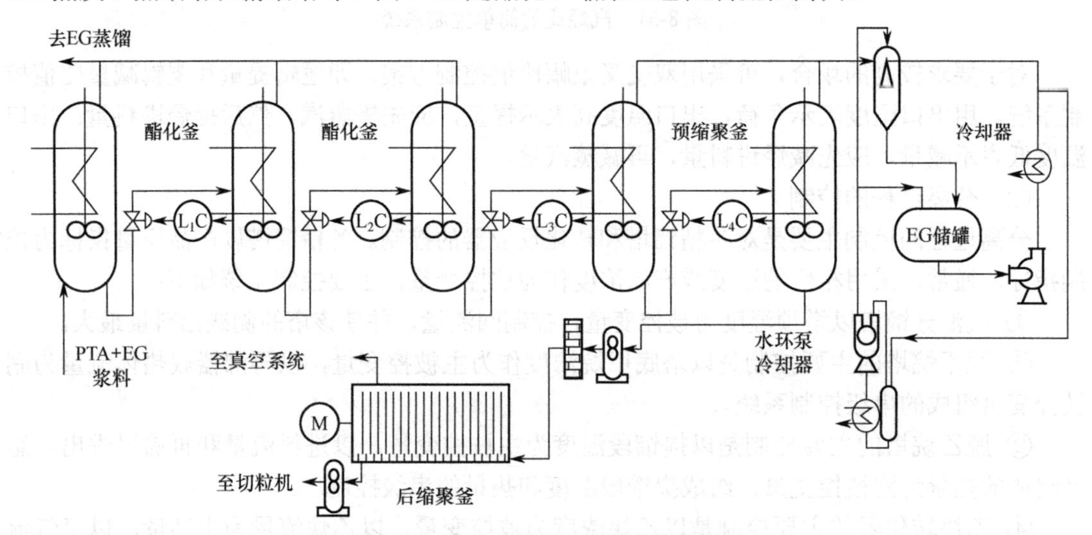

图 8-52 酯化、缩聚工艺控制流程简图

PTA 粉料经称重仪称重，与设定值比较，改变螺旋输送器电机转速，用于控制进入混合槽的 PTA 粉料量，这是以称重量为主被控变量、转速为副被控变量的串级控制系统。同时，称重信号经信号转换后，经比值运算后作为 EG 物料控制器的设定，控制 EG 的加入量，达到 PTA 与 EG 的一定摩尔分率配比要求，这是定比值控制系统。图 8-52 中未画出。

混合后的浆料从第一酯化釜底部进入，在管道上安装流通式放射性铯密度计，间接检测配比情况。第二和第三酯化釜、两个预缩聚釜都采用液位控制进料量的控制方案，如图 8-52 中所示。调节后缩聚釜的出料泵电机的转速控制出料量。第一酯化釜液位通过浆料泵电机转速控制进料浆量。由于液位稳定，因此，反应停留时间恒定。

生产实际操作表明，酯化反应釜的温度对主要控制指标酯化率 ES 极为重要，一般反应釜温度通过调节进入反应釜夹套的蒸汽量控制。反应釜压力(或真空)通过调节釜顶排出(或吸入)的 EG 蒸汽量控制。这种控制方案难以保证产品质量，为确保产品质量，有的企业采用软测量技术测量酯化率 ES，以测量酯化率 ES 作为主被控变量与酯化反应釜的温度组成串级控制系统，主控制器采用动态矩阵控制，副控制器采用 PID 控制，获得满意的控制效果。

(2) 聚氯乙烯过程的控制

聚氯乙烯是最通用的塑料品种之一，广泛应用于国民经济各领域。生产聚氯乙烯的主要方法是悬浮法。生产工艺流程分如下 6 个单元：化学品调制和进料，聚氯乙烯聚合，VC 回收，干燥，产品 PVC 处理，公用工程。

聚合过程是在有搅拌的反应器内进行的，采用间歇操作。下面介绍部分控制系统。

① 无离子水计量控制系统。聚合过程采用热水入料方式操作，即无离子水加热到 48℃左右后加入聚合釜，以提高釜内原料温度缩短升温时间。无离子水尽量采用两个涡轮流量计串联连接在水平的同一加料管道，其间有 2.5m 距离，如图 8-53 所示。

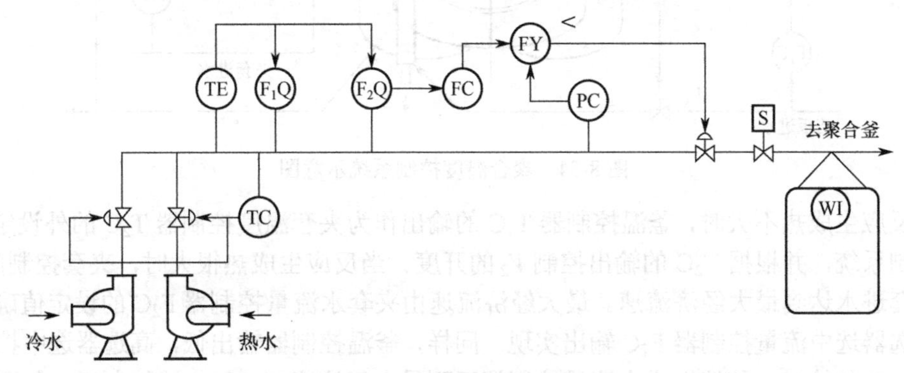

图 8-53　无离子水计量控制系统

在图 8-53 中，冷、热无离子水混合后的无离子水温度采用分程控制分别控制冷、热无离子水控制阀。混合后温度对进料无离子水流量进行温度补偿，F_1Q 是进料体积检测用仪表，F_2Q 是进料表，用于计量，并经 FC 控制进料控制阀的开度。进料压力有一个最低软限值，当进料压力低于该设定值时，由压力控制器 PC 取代流量控制器，控制进料量，防止涡轮流量计因出口压力低引起的进料气化，造成流量计读数的误差。如果计量仪表发生故障，系统还设置计量罐，用称重仪表 WI 进行校正。为使计量正确，控制系统设置了满流速和微流速两种进料流速设定，满流速时可达 $136m^3/h$，微流速时仅为 $23m^3/h$，当计量接近设定的计量值时，控制系统改用微流速控制进料，直到达到设定的计量值时关闭进料控制阀。整个控制系统采用计算机控制装置实施，因此，进料控制阀后还设置有进料切断电磁阀，用于自动开启和关闭计量控制系统。

② 聚合釜温度控制系统。PVC 的聚合反应是放热反应，因此，应及时将反应热移走，保持釜内温度恒定。通常采用釜温为主被控变量、夹套温度为副被控变量的串级控制系统。图 8-54 是聚合温度控制系统示意图。

聚合反应开始，95℃热水直接加入夹套，并在釜内添加引发剂，不同牌号的树脂对温度、原料量等有不同的要求，即配方程序不同。

聚合反应开始后，就要向夹套通入冷却水，根据需要可增大冷却水量，直到达到最大的经济流速。这时，可向釜内的挡板内供水，并按反应温度调节供水量。当挡板也达到最大经济流速时，表示已经达到该聚合釜的最大移热能力。

在图 8-54 中，进水控制阀均为气关型，主、副温度控制器为反作用控制器。T_1Y 和 T_2Y 是高选器，T_2Y 和 T_4Y 是配方程序用的逻辑切换装置，釜温是根据釜内 5 点温度确定的，其中，4 点温度测量液相温度，1 点温度测量气相温度，气相温度应低于液相温度，如果 4 点温度的偏差大于程序设定值，则配方程序自动定时全开进水控制阀，减少温度测量值与设定值的偏差，如果仍不能减少则发出报警信号，以便操作人员处理。

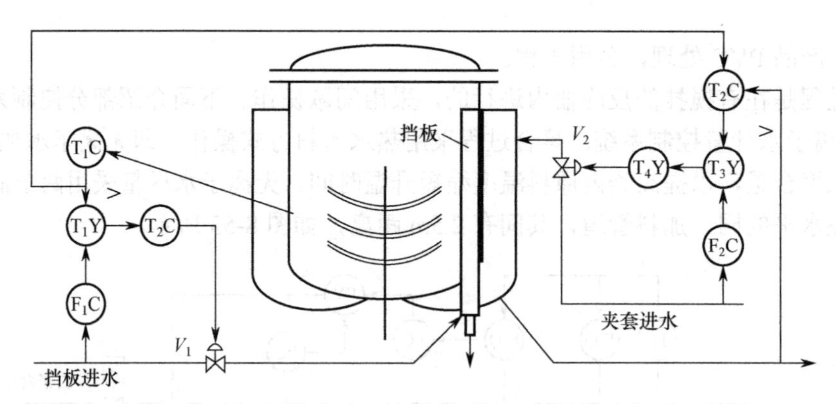

图 8-54　聚合温度控制系统示意图

当反应生成热不大时，釜温控制器 T_1C 的输出作为夹套温度控制器 T_2C 的外设定，组成串级控制系统，并根据 T_2C 的输出控制 V_2 的开度。当反应生成热很大时，夹套控制阀全开，直到夹套进水达到最大经济流速。最大经济流速由夹套水流量控制器 F_2C 的设定值确定。它通过高选器选中流量控制器 F_2C 输出实现。同样，釜温控制器输出低，高选器选中挡板流量控制器 F_1C 的输出，使挡板进水流量控制阀开到最大经济流速。经上述控制后，釜温波动范围可达±0.2℃，满足了工艺操作的要求。

夹套和挡板的冷却水量及冷却水的温升经计算机根据聚合釜的数学模型，计算获得聚合釜的放热速度，进而得到 VCM 生成 PVC 的转化率。

聚合釜的升温控制采用逻辑控制与 PID 控制结合的方法进行。根据不同配方下的升温温度，确定直接加热温度设定值、PID 切换点等。

当聚合温度过高或反应过程中发生停电等事故时，控制系统中的事故处理系统会自动打开终止剂控制阀，加入终止剂，停止反应。

③ 缓冲剂计量控制系统。PVC 聚合反应的缓冲剂是磷酸三钙白色颗粒固体，因此，计量过程要不断搅拌，由于是间歇反应，所以，计量过程是间歇进行的，整个计量过程采用逻辑顺序控制，由配方控制程序给出。

④ 其他控制系统。为了使聚合反应正常进行，还设置下列主要控制系统：反应终止点控制、故障检测和诊断、搅拌电机功率、聚合釜满釜、系统的停车等。

（3）聚乙烯过程的控制

聚乙烯是乙烯聚合而成的高分子化合物。产品分高、中、低压聚乙烯和低压低密度聚乙烯等。高压聚乙烯又称为低密度聚乙烯（I'DPE），指在 100～300MPa 下生产的密度为 0.91～0.935g/cm^3 的聚乙烯。高压聚乙烯生产工艺有二十几种，按反应器类型可分为管式和釜式反应器两类。管式反应器的反应压力高，反应温度高，但转化率也较高，反应时间较短，停留时间较短，分子量分布较宽，对过程控制和安全控制的要求高。

高压聚乙烯过程控制采用模拟量和逻辑控制紧密结合的方式，主要控制系统如下。

① 氧与聚乙烯配比控制引发剂纯氧消耗量少，故用聚乙烯稀释来降低浓度，氧浓度影响聚合反应速度和转化率，并影响反应产品的性能。浓度高，聚合速度快，转化率高。产品熔融指数上升，产品密度、分子量和屈服强度下降。不同牌号产品的耗氧量也不同。为此，采用两套热质量流量计检测流量，用小量程、大量程或小量程加大量程测量以满足不同生产规模的要求。聚乙烯量采用整体喷嘴测量，并采用温度补偿和上游稳压，保证流量信号与质量流量成正比。图 8-55 是配比控制系统和联锁安全系统示意图。

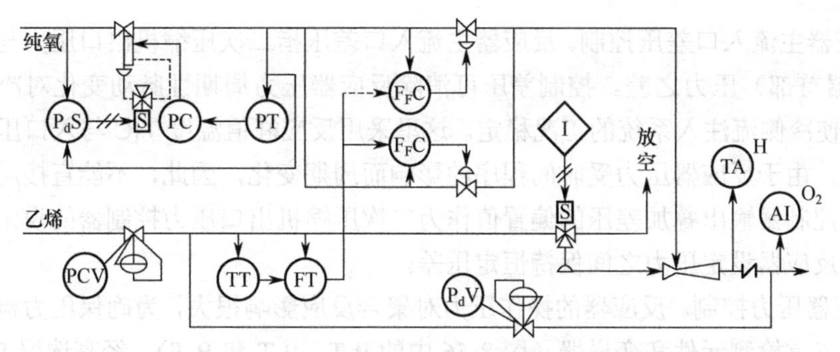

图 8-55　聚乙烯聚合反应中氧与乙烯配比控制系统和联锁安全系统示意图

由于聚乙烯在氧中的爆炸性混合物浓度范围在 3%～80%容积，引发剂中聚乙烯浓度要大于爆炸上限或接近上限运行，为防止配比失控，需设置有关联锁控制系统。

系统局部停车联锁系统先经电磁阀切断聚乙烯三通阀，使聚乙烯流量迅速降到零，并经比值系统将纯氧进料阀关闭。而氧流量停止流动后，使纯氧总管上的压力控制阀前后压降下降到零，P_dS 动作，经电磁阀动作来切断氧压力控制阀，为纯氧系统事故切断提供双重保险，提高整个系统的可靠性。即使系统有泄漏，还可经聚乙烯三通控制阀放空，防止在系统中积累，使氧浓度升高。

P_dV 自力式差压控制阀在两端压差大于 50kPa 时自动打开，聚乙烯经旁路进入引发剂压缩机。正常运行时压差小于 50kPa，因此，该控制阀关闭。该控制阀用于防止联锁动作时，因聚乙烯进料阀关闭，使压缩机入口形成负压而将空气吸入压缩机产生事故。

② 反应器综合控制包括主流入口差压控制、反应峰值温度和反应压力串级控制、冷侧流温度和流量控制等常规控制，以及时间程序、逻辑程序等顺序控制。图 8-56 是一反应器主要控制系统图。

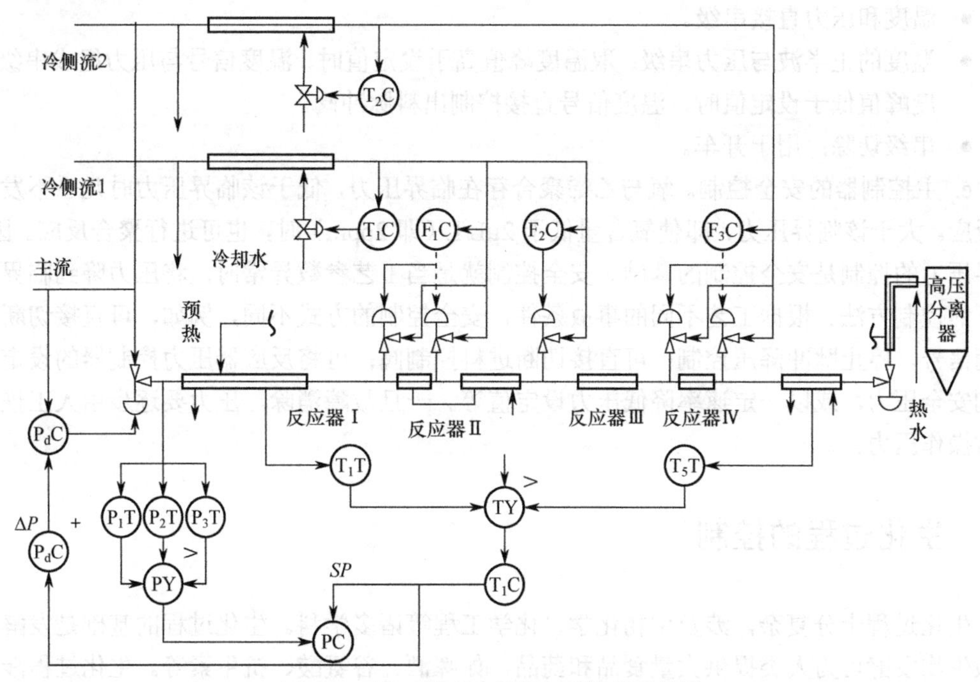

图 8-56　聚乙烯反应器的主要控制系统图

a. 反应器主流入口差压控制。反应器主流入口差压指二次压缩机出口压力与反应器入口（管式反应器首部）压力之差。控制差压可消除反应器压力周期性脉动变化对冷侧流注入流量的影响，使冷侧流注入系统的工况稳定。这里采用反应峰值温度 T_1C 与入口压力 P_1C 的串级控制系统。由于反应器压力受时间程序的影响而周期变化，因此，不能直接用差压值。为此，将温度控制器输出叠加差压的偏置值作为二次压缩机出口压力控制器的设定，使压缩机出口压力与反应器设定压力之间保持恒定压差。

b. 反应器压力控制。反应器的操作压力对聚合反应影响很大，为确保压力检测信号的正确性，采用三重检测元件和变送器（图 8-56 中的 P_1T、P_2T 和 P_3T），经高选器 PY 后获得反应器最大压力作为压力控制器的测量信号。控制器 PID 和 PD 功能的切换由时间逻辑程序控制，用于配合脉冲周期降压控制。PID 切换到 PD 时，积分作用被记忆，不会因测量与设定之间的偏差而变化，副控制器的输出控制反应器末端的脉冲控制阀。压力控制器设定等于反应器压力设定减去反应器峰值温度控制器输出。

c. 反应器周期脉冲降压控制。反应生成的聚合物黏度大，易黏附在反应器管壁而影响传热效果。为清除黏附的聚合物，采用周期脉冲降压控制，使管内流体呈现脉动流，从而冲刷黏附物，脉冲周期约为 60～100s，降压深度约为 0～20MPa。

d. 聚合反应温度控制。沿反应器管长（1500m）设置 40 个温度检测点，反应器入口和高压分离器管道上设置 6 个温度检测点，这些温度信号送给高选器，得到反应器峰值温度，因此，反应器温度控制实质是峰值温度控制。

聚合反应器压力与聚合反应速率呈现线性关系，因此，反应器峰值温度作为主被控变量、反应器压力作为副被控变量组成串级控制系统。通过切换开关可实现以下三种串级控制方式。

- 温度和压力直接串级。
- 温度的正半波与压力串级：取温度峰值高于设定值时，温度信号与压力组成串级，温度峰值低于设定值时，温度信号直接控制出料脉冲阀。
- 串级切除：用于开车。

e. 主控制器的安全控制。氧与乙烯聚合存在临界压力，低于该临界压力时几乎不发生聚合反应。大于该临界压力，即使氧含量低于 2μL/L（即 2ppm）时，也可进行聚合反应。因此，临界压力的控制是安全控制的基础。安全控制就是当工艺参数异常时，将压力降到临界压力以下的控制方法。根据工艺不同的事故条件，安全控制的方式不同，例如，可直接切断脉冲周期信号，停止脉冲降压控制；可直接切断进料控制阀；可将反应器压力控制器的设定直接降到安全压力，或以一定速率降低压力设定值等。一旦故障消除，压力要逐步由人工恢复到正常操作压力。

8.6 生化过程的控制

生化过程十分复杂，涉及生物化学、化学工程等诸多学科。生化过程的基础是发酵，利用微生物发酵可为人类提供大量食品和药品，如啤酒、谷氨酸、抗生素等。生化过程涉及微生物细胞的生长代谢，是一个具有时变性、随机性和多变量输入输出的动态过程。生化过程需要检测的参数包括物理参数、化学参数、生物参数。物理参数通常有生化反应器温度、生化反应器压力、空气流量、冷却水流量、冷却水进口温度、搅拌马达转速、搅拌马达电流、泡沫高度等；化学参数有 pH 值和溶解氧浓度；生物参数包括生物物质呼吸代谢参数、生物质浓度、代谢产物浓度、底物浓度、生物比生长速率、底物消耗速率、产物形成速率等。这些参数中，温度、压力、流量等运用常规检测手段就能检测，而对有些参数（如成分浓度、糖、氮、DNA 等）的检测缺乏在线检测仪表，这些参数不能直接作为被控变量，因此主要可采用与质量有关的变量，如温度、搅拌转速、pH 值、溶解氧、通气流量、罐压、泡沫等作为被控变量。另外，生化过程大多采用间歇生产过程，与连续生产过程有较大差别。总体来讲，生化过程控制难度较大。

8.6.1 常用生化过程控制

（1）发酵罐温度控制

一般发酵过程均为放热过程，温度多数要求控制在 30～50℃（±0.5℃）。过程操纵变量为冷却水，一般不需加热（特别寒冷地区除外）。图 8-57 为发酵罐温度控制流程图。测温元件多数采用 Pt_{100} 热电阻。由于发酵过程容量滞后较大，因此多数采用 PID 控制规律。

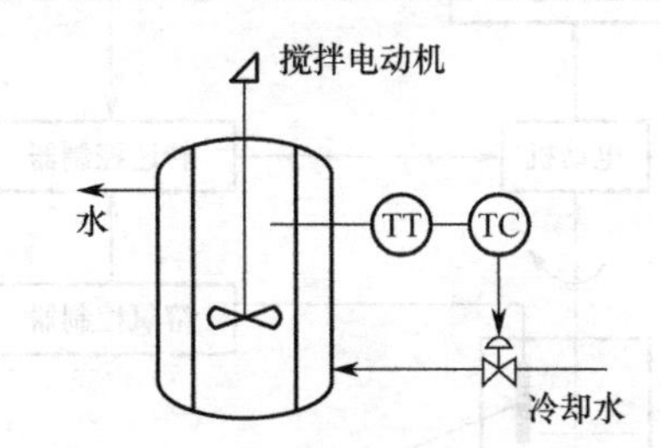

图 8-57 发酵罐温度控制流程图

（2）通气流量、罐压和搅拌转速控制

当搅拌转速、罐压和通气流量进行单回路控制时，其流程图如图 8-58 所示。由于在同一发酵罐中通气流量和罐压相互关联影响严重，因此这两个控制回路不宜同时使用。图 8-58(a)中控制罐压，而图 8-58(b)中控制通气流量。

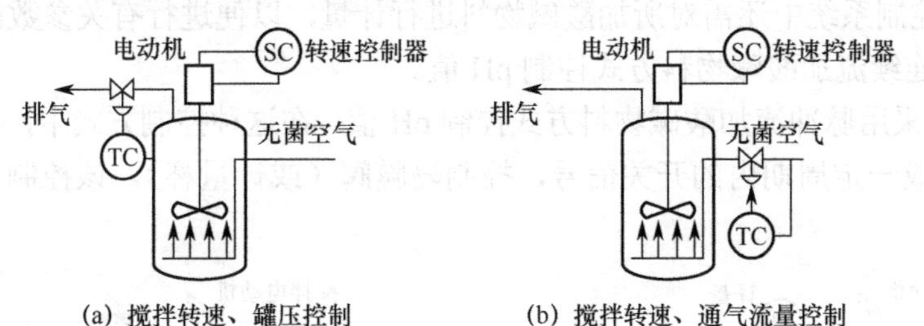

图 8-58 发酵罐搅拌转速、罐压和通气流量控制流程图

此外，搅拌转速、罐压和通气流量控制常作为副回路与溶氧浓度组成串级控制系统。

（3）溶氧浓度控制

在好气菌的发酵过程中，必须连续地通入无菌空气，使空气中的氧溶解到培养液中，然后在液流中传给细胞壁进入细胞质，以维持菌体生长和产物的生物合成。在发酵过程中必须控制溶解氧浓度，使其在发酵过程的不同阶段都略高于临界值，这样既不影响菌体的正常代谢，又不至于为维持过高的溶氧水平而大量消耗动力。

培养液的溶解氧水平的实质为供氧和需氧矛盾的结果。影响溶氧浓度的因素有多种，在控制中可以从供氧效果和需氧效果两方面考虑。需氧效果方面要考虑菌体的生理特性等；供氧效果方面要考虑通气流量、搅拌速率和气体组分中的氧分压、罐压、罐温以及培养液物理性能。通常用控制供氧手段来控制溶氧浓度，最常用的溶氧浓度控制方案是改变搅拌速率和改变通气速率。

① 改变通气速率，在通气速率低时改变通气速率可以改变供气能力，加大通气量对提高溶氧浓度有明显效果。但是在空气流速已经较大时，提高通气速率的控制作用并不明显，反而会产生副作用，如泡沫形成、罐温变化等。

② 改变搅拌速率，该方案控制效果一般比改变通气速率方案好。这是因为通入的气泡被充分破碎，增大有效接触面积，而且液体形成涡流，可以减少气泡周围液膜厚度和菌丝表面液膜厚度，并延长气泡在液体中停留时间，提高供氧能力。图 8-59 是改变搅拌转速的溶氧串级控制系统。

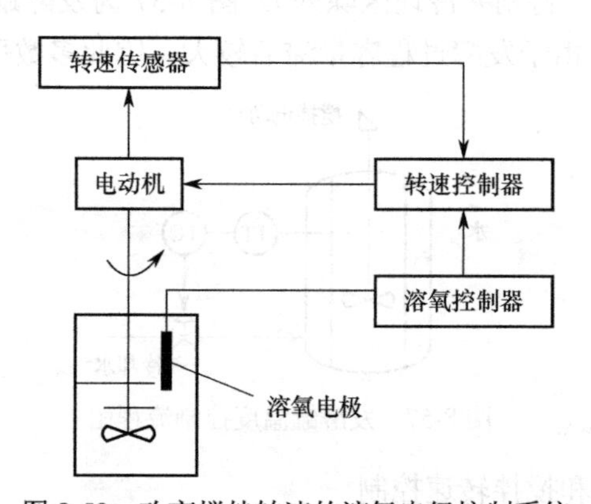

图 8-59 改变搅拌转速的溶氧串级控制系统

（4）pH 值控制

在发酵过程中，为控制 pH 值而加入的酸碱性物料往往就是工艺要求所需的补料基质，所以在 pH 值控制系统中还需对所加酸碱物料进行计量，以便进行有关参数的计算。图 8-60 给出的是采用连续流加酸碱物料方式控制 pH 值。

图 8-61 是采用脉冲流加酸碱物料方式控制 pH 值。在这种控制方式中，控制器将 PID 运算的输出转换成一定周期内的开关信号，控制隔膜阀（或计量杯）。该控制方式在目前应用较为广泛。

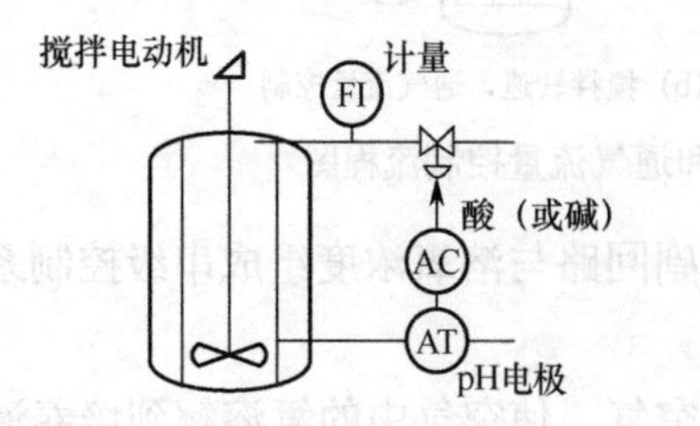

图 8-60 连续流加酸碱物料方式控制 pH 值

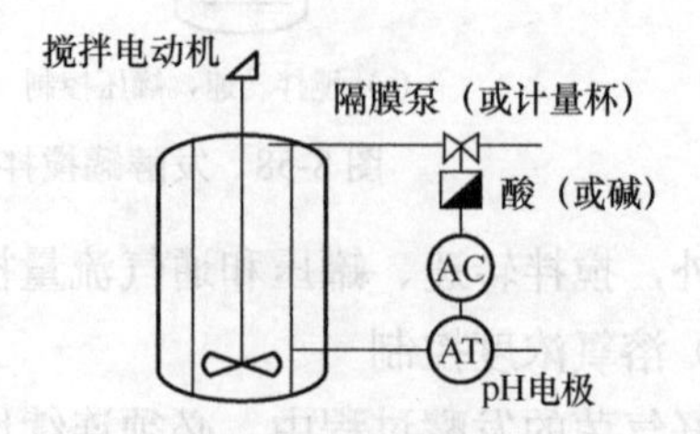

图 8-61 脉冲流加酸碱物料方式控制 pH 值

（5）自动消泡控制

在很多发酵过程中，由于多种原因会产生大量泡沫，引起发酵环境的改变，甚至引起逃液现象，造成不良后果。通常在搅拌轴上方安装机械消泡桨，少量的泡沫会不断地被打破。但当泡沫量较大时，就必须加入消泡剂（俗称“泡敌”）进行消泡，采用位式控制方式。当电极检测到泡沫信号后，控制器便周期性地加入消泡剂，直至泡沫消失。在控制系统中可以对加入的消泡剂进行计量，以便控制消泡剂总量和进行有关参数计算。控制流程见图 8-62。

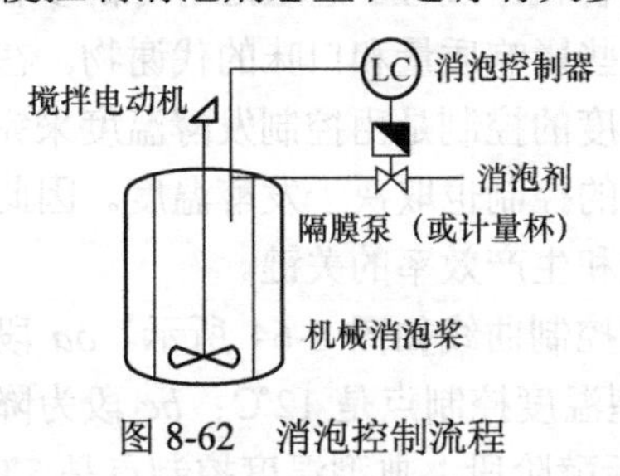

图 8-62　消泡控制流程

8.6.2　青霉素发酵过程控制

青霉素发酵过程中直接检测的变量有温度、pH 值、溶解氧、通气流量、转速、罐压、溶解 CO_2、发酵液体积、排气 CO_2、排气 O_2 等。离线检测的参数有菌体量、残糖量、含氮量、前体浓度和产物浓度等。通过检测这些参数，还可以进一步获取有关间接参数。各种参数随着菌体培养代谢过程的进行而变化，并且参数之间有耦合相关，影响控制的稳定性。相关性包括两个方面，其一是理化相关，指参数之间由于物质理化性质的变化引起的关联，如传热与温度、pH 值和转速、通气流量和罐压与溶氧水平的相关性；其二是生物相关，指通过生物细胞的生命活动引起的参数之间的关联，如在青霉素发酵一定条件下，补糖将引起排气 CO_2 浓度的增加和培养液的 pH 值下降。由于过程复杂，目前大多数采用计算机控制。图 8-63 是一个青霉素发酵过程控制系统的例子。

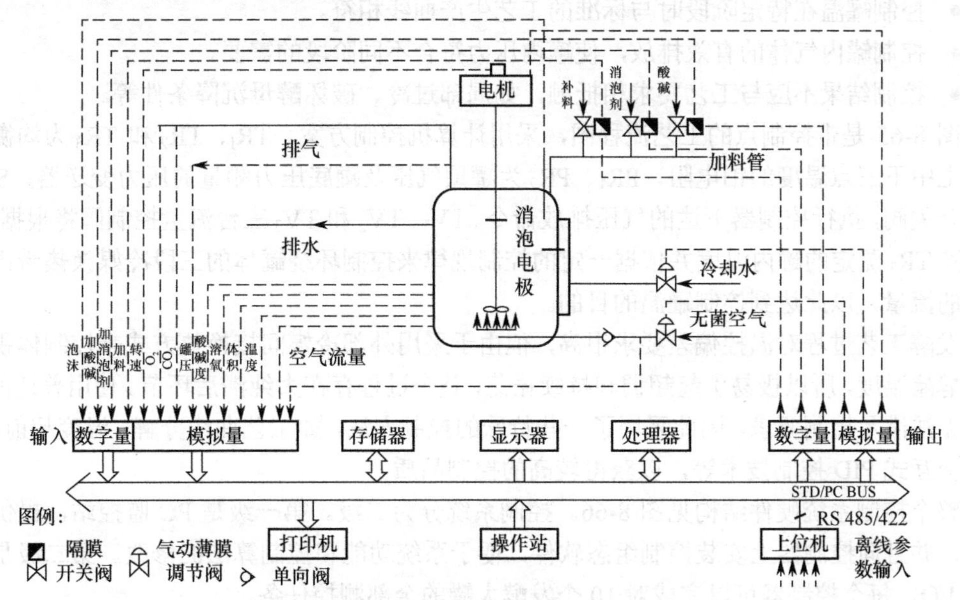

图 8-63　一个用于青霉素发酵过程的控制系统

该控制系统由上位机、下位机等组成。下位机采用 STD（或 PC）总线工业控制机。上、下位机通过 RS 485/422 通信接口联系。上位机实现监测、补料控制算法、数据处理及人机对话等。下位机实现过程检测、PID 控制、监控、断电后的自启动及随机故障的自动恢复等。

8.6.3 啤酒发酵过程控制

啤酒发酵过程是一个微生物代谢过程。它通过酵母的多种酶解作用，将可发酵的糖类转化为酒精和 CO_2，以及其他一些影响质量和口味的代谢物。在发酵期间，工艺上主要控制的变量是温度、糖度和时间。糖度的控制是由控制发酵温度来完成的，而在一定麦芽汁浓厚、酵母数量和活性条件下，时间的控制也取决于发酵温度。因此，控制好啤酒发酵过程的温度及其升降速率是决定啤酒质量和生产效率的关键。

啤酒发酵过程典型的温度控制曲线如图 8-64 所示。*oa* 段为自然升温阶段，无须外部控制；*ab* 段为主发酵阶段，典型温度控制点是 12℃；*bc* 段为降温逐渐进入后酵阶段，典型的降温速度为 0.3℃/h；*cd* 段为后酵阶段，典型温度控制点是 5℃；*de* 段为降温进入储酒阶段，典型的降温速度为 0.15℃/h；*ef* 段为储酒阶段，典型温度控制点是 0～−1℃。

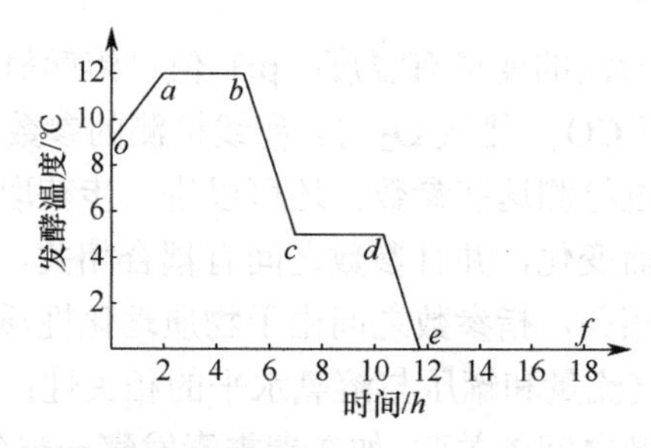

图 8-64 啤酒发酵过程典型的温度控制曲线

啤酒发酵生产工艺对控制的要求主要如下：

- 控制罐温在特定阶段时与标准的工艺生产曲线相符。
- 控制罐内气体的有效排放，使罐内压力符合不同阶段的需要。
- 控制结果不应与工艺要求相抵触，如局部过冷、破坏酵母沉降条件等。

图 8-65 是带控制点的工艺流程图，采用计算机控制方案。TR_1、TR_2 和 TR_3 为均衡测定罐内上中下三点温度的铂电阻，PR_1、PR_2 为罐顶气压及罐底压力测量的压力变送器，SV_1 为气动开关阀，执行控制器下达的气压排放命令。TV_1、TV_2 和 TV_3 三台流量控制阀将根据 TR_1、TR_2 和 TR_3 测定的罐内温度并依据一定的控制规律来控制环绕罐体的三段冷媒换热带内流过冷媒的流量，以此达到控制罐温的目的。

发酵工艺过程对温控偏差要求很高，但由于采用外部冷媒间接换热方式来控制体积较大的发酵罐温度，所以极易引起超调和持续振荡，整个过程存在大纯滞后环节。使用普通的 PID 控制无法满足控制要求，因此采用了一些特殊的控制方法，如工艺曲线分解、温度超前拦截、连续交互式 PID 控制技术等，以获得较高的控制品质。

整个控制系统硬件结构见图 8-66。控制系统分为二级。第一级是 PC 监控站，提供操作界面，并且向控制器上安装控制组态软件，便于系统功能和控制算法的修改。第二级是控制器和 I/O，每个控制器可以完成对 10 个发酵大罐的全部测控任务。

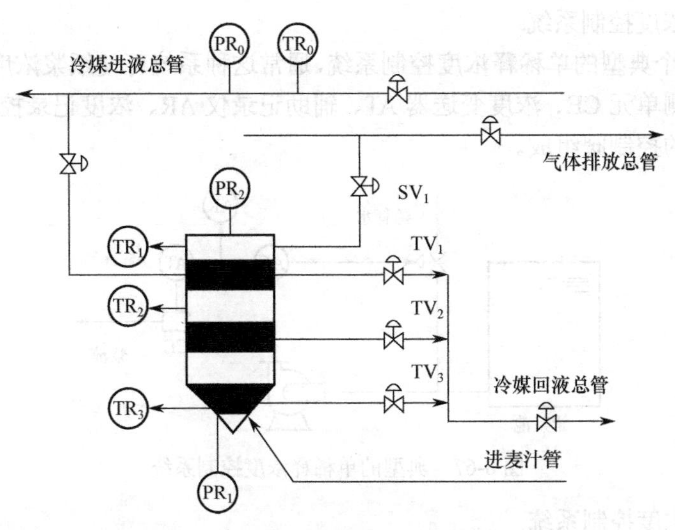

图 8-65　啤酒发酵过程带控制点的工艺流程

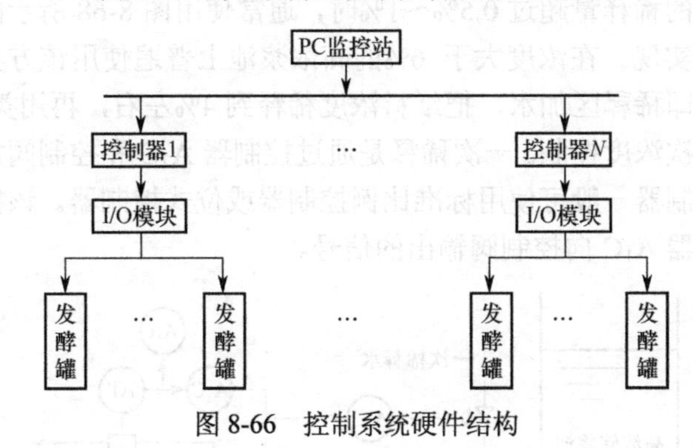

图 8-66　控制系统硬件结构

8.7　造纸过程的控制

造纸工业生产要经过备木、制浆、抄纸等工序，其中抄纸工序最重要，包括纸料制备、纸机、完成整理等过程。它不仅是造纸生产的关键，决定着纸页的产量、质量，而且还是能耗最多的部分。对于大多数纸种来说，为了提高纸页的强度、光洁度等质量指标，纸浆厂生产的漂白浆一般不直接用来抄纸，而是按一定比例加入染料、化学添加剂和填料，用打浆机和磨浆机对纤维进行机械处理，使纸浆适合造纸。

8.7.1　纸浆浓度的控制

纸料制备过程中必须控制纸浆的浓度。这里的“浓度”是指绝干纤物料在纸浆和水的混合物中的重量百分比。人工测量浓度的方法包括取样、称重、除去试样中的水分、称出剩余试样的重量等步骤。这种方法适于抽样检查，但不适于连续控制。连续控制时要求对浓度的变化进行实时的、在线的检测。工艺上一般要在高浓度下储存纸浆，以减小储浆池的容积。但是用管路输送高浓纸浆不但困难而且效率低，因此，通常采用浓度控制系统向储浆池出口的纸浆中加入稀释水。

（1）单稀释浓度控制系统

图 8-67 是一个典型的单稀释浓度控制系统，通常这种系统可使纸浆浓度降低 0.5%～1%。该系统由浓度检测单元 CE、浓度变送器 AT、辅助记录仪 AR、浓度记录控制器 AC，以及安装在稀释水管上的控制阀组成。

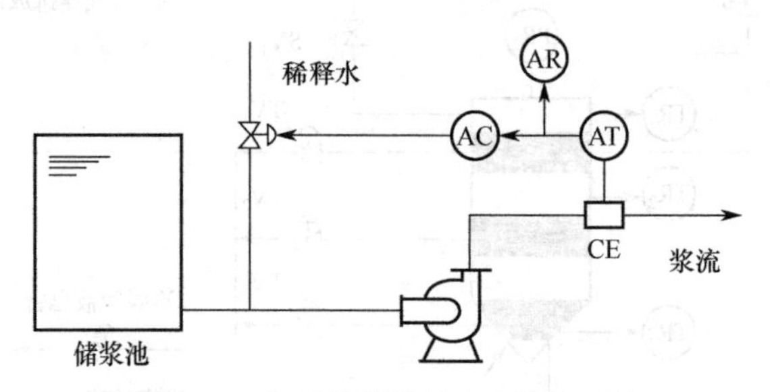

图 8-67　典型的单稀释浓度控制系统

（2）双稀释浓度控制系统

当要求纸浆浓度的稀释量超过 0.5%～1%时，通常使用图 8-68 所示的双稀释浓度控制系统，通过两步加水来实现。在浓度大于 6%的高浓浆池上普遍使用该方案。为了便于泵输送纸料，在储浆池底部即稀释区加水，把纸料浓度稀释到 4%左右，再用类似于图 8-67 所示的浓度控制系统进行二次浓度控制。一次稀释是通过控制器 A_2C 和控制阀加入大部分水来完成的。这个一次浓度控制器一般可使用标准比例控制器或位式控制器。该控制器的输入信号来自二次回路中的控制器 A_1C 向控制阀输出的信号。

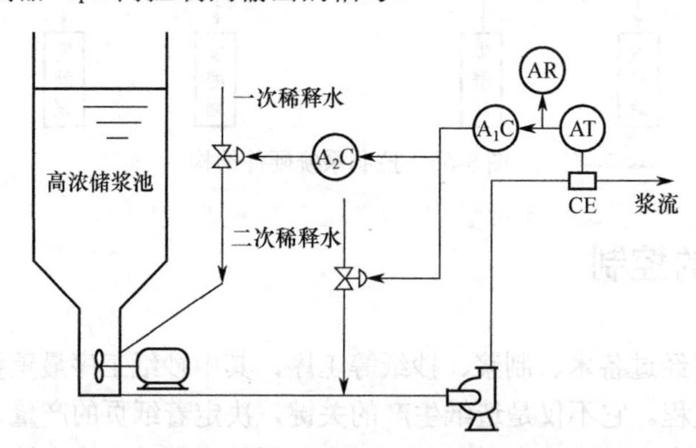

图 8-68　双稀释浓度控制系统

8.7.2　纸料配浆的比值控制

不同性质的浆料要按一定比例进行混合。另外，在混合池里还要按比例加入一些化学添加剂和染料。

图 8-69 为一种典型的连续管道计量纸料配浆控制系统。安装在混合池上的液位控制器的输出信号对各组分流量控制器施加作用，改变流入混合池的各组分量。液位记录控制器 L_2C 驱动从混合池到纸机抄前纸料管线上的控制阀，补偿纸机需求量的变化，从而维持抄前池的液位。此处的流量根据电磁流量计的信号由记录仪 F_7R 记录下来。液位记录控制器 L_1C 根据混合池出料量变化的情况而动作，维持混合池内的液位。因此，混合池的液位将反映纸机需求量的变化。当混合池液位随着纸机需求量的变化而变化时，液位控制器 L_1C 将改变其输出，

即改变装在各流量比控制器 F_1C、F_2C、F_3C、F_4C、F_5C 和 F_6C 中的比例机构传送的信号。比例装置根据各组分相对于总流量要求的合理流量调整每个控制器的设定值，而这个合理流量是预先确定并输入到比例装置中的。所配用的各种浆的流量用电磁流量计来测量，染料、添加剂和淀粉的流量用电磁流量计来测量。混合池的液位变送器 L_1T 和纸机抄前池的液位变送器 L_2T 虽然可用吹气式的，但通常多采用膜片式的。

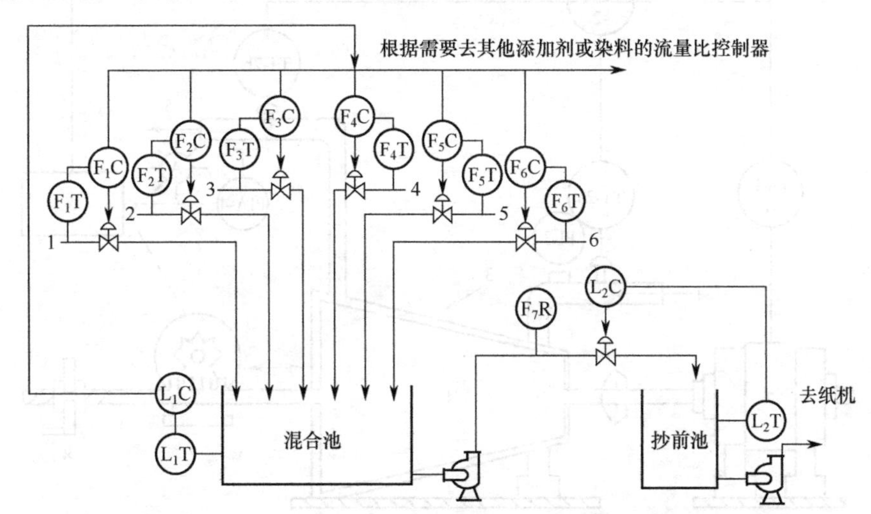

1—松木浆；2—硬木浆；3—损纸浆；4—来自染料储罐；5—来自添加剂储槽；6—来自淀粉储槽

图 8-69　一种典型连续管道计量纸料配浆控制系统

8.7.3　磨浆机的控制

为了改善纸浆的纤维交织性能，须对纸浆进行机械处理。磨浆机是现代连续磨浆设备，其自动操作是利用磨浆机的传动负荷、转子的压力、伏辊真空度、纸料通过磨浆机的温差、打浆度的测量结果，或者几个因素的综合情况，控制传动机构的自动移动部件来实现的。图 8-70 是一种典型的把驱动电机的功率和通过锥形磨浆机纸料的温差结合起来控制转子位置的系统，其根本目的是通过对转子位置的调整来控制作用于纸浆的机械功的量。

温度检测元件 TT-2a、TT-2b 分别安装在磨浆机的进出口，测量信号送给温差变送器 T_dCon-2；T_dCon-2 则用纸料出口温度减去纸料进口温度，并把与通过磨浆机后纸料所升高的温度成比例的信号传送给温差记录控制器 T_dRC-2。这个控制器是一个脉冲持续型控制器，它发出脉冲信号来触发转子位移电动机的可逆启动器用的继电器，由此便可按要求向里或向外移动转子，以维持转子具有适度的机械作用（做功）。

主传动电动机的负荷功率由变送器 E_wT-1 测量并传送给记录器 E_wRC-1，同时也把这个信号传送给温差记录控制器 T_dRC-2，以此补偿它的控制作用。当出现干扰时，将存在一个时间滞后，直到该干扰作用被温差测量仪表检测出来，才能重新调节转子的位置。电动机负荷功率测量仪表越敏感，检测这种干扰作用越迅速，从而给温差控制器发出相应信号，以此补偿它的控制作用。也可以用手轮来人工操纵。

压力指示仪 PI-3 用来显示磨浆机可能出现的堵塞和断浆现象。压力指示报警器 PIA-4 也用来显示这两种不正常现象。此外，在低流量时，取代温差控制器传送到可逆启动器的控制信号，自动拉出转子，同时发出报警信号。

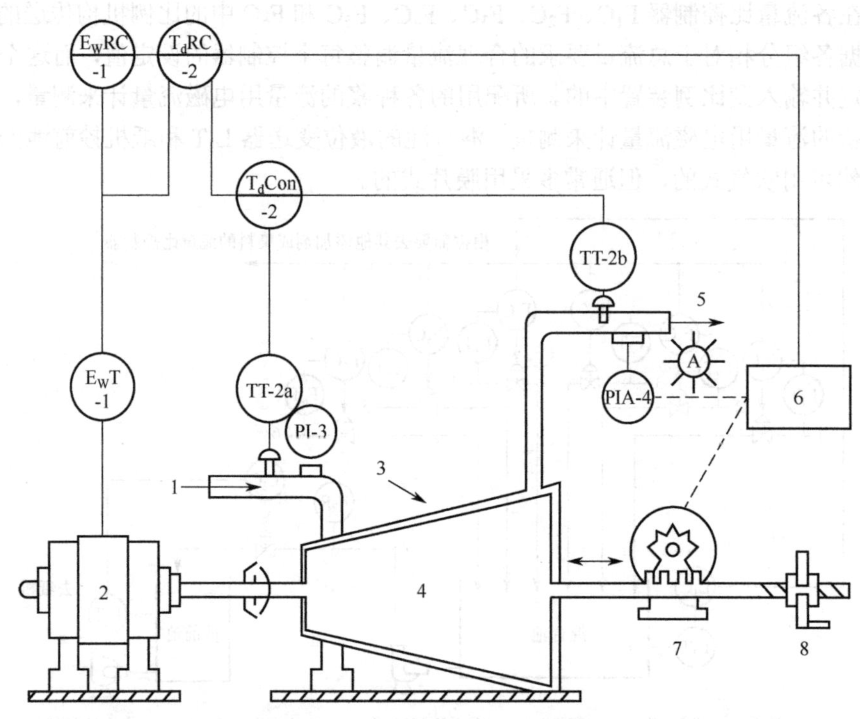

1—未磨纸料进口；2—主驱动电动机；3—磨浆机外壳；4—可移动转子；5—磨后纸料出口；

6—可逆启动器；7—转子位移用齿轮电动机机构；8—手轮

图 8-70 一种磨浆机控制系统

8.7.4 白水回收控制

白水回收装置通常用来从纸机白水中回收纤维和填料，回收的纤维和填料重新用来抄纸，而排水可作为纸料制备的稀释水和洗涤水，或用在其他制浆和抄纸车间。

图 8-71 是转鼓式及真空四转式白水回收机控制系统。流入白水回收机的白水流量由 FRC-1 所在流量控制回路控制。用液位控制器 LIC-2 维持网槽内的适当液位，以保证白水回收机的有效操作，通过 LIC-2 控制转鼓的转速，增加或减小转鼓的过滤速度，达到液位控制要求。用远传的手动机构 HIC-3 向白水回收机的卸料口加温水，以达到稀释目的，并有助于过滤。纸料的浓度用浓度控制器 CRC-4 控制加到白水回收机卸料口的回水量来调节。

8.8 冶金过程的控制

钢铁生产过程包括从矿石原料的冶炼到生产出钢材的各个工序。一般可分为炼铁、炼钢和轧钢三个工序。钢铁生产过程有如下三个特点：

- 生产装置大型化。设备体积大，使用的原料多，能量、水等消耗大，原料和成品的运输量大，生产和管理的信息量大等。

- 检测手段少。生产过程是在高温下进行，而检测元件在高温下无法正常运行，仪表的可靠性差。
- 生产过程复杂。生产过程大多是在高温下进行的间歇生产过程；不同牌号的原料，其生产过程操作参数等各不相同。

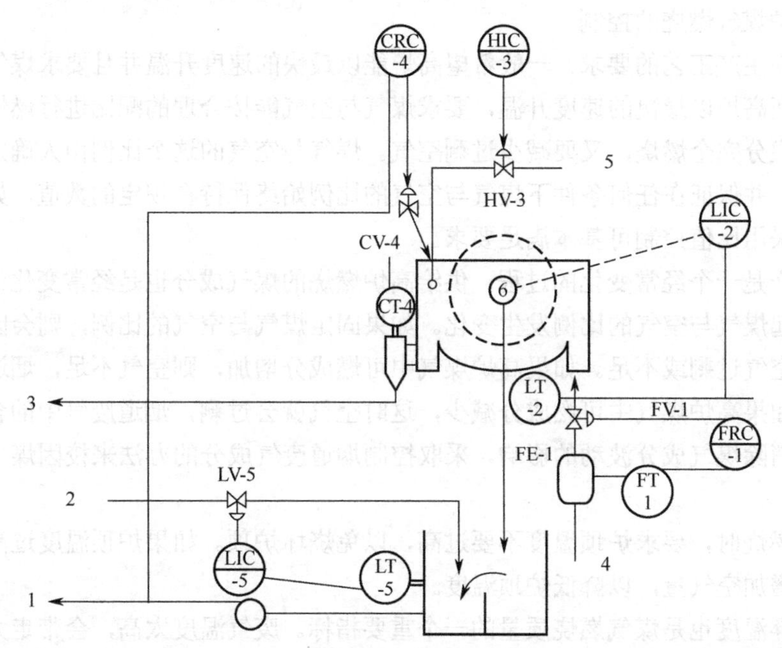

1—回收水返回生产系统；2—补充水；3—纸料返回生产系统；4—来自纸机的白水；5—温水；6—传动电机

图 8-71 一种白水回收机控制系统

8.8.1 高炉炼铁生产过程的控制

炼铁生产过程是钢铁生产过程的第一道工序。高炉炼铁生产过程的控制包括炉顶煤气压力的控制、送风系统的控制、高炉煤气燃烧的控制、喷吹重油的控制等。

（1）炉顶煤气压力的控制

大多数高炉都采取高压操作。高压操作可以改善高炉工作状况、提高生产率、降低燃料消耗。高压操作使炉内煤气压力增加，煤气内还原气体的浓度增加，有利于强化矿石的还原过程。同时，煤气经过料层的速度相应降低，有利于增加鼓风量，改善煤气流分布。高压操作中，炉喉煤气压力为 0.5～1.5atm（latm = 101.325kPa）。在高炉工作前半期，一般可保持较高压力，因这时料钟的密闭性较好，而在高炉工作后半期，由于料钟的磨损，密闭性较差，炉顶煤气压力要降低。

当高炉由高压操作改为常压操作或由常压操作改为高压操作时，炉内压力会有较大的波动，需要用手动操作。操作手动遥控调节阀，把炉顶煤气压力控制到给定值附近作为粗控制。当高压操作恢复为正常生产状况时，炉顶煤气压力就可以进行自动控制。

（2）送风系统的控制

送风系统的控制包括鼓风温度和鼓风湿度的控制。鼓风温度是鼓风质量的一个重要参数，它将影响到高炉顺行、生产率、产品质量和高炉的使用寿命。一般情况下，冷风通过冷风阀进入高炉被加热，同时冷风还通过混风阀进入混风管，与经过加热的热风在混风管内混合成规定的鼓风温度，再进入环形风管。鼓风湿度是鼓风质量的另一个重要参数，和鼓风温度一样，鼓风湿度直接影响高炉的生产过程。

（3）高炉煤气燃烧的控制

根据炼铁生产工艺的要求，一般希望高炉能以最快的速度升温并且要求煤气燃烧过程稳定。为了保证高炉以最快的速度升温，要求煤气与空气能按合理的配比进行燃烧，既要保证煤气中可燃成分完全燃烧，又要减少过剩空气。煤气与空气的这个比例由人确定，通过自动控制来实现，并保证在任何条件下煤气与空气的比例始终保持在规定的数值。如果控制质量要求不高，采用比值控制可基本满足要求。

炼铁生产是一个经常变化的过程，供给高炉燃烧的煤气成分也是经常变化的。煤气成分的波动将引起煤气与空气的比例发生变化。如果固定煤气与空气的比例，则会因为煤气成分的波动产生空气过剩或不足。如果高炉煤气中可燃成分增加，则空气不足，烟道废气中的含氧量减少；如果高炉煤气中可燃成分减少，这时空气就会过剩，烟道废气中的含氧量增加。为了减小或消除煤气成分波动的影响，采取控制烟道废气成分的办法来校因煤气成分波动造成的影响。

在煤气燃烧时，要求炉顶温度不要过高，以免烧坏炉顶。如果炉顶温度过高，超过规定值，应自动增加空气量，以降低炉顶温度。

烟道废弃温度也是煤气燃烧质量的一个重要指标。废气温度太高，会带走大量热量，降低燃烧利用率。因此，如果废气温度超过规定值，应自动减少煤气量。

（4）喷吹重油的控制

高炉喷吹技术对增加生铁的产量、降低焦比和提高生铁质量都有显著效果。喷吹重油控制包括总管道重油压力控制、总管道重油温度控制、总管道重油流量控制。

8.8.2 转炉炼钢过程的控制

转炉炼钢过程的控制包括加料控制、氧枪枪位控制、转炉终点温度控制等。转炉控制的目的是能够在最短的操作周期内获得成分和温度合格的定量钢水。

（1）加料控制

加料控制以固体物料控制为主，各原料经储料罐送到称重漏斗，经计量后送到汇总斗，由操作人员手动加入转炉，如图 8-72 所示。也可以采用自动加料方式，在这种方式下，当各称重料斗的储料量达到设定值，就自动汇入汇总斗，再由操作人员开闭汇总斗出料阀进行加料。

（2）氧枪枪位控制

氧枪枪位控制能使氧气的吹炼在短时间内完成，使喷溅量最小。氧枪的枪位升降按图 8-73 所示的氧枪速度要求进行控制。通常情况下，氧枪停在等待点（H_1）处。开始吹炼时，操作人员按下降箭头按钮，氧枪开始下降，直至开氧点（H_2）。然后计算机进入自动位置控制方式，即根据氧枪距离吹炼点（H_3）的位置不断改变氧枪下降速度，离吹炼点越近速度越慢，最后准确地停在吹炼点上。吹炼结束时，操作人员按氧枪上升按钮，氧枪按上升曲线很快上升到等待点，并自动关闭氧气控制阀。在自动操枪方式下，氧枪能自动回复到等待点或下降至开氧点；在手动操枪方式下，则可直接按上下箭头按钮实现氧枪的大范围快速移动。

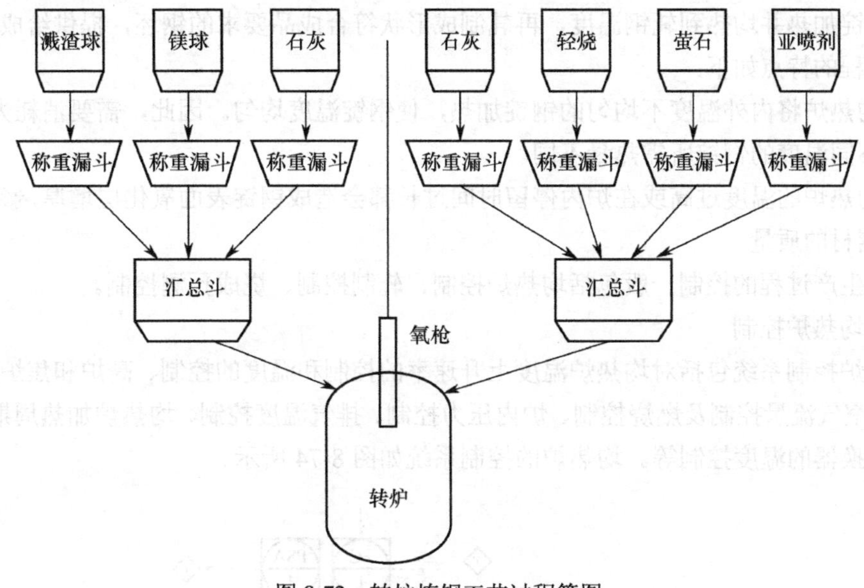

图 8-72　转炉炼钢工艺过程简图

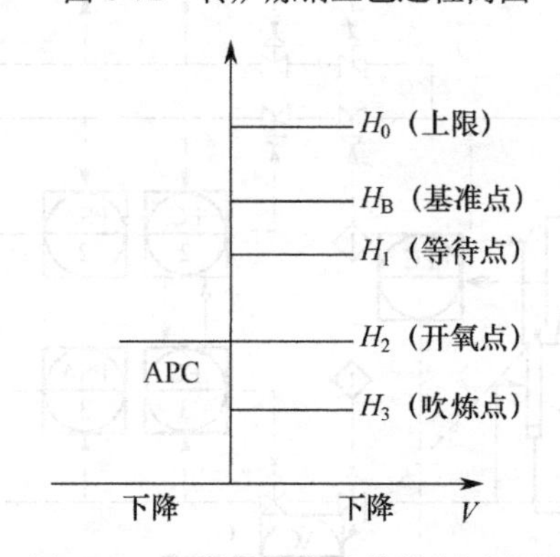

图 8-73　氧枪的枪位升降控制示意图

（3）转炉终点温度控制

转炉终点温度控制是使停吹温度控制在某一温度范围内。例如，温度控制在 1600℃±12℃范围内，停吹的方法可以采用改变废钢混合比或改变石灰石、铁磷和铁矿石加入量实现。终点控制分为静态终点控制和动态终点控制。静态终点控制根据吹炼开始前与反应有关的物料平衡和热量平衡关系，计算需加入的原料量、辅助原料量及氧量，按计算的结果进行吹炼的控制。在吹炼过程中不做任何修正，因此静态终点控制是离线控制。动态终点控制在开始阶段与静态终点控制相同，但根据吹炼过程中的情况预测和判断吹炼终点。例如，可根据吹炼末期的火焰情况进行判断。由于动态终点控制不断根据获得的实际过程的信息及时进行调整，因此，它是在线控制。

8.8.3 初轧生产过程的控制

初轧生产过程处于炼钢生产过程和成品轧制生产过程之间，起缓冲作用。它将炼钢工序提供的钢锭加热并均热到轧钢温度，再轧制成形状符合成品要求的钢坯，提供给成品轧制工序。该过程的特点如下：

- 均热炉将内外温度不均匀的钢锭加热，使钢锭温度均匀。因此，需要消耗大量热量，不同温度的钢锭所需热量不同。
- 均热炉的温度过高或在炉内停留时间过长都会造成钢锭表面氧化层增厚，影响到成品钢材的质量。

初轧生产过程的控制一般包括均热炉控制、轧制控制、烧成预测控制。

（1）均热炉控制

均热炉控制系统包括对均热炉温度上升速率的控制和温度的控制、高炉和焦炉煤气的流量控制、空气流量控制及燃烧控制、炉内压力控制、排气温度控制、均热炉加热周期的确定、同流热交换器的温度控制等。均热炉的控制系统如图 8-74 所示。

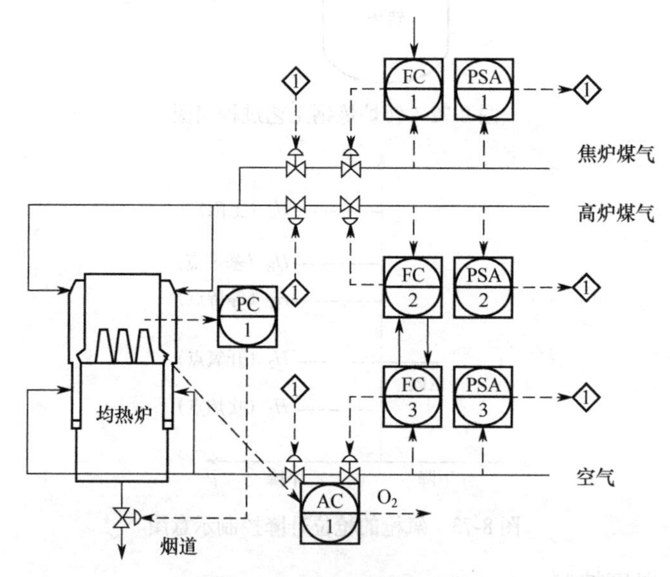

图 8-74 均热炉控制系统

（2）轧制控制

轧制控制包括：

- 根据在线数据，对各钢锭计算最佳道次规程。
- 根据热金属检测器和压力传感器信息，进行图形识别和顺序控制。

自动轧制规程控制系统根据接收的订单确定初轧时间最短的规程，它也通过适当分配总道次的压下量，选择能够提高初轧收得率的轧制规程。因此，它可以以效率为中心或以收得率为中心来确定轧制规程，进行压下补偿，压下的补偿量可根据压下规程，对不同的道次取不同的数值。

（3）烧成预测控制

烧成预测控制是预测钢锭在均热炉内热完成的时刻，它是调度控制的基础。正确的均热完成时刻可以降低能量单耗，提高均热能力，减少成品的表面缺陷。

通常，烧成预测控制系统采用零次、一次、二次三个阶段并按各自方式计算。零次预测是调度系统按编号输入炼钢车间各炉出钢预定时间，根据预定出钢时刻，用线性方程式计算均热炉内钢锭的在炉时间。一次预测在钢锭装入均热炉时进行，根据钢锭从浇铸完成到装炉为止的情况及刚装完后的状况计算出炉时间。二次预测在钢锭装入均热炉后，根据精确的数学模型定时计算一次，用动态的燃料流量、炉壁温度、钢锭规格和装入量等计算温度分布、判断出炉时间。数学模型大多采用均热炉自动燃烧控制时燃料流量的指数函数构成的数学模型。钢锭内部温度分别根据钢锭动态吸热量、钢锭吸热量，对热平衡方进行在线模型修正。其中，钢锭吸热量则根据钢锭周围的热辐射关系式确定。

附录A 热电偶的分度表

表 A-1 铂铑 10-铂热电偶（S 型）分度表 参考温度：0℃

t/℃	0	1	2	3	4	5	6	7	8	9
	E/mV									
150	1.029	1.037	1.045	1.053	1.061	1.069	1.077	1.085	1.094	1.102
160	1.110	1.118	1.126	1.134	1.142	1.150	1.158	1.167	1.175	1.183
170	1.191	1.199	1.207	1.216	1.224	1.232	1.240	1.249	1.257	1.265
180	1.273	1.282	1.290	1.298	1.307	1.315	1.323	1.332	1.340	1.348
190	1.357	1.365	1.373	1.382	1.390	1.399	1.407	1.415	1.424	1.432
200	1.441	1.449	1.458	1.466	1.475	1.483	1.492	1.500	1.509	1.517
210	1.526	1.534	1.543	1.551	1.560	1.569	1.577	1.586	1.594	1.603
220	1.612	1.620	1.629	1.638	1.646	1.655	1.663	1.672	1.681	1.690
230	1.698	1.707	1.716	1.724	1.733	1.742	1.751	1.759	1.768	1.777
240	1.786	1.794	1.803	1.812	1.821	1.829	1.838	1.847	1.856	1.865
250	1.874	1.882	1.891	1.900	1.909	1.918	1.927	1.936	1.944	1.953
260	1.962	1.971	1.980	1.989	1.998	2.007	2.016	2.025	2.034	2.043
270	2.052	2.061	2.070	2.078	2.087	2.096	2.105	2.114	2.123	2.132
280	2.141	2.151	2.160	2.169	2.178	2.187	2.196	2.205	2.214	2.223
290	2.232	2.241	2.250	2.259	2.268	2.277	2.287	2.296	2.305	2.314
300	2.323	2.332	2.341	2.350	2.360	2.369	2.378	2.387	2.396	2.405
310	2.415	2.424	2.433	2.442	2.451	2.461	2.470	2.479	2.488	2.497
320	2.507	2.516	2.525	2.534	2.544	2.553	2.562	2.571	2.581	2.590
330	2.599	2.609	2.618	2.627	2.636	2.646	2.655	2.664	2.674	2.683
340	2.692	2.702	2.711	2.720	2.730	2.739	2.748	2.758	2.767	2.776
350	2.786	2.795	2.805	2.814	2.823	2.833	2.842	2.851	2.861	2.870
360	2.880	2.889	2.899	2.908	2.917	2.927	2.936	2.946	2.955	2.965
370	2.974	2.983	2.993	3.002	3.012	3.021	3.031	3.040	3.050	3.059
380	3.069	3.078	3.088	3.097	3.107	3.116	3.126	3.135	3.145	3.154
390	3.164	3.173	3.183	3.192	3.202	3.212	3.221	3.231	3.240	3.250
400	3.259	2.269	3.279	3.288	3.298	3.307	3.317	3.326	3.336	3.346
410	3.355	3.365	3.374	3.384	3.394	3.403	3.413	3.423	3.432	3.442
420	3.451	3.461	3.471	3.480	3.490	3.500	3.509	3.519	3.529	3.538
430	3.548	3.558	3.567	3.577	3.587	3.596	3.606	3.616	3.626	3.635
440	3.645	3.655	3.664	3.674	3.684	3.694	3.703	3.713	3.723	3.732
450	3.742	3.752	3.762	3.771	3.781	3.791	3.801	3.810	3.820	3.830
460	3.840	3.850	3.859	3.869	3.879	3.889	3.898	3.908	3.918	3.928

续表

t/℃	0	1	2	3	4	5	6	7	8	9
					E/mV					
470	3.938	3.947	3.957	3.967	3.977	3.987	3.997	4.006	4.016	4.026
480	4.036	4.046	4.056	4.065	4.075	4.085	4.095	4.105	4.115	4.125
490	4.134	4.144	4.154	4.164	4.174	4.184	4.194	4.204	4.213	4.223
500	4.233	4.243	4.253	4.263	4.273	4.283	4.293	4.303	4.313	4.323
510	4.332	4.342	4.352	4.362	4.372	4.382	4.392	4.402	4.412	4.422
520	4.432	4.442	4.452	4.462	4.472	4.482	4.492	4.502	4.512	4.522
530	4.532	4.542	4.552	4.562	4.572	4.582	4.592	4.602	4.612	4.622
540	4.632	4.642	4.652	4.662	4.672	4.682	4.692	4.702	4.712	4.722
550	4.732	4.742	4.752	4.762	4.772	4.782	4.793	4.803	4.813	4.823
560	4.833	4.843	4.853	4.863	4.873	4.883	4.893	4.904	4.914	4.924
570	4.934	4.944	4.954	4.964	4.974	4.984	4.995	5.005	5.015	5.025
580	5.035	5.045	5.055	5.066	5.076	5.086	5.096	5.106	5.116	5.127
590	5.137	5.147	5.157	5.167	5.178	5.188	5.198	5.208	5.218	5.228
600	5.239	5.249	5.259	5.269	5.280	5.290	5.300	5.310	5.320	5.331
610	5.341	5.351	5.361	5.372	5.328	5.392	5.402	5.413	5.423	5.433
620	5.443	5.454	5.464	5.474	5.485	5.495	5.505	5.515	5.526	5.536
630	5.546	5.557	5.567	5.577	5.588	5.598	5.608	5.618	5.629	5.639
640	5.649	5.660	5.670	5.680	5.691	5.701	5.712	5.722	5.732	5.743
650	5.753	5.763	5.774	5.784	5.794	5.805	5.815	5.826	5.836	5.846
660	5.857	5.867	5.878	5.888	5.898	5.909	5.919	5.930	5.940	5.950
670	5.961	5.971	5.982	5.992	6.003	6.013	6.024	6.034	6.044	6.055
680	6.065	6.076	6.086	6.097	6.107	6.118	6.128	6.139	6.149	6.160
690	6.170	6.181	6.191	6.202	6.212	6.223	6.233	6.244	6.254	6.265
700	6.275	6.286	6.296	6.307	6.317	6.328	6.338	6.349	6.360	6.370
710	6.381	6.391	6.402	6.412	6.423	6.434	6.444	6.455	6.465	6.476
720	6.486	6.497	6.508	6.518	6.529	6.539	6.550	6.561	6.571	6.582
730	6.593	6.603	6.614	6.624	6.635	6.646	6.656	6.667	6.678	6.688
740	6.699	6.710	6.720	6.731	6.742	6.752	6.763	6.774	6.784	6.795
750	6.806	6.817	6.827	6.838	6.849	6.859	6.870	6.881	6.892	6.902
760	6.913	6.924	6.934	6.945	6.956	6.967	6.977	6.988	6.999	7.010
770	7.020	7.031	7.042	7.053	7.064	7.074	7.085	7.096	7.107	7.117
780	7.128	7.139	7.150	7.161	7.172	7.182	7.193	7.204	7.215	7.226
790	7.236	7.247	7.258	7.269	7.280	7.291	7.302	7.312	7.323	7.334
800	7.345	7.356	7.367	7.378	7.388	7.399	7.410	7.421	7.432	7.443
810	7.454	7.465	7.476	7.487	7.497	7.508	7.519	7.530	7.541	7.552
820	7.563	7.574	7.585	7.596	7.607	7.618	7.629	7.640	7.651	7.662
830	7.673	7.684	7.695	7.706	7.717	7.728	7.739	7.750	7.761	7.772
840	7.783	7.794	7.805	7.816	7.827	7.838	7.849	7.860	7.871	7.882

续表

t/℃	0	1	2	3	4	5	6	7	8	9
					E/mV					
850	7.893	7.904	7.915	7.926	7.937	7.948	7.959	7.970	7.981	7.992
860	8.003	8.014	8.026	8.037	8.048	8.059	8.070	8.081	8.092	8.103
870	8.114	8.125	8.137	8.148	8.159	8.170	8.181	8.192	8.203	8.214
880	8.226	8.237	8.248	8.259	8.270	8.281	8.293	8.304	8.315	8.326
890	8.337	8.348	8.360	8.371	8.382	8.393	8.404	8.416	8.427	8.438
900	8.449	8.460	8.472	8.483	8.494	8.505	8.517	8.582	8.539	8.550
910	8.562	8.573	8.584	8.595	8.607	8.618	8.629	8.640	8.652	8.663
920	8.674	8.685	8.697	8.708	8.719	8.731	8.742	8.753	8.765	8.776
930	8.787	8.798	8.810	8.821	8.832	8.844	8.855	8.866	8.878	8.889
940	8.900	8.912	8.923	8.935	8.946	8.957	8.969	8.980	8.991	9.003
950	9.014	9.025	9.037	9.048	9.060	9.071	9.082	9.094	9.105	9.117
960	9.128	9.139	9.151	9.162	9.174	9.185	9.197	9.208	9.219	9.231
970	9.242	9.254	9.265	9.277	9.288	9.300	9.311	9.323	9.334	9.345
980	9.357	9.368	9.380	9.391	9.403	9.414	9.426	9.437	9.449	9.460
990	9.472	9.483	9.495	9.506	9.518	9.529	9.541	9.552	9.564	9.576
1000	9.587	9.599	9.610	9.622	9.633	9.645	9.656	9.668	9.680	9.691
1010	9.703	9.714	9.726	9.737	9.749	9.761	9.772	9.784	9.795	9.807
1020	9.819	9.830	9.842	9.853	9.865	9.877	9.888	9.900	9.911	9.923
1030	9.935	9.946	9.958	9.970	9.981	9.993	10.005	10.016	10.028	10.040
1040	10.051	10.063	10.075	10.086	10.098	10.110	10.121	10.133	10.145	10.156
1050	10.168	10.180	10.191	10.203	10.215	10.227	10.238	10.250	10.262	10.273
1060	10.285	10.297	10.309	10.320	10.332	10.344	10.356	13.367	10.379	10.391
1070	10.403	10.414	10.426	10.438	10.450	10.461	10.473	10.485	10.497	10.509
1080	10.520	10.532	10.544	10.556	10.567	10.579	10.591	10.603	10.615	10.626
1090	10.638	10.650	10.662	10.674	10.686	10.697	10.709	10.721	10.733	10.745
1100	10.757	10.768	10.780	10.792	10.804	10.816	10.828	10.839	10.851	10.863
1110	10.875	10.887	10.899	10.911	10.922	10.934	10.946	10.958	10.970	10.982
1120	10.994	11.006	11.017	11.029	11.041	11.503	11.065	11.077	11.089	11.101
1130	11.113	11.125	11.136	11.148	11.160	11.172	11.184	11.196	11.208	11.220
1140	11.232	11.244	11.256	11.268	11.280	11.291	11.303	11.315	11.327	11.339
1150	11.351	11.363	11.375	11.387	11.399	11.411	11.423	11.435	11.447	11.459
1160	11.471	11.483	11.495	11.507	11.519	11.531	11.542	11.554	11.566	11.578
1170	11.590	11.602	11.614	11.626	11.638	11.650	11.662	11.674	11.686	11.698
1180	11.710	11.722	11.734	11.746	11.758	11.770	11.782	11.794	11.806	11.818
1190	11.830	11.842	11.854	11.866	11.878	11.890	11.902	11.914	11.926	11.939
1200	11.951	11.963	11.975	11.987	11.999	12.011	12.023	12.035	12.047	12.059
1210	12.071	12.083	12.095	12.107	12.119	12.131	12.143	12.155	12.167	12.179
1220	12.191	12.203	12.216	12.228	12.240	12.252	12.264	12.276	12.288	12.300

续表

t/℃	0	1	2	3	4	5	6	7	8	9
					E/mV					
1230	12.312	12.324	12.336	12.348	12.360	12.372	12.384	12.397	12.409	12.421
1240	12.433	12.445	12.457	12.469	12.481	12.493	12.505	12.517	12.529	12.542
1250	12.554	12.566	12.578	12.590	12.602	12.614	12.626	12.638	12.650	12.662
1260	12.675	12.687	12.699	12.711	12.723	12.735	12.747	12.759	12.771	12.783
1270	12.796	12.808	12.820	12.832	12.844	12.856	12.868	12.880	12.892	12.905
1280	12.917	12.929	12.941	12.953	12.965	12.977	12.989	13.001	13.014	13.026
1290	13.038	13.050	13.062	13.074	13.086	13.089	13.111	13.123	13.135	13.147
1300	13.159	13.171	13.183	13.195	13.208	13.220	13.232	13.224	13.256	13.268
1310	13.280	13.292	13.305	13.317	13.329	13.341	13.353	13.365	13.377	13.390
1320	13.402	13.414	13.426	13.438	13.450	13.462	13.474	13.487	13.499	13.511
1330	13.523	13.535	13.547	13.559	13.572	13.584	13.596	13.608	13.620	13.632
1340	13.644	13.657	13.669	13.681	13.693	13.705	13.717	13.729	13.742	13.754
1350	13.766	13.778	13.790	13.802	13.814	13.826	13.839	13.851	13.863	13.875
1360	13.887	13.899	13.911	13.924	13.936	13.948	13.960	13.972	13.984	13.996
1370	14.009	14.021	14.033	14.045	14.057	14.069	14.081	14.094	14.106	14.118
1380	14.130	14.142	14.154	14.166	14.178	14.191	14.203	14.215	14.227	14.239
1390	14.251	14.263	14.276	14.288	14.300	14.312	14.324	14.336	14.348	14.360
1400	14.373	14.385	14.397	14.409	14.421	14.433	14.445	14.457	14.470	14.482
1410	14.494	14.506	14.518	14.530	14.542	14.554	14.567	14.579	14.591	14.603
1420	14.615	14.627	14.639	14.651	14.664	14.676	14.688	14.700	14.712	14.724
1430	14.736	14.748	14.760	14.773	14.785	14.797	14.809	14.821	14.833	14.845
1440	14.857	14.869	14.881	14.894	14.906	14.918	14.930	14.942	14.954	14.966
1450	14.978	14.990	15.002	15.015	15.027	15.039	15.051	15.063	15.075	15.087
1460	15.099	15.111	15.123	15.135	15.148	15.160	15.172	15.184	15.196	15.208
1470	15.220	15.232	15.244	15.256	15.268	15.280	15.292	15.304	15.317	15.329
1480	15.341	15.353	15.365	15.377	15.389	15.401	15.413	15.425	15.437	15.449
1490	15.461	15.473	15.485	15.497	15.509	15.521	15.534	15.546	15.558	15.570

表 A-2 镍铬-镍硅热电偶（K 型）分度表 参考温度：0℃

t/℃	0	−1	−2	−3	−4	−5	−6	−7	−8	−9
					E/mV					
−90	−3.243	−3.274	−3.306	−3.337	−3.368	−3.400	−3.431	−3.462	−3.492	−3.523
−80	−2.920	−2.953	−2.986	−3.018	−3.050	−3.083	−3.115	−3.147	−3.179	−3.211
−70	−2.587	−2.620	−2.654	−2.688	−2.721	−2.755	−2.788	−2.821	−2.854	−2.887
−60	−2.243	−2.278	−2.312	−2.347	−2.382	−2.416	−2.450	−2.485	−2.519	−2.553
−50	−1.889	−1.925	−1.961	−1.996	−2.032	−2.067	−2.103	−2.138	−2.173	−2.208
−40	−1.527	−1.564	−1.600	−1.637	−1.673	−1.709	−1.745	−1.782	−1.818	−1.854

续表

t/℃	0	−1	−2	−3	−4	−5	−6	−7	−8	−9
	E/mV									
−30	−1.156	−1.194	−1.231	−1.268	−1.305	−1.343	−1.380	−1.147	−1.453	−1.490
−20	−0.778	−0.816	−0.854	−0.892	−0.930	−0.968	−1.006	−1.043	−1.081	−1.119
−10	−0.392	−0.431	−0.470	−0.508	−0.574	−0.586	−0.624	−0.663	−0.701	−0.739
0	0.000	−0.039	−0.079	−0.118	−0.157	−0.197	−0.236	−0.275	−0.314	−0.353
t/℃	0	1	2	3	4	5	6	7	8	9
	E/mV									
0	0.000	0.039	0.079	0.119	0.158	0.198	0.238	0.227	0.317	0.357
10	0.397	0.437	0.477	0.517	0.557	0.597	0.637	0.677	0.718	0.758
20	0.798	0.838	0.879	0.919	0.960	1.000	1.041	1.081	1.122	1.163
30	1.203	1.244	1.285	1.326	1.366	1.407	1.448	1.489	1.530	1.571
40	1.612	1.653	1.694	1.735	1.776	1.817	1.858	1.899	1.941	1.982
50	2.023	2.064	2.106	2.147	2.188	2.230	2.271	2.312	2.354	2.395
60	2.436	2.478	2.519	2.561	2.602	2.644	2.685	2.727	2.768	2.810
70	2.851	2.893	2.934	2.976	3.017	3.059	3.100	3.142	3.184	3.225
80	3.267	3.308	3.350	3.391	3.433	3.474	3.516	3.557	3.599	3.640
90	3.682	3.723	3.765	3.806	3.848	3.889	3.931	3.972	4.013	4.055
100	4.096	4.138	4.179	4.220	4.262	4.303	4.344	4.385	4.427	4.468
110	4.509	4.550	4.591	4.633	4.674	4.715	4.756	4.797	4.838	4.879
120	4.920	4.961	5.002	5.043	5.084	5.124	5.165	5.206	5.247	5.288
130	5.328	5.369	5.410	5.450	5.491	5.532	5.572	5.613	5.653	5.694
140	5.735	5.775	5.815	5.856	5.896	5.937	5.977	6.017	6.058	6.098
150	6.138	6.179	6.219	6.259	6.299	6.339	6.380	6.420	6.460	6.500
160	6.540	6.580	6.620	6.660	6.701	6.741	6.781	6.821	6.861	6.901
170	6.941	6.981	7.021	7.060	7.100	7.140	7.180	7.220	7.260	7.300
180	7.340	7.380	7.420	7.460	7.500	7.540	7.579	7.619	7.659	7.699
190	7.739	7.779	7.819	7.859	7.899	7.939	7.979	8.019	8.059	8.099
200	8.138	8.178	8.218	8.258	8.298	8.338	8.378	8.418	8.480	8.499
210	8.539	8.579	8.619	8.659	8.699	8.739	8.779	8.819	8.860	8.900
220	8.940	8.980	9.020	9.061	9.101	9.141	9.181	9.222	9.262	9.302
230	9.343	9.383	9.423	9.464	9.504	9.545	9.585	9.626	9.666	9.707
240	9.747	9.788	9.828	9.869	9.909	9.950	9.991	10.031	10.072	10.113
250	10.153	10.194	10.235	10.276	10.316	10.357	10.398	10.439	10.480	10.520
260	10.561	10.602	10.643	10.684	10.725	10.766	10.807	10.848	10.889	10.930
270	10.971	11.012	11.053	11.094	11.135	11.176	11.217	11.259	11.300	11.341
280	11.382	11.423	11.465	11.506	11.547	11.588	11.630	11.671	11.712	11.753
290	11.795	11.836	11.877	11.909	11.960	12.001	12.043	12.084	12.126	12.167
300	12.209	12.250	12.291	12.333	12.374	12.416	12.457	12.499	12.540	12.582
310	12.624	12.665	12.707	12.748	12.790	12.831	12.873	12.915	12.956	12.998

续表

t/℃	0	1	2	3	4	5	6	7	8	9
					E/mV					
320	13.040	13.081	13.123	13.165	13.206	13.248	13.290	13.331	13.373	13.415
330	13.457	13.498	13.540	13.582	13.624	13.665	13.707	13.749	13.791	13.833
340	13.874	13.916	13.958	14.000	14.042	14.084	14.126	14.167	14.209	14.251
350	14.293	14.335	14.377	14.419	14.461	14.503	14.545	14.587	14.629	14.671
360	14.713	14.755	14.797	14.839	14.881	14.923	14.965	15.007	15.049	15.091
370	15.133	15.175	15.217	15.259	15.301	15.343	15.385	15.427	15.469	15.511
380	15.554	15.596	15.638	15.680	15.722	15.764	15.806	15.849	15.891	15.933
390	15.975	16.017	16.059	16.102	16.144	16.186	16.228	16.270	16.313	16.355
400	16.397	16.439	16.482	16.524	16.566	16.608	16.651	16.693	16.735	16.778
410	16.820	16.862	16.904	16.947	16.989	17.031	17.074	17.116	17.158	17.201
420	17.243	17.285	17.328	17.370	17.413	17.455	17.497	17.540	17.582	17.624
430	17.667	17.709	17.752	17.794	17.837	17.879	17.921	17.964	18.006	18.049
440	18.091	18.134	18.176	18.218	18.261	18.303	18.346	18.388	18.431	18.473
450	18.516	18.558	18.601	18.643	18.686	18.728	18.771	18.813	18.856	18.898
460	18.941	18.983	19.026	19.068	19.111	19.154	19.196	19.239	19.281	19.324
470	19.366	19.409	19.451	19.494	19.537	19.579	19.622	19.664	19.707	19.705
480	19.792	19.835	19.877	19.920	19.962	20.005	20.048	20.090	20.133	20.175
490	20.218	20.261	20.303	20.346	20.389	20.431	20.474	20.516	20.559	20.602
500	20.644	20.687	20.730	20.772	20.815	20.857	20.900	20.943	20.985	21.028
510	21.071	21.113	21.156	21.199	21.241	21.284	21.326	21.369	21.412	21.454
520	21.497	21.540	21.582	21.625	21.668	21.710	21.753	21.796	21.838	21.881
530	21.924	21.966	22.009	22.052	22.094	22.137	22.179	22.222	22.265	22.307
540	22.350	22.393	22.435	22.478	22.521	22.563	22.606	22.649	22.691	22.734
550	22.776	22.819	22.862	22.904	22.947	22.990	23.032	23.075	23.117	23.160
560	23.203	23.245	23.288	23.331	23.373	23.416	23.458	23.501	23.544	23.586
570	23.629	23.671	23.714	23.757	23.799	23.842	23.884	23.927	23.970	24.012
580	24.055	24.097	24.140	24.182	24.225	24.267	24.310	24.353	24.395	24.438
590	24.480	24.523	24.565	24.608	24.650	24.693	24.735	24.778	24.820	24.863
600	24.905	24.948	24.990	25.033	25.075	25.118	25.160	25.203	25.245	25.288
610	25.330	25.373	25.415	25.458	25.500	25.543	25.585	25.627	25.670	25.712
620	25.755	25.797	25.840	25.882	25.924	25.967	26.009	26.052	26.094	26.136
630	26.179	26.221	26.263	26.306	26.348	26.390	26.433	26.475	26.517	26.560
640	26.602	16.644	26.687	26.729	26.771	26.814	26.856	26.898	26.940	26.983
650	27.025	27.067	27.109	27.152	27.194	27.236	27.278	27.320	27.363	27.405
660	27.447	27.489	27.531	27.574	27.616	27.658	27.700	27.742	27.784	27.826
670	27.869	27.911	27.953	27.995	28.037	28.079	28.121	28.163	28.205	28.247
680	28.289	28.332	28.374	28.416	28.458	28.500	28.542	28.584	28.626	28.668
690	28.710	28.752	28.794	28.835	28.877	28.919	28.961	29.003	29.045	29.087
700	29.129	29.171	29.213	29.255	29.297	29.338	29.380	29.422	29.464	29.506

续表

t/℃	0	1	2	3	4	5	6	7	8	9
					E/mV					
710	29.548	19.589	29.631	29.673	29.715	29.757	29.798	29.840	29.882	29.924
720	29.965	30.007	30.049	30.090	30.132	30.174	30.216	30.257	30.299	30.341
730	30.382	30.424	30.466	30.507	30.549	30.590	30.632	30.674	30.715	30.757
740	30.798	30.840	30.881	30.923	30.964	31.006	31.047	31.089	31.130	31.172
750	31.213	31.255	31.296	31.338	31.379	31.421	31.462	31.504	31.545	31.586
760	31.628	31.669	31.710	31.752	31.793	31.834	31.876	31.917	31.958	32.000
770	32.041	32.082	32.124	32.165	32.206	32.247	32.289	32.330	32.371	32.412
780	32.453	32.495	32.536	32.577	32.618	32.659	32.700	32.742	32.783	32.824
790	32.865	32.906	32.947	32.988	33.029	33.070	33.111	33.152	33.193	33.234
800	33.275	33.316	33.357	33.398	33.439	33.480	33.521	33.562	33.603	33.644
810	33.685	33.726	33.767	33.808	33.848	33.889	33.930	33.971	34.012	34.053
820	34.093	34.134	34.175	34.216	34.257	34.297	34.338	34.379	34.420	34.460
830	34.501	34.542	34.582	34.623	34.664	34.704	34.745	34.786	34.826	34.867
840	34.908	34.948	34.989	35.029	35.070	35.110	35.151	35.192	35.232	35.273
850	35.313	35.354	35.394	35.435	35.475	35.516	35.556	35.596	35.637	35.677
860	35.718	35.758	35.798	35.839	35.879	35.920	35.960	36.000	36.041	36.081
870	36.121	36.162	36.202	36.242	36.282	36.323	36.363	36.403	36.443	36.484
880	36.524	36.564	36.604	36.644	36.685	36.725	36.765	36.805	36.845	36.885
890	36.925	36.965	37.006	37.046	37.086	37.126	37.166	37.206	37.246	37.286
900	37.326	37.366	37.406	37.446	37.486	37.526	37.566	37.606	37.646	37.686
910	37.725	37.765	37.805	37.845	37.885	37.925	37.965	38.005	38.044	38.084
920	38.124	38.164	38.204	38.243	38.283	38.323	38.363	38.402	38.442	38.482
930	38.522	38.561	38.601	38.641	38.680	38.720	38.760	38.799	38.839	38.878
940	38.918	38.958	38.997	39.037	39.076	39.116	39.155	39.195	39.235	39.274
950	39.314	39.353	39.393	39.432	39.471	39.511	39.550	39.590	39.629	39.669
960	39.708	39.747	39.787	39.826	39.866	39.905	39.944	39.984	40.023	40.062
970	40.101	40.141	40.180	40.219	40.259	40.298	40.337	40.376	40.415	40.455
980	40.494	40.533	40.572	40.611	40.651	40.690	40.729	40.768	40.807	40.846
990	40.885	40.924	40.963	41.002	41.042	41.081	41.120	41.159	41.198	41.237
1000	41.276	41.315	41.354	41.393	41.431	41.470	41.509	41.548	41.587	41.626
1010	41.665	41.704	41.743	41.781	41.820	41.859	41.898	41.937	41.976	42.014
1020	42.053	42.092	42.131	42.169	42.208	42.247	42.286	42.324	42.363	42.402
1030	42.440	42.479	42.518	42.556	42.595	42.633	42.672	42.711	42.749	42.788
1040	42.826	42.865	42.903	42.942	42.980	43.019	43.057	43.096	43.134	43.173
1050	43.211	43.250	43.288	43.327	43.365	43.403	43.442	43.480	43.518	43.557
1060	43.595	43.633	43.672	43.710	43.748	43.787	43.825	43.863	43.091	43.940
1070	43.978	44.016	44.054	44.092	44.130	44.169	44.207	44.245	44.283	44.321
1080	44.359	44.397	44.435	44.473	44.512	44.550	44.588	44.626	44.664	44.702
1090	44.740	44.778	44.816	44.853	44.891	44.929	44.967	45.005	45.043	45.801

续表

t/℃	0	1	2	3	4	5	6	7	8	9
					E/mV					
1100	45.119	45.157	45.194	45.232	45.270	45.308	45.346	45.383	45.421	45.459
1110	45.497	45.534	45.572	45.610	45.647	45.685	45.732	45.760	45.798	45.836
1120	45.873	45.911	45.948	45.986	46.024	46.061	46.099	46.136	46.174	46.211
1130	46.249	46.286	46.324	46.361	46.398	46.436	46.473	45.511	46.548	46.585
1140	46.623	46.660	46.697	46.735	46.772	46.809	46.847	46.884	46.921	46.958
1150	46.995	47.033	47.070	47.107	47.144	47.181	47.218	47.256	47.293	47.330
1160	47.367	47.404	47.441	47.478	47.515	47.552	47.589	47.626	47.663	47.700
1170	47.737	47.774	47.811	47.848	47.884	47.921	47.958	47.995	48.032	48.069
1180	48.105	48.142	48.179	48.216	48.252	48.289	48.326	48.363	48.399	48.436
1190	48.473	48.509	48.546	48.582	48.619	48.656	48.692	48.729	48.765	48.802

表 A-3 镍铬-铜镍合金（康铜）热电偶（E 型）分度表 参考温度：0℃

t/℃	0	−1	−2	−3	−4	−5	−6	−7	−8	−9
					E/mV					
−90	−4.777	−4.824	−4.871	−4.917	−4.963	−5.009	−5.505	−5.101	−5.147	−5.192
−80	−4.302	−4.350	−4.398	−4.446	−4.494	−4.542	−4.589	−4.636	−4.684	−4.731
−70	−3.811	−3.861	−3.911	−3.960	−4.009	−4.508	−4.107	−4.156	−4.205	−4.254
−60	−3.306	−3.357	−3.408	−3.459	−3.510	−3.561	−3.611	−3.661	−3.711	−3.761
−50	−2.787	−2.840	−2.892	−2.944	−2.996	−3.048	−3.100	−3.152	−3.204	−3.255
−40	−2.255	−2.309	−2.362	−2.416	−2.469	−2.523	−2.576	−2.629	−2.682	−2.735
−30	−1.709	−1.765	−1.820	−1.874	−1.929	−1.984	−2.038	−2.093	−2.147	−2.201
−20	−1.152	−1.208	−1.264	−1.320	−1.376	−1.432	−1.488	−1.543	−1.599	−1.654
−10	−0.582	−0.639	−0.697	−0.754	−0.811	−0.868	−0.925	−0.982	−1.039	−1.095
0	0.000	−0.059	−0.117	−0.176	−0.234	−0.292	−0.350	−0.408	−0.466	−0.524
t/℃	0	1	2	3	4	5	6	7	8	9
					E/mV					
0	0.000	0.059	0.118	0.176	0.235	0.294	0.354	0.413	0.472	0.532
10	0.591	0.651	0.711	0.770	0.830	0.890	0.950	1.010	1.071	1.131
20	1.192	1.252	1.313	1.373	1.434	1.495	1.556	1.617	1.678	1.740
30	1.801	1.862	1.924	1.986	2.047	2.109	2.171	2.233	2.295	2.357
40	2.420	2.482	2.545	2.607	2.670	2.733	2.795	2.858	2.921	2.984
50	3.048	3.111	3.174	3.238	3.301	3.365	3.429	3.492	3.556	3.620
60	3.985	3.749	3.813	3.877	3.942	4.006	4.071	4.136	4.200	4.265
70	4.330	4.395	4.460	4.526	4.591	4.656	4.722	4.788	4.583	4.919
80	4.985	5.051	5.117	5.183	5.249	5.315	5.382	5.448	5.514	5.581
90	5.648	5.714	5.781	5.848	5.915	5.982	6.049	6.117	6.184	6.251
100	6.319	6.386	6.454	6.522	6.590	6.658	6.725	6.794	6.862	6.930
110	6.998	7.066	7.135	7.203	7.272	7.341	7.409	7.478	7.547	7.616
120	7.685	7.754	7.823	7.892	7.962	8.031	8.101	8.170	8.240	8.309

续表

t/℃	0	1	2	3	4	5	6	7	8	9
					E/mV					
130	8.379	8.449	8.519	8.589	8.659	8.729	8.799	8.869	8.940	9.010
140	9.081	9.151	9.222	9.292	9.363	9.434	9.505	9.576	9.647	9.718
150	9.789	9.860	9.931	10.003	10.074	10.145	10.217	10.288	10.360	10.432
160	10.503	10.575	10.647	10.719	10.791	10.863	10.935	11.007	11.080	11.152
170	11.224	11.297	11.369	11.442	11.514	11.587	11.660	11.733	11.805	11.878
180	11.951	12.024	12.097	12.170	12.243	12.317	12.390	12.463	12.537	12.610
190	12.684	12.757	12.831	12.904	12.978	13.052	13.126	13.199	13.273	13.347
200	13.421	13.495	13.569	13.644	13.718	13.792	13.866	13.941	14.015	14.090
210	14.164	14.239	14.313	14.388	14.463	14.537	14.612	14.687	14.762	14.837
220	14.912	14.987	15.062	15.137	15.212	15.287	15.362	15.438	15.513	15.588
230	15.664	15.739	15.815	15.890	15.966	16.041	16.117	16.193	16.269	16.344
240	16.420	16.496	16.572	16.648	16.724	16.800	16.876	16.952	17.028	17.104
250	17.181	17.257	17.333	17.409	17.486	17.562	17.639	17.715	17.792	17.868
260	17.945	18.021	18.098	18.175	18.252	18.328	18.405	18.559	18.559	18.636
270	18.713	18.790	18.867	18.944	19.021	19.098	19.175	19.330	19.330	19.407
280	19.484	19.561	19.639	19.716	19.794	19.871	19.948	20.103	20.103	20.181
290	20.259	20.336	20.414	20.492	20.569	20.647	20.725	20.880	20.880	20.958
300	21.036	21.114	21.192	21.270	21.348	21.426	21.504	21.582	21.660	21.739
310	21.817	21.895	21.973	22.051	22.130	22.208	22.286	22.365	22.443	22.522
320	22.600	22.678	22.757	22.835	22.914	22.993	23.071	23.150	23.228	23.307
330	23.386	23.464	23.543	23.622	23.701	23.780	23.858	23.937	24.016	24.095
340	24.174	24.253	24.332	24.411	24.490	24.569	24.648	24.727	24.806	24.885
350	24.964	25.044	25.123	25.202	25.281	25.360	25.440	25.519	25.598	25.678
360	25.757	25.836	25.916	25.995	26.075	26.154	26.233	26.313	26.392	26.472
370	26.552	26.631	26.711	26.790	26.870	26.950	27.029	27.109	27.189	27.268
380	27.348	27.428	27.507	27.587	27.667	27.747	27.827	27.907	27.986	28.066
390	28.146	28.226	28.306	28.386	28.466	28.546	28.626	28.706	28.786	28.866
400	28.946	29.026	29.106	29.186	29.266	29.346	29.427	29.507	29.587	29.667
410	29.747	29.827	29.908	29.988	30.068	30.148	30.229	30.309	30.389	30.470
420	30.550	30.630	30.711	30.791	30.871	30.952	31.032	31.112	31.193	31.273
430	31.354	31.434	31.515	31.595	31.676	31.756	31.837	31.917	31.998	32.078
440	32.159	32.239	32.320	32.400	32.481	32.562	32.642	32.723	32.803	32.884
450	32.965	33.045	33.126	33.207	33.287	33.368	33.449	33.529	33.610	33.691
460	33.772	33.852	33.933	34.014	34.095	34.175	34.256	34.337	34.418	34.498
470	34.579	34.660	34.741	34.822	34.902	34.983	35.064	35.145	35.226	35.307
480	35.387	35.468	35.549	35.630	35.711	35.792	35.873	35.945	36.034	36.115
490	36.169	36.277	36.358	36.439	36.520	36.601	36.682	36.763	36.843	36.924
500	37.005	37.086	37.167	37.248	37.329	37.410	37.491	37.572	37.653	37.374
510	37.815	37.896	37.977	38.058	38.139	38.220	38.300	38.381	38.462	38.543

续表

t/℃	0	1	2	3	4	5	6	7	8	9
E/mV										
520	38.624	38.705	38.786	38.867	38.948	39.029	39.110	39.191	39.272	39.353
530	39.434	39.515	39.596	39.677	39.758	39.839	39.920	40.001	40.082	40.163
540	40.243	40.324	40.405	40.486	40.567	40.648	40.729	40.810	40.891	40.972
550	41.053	41.134	41.215	41.296	41.377	41.457	41.538	41.619	41.700	41.781
560	41.862	41.943	42.024	42.105	42.185	42.266	42.347	42.428	42.509	42.590
570	42.671	42.751	42.832	43.913	42.994	43.075	43.156	43.236	43.317	43.398
580	43.479	43.560	43.640	43.721	43.802	43.883	43.963	44.044	44.125	44.206
590	44.286	44.367	44.448	44.529	44.609	44.690	44.771	44.851	44.932	15.013
600	45.093	45.174	45.255	45.335	45.416	45.497	45.577	45.658	45.738	45.819
610	45.900	45.980	46.061	46.141	46.222	46.302	46.383	46.463	46.544	46.624
620	46.705	46.785	46.866	46.946	47.027	47.107	47.188	47.268	47.349	47.429
630	47.509	47.590	47.670	47.751	47.831	47.911	47.992	48.072	48.152	48.233
640	48.313	48.393	48.474	48.554	48.634	48.715	478.795	48.875	48.955	49.035
650	49.116	49.196	49.276	49.356	49.436	49.517	49.597	49.677	49.757	49.837
660	49.917	49.997	50.077	50.157	50.238	50.318	50.398	50.478	50.558	50.638
670	50.178	50.978	50.878	50.958	510.38	51.118	51.197	51.277	51.357	51.437
680	51.517	51.597	51.677	51.757	51.837	51.916	51.996	52.076	52.156	52.236
690	52.315	52.395	52.475	52.555	52.634	52.714	52.794	52.873	52.953	53.033

表 A-4 工业用铂电阻温度计（Pt100）分度表 $R_0 = 100.00\Omega$

t/℃	0	−1	−2	−3	−4	−5	−6	−7	−8	−9
R/Ω										
−140	43.88	43.36	43.05	42.63	42.22	41.80	41.39	40.97	40.56	40.14
−130	48.00	47.59	47.18	46.77	46.36	45.94	45.53	45.12	44.70	44.29
−120	52.11	51.70	51.29	50.88	50.47	50.06	49.65	49.24	48.83	48.42
−110	56.19	55.79	55.38	54.97	54.56	54.15	53.75	53.34	52.93	52.52
−100	60.26	59.85	59.44	59.04	58.63	68.23	57.82	57.41	57.01	56.60
−90	64.30	63.90	63.49	63.09	62.68	62.28	61.88	61.47	61.07	60.66
−80	68.33	67.92	67.52	67.12	66.72	66.31	65.91	65.51	65.11	64.70
−70	72.33	71.93	71.53	71.13	70.73	70.33	69.93	69.53	69.13	68.73
−60	76.33	75.93	75.53	75.13	74.73	74.33	73.93	73.53	73.13	72.73
−50	80.31	79.91	79.51	79.11	78.72	78.32	77.92	77.52	77.12	76.73
−40	84.27	83.87	83.48	83.08	82.69	82.29	81.89	81.50	81.10	80.70
−30	88.22	87.83	87.43	87.04	86.64	86.25	85.85	85.46	85.06	84.67
−20	92.16	91.77	91.37	90.98	90.59	90.19	89.8	89.4	89.01	88.62
−10	96.09	95.69	95.3	94.91	94.52	94.12	93.73	93.34	92.95	92.55
0	100.00	99.61	99.22	98.83	98.44	98.04	97.65	97.26	96.87	96.48
t/℃	0	1	2	3	4	5	6	7	8	9
R/Ω										
0	100.00	100.39	100.48	101.17	101.56	101.95	102.34	102.73	103.12	103.51

续表

t/℃	0	1	2	3	4	5	6	7	8	9
					R/Ω					
10	103.90	104.29	104.68	105.07	105.46	105.85	106.24	106.63	107.02	107.40
20	107.79	108.18	108.57	108.96	109.35	109.73	110.12	110.51	110.90	111.29
30	111.67	112.06	112.45	112.83	113.22	113.61	114.00	114.38	114.77	115.15
40	115.54	115.93	116.31	116.70	117.08	117.47	117.86	118.24	118.63	119.01
50	119.40	119.78	120.17	120.55	120.94	121.32	121.71	122.09	122.47	122.86
60	123.24	123.63	124.01	124.39	124.78	125.16	125.54	125.93	126.31	126.69
70	127.08	127.46	127.84	128.22	128.61	128.99	129.37	129.75	130.13	130.52
80	130.90	131.28	131.66	132.04	132.42	132.80	133.18	133.57	133.95	134.33
90	134.71	135.09	135.47	135.85	136.23	136.61	136.99	137.37	137.75	138.13
100	138.51	138.88	139.26	139.64	140.02	140.40	140.78	141.16	141.54	141.91
110	142.29	142.67	143.05	143.43	143.80	144.18	144.56	144.94	145.31	145.69
120	146.07	146.44	146.82	147.20	147.57	147.95	148.33	148.70	149.08	149.46
130	149.83	150.21	150.58	150.96	151.33	151.71	152.08	152.46	152.83	153.21
140	153.58	153.96	154.33	154.71	155.08	155.46	155.83	156.20	156.58	156.95
150	157.33	157.70	158.07	158.45	158.82	159.19	159.94	159.94	160.31	160.68
160	161.05	161.43	161.80	162.17	162.54	162.91	163.29	163.66	164.03	164.40
170	164.77	165.14	165.51	165.89	166.26	166.63	167.00	167.37	167.74	168.11
180	168.48	168.85	169.22	169.59	169.96	170.33	170.70	171.07	171.43	171.80
190	172.17	172.54	172.91	173.28	173.65	174.02	174.38	174.75	175.12	175.49
200	175.86	176.22	176.59	176.96	177.33	177.69	178.06	178.43	178.79	179.16
210	179.53	179.89	180.26	180.63	180.99	181.36	181.72	182.09	182.46	182.82
220	183.19	183.55	183.92	184.28	184.65	185.01	185.38	185.74	186.11	186.47
230	186.84	187.20	187.56	187.93	188.29	188.66	189.02	189.38	189.75	190.11
240	190.47	190.84	191.20	191.56	191.92	192.29	192.65	193.01	196.37	193.74
250	194.10	194.46	194.82	195.18	195.55	195.91	196.27	196.63	196.99	197.35
260	197.71	198.07	198.43	198.79	199.15	199.51	199.87	200.23	200.59	200.95
270	201.31	201.67	202.03	202.39	202.75	203.11	203.47	203.83	204.19	204.55
280	204.90	205.26	205.62	205.98	206.34	206.70	207.05	207.41	207.77	208.13
290	208.48	208.84	209.20	209.56	209.91	210.27	210.63	210.98	211.34	211.70
300	212.05	212.41	212.76	213.12	213.48	213.83	214.19	214.54	214.90	215.25
310	215.61	215.96	216.32	216.67	217.03	217.38	217.74	218.09	218.44	218.80
320	219.15	219.51	219.86	220.21	220.57	220.92	221.27	221.63	221.98	222.33
330	222.68	223.04	223.39	223.74	224.09	224.45	224.80	225.15	225.50	225.85
340	226.21	226.56	226.91	227.26	227.61	227.96	228.31	228.66	229.02	229.37
350	229.72	230.07	230.42	230.77	231.12	231.47	231.82	232.17	232.52	232.87
360	233.21	233.56	233.91	234.26	234.61	234.96	235.31	235.66	236.00	236.35
370	236.70	237.05	237.40	237.74	238.09	238.44	238.79	239.13	239.48	239.83
380	240.18	240.52	240.87	241.22	241.56	241.91	242.26	242.60	242.95	243.29

续表

t/℃	0	1	2	3	4	5	6	7	8	9
					R/Ω					
390	243.64	243.99	244.33	244.68	245.02	245.37	245.71	246.06	246.40	246.75
400	247.09	247.44	247.78	248.13	248.47	248.81	249.16	249.50	249.85	250.19
410	250.53	250.88	251.22	251.56	251.91	252.25	252.59	252.93	253.28	253.62
420	253.96	254.30	254.65	254.99	255.33	255.67	256.01	256.35	256.70	257.04
430	257.38	257.72	258.06	258.40	258.74	259.08	259.42	259.76	260.10	260.44
440	260.78	261.12	261.46	261.80	262.14	262.48	262.82	263.16	263.50	263.84
450	264.18	264.52	264.86	265.20	265.53	265.87	266.21	266.55	266.89	267.22
460	267.56	267.90	286.24	268.57	268.91	269.25	269.59	269.92	270.26	270.60
470	270.93	271.27	271.62	271.94	272.28	272.61	272.95	273.29	273.62	273.96
480	274.29	274.63	274.96	275.30	275.63	275.97	276.30	276.64	276.97	277.31
490	277.64	277.98	278.31	278.64	278.98	279.31	279.64	279.98	280.31	280.64
500	280.98	281.31	281.64	281.98	282.31	282.64	282.97	283.31	283.64	283.97
510	284.30	284.63	284.97	285.30	285.63	285.96	286.29	286.62	286.95	287.29
520	287.62	287.95	288.28	288.61	288.94	289.27	829.60	289.93	290.26	290.59
530	290.92	291.25	291.58	291.91	292.24	292.56	292.89	293.22	293.55	293.88
540	294.21	294.54	294.86	295.19	295.52	295.85	296.18	296.50	296.33	297.16
550	297.49	297.81	298.14	298.47	298.80	299.12	299.45	299.78	300.10	300.43
560	300.75	301.08	301.41	301.73	302.06	302.38	302.71	303.03	303.36	303.69
570	304.01	304.34	304.66	304.98	305.31	305.63	305.96	306.28	306.61	306.93
580	307.25	307.58	307.90	308.23	308.55	308.87	309.20	309.52	309.84	310.16
590	310.49	310.81	311.13	311.45	311.78	312.10	312.42	312.74	313.06	313.39
600	313.71	314.03	314.35	314.67	314.99	315.31	315.64	315.96	316.28	316.60
610	316.92	317.24	317.56	317.88	318.20	318.52	318.84	319.16	319.48	319.80
620	320.12	320.43	320.75	321.07	321.39	321.71	322.03	322.35	322.67	322.98
630	323.30	323.62	323.94	324.26	324.57	327.89	325.21	325.53	325.84	326.16
640	326.48	326.79	327.11	327.43	327.74	328.06	328.38	328.69	329.01	329.32
650	329.64	329.96	330.27	330.59	330.90	331.22	331.53	331.85	332.16	332.48
660	332.79	333.11	333.42	333.74	334.05	334.36	334.68	334.99	335.31	335.62
670	335.93	336.25	336.56	336.87	337.18	337.50	337.81	338.12	338.44	338.75
680	339.06	339.37	339.69	340.00	340.31	340.62	340.93	341.24	341.56	341.87
690	342.18	342.49	342.80	343.11	343.42	343.73	344.04	344.35	344.66	344.97

表 A-5 铜电阻（Cu100）分度表 $R_0 = 100.00\Omega$

t/℃	0	−1	−2	−3	−4	−5	−6	−7	−8	−9
					R/Ω					
−50	78.49									
−40	82.80	82.36	81.94	81.50	81.08	80.64	80.20	79.78	79.34	78.92

续表

t/℃	0	−1	−2	−3	−4	−5	−6	−7	−8	−9
	R/Ω									
−30	87.10	86.68	86.24	85.38	85.38	84.95	84.54	84.10	83.66	83.22
−20	91.40	90.98	90.54	90.12	89.68	89.26	88.82	88.40	87.96	87.54
−10	95.70	95.28	94.84	94.42	93.98	93.56	93.12	92.70	92.26	91.84
0	100.00	99.56	99.14	98.70	98.28	97.84	97.42	97.00	96.56	96.14
t/℃	0	1	2	3	4	5	6	7	8	9
	R/Ω									
0	100.00	100.42	100.86	101.28	101.72	102.14	102.56	103.00	103.43	103.86
10	104.28	104.72	105.14	105.56	106.00	106.42	106.86	107.28	107.72	108.14
20	108.56	109.00	109.42	109.84	110.28	110.70	111.14	111.56	112.00	112.42
30	112.84	113.28	113.70	114.14	114.56	114.98	115.42	115.84	116.28	116.70
40	117.12	117.56	117.98	118.40	118.54	119.26	119.70	120.12	120.54	120.98
50	121.40	121.84	122.26	122.68	123.12	123.54	123.96	124.40	124.82	125.26
60	125.68	126.10	126.54	126.96	127.40	127.82	128.24	128.68	129.10	129.52
70	129.96	130.38	130.82	131.24	131.66	132.10	132.52	132.96	133.38	133.80
80	134.24	134.66	135.08	135.52	135.94	136.88	136.80	137.24	137.66	138.08
90	138.52	138.94	139.36	139.80	140.22	140.66	141.08	141.52	141.94	142.36
100	142.80	143.22	143.66	144.08	144.50	144.94	145.36	145.80	146.22	146.66
110	147.08	147.50	147.94	148.36	148.80	149.22	149.66	150.08	150.52	150.94
120	151.36	151.80	152.22	152.66	153.08	153.52	153.94	154.38	154.80	155.24
130	155.66	156.10	156.52	156.96	157.38	157.85	158.24	158.68	159.10	159.54
140	159.96	160.40	160.82	161.26	161.68	162.12	162.54	162.98	163.40	168.84
150	164.27									

附录 B　主要热电偶的参考函数和逆函数

S 型、E 型热电偶的参考函数为

$$E=\sum_{i=0}^{n} c_i t_{90}^i$$

式中，E 为热电势，单位是 mV，t_{90}^i 为 IST-90 的温度（摄氏度）；c_i 为系数，由表 B-1 给出。

表 B-1　S 型热电偶参考函数的系数

−50～1064.18℃	1064.18～1664.5℃	1664.5～1768.1℃
c_0=0.00000000000	1.32900444085	$1.46628232636\times10^{2}$
$c_1=5.40313308631\times10^{-3}$	$3.34509311344\times10^{-3}$	$-2.58430516752\times10^{-1}$
$c_2=1.25934289740\times10^{-5}$	$6.54805192818\times10^{-6}$	$1.63693574641\times10^{-4}$
$c_3=-2.32477968689\times10^{-8}$	$-1.64856259209\times10^{-9}$	$-3.30439046987\times10^{-8}$
$c_4=3.22028823036\times10^{-11}$	$1.29989605174\times10^{-14}$	$-9.43223690612\times10^{-15}$
$c_5=-3.31465196389\times10^{-14}$	…	…
$c_6=2.55744251786\times10^{-17}$	…	…
$c_7=-1.25068871393\times10^{-20}$	…	…
$c_8=2.71443176145\times20^{-24}$	…	…

K 型热电偶的参考函数的形式为

$$E=\sum_{i=1}^{n} c_i t_{90}^i+\alpha_0 \mathrm{e}^{\alpha_1(t_{90}-126.9686)^2}$$

式中，α_0，α_1 为系数，当 $t_{90}^i \leqslant 0$℃时，$\alpha_0=\alpha_1=0$；在 0～1372℃温区内，$\alpha_0=-1.185976\times10^{-1}$，$\alpha_1=-1.183432\times10^{-4}$。

由 E 计算 t 的公式称为逆函数，S 型、K 型和 E 型热电偶的逆函数的数学形式均为式中所示，c_i' 为系数。

$$t_{90}=\sum_{i=0}^{n} c_i' E^i$$

S 型、K 型和 E 型热电偶的参考函数和逆函数的系数 c_i 和 c_i' 见表 B-2 到表 B-6。

表 B-2　S 型热电偶参考函数逆函数的系数

温度范围	−50～250℃	250～1200℃	1064～1664.5℃	1664.5～1768.1℃
热电势范围	−0.235～1.874mV	1.874～11.950mV	10.332～17.536mV	17.536～18.693mV
c_0=0.00000000	1.291507177×10^{1}	-8.087801117×10^{1}		5.333875126×10^{4}
$c_1=1.84949460\times10^{2}$	1.466298863×10^{2}	1.621573104×10^{2}		-1.235892298×10^{4}
$c_2=-8.00504062\times10^{1}$	-1.534713402×10^{1}	−8.536869453…		1.092657613×10^{3}
$c_3=1.02237430\times10^{2}$	3.145945973…	4.719686976×10^{-1}		-4.265693686×10^{1}

续表

温度范围	$-50\sim250$℃	$250\sim1200$℃	$1064\sim1664.5$℃	$1664.5\sim1768.1$℃
热电势范围	$-0.235\sim1.874$mV	$1.874\sim11.950$mV	$10.332\sim17.536$mV	$17.536\sim18.693$mV
$c_4=-1.52248592\times10^{2}$	$-4.163257839\times10^{-1}$	$-1.441693666\times10^{-2}$		6.24720542×10^{-1}
$c_5=1.88821343\times10^{2}$	3.187963771×10^{-2}	2.08161889×10^{-4}		…
$c_6=-1.59085941\times10^{2}$	$-1.291637500\times10^{-3}$	…		…
$c_7=8.23027880\times10^{1}$	2.183475087×10^{-5}	…		…
$c_8=-2.34181944\times10^{1}$	$-1.447379511\times10^{-7}$	…		…
$c_9=2.79786260\cdots$	8.211272125×10^{-9}	…		…

表 B-3　K 型热电偶参考函数的系数

$-270\sim0$℃	$0\sim1372$℃	$0\sim1372$℃（指数项）
$c_0=0.0000000000\cdots$	$-1.7600413686\times10^{-2}$	$\alpha_0=-1.185976\times10^{-1}$
$c_1=3.9450128025\times10^{-2}$	$3.8921204975\times10^{-2}$	$\alpha_0=-1.183432\times10^{-4}$
$c_2=2.3622373598\times10^{-5}$	$1.8558770032\times10^{-5}$	…
$c_3=-3.2858906784\times10^{-7}$	$-9.9457592874\times10^{-8}$	…
$c_4=-4.9904828777\times10^{-9}$	$3.1840945719\times10^{-10}$	…
$c_5=-6.7509059173\times10^{-11}$	$-5.6072844889\times10^{-13}$	…
$c_6=-5.7410327428\times10^{-13}$	$5.6075059059\times10^{-16}$	…
$c_7=-3.1088872894\times10^{-15}$	$-3.2020720003\times10^{-19}$	…
$c_8=-1.9889266878\times10^{-17}$	$9.7151147152\times10^{-23}$	…
$c_9=-1.9889266878\times10^{-20}$	$-1.2104721275\times10^{-26}$	…
$c_{10}=-1.6322697486\times10^{-23}$	…	…

表 B-4　K 型热电偶参考函数逆函数的系数

温度范围	$-200\sim0$℃	$0\sim500$℃	$500\sim1372$℃
热电势范围	$-5.891\sim0.0$mV	$0.0\sim20.644$mV	$20.644\sim54.886$mV
	$c_0=0.0000000\cdots$	$0.0000000\cdots$	$-1.318058\sim10^{2}$
	$c_1=2.5173462\times10^{1}$	2.508355×10^{1}	4.830222×10^{1}
	$c_2=-1.1662878\cdots$	7.860106×10^{-2}	$-1.646031\cdots$
	$c_3=-1.0833638\cdots$	-2.503131×10^{-1}	5.464731×10^{-2}
	$c_4=-8.9773540\times10^{-1}$	8.315270×10^{-2}	-9.650715×10^{-4}
	$c_5=-3.7342377\times10^{-1}$	-1.228034×10^{-2}	8.802193×10^{-6}
	$c_6=-8.6632643\times10^{-2}$	9.804036×10^{-4}	-3.110810×10^{-8}
	$c_7=-1.0450598\times10^{-2}$	-4.413030×10^{-5}	…
	$c_8=-5.1920577\times10^{-4}$	1.057734×10^{-6}	…
	$c_9=\cdots$	-1.052755×10^{-8}	…

表 B-5　E 型热电偶参考函数的系数

$-270\sim0$℃	$0\sim1000$℃
$c_0=0.0000000000\cdots$	$0.0000000\cdots$
$c_1=5.8665508708\times10^{-2}$	5.86655087×10^{-2}

续表

−270～0℃	0～1000℃
c_2=4.5410977124×10^{-5}	4.5032275582×10^{-5}
c_3=−7.7998048686×10^{-7}	2.8908407212×10^{-8}
c_4=−2.5800160843×10^{-8}	−3.3056896652×10^{-10}
c_5=−5.9452583057×10^{-10}	6.5024403270×10^{-13}
c_6=−9.3214058667×10^{-12}	−1.9197495504×10^{-16}
c_7=−1.0287605534×10^{-13}	−1.2536600497×10^{-18}
c_8=−8.0370123621×10^{-16}	2.1489217569×10^{-21}
c_9=−4.3979497391×10^{-18}	−1.4388041782×10^{-24}
c_{10}=−1.6414776335×10^{-20}	3.5960899481×10^{-28}
c_{11}=−3.9673619516×10^{-23}	…
c_{12}=−5.5827328721×10^{-26}	…
c_{13}=−3.4657842013×10^{-29}	…

表 B-6　E 型热电偶参考函数逆函数的系数

温度范围	−200～0℃	0～1000℃
热电势范围	−8.825～0.0mV	0.0～76.373mV
	c_0=0.0000000…	0.0000000…
	c_1=1.6977288×10^{1}	1.7057035×10^{1}
	c_2=−4.3514970×10^{-1}	−2.3301759×10^{-1}
	c_3=−1.5859697×10^{-1}	6.5435585×10^{-3}
	c_4=−9.2502871×10^{-2}	−7.3562749×10^{-5}
	c_5=−2.6084314×10^{-2}	−1.7896001×10^{-6}
	c_6=−4.1360199×10^{-3}	8.4036165×10^{-8}
	c_7=−3.4034030×10^{-4}	−1.3735879×10^{-9}
	c_8=−1.1564890×10^{-5}	1.0629823×10^{-11}
	c_9=…	−3.2447087×10^{-14}

附录C　压力单位换算表

单　　位	帕/Pa	巴/bar	毫巴/mbar	约定毫米水柱/mmH_2O	标准大气压/atm	工程大气压/at	约定毫米汞柱/mmHg	磅力/英寸²（lbf/in^2）
帕/Pa	1	1×10^{-5}	1×10^{-2}	1.019716×10^{-1}	0.986923×10^{-5}	1.019716×10^{-5}	0.75006×10^{-2}	1.450442×10^{-4}
巴/bar	1×10^{5}	1	1×10^{3}	1.019716×10^{4}	0.986923	1.019716	0.75006×10^{3}	1.450442×10
毫巴/mbar	1×10^{2}	1×10^{-3}	1	1.019716×10	0.986923×10^{-3}	1.019716×10^{-3}	0.75006	1.450442×10^{-2}
约定毫米水柱/mmH_2O	0.980665×10	0.980665×10^{-4}	0.980665×10^{-1}	1	0.96784×10^{-4}	1×10^{-4}	0.73556×10^{-1}	1.4224×10^{-3}
标准大气压/atm	1.01325×10^{5}	1.01325	1.01325×10^{3}	1.033227×10^{4}	1	1.03323	0.76×10^{3}	1.4696×10
工程大气压/at	0.980665×10^{5}	0.980665	0.980665×10^{3}	1×10^{4}	0.96784	1	0.73556×10^{3}	1.4224×10
约定毫米水柱/mmHg	1.333224×10^{2}	1.333224×10^{-3}	1.333224	1.35951×10	1.3158×10^{-3}	1.35951×10^{-3}	1	1.9338×10^{-2}
磅力/英寸²（lbf/in^2）	0.68949×10^{4}	0.68949×10^{-1}	0.68949×10^{2}	0.70307×10^{3}	0.6805×10^{-1}	0.70307×10^{-1}	0.51715×10^{2}	1

附录 D　节流件和管道常用材质的热膨胀系数

$\lambda \times 10^6$（mm/mm℃）

材　质	温度范围/℃									
	20～100	20～200	20～300	20～400	20～500	20～600	20～700	20～800	20～900	20～1000
	$\lambda \times 10^6$									
A3 钢	11.75	12.41	13.45	13.60	13.85	13.90				
A3F、B3 钢	11.5									
10 号钢	11.60	12.60		13.00		14.60				
20 号钢	11.16	12.12	12.78	13.38	13.93	14.38	14.81	12.93	12.48	13.16
45 号钢	11.59	12.32	13.09	13.71	14.18	14.67	15.08	12.50	13.56	14.40
1Cr13、2Cr13	10.50	11.00	11.50	12.00	12.00					
Cr17	10.00	10.00	10.50	10.50	11.00					
12CrMoV	0.8	11.79	12.35	12.80	13.20	13.65	13.80			
10CrMoV	12.50	13.60	13.60	14.00	14.40	14.70				
Cr6SiMo	11.50	12.00		12.50		13.00		13.50		
X20CrMoWV121 和 X20CrMoV121	10.80	11.20	11.60	11.90	12.10	12.30				
1Cr18Ni9Ti	16.60	17.00	17.20	17.50	17.90	18.20	18.60			
普通碳钢	10.60～12.20	11.30～13.00	12.10～13.50	12.90～13.90		13.50～14.30	14.70～15.00			
工业用铜	16.60～17.10	17.10～17.20	17.60	18.00～18.10		18.60				
红铜	17.20	17.50	17.90							
黄铜	17.80	18.80	20.90							

参考文献

[1] 杜维，张宏建，王会芹．过程检测技术及仪表（第二版）．北京：化学工业出版社，2013．
[2] 方康玲．过程控制系统（第二版）．武汉：武汉理工大学出版社，2009．
[3] 徐湘元．过程控制技术及其应用．北京：清华大学出版社，2015．
[4] 曾胜，顾超华．过程装备控制技术．北京：化学工业出版社，2015．
[5] 胡寿松．自动控制原理基础教程．北京：科学出版社，2017．
[6] 林德杰．过程控制仪表及控制系统．北京：机械工业出版社，2009．
[7] 李国勇，何小刚，杨丽娟．过程控制系统．北京：电子工业出版社，2017．
[8] 鲁照权，方敏．过程控制系统．北京：机械工业出版社，2014．
[9] 侯慧姝．过程控制技术．北京：北京理工大学出版社，2012．
[10] 潘立登．过程控制．北京：机械工业出版社，2009．
[11] 张早校，王毅．过程装备控制技术及应用（第二版）．北京：化学工业出版社，2018．
[12] 俞金寿，蒋慰孙．过程控制工程（第三版）．北京：电子工业出版社，2007．
[13] 邵惠鹤．工业过程高级控制（第二版）．上海：上海交通大学出版社，2003．
[14] 金以慧．过程控制．北京：清华大学出版社，1993．
[15] 傅信鉴．过程计算机控制系统．西安：西北工业大学出版社，1995．
[16] 刘士荣，俞金寿．过程控制的若干问题探讨．石油化工自动化，1999（1）．
[17] 侯志林．过程控制与自动化仪表．北京：机械工业出版社，2007．
[18] 中国冶金建设协会．钢铁企业过程监控和控制自动化设计手册．北京：冶金工业出版社，2000．
[19] 冯毅平，仲玉芳，曹峥．过程控制工程试验．北京：化学工业出版社，2013．
[20] 李士勇．模糊控制．神经控制和智能控制论．哈尔滨：哈尔滨工业大学出版社，1998．
[21] Kevin M. Passino，Stephen Yurkovich．模糊控制．北京：清华大学出版社，2001．
[22] 赖寿宏．微型计算机控制技术．北京：机械工业出版社，2018．
[23] 刘明俊等．计算机控制原理与技术．长沙：国防科技大学出版社，1999．
[24] 于海生等．微型计算机控制技术（第三版）．北京：清华大学出版社，2017．
[25] 何克忠，李伟．计算机控制系统．北京：清华大学出版社，2000．
[26] 刘宝坤．计算机过程控制系统．北京：机械工业出版社，2005．
[27] 曹承志．微型计算机控制新技术．北京：机械工业出版社，2001．
[28] 刘乐善．微型计算机接口技术与应用．武汉：华中科技大学出版社，2002．
[29] 阳宪惠．现场总线技术及其应用（第二版）．北京：清华大学出版社，2008．
[30] 陈宗海．过程系统建模与仿真．合肥：中国科学技术大学出版社，1997．
[31] 陶永华．新型 PID 控制及其应用．北京：机械工业出版社，2002．
[32] 何衍庆等．工业生产过程控制（第二版）．北京：化学工业出版社，2004．
[33] 夏扬．计算机控制技术．北京：机械工业出版社，2004．

[34] 蔡自兴．智能控制（第二版）．北京：电子工业出版社，2004.
[35] 杨智．工业自整定 PID 调节器关键设计技术综述．化工自动化及仪表，2000，27（2）：5～10.
[36] 沈永福，吴少军，邓方林．智能 PID 控制综述．工业仪表与自动化装置，2002（6）：11～14.
[37] 高宪文，赵亚平．焦炉模糊免疫自适应 PID 控制的应用研究．控制与决策，2005，20（12）：1346～1349.
[38] 胡俊达，胡慧，黄望军．自适应 PID 控制技术综述．中华纸业，2005，26（2）：48～51.
[39] 白焰，吴鸿，杨国田．分散控制系统与现场总线控制系统（第二版）．北京：中国电力出版社，2012.
[40] 张岳．集散控制系统及现场总线．北京：机械工业出版社，2006.
[41] 王常力，罗安．分布式控制系统（DCS）设计与应用实例（第三版）．北京：电子工业出版社，2018.
[42] 顾洪军．工业企业网与现场总线技术及应用．北京：人民邮电出版社，2002.
[43] 丁炜，于秀丽．过程检测及仪表．北京：北京理工大学出版社，2010.

反侵权盗版声明